海南省自然科学基金项目(321CXTD445和323RC530)资助

植物激素信号
转导调控橡胶树产量形成机制

● 王立丰　郭冰冰　覃　碧　主编 ●

Mechanisms of Plant Hormone Signaling Transcriptional
Regulation on the Yield Formation in Rubber Tree

中国农业科学技术出版社

内容简介

本书探讨了植物激素在天然橡胶产量形成中的作用机制，主要内容包括植物激素信号转导研究进展、橡胶树产量形成机制、植物激素测定方法进展、橡胶树植物激素检测方法创新、橡胶树中主要激素信号研究进展、泛素蛋白酶体途径对植物激素信号转导的调控作用以及新型生长调节剂对橡胶树增产效应的研究进展等方面。

图书在版编目（CIP）数据

植物激素信号转导调控橡胶树产量形成机制／王立丰，郭冰冰，覃碧主编 . -- 北京：中国农业科学技术出版社，2023.10
　　ISBN 978-7-5116-6491-4

Ⅰ . ①植… 　Ⅱ . ①王…②郭…③覃… 　Ⅲ . ①植物激素 - 调控 - 影响 - 橡胶树 - 栽培技术 - 研究 　Ⅳ . ①S794.1

中国国家版本馆 CIP 数据核字（2023）第 205712 号

责任编辑　史咏竹
责任校对　马广洋
责任印制　姜义伟　王思文

出 版 者　中国农业科学技术出版社
　　　　　北京市中关村南大街 12 号　　邮编：100081
电　　话　（010）82105169（编辑室）　　（010）82109702（发行部）
　　　　　（010）82109709（读者服务部）
网　　址　https：//castp.caas.cn
经 销 者　各地新华书店
印 刷 者　北京建宏印刷有限公司
开　　本　185 mm×260 mm　1/16
印　　张　23.25
字　　数　515 千字
版　　次　2023 年 10 月第 1 版　2023 年 10 月第 1 次印刷
定　　价　158.00 元

主编简介

王立丰　博士，中国热带农业科学院橡胶研究所研究员，华中农业大学和海南大学硕士研究生导师，中国热带作物学会天然橡胶专业委员会会员，《海南生物学报》编辑，海南省拔尖人才。长期从事橡胶树生理与分子生物学机制研究。主持和参与国家自然科学基金、澜沧江—湄公河国际合作项目、国家重点研发计划、海南省创新团队项目等科研项目35项。研究方向为橡胶树高产光合生理、抗旱和抗寒等抗逆生理及转录调节分子机制，以及橡胶树排胶技术研究、应用和推广。已经发表论文94篇，其中SCI论文31篇；出版英文专著3部，中文专著2部；获得国家发明专利授权5件；指导毕业研究生11名。

郭冰冰　博士，中国热带农业科学院橡胶研究所助理研究员。从事橡胶树生理与分子生物学机制研究。主持海南省自然科学基金和中国热带农业科学院基本科研业务费等项目3项，已在 *Journal of Integrative Agriculture*、*Scientia Horticulture*、*PeerJ*、*Plants* 和《热带作物学报》等国内外知名期刊发表多篇论文。

覃　碧　博士，中国热带农业科学院橡胶研究所研究员，华中农业大学和海南大学硕士研究生导师。主要研究方向为天然橡胶生物合成的调控机制、新型产胶植物橡胶草种质资源收集与种质创新利用。曾主持或者参与国家自然科学基金、国家重点研发计划等科研项目10余项。以第一作者、共同第一作者或通讯作者发表论文20余篇，其中SCI论文10篇；出版专著2部；获得国家专利授权10余件，其中国家发明专利5件。

序

天然橡胶（顺式-1,4-聚异戊二烯）是我国重要的战略物资和工业原料，目前巴西橡胶树（*Hevea brasiliensis* Muell. Arg.）几乎是商业化天然橡胶的唯一来源。天然橡胶具有独特的理化性质，其回弹性、耐磨损和冲击性、延展性、耐酸耐压性等性能是人工合成橡胶无法替代的。天然橡胶在巴西橡胶树乳管细胞中经类异戊二烯合成途径合成，是典型的植物次生代谢产物，受多种激素信号及转录因子调控。橡胶转移酶（HRT/CPT）、橡胶延伸因子（REF）、小橡胶粒子蛋白（SRPP）等蛋白是天然橡胶生物合成关键酶，催化天然橡胶分子链延伸和聚合。随着橡胶树基因组测序的完成，天然橡胶合成途径的关键酶基因得到了鉴定，但是其调控机制仍不清晰，深入解析天然橡胶生物合成的调控机制是全面提升我国天然橡胶产量和品质的关键，对确保我国天然橡胶安全保质供应具有重要的战略意义。

植物激素是多种微量内源激素的总称，在植物的生长发育、次生代谢物合成以及生物胁迫和非生物胁迫响应中具有重要作用。主要的植物激素有茉莉酸（Jasmonic acid，JA）、乙烯（Ethylene，ET）、脱落酸（Abscisic acid，ABA）、赤霉素（Gibberellin，GA）、油菜素内酯（Brassinosteroid，BRs）、生长素（Auxin，IAA）、水杨酸（Salicylic acid，SA）等九大类。植物激素在橡胶树生长发育、产量和品质形成中具有重要作用。如 ET 能够促进橡胶树排胶而被广泛应用于橡胶生产过程中，是橡胶树最重要的产量调节剂。在橡胶树胚胎发育过程中，ABA 和 IAA 在不同发育时期起作用。JA 在橡胶树

1

乳管分化和抗寒性中具有重要的调控作用。因此，开展橡胶树激素含量测定、生理指标分析，同时结合分子生物学解析关键调控基因功能，将有利于阐明橡胶树产量与品质形成的机制。

全书共分为十一章，第一章介绍了植物激素信号转导研究进展，第二章介绍了橡胶树产量形成机制研究进展，第三章介绍了植物激素测定方法研究进展，第四章介绍了巴西橡胶树植物激素检测方法，第五章介绍了橡胶树赤霉素信号研究进展，第六章介绍了橡胶树脱落酸信号研究进展，第七章介绍了橡胶树油菜素内酯信号研究进展，第八章介绍了植物激素信号调控 HbH-SP90 家族蛋白研究进展，第九章介绍了植物激素信号转导中泛素蛋白酶体途径研究进展，第十章介绍了新型生长调节剂对橡胶树增产效应的研究进展，第十一章介绍了橡胶树中植物激素的研究方法。

本书可供以橡胶树等热带、亚热带果树为研究对象的科研院所和高校科研人员、教师及研究生参考。

由于本书作者水平有限，疏漏和错误在所难免，敬请广大读者批评指正！

王立丰　郭冰冰　覃　碧

2023 年 8 月于海口

目　　录

第一章 主要植物激素信号转导研究进展

郭冰冰 刘明洋 王立丰

（中国热带农业科学院橡胶研究所）

植物激素（Phytohormone）即植物内源激素，是一种在植物体内自然产生的可以影响植物分化、生长发育等一系列生理过程的有机物质。植物激素的合成可能是局部的，也可能是在广泛的组织或组织细胞中，以微小剂量来促进/抑制自身生长活动。目前，研究比较深入的植物内源激素有生长素（Auxin，IAA）、细胞分裂素（Cytokinin，CK）、乙烯（Ethylene，ET）、脱落酸（Abscisic acid，ABA）、赤霉素（Gibberellin，GA）、油菜素内酯（Brassinosteroid，BRs）、茉莉酸（Jasmonic acid，JA）和萜类（Terpenoids）等。植物生长发育过程离不开植物激素的支撑，植物激素可以以极低的浓度有效协调植物的生长发育等过程。作为信号物质，植物激素是植物信号转导途径的关键因子，在植物中具有不同的生理调节功能，通过不同的信号转导途径协同调节植物生长发育和逆境胁迫（许智宏和李家洋，2006）。本章主要介绍植物激素信号转导机制的研究进展。

第一节　生长素

一、生长素的合成

生长素是最早被发现的植物激素，由乙酸侧链以及不饱和芳香族环组成的天然存在的生长素是β-吲哚乙酸（Indoleacetic Acid，IAA），其合成前体是色氨酸（Trp）。生长素的合成过程有4条路径：吲哚丙酮酸（Indole-3-pyruvic acid，IPyA）途径、吲哚乙醛肟（Indole-3-acetaldoxi，IAOx）途径、色胺（Tryptamine，TAM）途径和吲哚乙酰胺（Indole-3-acetamide，IAM）途径（Lehmann et al.，2010；Mano & Nemoto，2012；Woodward & Bartel，2005；Yunde，2012）。随着对依赖色氨酸合成途径的深入研究，根据合成途径中重要催化酶的不同，生长素合成途径又分为 YUCCA（YUC）途径、CYP79B 途径（IAOx）、吲哚乙酰胺途径和吲哚丙酮酸途径（Strader & Bartel，2008）（图 1-1）。YUC 途径是最常见的 IAA 合成方式，对胚胎发生、花的发育、幼苗生长、维管束分化及排列具有重要作用（Cheng et al.，2006；Tobena-Santamaria et al.，2002；Yamamoto et al.，2007）。

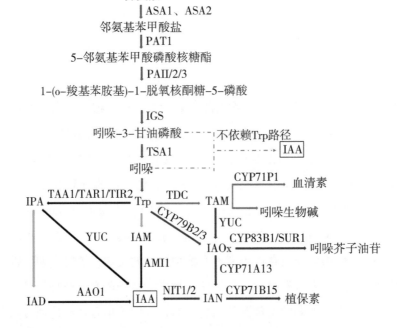

图 1-1　植物中 IAA 生物合成路径

注：红色箭头表示叶绿体中的色氨酸合成途径。蓝色细虚线箭头表示不依赖色氨酸的 IAA 生物合成途径。黑色箭头表示在依赖色氨酸的 IAA 生物合成途径中已知基因和酶功能的步骤。蓝色箭头表示吲哚生物碱和血清素生物合成途径。紫色箭头表示芸薹科物种特异合成途径。绿色箭头表示基因和酶功能未知的部分。

二、生长素的活性形式

生长素主要活性形式是吲哚乙酸（Indole-3-acetic acid，IAA），最早由达尔文通过胚芽鞘实验发现（Darwin，1880）。研究表明植物中存在一种移动信号，就是生长素，通过植物内韧皮部快速且非定向的长距离运输以及缓慢但是定向的胞间短距离运输这两种不同但是相关联的方式进行极性运输（Adamowski et al.，2018；Yu et al.，2022）。天然生长素 IAA 主要以 IAAH 形式存在于酸性外质体，通过生长素载体 AUX1/LAX 家族进入胞内（Bennett et al.，1996；Péret，2012），其在质膜上的数量是受严格控制的。可是胞内 pH 值升高时，IAAH 解离成为 IAA¯，通过 PIN 载体输出到胞外（Adamowski & Friml，2015），PIN 具有极性定位，对生长素运输的方向和速度具有重要作用（Hammes et al.，2022）。同时在质膜上均匀分布的非极性转运蛋白 ABC（ATP‑binding cassette）家族成员也参与生长素的胞内外运动，增强生长素的感知能力（Kamimoto Y，2012；Kubes et al.，2012）。目前已知 AUX1/LAX 和 PIN 是参与生长素极性运输的主要载体，它们之间的相互平衡决定着胞间生长素移动的方向和速度（Abualia et al.，2018；Adamowski & Friml，2015）。

植物生长素信号转导过程需要生长素细胞膜内外受体的参加。既能结合生长素又能触发生长素下游生物反应。目前已经确定 ABPI/TMK1、TIP1/AFB1–5、SKP2a 及 ARF3 为生长素受体（Yu et al.，2022）（图 1–2）。

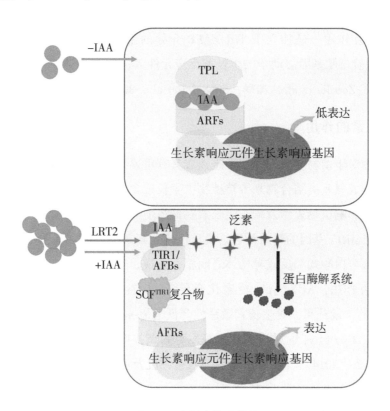

图 1-2　生长素信号转导

1972 年，ABP1 首先被鉴定为生长素结合蛋白（Hertel et al.，1972），定位于内质网，可以和生长素牢固地结合在一起（Woo et al.，2002），在细胞膜行使功能（Xu et al., 2014b），包括细胞周期的调节、细胞骨架的重排、细胞的扩增及 PIN 介导的内吞作用（Friml, 2022；Napier, 2021）。而且 ABP1 位于 TMK1 上游，ABP1-TMK1 分子模块是生长素快速响应和发育所必需的（Friml, 2022），两者结合导致植物 ROP 下游途径被激活（Xu et al., 2014b）。TIR1/AFB 是一种 F-box 蛋白，可以与生长素结合调节转录因子 ARF 的活性，是介导生长素胞内信号转导的主要途径。当生长素浓度高时，TIR1 会靶向 AUX/LAX 蛋白，被 26S 通过泛素化降解，解除对 ARF 的抑制作用，调节下游基因的表达激活生长素信号途径（Villalobos et al., 2012；Hayashi, 2012；Kepinski, 2005；Tan et al., 2007；Wang, 2014）。SKP2a 也是一种 F-box 蛋白，通过与生长素结合增强 SKP2a 与 E2FC 和 DPB 的互作来促进细胞分裂（del-Pozo et al., 2006；Jurado et al., 2008）。ARF 是特异性地结合生长素应答基因启动子的非典型转录因子，介导生长素响应基因的表达来调控植物的生长素应答过程，N 端具有 DNA 结合域，中间具有一个抑制或激活功能的结构域，C 端是二聚体区域，缺乏 PB1（phox/bem1）结构域（Guilfoyle & Hagen, 2007；Roosjen et al., 2018；Ulmasov, 1997），介导 ARF3/IAA 的相互作用，是独立于 TIR1/AFB 介导的生长素信号转导过程（Guilfoyle, 2015）。ARF 直接与靶基因启动子的生长素反应元件 AuxRE 结合来抑制这些基因转录调控机制（Franco-Zorrilla et al., 2014；Simonini et al., 2016）。

三、生长素的作用

生长素代谢对于植物生长发育和形态建成具有重要影响，而且生长素的游离态可以与氨基酸结合形成氨基类结合物来维持植物中生长素含量的动态平衡。生长素可以诱导 *GH3* 基因的表达影响植物表型发育。生长素在低浓度时，AUX/IAAs 与 TPL 结合，抑制生长素响应因子 *ARFs* 基因的转录活性。高浓度生长素条件下，肽基辅氨酸异构酶 LRT2 催化 AUX/IAAs 蛋白顺式和反式异构体之间相互转换，生长素促进 TIR1/AFBs 和 AUX/IAAs 之间的相互作用，AUX/IAAs 泛素化介导降解。生长素与天冬氨酸结合，其突变体中 IAA-Asp 的含量升高，对生长素敏感性降低（Staswick et al., 2005）。生长素的极性运输载体 AUX1 和 PIN1 通过诱导叶原基发育来调控叶片的形态建成（Guenot et al., 2012；Kalve et al., 2014），同时 PIN1 受生长素浓度及流动方向的影响引起叶齿部位生长素的积累，使植物叶缘发生形态改变（Souer et al., 1996）。生长素对植物抗逆性也有一定的调节作用。生长素信号转导途径的 IAA3 受高温响应特异性表达调节植物下胚轴的生长（Sun et al., 2012）。HSP90 及其分子伴侣 SGT1 受高温诱导与生长素受体蛋白 TIP1 互作影响植物表型发育调控植物对高温胁迫的适应（Wang et al., 2016）。低温条件下小麦体内生长素过氧化物酶活性降低从而增加了生长素的含量，但是低温也会阻碍生长素在植物根系的运输，导致生长素的再分配受影响（Harrison & Masson，2008；Shibasaki et al.，2009）。

向重力性描述的是根和芽的曲率，它们的方向分别是直接沿着重力矢量或逆重力矢量生长。达尔文（1880）的早期实验和开创性工作表明运输的信号分子参与向重力性，后来其被确定为植物激素生长素。因此，正如 Cholodny-Went 在研究枝条和根中向性曲率提出的假说所述，生长素在器官的两侧差异积累，由此产生的生长素积累差异将减少根系生长并增加芽生长，从而引起不同方向的适当曲率。在其他一些激素向性过程中也发现了类似的差异生长模式，例如向光性、向水性、偏上性和顶端钩形成等。植物响应重力矢量方向变化虽看似简单，其实弯曲曲率是一个复杂而多步骤的过程，一个多世纪以来一直受到生物学家的关注。主要重力响应器官（根和芽）的解剖结构和形态表明感应区域和响应区域之间存在一个空间分离的特点。这种情况强烈表明需要一个中间介质来协调这一进程。Cholodny-Went 假说认为生长素是该过程的主要介质，多年来主要研究其他激素和因素的参与。事实上，如果引力的介导是激素，它应该涉及几种生长调节剂，因为没有哪一个组织是完全由单一激素控制的。例如，在重力作用中发生的茎伸长是由几种激素促进的，包括吲哚-3-乙酸、赤霉素、油菜素内酯和乙烯等，但它们在介导这一过程中的相互作用和具体作用仍然需要阐明。虽然没有积累太多令人信服的证据来证明这些植物激素和其他植物激素参与重力作用，但激素协同作用或激素交互作用的新概念为更好地理解它们的复杂关系以及它们可能的协同效应和参与重力过程开辟了新的可能性。植物激素在靶位点充当化学信使，调节各种植物器官细胞和组织的生长速率和数量。通过研究生长反应之前激素的不对称的内源性分布，激素外源性施用、激素生物合成、其功能抑制剂的效应，分析激素反应表型，了解了激素参与向重力过程的引力缺陷突变体，与其他激素在调节促重力反应中的相互作用，以及激素转运、结合和代谢等。突变体的遗传和分子分析为植物激素介导引力作用的分子机制提供了有价值的研究成果。利用分子生物学、结构和功能基因组学、显微镜和细胞技术的最新进展，有可能部分证实较早的发现和预测，并极大地推进了人们对向重力的基本理解。通过将航天设施和植物细胞生物学与拟南芥作为模式植物的开发以及使用引力突变体相结合，已经取得了相当大的进展。然而，许多观点需要进一步研究，特别是阐明负责整合引力作用所涉及的复杂调节过程的分子机制。植物在根系和地上重力响应器官（胚鞘、浆状体、下胚轴和茎花序）对植物重力弯曲激素控制的理论研究，将过去积累的知识与有关激素控制重力的重要新证据相结合，形成更全面的分析。植物的重力弯曲和重力响应机制可分为几个连续的组成部分，包括对重力矢量变化的感知、转导和不对称生长响应。重力感知的第一步取决于根帽小柱细胞以及茎和下胚轴的内胚层中致密富含淀粉的质体的沉降。重力反应机制的第二步是转导，导致激素不对称性发育。在第三步中，建立曲率响应，允许器官以与重力矢量定义的设定角度恢复生长。这种向重力途径还可能涉及几种非激素调节信使，如胞质 Ca^{2+} 离子、肌醇 1,4,5-三磷酸（IP_3）、蛋白质磷酸化、磷脂酶 A2（PLA2）、细胞骨架网络、pH 值、活性氧（ROS）和一氧化氮（NO）等。引力的机制在每个器官（根、下胚轴和花序茎）中部分遗传不同，尽管该机制的某些遗传成分在各个器官之间共享。由于根和芽表现出相反的重力向性，因此这些器官之间的差异并不奇怪。尽管这两个器官都可以归类为表现出负重力的芽，然而，在下胚轴和花序茎向重力的遗传机制中发现部分重叠。当提到枝条时，是表现出负重力作用的地上重力响应器官，包括草本植物的茎或木本林木、茎状器官、花序茎、上胚轴、下胚轴、茎叶鞘、节间叶枕。其他已知对重力敏感的器官包括雄蕊、花梗、各种果实和叶子，但对这些器官的研究相对较少。有大量证据表明，根帽是重力感知的位点，因此它需要重力感应细胞与那些在伸长区进一步响应的细胞之间的通信手段。然而，在胚芽、下胚轴、表胚轴和花序茎中，可以沿着响应区域的整个长度感知重力，因此，不能排除信息的横向传递以及没有必要假设消息的任何纵向传递。重力感知与枝和根响应组织之间的这种不同空间关系表明，根和芽之间在重力信号转导和传输方面可能存在机制差异。Cholodny-Went 模型是为了解释植物向性而产生的。该理论最初是为了解释胚鞘的向光性运动而提出的，声称缺乏生长素限制了生长，而重力向地性是由生长素向延伸侧的横向迁移引起的。因此，它成功地预测了在许多具有代表性的单子叶植物和双子叶植物芽中重力诱导的生长素再分布和生长调节。这一假说也扩展到根部，其中生长素作为生长抑制剂被认为在未生长的侧翼中积累。尽管多年来已经发展了许多突变体，但基本概念模型提出植物重力向地性是由控制器官两侧差异伸长率的一种（或多种）植物生长物质的横向重新分布引起的。然而，很明显该模型赋予根和芽的引力性的概念统一与这些器官显示的一些解剖学、形态学和生理学差异不一致。虽然 Cholodny-Went 模型的原始概念最好地解释了根向重力，但该模型关于芽向重力的机制思想是不够的。因此，需要新的激素控制模型来描述枝条向重期间的复杂生长行为。生长素是最早与引力有关的激素，多年来，它作为调节这一过程的主要激素在重力反应中的作用。生长素被认为是重力感知位点之间的转导信号，在芽的维管组织周围的淀粉实质细胞和根帽的小柱细胞中，以及每个器官伸长区表皮细胞的不对称生长。生长素与重力作用有关的方法包括鉴定重力器官中的生长素浓度梯度，使用阻断重力作用的生长素转运抑制剂，分析生长素响应基因表达的差异激活或各种生长素的差异发生诱导与生长相关的反应，以及生长素转运或反应中改变的突变体分离以及它们的向量反应。虽然在许多情况下很难证明差异生长素的转运或积累，但通过使用拟南芥突变体已经了解清楚，生长素的运输和反应是向性曲率发展的先决条件。检测向地性器官中的生长素不对称性发现，通过生物测定或分析技术测量的生长素不对称性的大小和/或动力学被广泛认为不足以促进观察到生长差异。事实上，在重力刺激期间确定生长素的作用部位是一个很重要的问题，因为只要最敏感的细胞不是明确已知的，提取物中的生长素测定就没有什么价值。因此，当确定批量可提取生长素时，实际上局部参与的生长素仍然可能被掩盖。过去，对重力刺激过程中生长素（和其他生长物质）分布的分析包括对切除的受刺激植物部分切割表面的琼脂扩散实验。在应用外源标记激素后，也主要采用检测发育反应器官内的放射性分布。大多数关于鉴定重力器官生长素梯度的工作都采用放射性标记生长素的检测。这些报告大多为 IAA 在鞘骨中的不对称分布提供了一致的证据，但下胚轴、节间或主根的结果有时是矛盾的。因此，从这些数据中无法得出结论，检测到的任何不对称性是否为发育反应器官上半部分和下半部分差异生长的原因或结果。只有少数研究报告了更精确的生长素检测方法，通过使用质谱法（GC-MS）来跟踪生长素水平或重度植物器官中的再分布或具有特异性抗体的免疫测定。尽管比放射性分布分析更可靠，但相同的保留仍然成立，因为生长素不是在组织中的特定作用部位确定的。各种生长素诱导基因的不对称分布被用作间接检测重力组织中生长素的手段。这种原位生长素检测方法得到了改进，生长素诱导的基因报告系统，例如 *DR5*∶∶*GUS* 或 *DR5*∶∶*GFP* 用于根和下胚轴。在这种方法中，使用合成的 *DR5*∶∶*GUS* 生长素反应启动子间接地在组织内可视化生长素水平，该启动子来源于早期生长素反应基因 *GH3*，其活性被发现与直接测量生长素相关。这似乎是对作用部位组织中生长素准确而有力的间接测定，具有高空间分辨率。然而，这种方法有两个缺点：一是与放射性标记的 IAA 的横向转运相比，*DR5*∶∶*GUS* 表达的出现时间延迟；二是从用 *DR5*∶∶*GUS* 或 *DR5*∶∶*GFP* 测定根尖生长素含量可以估计在 0.3~9.0 mmol/L，无法检测到较低的浓度。因此，为了测定芽或向光期间的生长素梯度，*DR5* 启动子似乎不够灵敏，有人建议需要开发一种新的生长素报告基因，其灵敏度约为 *DR5*∶∶*GFP* 的 10 倍。大量的实验证据基于前面详述的各种生长素测定方法，表明在根部受到重力刺激后，生长素在整个根部和各种地上器官中发生不对称分布。这些地上器官包括玉米胚芽鞘，蒲公英花梗，燕麦节间叶枕，番茄、大豆或向日葵的下胚轴，烟草芽，金鱼草花序。在重力曲率响应明显之前，在重力刺激下，放射性标记的 IAA 的横向重新分布有利于根尖下侧，并且依赖于活跃的代谢和 Ca^{2+} 离子。在拟南芥根中，还证明即使在外源生长素存在的情况下也产生了内源性重力生长素梯度。这一发现实际上解决了对 Cholodny-Went 假说的强烈批评之一，因为外源性应用的生长素不能影响内源性生长素梯度。在玉米胚芽鞘也发现了放射性标记的 IAA 的横向再分布。此外，已经观察到由 GC-MS 确定的内源性无 IAA 的梯度有利于燕麦和玉米节间叶枕，玉米胚芽和金鱼草花序茎产生向地性。在生长素响应启动子的控制下使用 GUS 报告基因，证明重力刺激在烟草芽和拟南芥根中起作用。在枝条或胚芽中，经重力器官的生长素梯度大小在 2~4 倍。在各种根和芽系统中通过准确和灵敏的方法测定可以观察到游离生长素水平的变化通常相当小或不存在，或时间短暂，表明许多情况下生长素具有不同的积累。若在豌豆根、玉米根或向日葵下胚轴各种系统中不存在生长素梯度，则认为生长素在其响应重力过程中不起作用，并且 IAA 的置换可能仅限于胚泡系统。过去未能检测到生长素的任何不对称重新分布导致了涉及其他生长调节因子的假设，例如枝条中的赤霉素（GA）和根中的脱落酸（ABA）。同样，对白杨和苏格兰松树干中内源性 IAA 的 GC-MS 分析表明，重力诱导木材的形成对 IAA 平衡没有任何明显改变，表明 IAA 以外的信号在反映木材响应中的作用。未能检测到生长素不对称可能是由于存在瞬时生长素梯度，如金鱼草花序茎所证明的那样。应该注意的是，虽然有利于玉米胚芽下侧 IAA 梯度在 60 min 的重力刺激期间持续存在，但在金鱼草花序芽上产生的 IAA 梯度在重力刺激 30 min 后消散。这意味着重力诱导的有利于下茎半部分的 IAA 重新分布是一个动态过程，仅在重力刺激期间的特定时间（可能是早期阶段）发生。生长素梯度相对于重力弯曲出现的时间并不总是与 Cholodny-Went 理论一致。和金鱼草尖刺在鞘翅弯曲前检测 IAA 梯度相反，在许多情况下，在烟草茎或拟南芥根中它出现在曲率期间或之后。在后两个系统中，*DR5::GUS* 表达梯度在向地性刺激后 5~6 h 出现，而放射性标记的 IAA 在玉米根系中的横向分布可以更早地被检测到。这种延迟反映了基因表达所需机制激活的滞后或检测生长素水平的阈值较高。这些发现表明抑制生长素转运阻止了重力反应，排除了不同 GUS 表达是重力弯曲的结果而不是原因的可能性。然而，通过在拟南芥根中使用 *DR5::GFP* 系统，可以在重力刺激后 15 min 内使可视化重力诱导的生长素从小柱到侧根帽细胞横向运动。生长素参与重力作用的研究超越了寻找其分布规律，揭示了促成这种再分布的成分。因此，生长素转运的修饰在生长素再分布和生长素梯度在重力器官上形成中起着至关重要的作用。IAA 在嫩芽组织中合成并运输到植物的更成熟区域去调节细胞分裂、扩增和繁殖。生长素被肢端运输到根帽中与从头合成的生长素一起被运输到根外围的皮质和表皮组织，再运输到根基部。极性生长素转运是一种细胞间运动，是生长素功能的一个重要方面，由细胞内流和外流载体介导。生长素转运极性由生长素外流载体复合物的特定分布决定。横向生长素在芽和根向重力上的运输也是生长素介导细胞生长的重要组成部分。已经确定了在各种器官中生长素转运系统的几个组成部分，并且总结了突变体及其在生长素转运中的缺陷。目前描述的大多数生长素转运成分都在根中起作用，这些基因的突变在根部重力方面表现出特定的缺陷。生长素内流载体参与向重反应。生长素通过不带电形式被动进入细胞，或在分子带电时通过跨膜流入载体导入。*AUX1* 编码一种假定的跨膜蛋白，其序列与真菌渗透酶相似，其最有可能作为流入载体使质子化生长素的运输成为可能。AUX1 位于根细胞原皮部的上侧，与韧皮部卸载一致。它还定位在小柱细胞和侧根帽组织上，因此可能负责生长素进入小柱细胞及其从小柱细胞到外周组织的运输。*AUX1* 突变导致根尖生长素供应缺陷是由于生长素从芽尖运输的中断。然而，尽管 AUX1 可能参与韧皮部的生长素负荷，但由于茎部向地性响应是自主的，它的突变不影响茎部的重力反应是因为不需要生长素的纵向运动来实现茎部向地性响应。AUX1 作为多聚体复合物的一部分起作用，但其作用机制尚不清楚。立体合成突变和用荧光素处理挽救了 *aux1* 的向重力性表明膜结构对 AUX1 的功能有重要影响。细胞中存在其他生长素内流载体，并在重力刺激过程中参与生长素的再分配，其中一个载体是 *rgr1/axr4* 突变体中的缺陷基因。该基因的突变类似于 *aux1* 突变型，可以通过应用萘乙酸（NAA）而不是 IAA 或 2,4-二氯苯氧乙酸（类似于 *aux1* 的引力型）来拯救。中性氨基酸转运蛋白可能在生长素转运中起作用。此外，*AUX1* 序列与其他 3 个拟南芥序列 *LAX1-3* 显示出高度同源性。然而，这 3 个基因在重力转导中的作用尚未阐明。这些潜在的生长素运输载体在芽中起作用使生长素的横向运输成为可能。

极性生长素转运由流入载体介导。数据表明生长素流入载体对 *PIN* 基因家族有作用。在拟南芥中已经鉴定出 *PIN* 家族具有 8 个基因，但有关它们参与枝条和根生长素转运及其蛋白质定位的信息仅存在于 *PIN1*、*PIN2/AGR1/EIR1/WAV6*、*PIN3* 和 *PIN4* 中。*AtPIN* 同源物之间具有高度同源性，包含 2 个高度疏水的结构域和 6 个由亲水区域连接的跨膜结构域，与原核和真核转运蛋白的序列具有相似性。已知的生长素转运方向，支持它们作为流入载体以极性方式在极性生长素转运细胞中的结构和定位。在拟南芥花序中，AtPIN1 位于细长的实质和花序细胞的下侧，与它参与的基瓣生长素运动一致。根部生长素的伴奏运动发生在髓中。在原生细胞中，AtPIN1 位于细胞的下侧，与 AUX1 定位相反。AtPIN4 定位在静止中心细胞顶端，在小柱细胞第一层可以观察到其非极性定位。这种定位表明髓中的异曲生长素可以转运连接到根帽细胞。尽管这两种携带者（AtPIN1 和 AtPIN4）参与生长素转运，但其基因内的突变并未表现出任何向重性反应的改变。另外，当 *Atpin2* 突变体的枝表型仅限于非常幼嫩的下胚轴时，AtPIN2 和 AtPIN3 的突变在重力反应中表现出根和下胚轴缺陷。AtPIN2 最有可能参与基瓣生长素转运。它在外周组织细胞上侧根部的定位以及在生长的最初几天幼苗下胚轴中的定位与这种转运一致。*DR5::GUS* 差异分布的消除表明生长素在 *Atpin2* 突变体根的下侧积累，证明 AtPIN2 在根中执行的基瓣生长素转运对于根向重力是必要。AtPIN3 最有可能参与枝条和根部的横向生长素运动。它位于芽内胚层细胞的外侧、内侧以及面向中央髓的根周细胞中，也均匀地围绕着小柱细胞。在重力根中，AtPIN3 在 2 min 内重新定位到小柱细胞的内侧，面向下侧。这种 AtPIN3 定位模式与其在重力刺激时在根帽上产生差异生长素梯度中的作用一致。因为 AtPIN3 的突变仅导致下胚轴和根部重量弯曲的轻微改变，可能不是唯一参与横向运输的蛋白质。此外，它朝向枝条中心的定位无法解释生长素在下侧的积累。因此，其他生长素流入携带者可能同时参与横向生长素转运。对编码 P-糖蛋白 ABC 转运蛋白的多药耐药（MDR）基因的研究表明 AtMDR1 参与下胚轴中的生长素转运。有证据表明，这种蛋白质并不直接在生长素转运中起作用，但可能会影响 PIN 蛋白的定位。AtMDR1 和相关基因 AtPGP1 内的突变破坏了 AtPIN1 定位，从而导致基瓣生长素转运受损。这些突变体下胚轴的增重表型可能是由于生长素在下胚轴细胞中积累而导致的横向生长素转运所致。目前可以通过检查生长素转运抑制剂对重力反应影响的广泛研究以及通过编码生长素转运机制成分的基因突变改变了根向性了解生长素转运在重力反应中的作用。生长素转运抑制剂在根部的应用完全抑制了根部的向重力但是不抑制其正常生长，但是在枝条中，抑制重力反应的生长素转运抑制剂仅部分阻断生长反应。据报道，Ca^{2+}、光、磷酸化和类黄酮等因子可以改变向重力和生长素转运，但它们的作用方式尚不清楚。另外，膜循环和肌动蛋白细胞骨架通过改变生长素转运组分的定位来调节生长素转运。生长素转运依赖于受细胞骨架和 N-1-萘基邻苯二甲酸（NPA）结合蛋白影响的膜示踪。发现 PIN1 定位取决于活跃的囊泡运动，在内部隔室和质膜之间循环。通过编码 ADP 核糖基化因子、鸟嘌呤核苷酸交换因子的 *GNOM* 基因突变或通过布雷菲尔丁 A（BFA）处理阻断囊泡运动，也破坏了 PIN1 定位。去除 BFA 可立即正确定位 PIN1。PIN1 的定位也依赖于肌动蛋白细胞骨架。极性生长素转运和 PIN1 定位都受到细胞松弛素的干扰，细胞松弛素是一种导致肌动蛋白丝碎裂的药物。肌动蛋白还参与了 BFA 处理后 PIN1 的内化以及 BFA 洗脱后其定位的恢复。用生长素转运抑制剂 2,3,5-三碘苯甲酸（TIBA）处理，也阻止了 PIN1 蛋白的循环定位以及肌动蛋白与 NPA 结合蛋白相互作用。综上所述，加载 PIN1 囊泡的运动可能取决于肌动蛋白细胞骨架。NPA 结合蛋白提供囊泡和肌动蛋白之间的桥梁，表明 NPA 结合蛋白的功能至少对于 PIN1 的囊泡运动和再循环是必需的。已经确定了几种已知参与肌动蛋白依赖性囊泡循环的候选 NPA 结合蛋白，但它们在生长素转运中的作用尚未确定。已发现酵母中表达的 AtMDR1 蛋白可以结合 NPA，并且该基因的突变破坏了 PIN1 定位，因此推测 AtMDR1 及其相关蛋白 AtPGP1 是输出载体复合物的一部分。然而，由于在 *Atmdr1* 基因中 NPA 仍然可以阻断 IAA 转运，因此，表明存在其他蛋白质参与生长素转运。另一种可能参与 PIN1 定位的蛋白质是 BIG，预测其大小为 560 kDa。该基因中缺陷的 *tir3/doc1* 突变体表现出根部偏重力性降低。突变体对 NPA 应用也不敏感，因此可能在 PIN1

循环的 NPA 依赖性调节中起作用。生长素转运通过磷酸化和类黄酮水平得到增强。编码蛋白激酶的 PINO 突变、生长素转运减少和磷酸酶 2A 调节亚基 RCN1 突变导致根部活性降低和基瓣 IAA 转运增加。因此，磷酸化可能刺激了极性生长素的转运。生长素转运减少也是由透明 testa4（*tt4*）突变引起的，该突变降低了类黄酮水平。在 *rcn1* 和 *tt4* 突变体中，生长素转运增加与向重性缺陷相关。因此，根系无法正确响应重力矢量的变化可能是由于无法阻断上侧基瓣生长素的运输。重力刺激在感知后的某个阶段增强了类黄酮的合成，但没有检测到类黄酮的差异积累。类黄酮可能在重力向性刺激期间起作用以调节生长素运输。在燕麦的芽叶枕重力刺激过程中已经检测到重力诱导的特定蛋白质磷酸化，但目前尚不清楚这种磷酸化是否与生长素转运有关。在重力向性刺激时要求立即改变生长素转运就需要快速改变流入载体的定位。事实上，由于重力刺激，PIN3 的根帽定位立即发生变化。然而，目前尚不清楚其他流入载体是否也由于根和芽的重力刺激而改变其位置。应该强调的是，目前还没有关于花序芽中潜在的横向生长素流入载体的数据。生长素促进芽细胞伸长，抑制根部细胞伸长说明这两个器官对生长素的敏感性存在显著差异。许多研究表明，尽管 IAA 与其受体的相互作用变化尚未得到证实，但是向重力的植物器官的特征表现为 IAA 敏感性的变化。对生长素的反应性通常通过监测组织下侧和上侧的生长响应外源性生长素或生长素相关功能（例如，质膜上质子泵的激活）来测量。众所周知，生长素通过调节质膜质子泵的活性来控制细胞的扩增，导致细胞壁酸化和延展性增加。基于对大豆下胚轴和燕麦芽的研究可以得出，组织下侧比上侧对生长素更敏感，导致质膜上 H^+－ATP 酶被不同程度地激活。此外，已经确定在重力刺激时，生长素响应基因表达存在差异激活。生长素参与促重力反应的额外支持来自对两组生长素反应途径缺陷的突变体的分析。一组突变体似乎参与生长素响应基因的调节，另一组影响蛋白质降解。简而言之，生长素导致的转录激活可能涉及编码 AUX/IAA 和 ARF（生长素反应因子）蛋白的基因的参与。拟南芥中的 *AUX/IAA* 基因家族由至少 29 个编码核蛋白的基因组成，其转录水平被生长素迅速上调。AUX/IAA 可以与由拟南芥中的 10 个基因组成的 ARF 家族形成异二聚体。目前提出的模型是 ARFs 与生长素上调基因永久结合，在低生长素浓度下，它们与 AUX/IAA 形成二聚体而关闭转录。生长素积累后，AUX/IAA 迅速降解，这一过程允许 ARF-ARF 二聚化和转录。AUX/IAA 基因 *IAA3*、*IAA17* 和 *IAA14* 的突变分别在突变体 *shy2*、*axr3* 和 *slr* 的下胚轴和根部引起异常的向重力反应。另一方面，IAA19 的突变导致 *msg2* 突变体的形成，该突变体仅在下胚轴中表现出异常的促重力反应。目前已知只有 IAA7 中的突变导致突变体 *axr2* 在根、下胚轴和花序中的向重力反应降低。不同 AUX/IAA 基因的突变在根、下胚轴或所有器官（包括花序）中引起特定的表型，表明向重力过程中生长素反应是由不同的基因执行的，阐明生长素信号网络对于理解生长素在重力作用中的精确分子机制是必要的。ARF7 的突变仅在下胚轴的差异生长中引起缺陷。该基因的突变体被独立分离为 *msg1*，仅在下胚轴中对外源生长素不敏感，以及 *nph4* 表现为非向光性反应。ARF7 蛋白在双杂交酵母系统中与 IAA19 相互作用，IAA19 在 *nph4/msg1* 突变体中的表达降低，表明 ARF7 在差异生长的负调控中与 IAA19 相互作用。据报道，对 18 种不同 ARF 的单个 *arf* T-DNA 插入突变体的分析没有发现额外的重力突变体，表明 ARF 可能存在功能冗余。然而，*arf7 arf19* 双突变体在下胚轴（如 *arf7* 单突变体）和根中均表现出异常的促向性反应。AUX/IAA 的降解通过泛素依赖性蛋白水解系统执行，需要蛋白质的泛素化来发出蛋白酶体系统降解的信号。该途径的主要成分是 E1 和 E2 泛素激活和偶联酶，以及将泛素转移到靶蛋白的 E3 连接酶。E3 连接酶作为 SCF^{TIR1} 复合物由几种活性蛋白质组成，包括 F-Box、ASK1、Cullin 和 RBX1。Cullin 蛋白经历了 Rub 家族泛素相关蛋白的修饰。像泛素一样，Rub 蛋白也被一系列酶激活。拟南芥中 F-Box、Cullin 或 Rub 活化酶内的突变分别导致 *tir1*、*axr6* 和 *axr1* 突变体中的生长素不敏感表型。这些突变体在根部也表现出削弱重力反应的表型。令人惊讶的是，目前在该途径的突变体中尚未发现芽表型的向重力性改变。在前面描述的生长素反应基因的激活反过来又编码多种蛋白质，激活细胞对激素的各种反应。生长素通过调节多种细胞过程来控制细胞伸长，包括离子稳态、酶活化、细胞骨架组织和壁延伸性。基本上，介导元件如 K$^+$ 通道，壁松弛因子，酶如 H$^+$–ATP 酶，转化酶和磷脂酶 A2（PLA2），pH，肌动蛋白细胞骨架和内源性信号元件，包括活性氧（ROS）、一氧化氮（NO）和 cGMP，已被认为参与生长素作用的执行。然而，人们对控制这些过程的分子机制知之甚少。已知生长素直接上调编码玉米胚芽鞘中向内流 K$^+$ 通道基因 *ZMK1* 的表达，并且在胚芽鞘引力作用期间观察到生长素丰度的不对称变化调节了曲率发生之前 *ZMK1* 表达的平行变化。这种生长素诱导的 K$^+$ 通道基因表达变化提供了一种促进 K$^+$ 积累（以及细胞弹性）的动态变化机制，从而驱动胚芽鞘的差异伸长。据报道，生长素上调了与生长相关的两种拟南芥向内整流剂 KAT1 和 KAT2 的转录本。总之，这些发现说明 K$^+$ 通道基因是生长素在生长和重力向性调节中的下游候选基因。为了质疑和阐明引力弯曲过程中 IAA 分布横向变化的生理相关性，提出了一种依赖于 IAA 但独立于其横向再分布的替代模型。该模型表示重力刺激暂时抑制 IAA 诱导的分泌壁松弛因子浸润到上侧表皮细胞的外细胞壁中来抑制胚芽鞘下侧的生长。细胞质和质外体 pH 值响应重力向性刺激的变化是有据可查的。在关于拟南芥根的报告中表明，重力诱导的生长素梯度与小柱细胞质和肌动蛋白细胞骨架的碱化之间存在相互作用，肌动蛋白细胞骨架通过不断重置重力信号系统来下调向重力性。一些报告表明，根的重量反应是由生长素诱导的 ROS 或内源性信号分子一氧化氮（NO）和 cGMP 形成的差异介导，cGMP 是响应 NO 产生的第二个信使。数据还表明，ROS 清除剂减少了梅氏禾和大豆根系的重力弯曲。这与之前参与氧化暴发的基因构成了重力调节基因的最大功能类别是因为重力刺激诱导了氧化暴发的研究结果相符合。所有这些研究都表明，生长素通过诱导 NO 和/或 ROS 在根部重力中起关键作用。然而，NO 和 cGMP 合成抑制剂缺乏完全抑制效果表明根中的生长素作用存在其他介导机制。PLA2 是一种水解膜糖脂的磷脂酶，显示拟南芥 *AtPLA2* 基因在生长素处理的组织和重力花序茎的弯曲区域中强烈上调表明生长素介导的向重力细胞伸长可能通过 PLA2 的上调起作用。蔗糖裂解转化酶的基因表达和活性差异的分布在细胞壁松动期间起作用，导致差异生长，该结果已经在燕麦和金鱼草茎的向重力作用过程中得到证实。有研究表明重力诱导的转化酶基因表达在重症玉米浆中存在不对称分布，进一步说明转化酶 RNA 的丰度受生长素调节。此外，转化酶 RNA 和生长素梯度在向重力作用期间是平行发生的。这些结果都表明生长素可能通过转化酶在重力反应中起作用，导致差异生长。根部的向重力性作用也可能通过转录后调节进行调节。HYL1 基因编码双链 RNA 结合核蛋白，突变会导致根部向重力动力学的改变，引起对生长素的敏感反应降低。然而，这种突变也显示出其他结构表型，如对细胞分裂素的抵抗力增加，以及种子萌发对 ABA 的超敏反应等。据推测，这种 HYL1 蛋白在各种过程中对多种激素的调节作用主要通过影响激素诱导的基因表达来实现，其中也包括向重力性。正如 Cholodny-Went 理论所提出的那样，生长素一直被认为是重力生长反应的中枢调节剂。在检测、运输和反应的各个层面收集的证据都表明生长素是根和芽中重力曲率发展的先决条件。对 Cholodny-Went 模型的批评，主要是关于根和芽的不同行为方面不应被忽视。有证据表明，根和芽在重力过程中都表现出具有与生长素无关的阶段。在根系研究中的一些结果表明，经典模型不足以解释根系曲率早期阶段具有向重力性的关键特征。对此，有人提出重力响应的早期阶段可能涉及远端根伸长区相对侧的差异伸长，与这种生长素梯度无关，因为细胞可以自己感知重力或接收来自根帽的差异信号。然而，这并没有否认生长素在整个过程中仍然发挥主要作用。在根部产生重力诱导的生长素浓度梯度可能缺少一些驱动重力刺激的曲率反应，因为影响生长素转运和/或反应的突变干扰了重力作用。生长素转运中的大多数突变在根部向重力中受损的事实加强了这一结论。

在枝条中，在生长素运输途径中发现的突变体数量相对较少，该结果表明如果生长素运动是引力反应机制的一部分，则必须将其正确定位。由于人们对生长素运输机制了解匮乏，因此可能涉及横向生长素运输的其他运输成分同样是枝条向重力性所必需的。在过去的几十年中，许多研究已经证明了重力刺激导致组织中生长素的再分布。尽管对 IAA 再分布的速度和数量与重力生长速度比较、IAA 水平和代谢物分析方法的准确性以及组织特异性提出了质疑，但生长素的不对称分布被认为是引力生长差异的主要影响因素。然而，越来越清楚的是，穿过重力器官的生长素梯度似乎是短暂的，并且生长素的不对称性在整个重力反应期间不会持续存在。这种短时间的生长素不对称似乎足以激活生长素响应基因以及随后导致弯曲反应的下游事件。生长素调节的下游基因或事件的功能性质在过去的时间中已经慢慢得到揭示，并且证明了生长素在诱导重力向性刺激后差异生长的几种可能模式。然而，对于植物这种复杂的增长反应，人们尚未全面了解。

生长素是细胞分裂所必需的一种多因子植物激素。精细的梯度差异决定了时间和空间上的发展变化点。它与植物生长的轴向性密切相关，在不同的组织中，增加/减少剂量直接导致促进细胞扩张或抑制细胞扩张。从胚胎定型到果实开裂，每个植物过程都与生长素激素信号有关，包括对损伤的反应。此外，合成生长素作为农用化学品有广泛的用途，特别是作为选择性除草剂。生长素作为一种重要的植物信号，其生物合成途径尚不完全清楚。

关于生长素的感知和调控基因转录机制已有深入的了解。生长素受体之一已经被鉴定出来，蛋白质晶体学数据解释了它与生长素的结合能力，但这可能只是控制生长素介导反应的一个子集。对信号转导中间体知之甚少。第二个受体已被提及可能参与控制生长素介导的基因转录。一组复杂的蛋白质，包括信号体和蛋白酶体，有助于转录因子的调节，通过解除生长素抑制进行调节。一组生长素转运蛋白表明可以与相关的调控相互作用，揭示了生长素的极性流动和控制生长素在细胞，组织和植物周围的运动。这些运输系统建立的生长素浓度梯度调节生长和分化的反应，包括植物对重力的反应。通过将整个植物的生理与遗传和蛋白质活动的细节联系起来，对这些组织区域进行了全面的描述和讨论。

响应重力矢量变化的方向运动（向性）通过采用复杂的生理过程以及植物细胞的许多组成部分来塑造植物。与枝条向重力相比，人们对根部向重力及其激素调节的理解更为深刻。特别是关于生长素流入和流入载体的亚细胞定位和分布的发现，至少在根源上为基于生长素热带反应的 Cholodny-Went 假说提供了强有力的支持。然而，目前尚不清楚这一假设是否也适用于涉及的向重力，特别是各种地上器官的向重力。现在越来越清楚的是，芽具有与根不同的重力反应模式，因为它们的重力感知不是发生在尖端，而是发生在内皮细胞中，这证实了生长素缺乏纵向信号传递。因此，应提出一个改进的模型来解释地上部向重及其激素调节模式。测定参与地上部向重力作用的生长素流入和流入载体，特别是在花序以及茎中起作用的载体，似乎是该方向的重要研究目标。多年研究发现，生长素虽然在整个向重性过程中起着重要作用，但并不是唯一参与调节重力的激素，其他植物激素，特别是乙烯和细胞分裂素，是与生长素协同调控的重要参与者。已经有大量证据表明，生长物质可以通过产生局部浓度不对称来调节植物的重力取向，但是尚未完全理解。因此，阐明重力刺激诱导的乙烯浓度梯度在枝条中的作用和细胞分裂素浓度梯度在根中的作用，以及它们与生长素的联合调节作用，可以提高人们对这些器官中向重力整体控制的理解程度。越来越多的证据表明，一些突变可以同时影响对一种以上激素的反应。一个突出的例子是 *ein2* 突变体，它始终出现在不同激素的通路上，如乙烯、细胞分裂素、脱落酸和生长素。这无疑表明植物中的两个或多个激素信号转导途径之间存在调节相互作用。因此，从本章中得出的一个重要结论是，激素之间可能在调节植物向重力方面的相互作用和信号通路中的串扰大多仍然是不清楚的。现在的挑战是确定串扰的机制，或所有这些途径如何相互作用以及它们如何相互协调。

向重力的主要研究目标仍然是在分子水平上确定支链淀粉沉降如何改变生长素转运导致其不对称分布并解开静细胞中的信号级联反应。然而，虽然激素主要参与调节重力信号转导和细胞伸长反应，但一些研究指出了它们在参与调节重力作用中的可能性，并且是一个值得探索的研究路线。研究表明，赤霉素加细胞分裂素或乙烯降低了支链淀粉中的淀粉水平和重量反应，而 IAA 将淀粉水平与向重性一起恢复为懒惰-1 突变体。未来的研究应该着重阐明各种激素与支链淀粉和细胞骨架在重力刺激时的可能相互作用，为控制向重力早期感知的机制提供新的见解。此外，关于生长素信号如何在分子水平上产生的差异生长模式知之甚少。因此，进一步分析该途径中的几个重要因素，如转录激活剂 NPH4/ARF7，或确定 ROS 在生长素作用中的作用，可以为阐明这一基本问题提供重要线索。

第二节　细胞分裂素

一、细胞分类素的合成

细胞分裂素属于腺嘌呤类衍生物，基本结构是 6-氨基腺嘌呤环，因其腺嘌呤环的 N6 位置被各种亚基取代而产生不同的种类：玉米素、二氢玉米素和异戊烯基腺嘌呤等。第一次提出的促进细胞分裂的活性物质是激动素（KT），从鲱鱼精细胞 DNA 中提纯得到，后在烟草中发现促进细胞分裂的物质命名为细胞分裂素（Miller et al.，1955）。植物中细胞分裂素的合成途径有两种：第一种为以异戊烯基侧链为底物，从头合成途径，主要合成玉米素和异戊烯基腺嘌呤型细胞分裂素，是植物体内最主要的细胞分裂素合成途径，又分为 AMP、ATP/ADP 和旁路 3 种途径，其中 AMP 途径是经过纯化的 IPT1 促进 DMAPP 和 AMP 体外合成 iPMP，而且同位素标记的 AMP 可以融合到 iPA 中（Black-well & Horgan，1994；Takei et al.，2001），ATP/ADP 途径是 IPT4 蛋白会优先利用 ATP 和 ADP 作为底物，而不是 AMP（Kakimoto，2001），而旁路途径是不依赖 iPMP，直接通过 IPT 从 AMP 合成何干单磷酸（ZMP）（Astot et al.，2000）；第二种是 tRNA 分解途径，合成顺式玉米素细胞分裂素（李志康等，2018）。参与细胞分裂素合成的酶主要包括：异戊烯基转移酶（IPT）、tRNA-异戊烯基转移酶（tRNA-IPT）、细胞色素 P450 单氧酶（CYP735A）以及 5′-核糖氮磷酸水解酶（LOG）（Miyawaki et al.，2004；Takei et al.，2001）（图 1-3）。

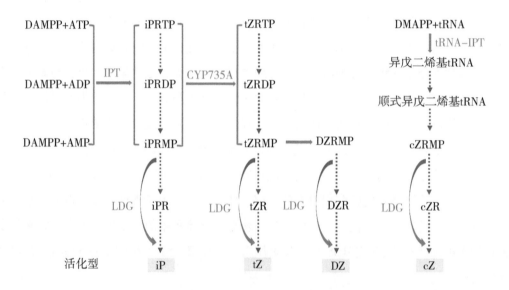

图 1-3　细胞分裂素生物合成模型及抑制的两个激活途径

注：iPRMP 为 iP 核苷 5′-单磷酸；tZRTP 为 tZ 核苷 5′-三磷酸；tZRDP 为 tZ 核苷 5′-二磷酸；tZRMP 为 tZ 核苷 5′-单磷酸；DZRMP 为 DZ 核苷 5′-单磷酸；cZRMP 为 cZ 核苷 5′-单磷酸；DZR 为 DZ 核苷；cZR 为 cZ 核苷。蓝色箭头表示与编码该酶的已知基因发生反应，红色虚线箭头表示该基因尚未被识别。

研究发现细胞分裂素只可以在细胞分裂素氧化酶（Cytokinin/Dehydrogenase，CKX）的作用下进行不可逆转的分解代谢（Galuszka et al.，2007）。所有的 CKX 酶都是通过脱氢的方式进行细胞分裂素异戊二烯侧链的不饱和键降解（Morris et al.，1999）。不同的电子受体、底物条件以及 pH 值对 CKX 的酶活影响存在很大差异，CKX2 和 CKX4 是催化类异戊二烯效果最好的酶。过表达的 CKX 可以增加植物对非生物胁迫的耐受性，CKX7.2 的启动子序列包含多种胁迫相关的反应元件，可以增加苹果的抗旱性及对低磷的耐受性（姚继芳，2019）。细胞分裂素主要在根系合成，通过蒸腾作用从木质部转运至芽，再从枝芽进行输出调节，从而运输至相应的靶细胞发挥功能（图1-4），但是对于细胞分裂素在细胞之间的主动运输机制还有待进一步研究（Faiss et al.，1997；Ma & Liu，2009）。

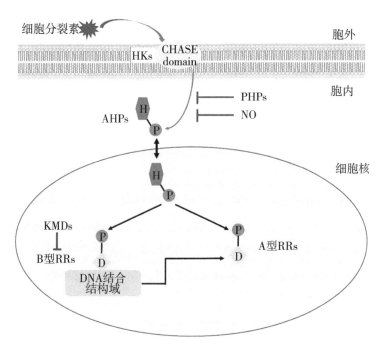

图1-4　细胞分裂素信号转导途径

注：细胞分裂素绑定到 HK 受体的 CHASE 结构域。AHPs 介导从受体蛋白 HKs 到下游 RRs 的磷酸化过程。B 型 RRs 介导响应细胞分裂素的转录调控过程，随后被 KMDs 降解。A 型 RRs 缺乏 DNA 结合结构域，可以作为负反馈调节因子被细胞分裂素所诱导。PHPs 与 AHPs 类似，缺乏磷酸化底物组氨酸，也是一个负调控因子。AHP 活性可以被 NO 介导的亚硝基所抑制。

已证明嘌呤透性酶（PUP）和核苷转运蛋白参与细胞分裂素向细胞内转运过程，ABACG14 负责向细胞外运输细胞分裂素。拟南芥中的 PUP1 和 PUP2 可以运输自由态的细胞分裂素，而 ENT 参与核苷结合态细胞分裂素的转运（Gillissen et al.，2000；Hirose et al.，2005；Sun et al.，2005）。研究证明级联形式的磷酸化反应在细胞分裂素的信号转导中充当关键步骤。细胞分裂素首先结合定位在细胞膜上的 HKs（Cytokinin response histidine protein kinase）组氨酸受体蛋白激酶，然后磷酸基团会从激酶域的组氨酸残基转移至天冬氨酸残基的信号接收域，再传递到细胞质中的磷酸转运蛋白 HPs

（Histidine phosphotransfer proteins）。在细胞质中的 HP 进入细胞核，将携带的磷酸基团传递给细胞分裂素响应因子 RRs（Response regulators）去调控下游基因行使细胞分裂素功能（Kieber & Schaller, 2018）。RRs 分为 A 型 RRs 和 B 型 RRs 两种。A 型 RRs 在 N／C 两端都含有磷酸基团的受体结构域，是主要响应细胞分裂素信号的，常常被当作恒量内源细胞分裂素信号水平的分子标记。而 B 型 RRs 的表达水平不受外源细胞分裂素和其他激素的影响，其 C 端还另外有一个与 MYB 基因家族转录因子关系非常相近的 GARP 元件，并且该元件可以结合到 A 型 RRs 的启动子区域来调控 A 型 RRs 的表达（Hosoda et al., 2002；Imamura et al., 1999；Lohrmann & Harter, 2002；Paul et al., 2016）。目前被鉴定出来的细胞分裂素信号转导调控因子有 5 个 HKs、5 个 HPs、15 个 A 型 RRs 以及 7 个 B 型 RRs（Du et al., 2007）。

二、细胞分裂素的功能

在植物中，细胞分裂素最主要的作用是促进细胞分裂和分化，抑制分生组织的生长（Beemster & Baskin, 2000）。细胞分裂素可以促进芽中的细胞增殖，CKX 基因的缺失会增加种子产量，在外源细胞分裂素刺激下，RRs 的突变体侧根明显减少，但是 CKX 过表达植株的侧根数量明显增加（Chang et al., 2013；To et al., 2004）。顶端分生组织和根尖分生组织的静止中心类似，细胞分裂素的活化酶 LOG 通过调节水稻中细胞分裂素的合成来维持分生组织的活性，该基因突变体的花器官无法发育，枝梗数和小穗数都显著减少（Tsuda et al., 2011），而且其响应因子 RRs 在水稻花序形成过程中发挥了重要作用（Hirose et al., 2007）。细胞分裂素不仅可以影响器官形成，也可以提高植物抗逆性。细胞分裂素可以清除活性氧自由基，改变细胞膜的脂肪酸比例，增加叶绿素和可溶性蛋白含量，激活植物体内的应激反应，保护细胞膜在逆境环境中的活性，提高植物抗逆性（王三根和梁颖，1995；周狄生等，1989）。细胞分裂素还具有调节维管发育、促进韧皮部发育的功能（Rybel et al., 2014）。

细胞分裂素是调节细胞分裂和发育的激素，在植物生长的各个方面起着至关重要的作用。与其他植物激素不同的是，由于缺乏生物合成和信号突变体，细胞分裂素的调节作用尚不清楚。这可能就是为什么细胞分裂素不经常被作为参与促重力反应的激素的原因。然而，随着包括细胞分裂素氧化酶/脱氢酶（CKX）基因家族和组氨酸激酶 4 细胞分裂素受体在内的细胞分裂素作用和代谢关键元素的鉴定，这种认知正在发生变化。使用细胞分裂素缺陷植物明显可以地确定细胞分裂素在枝条中具有积极的调节作用，在根部具有负调节作用，这可以揭示细胞分裂素在重力反应中的可能性作用。一些研究间接表明细胞分裂素参与芽的促性反应，其中包括显示细胞分裂素与 *dgt* 番茄突变体以及拟

南芥 *msg1* 突变体对拟南芥幼苗的重力反应具有红光效应。*dgt* 番茄植株除了大大减弱了的重力反应外，还表现出许多多效性发育的改变。*dgt* 的许多表型性状通常与细胞分裂素而不是生长素有关，细胞分裂素在野生型植物中的外源性应用表型类似 *dgt* 突变体相关的各种表型异常。因此，细胞分裂素以类似于 *dgt* 的方式抑制了重力反应，并且还降低了生长素横向转运的速率。这种相关性表明细胞分裂素在调节生长素运动和向重力作用方面起重要作用。研究显示几种促重力和生长素不敏感的突变体（AUX1、*axr1* 和 *axr3*）也表现出对细胞分裂素的交叉不敏感性，结果使得细胞分裂素、生长素和促重力反应机制之间的这种相互作用得到了进一步的支持。不能排除细胞分裂素通过乙烯起作用的可能性，因此这些突变体对该三种激素都不敏感。在双子叶植物幼苗光形态发生的几个方面，细胞分裂素与光相互作用的结果为细胞分裂素在枝条引力中的作用提供新的见解。因此，细胞分裂素可以恢复在连续红光下生长的拟南芥幼苗负重力向性，并且细胞分裂素的这种效应已被证明是通过增加乙烯产量介导的。同样，早期研究证明细胞分裂素抑制黑暗生长的拟南芥幼苗下胚轴伸长，这种效应是由于细胞分裂素诱导的乙烯产生。因此，细胞分裂素似乎可以通过与乙烯共同抑制下胚轴生长或通过另一种光效应机制来调节向重力。对细胞分裂素和乙烯之间可能的串扰的研究将进一步支持它们对其合成和信号通路的相互影响的相关结论，并可能也影响向重力。

应该指出的是，细胞分裂素起作用以减少活性生长素的假设没有得到细胞分裂素缺陷植物表型的支持。如果模型是正确的，那么在细胞分裂素缺陷植物枝条中观察到生长素含量的降低与假设不符。一个可能的解释是，这些细胞分裂素缺陷植物中的生长素减少可能是由生长素生物合成的主要部位枝顶端分生组织和嫩叶的大小决定，这就需要比代谢相互调节更复杂的机制来解释两种激素的相互作用。对拟南芥植物的一项研究表明，细胞分裂素仅在乙烯作用或 IAA 转运受阻时促进下胚轴在光线下的伸长。据此，提出了三种激素信号通路之间存在交互，表明在光线下，细胞分裂素与乙烯信号通路相互作用，并有条件地上调晚期乙烯和生长素合成。类似于在红光条件下由乙烯介导的细胞分裂素效应，细胞分裂素也可能在白光下与乙烯相互作用以抑制下胚轴生长并可能引起其重力反应。

很少有关于细胞分裂素参与根部偏重力性的研究报道。与赤霉素一起施用细胞分裂素 30 h 对水芹根的重力反应性影响的间接证据表明，因为处理导致支链淀粉完全脱淀粉就不会引起沉降和破坏细胞器在静止细胞中的极性排列。尽管根系仍然生长，但是结构极性丧失的同时伴随着重力响应性的丧失。这些结果表明赤霉素和细胞分裂素在低浓度下对于维持根部细胞重力敏感性是必需的。

一项突破性发现表明细胞分裂素在根部向重力性中的关键作用。已知细胞分裂素在根系生长中具有负调节作用，同时，利用细胞分裂素缺陷的转基因植物清楚地表明，细胞分裂素在重力响应期间起到抑制根伸长的抑制剂作用。因此，证明了重力诱导的细胞分裂素不对称分布导致在重力响应的早期快速阶段根尖附近开始的向下曲率。这是通过抑制根系下侧伸长和促进根盖后面远端伸长区上侧的生长而获得的。因此，细胞分裂素可以作为生长素诱导根下表面生长的假定根帽抑制剂，之前多年来根帽抑制剂被认为是脱落酸。这表明细胞分裂素（来自根帽）和生长素（来自嫩叶）都是调节根部向重力的关键激素，为预测抑制剂的性质提供了最终证据。细胞分裂素对地上部向重力性的调节作用尚未确定，但它似乎是由乙烯介导和/或通过减少生长素转运起作用的，另一方面，细胞分裂素似乎与生长素一起在根部地心引力中起关键调节作用。然而，在这两个系统中，细胞分裂素和其他激素之间似乎存在密切而复杂的交互关系。

大多数天然细胞分裂素（CKs）是腺嘌呤衍生物，在 N6 端携带一个异戊二烯衍生的侧链。类异戊二烯侧链的结构变异改变了它们的生物活性和稳定性。从头合成 CKs 的第一步由磷酸腺苷-异戊烯基转移酶（IPT）催化，产生异戊烯基核苷酸。在高等植物中，反式玉米素（tZ）是一种主要的 CK，由细胞色素 P450 单加氧酶（P450）、CYP735A1 或 CYP735A2 催化的后续羟基化形成。生物化学表征表明，农杆菌与高等植物合成 CK 的底物特异性差异较大。农杆菌 IPTs 能够通过使用羟甲基二磷酸丁烯基作为侧链供体直接产生 tZ 型物种。CK 代谢酶基因表达模式的分析表明，CK 的生物合成和稳态受到植物激素和无机氮源等内外环境因素的精细控制。这种调节系统在连接营养信号和形态发生反应方面显得很重要。

三、细胞分裂素研究进展

细胞分裂素参与调节植物生长发育的各种过程，如发芽、芽分化和叶片衰老等，并与其他植物激素相互作用。在确定激动素后，广泛的化学分析将几种腺嘌呤衍生物和苯脲衍生物确定为CKs。迄今为止，天然的 CK 是腺嘌呤衍生物，在 N6 端携带异戊二烯衍生侧链或芳香侧链，它们通常分别被称为类异戊二烯 CKs 或芳香 CKs。由于类异戊二烯 CK 在植物中的含量高于芳香族 CK，因此大多数研究都集中在类异戊二烯 CK 的合成和代谢方面。由于拟南芥基因组计划（*Arabidopsis* genome Initiative，2000）的完成和植物激素分析技术的发展，在 CK 生物合成、代谢和信号转导方面取得了一些突破。研究结果表明，植物和细菌中的 CK 生物合成途径在底物特异性方面是独立进化的，CK 的生物合成和稳态受到其他植物激素和无机氮源等因素的精细控制。在前面简要概述了 CK 的结构和活性之后，本部分将重点放在基因及其调节类异戊二烯 CK 生物合成的方式上。

植物中天然类异戊二烯 CKs 的侧链因戊烯基链末端是否存在羟基和立体异构位置而异。常见的天然衍生物有异戊烯腺苷（iP）、tZ、顺式玉米素（cZ）和二氢玉米素（DZ）。另外几个合成变体在生物测定中也显示出 CK 活性。在大多数情况下，天然的 CKs 也以相应的核苷、核苷酸和糖苷的形式存在于植物组织中。因此，无论侧链如何变化都可以预期它们的相互转换涉及共同或相似的代谢途径。由于 CKs 与腺嘌呤在结构上的相似性，腺嘌呤部分的核糖化和磷酸糖化反应被认为是嘌呤代谢途径。腺嘌呤部分 N-糖基化酶和羟基化酶、侧链 O-糖基化和 O-木糖基化酶对特定的 CK 底物具有特异性。

虽然经典的生物分析已经阐明了活性 CK 的一般结构特征，但 CK 受体的鉴定使人们能够更详细地了解配体的特异性。利用酵母中 CK 受体的异源表达系统和大肠杆菌进行分析证明主要配体形式是游离碱基，而糖缀合物（即核苷、核苷酸和糖苷）的活性较低或没有活性。在以前的一些研究中，典型 CK 反应所需的共轭物剂量似乎与自由碱等量，但在大多数情况下可能是由于实验过程中释放了相应的自由碱。在游离碱物种 tZ、iP 和 cZ 中，tZ 在生物测定中表现出活性最高，cZ 表现出活性最低。然而，在大肠杆菌表达系统中，一些来自玉米的 CK 受体对 cZ 的反应与对 tZ 的敏感性相似（如 ZmHK1），而另一些受体对 tZ 核糖体以及 tZ 的反应存在差异（如 ZmHK2）。高等植物中的细胞分裂素受体是由一个小基因家族编码并且每种受体都具有分流配体的偏好。因此，侧链结构的变化可以使不同的生理信息转导都能够调节植物的发育。

植物细胞分裂素的水平是由从头合成和降解的平衡决定的。细胞分裂素氧化酶/脱氢酶（CKX）催化降解步骤。体外研究表明 CKXs 对每种底物都具有不同的亲和力。一些 CKXs 对 iP 的亲和性高于 tZ，而另一些 CKXs 更倾向于 tZ。与 iP 和 tZ 相比，CKXs 处理顺式玉米素的效率通常较低。由于 CKX 识别类异戊二烯侧链的双键，因此 DZ 对 CKX 具有耐药性。糖缀合物，如 tZ 和 cZ 的 O-葡萄糖苷，也较少受到 CKXs 的影响。因此，不同的 CK 在体内的周转率是不同的，这对 CK 不同种类的不同生理作用很重要。

细胞分裂素生物合成的基本步骤如下。类异戊二烯 CKs 生物合成的第一步是腺苷 50-磷酸（AMP，ADP 或 ATP）与二磷酸二甲基烯丙基（DMAPP）或二磷酸羟甲基丁烯基（HMBDP）的 N-烯酰化，这是由磷酸腺苷-异戊烯基转移酶（IPT；EC 2.5.1.27）催化的。羟甲基丁烯基二磷酸是发生在细菌和质体中的甲基赤四醇磷酸（MEP）途径的代谢中间体。二磷酸二甲基烯丙酯是通过 MEP 途径和甲羟戊酸（MVA）途径合成的，后者通常存在于真核生物的细胞质中。DMAPP 作为底物时，主要产物是 iP 核苷酸。当 IPT 利用 HMBDP 时形成 tZ 核苷酸。生化研究表明，IPT 在细菌、黏菌和高等植物之间存在底物特异性差异。

另外，tRNA 戊烯化在一定程度上有助于 CK 的产生。一些具有与以尿苷开头的密码子互补的反密码子的 tRNA 物种，如 tRNALeu 和 tRNASer，携带一个与反密码子相邻的戊烯化腺苷，增加了翻译的可靠性。当 tRNA 被降解时，戊烯化腺苷作为 CK 被释放。导致 CK 合成途径的第一步是由 tRNA-异戊烯基转移酶开始的（tRNA-IPT；EC 2.5.1.8）。之前的研究表明 tRNA-降解是确定 CK 的第一个来源。然而，tRNA 周转率的计算表明，tRNA 衍生的 CKs 的代谢流不是普通植物的主要代谢途径。证明了 cZ 侧链很大一部分来源于 MVA 途径，而 iP 和 tZ 侧链主要来源于 MEP 途径。这表明植物可以独立调节 cZ-型物种的水平。

细胞分裂素不仅在植物中产生，也在一些微生物中产生，如根癌农杆菌。在革兰氏阴性土壤杆菌（*A. tumefaciens*）中，*Tmr* 是一种 IPT 基因，位于 Ti 质粒的 T-DNA 区域，Ti 质粒是一种大型的染色体外元件。该基因在感染后被整合到宿主植物的核基因组中。*Tmr* 在宿主植物细胞中发挥作用，产生支持肿瘤发生的 CKs。*Tmr* 对 DMAPP 和 HMBDP 具有相似的活性，对 AMP 具有特定的高活性。因此，体外酶促反应的主要产物是 iP 核糖 50-磷酸（iPRMP）或 tZ 核糖 50-磷酸盐。与体外研究相反，*Tmr* 过表达的冠瘿和转基因植物主要含有 tZ 型物种。研究已经表明，*Tmr* 有可能被导入宿主质体的基质中利用 HMBDP 直接产生 tZ 型 CK。

Tzs 是另一种 IPT 基因，发现于诺帕林型 Ti 质粒的 vir 区，可提高 T-DNA 转移效率。该酶利用 HMBDP 以及 DMAPP 作为异戊二烯供体。在拟南芥、矮牵牛和啤酒花等植物中发现 IPT 基因的含量较高。在拟南芥中，7 个 *IPT* 基因（*AtIPT1* 和 *AtIPT3—AtIPT8*）已被鉴定为 CK 生物合成基因。生化研究表明，与 AMP 相比，植物 IPT 更喜欢 ADP 或 ATP 作为异戊二烯受体，从而分别产生 iP 二磷酸核糖（iPRDP）或 iP 三磷酸核糖（iPRTP）。尽管一些拟南芥 IPTs 可以在体外利用 HMBDP 作为异戊二烯供体，但其亲和力很低，而且几乎没有证据表明 tZ 型物种是通过体内直接反应形成的。

在拟南芥中，IPTs 主要分布在质体、线粒体和细胞质中。*AtIPT1*、*AtIPT3*、*AtIPT5* 和 *AtIPT8* 位于质体中，并产生具有源自 MEP 途径的侧链前体的 CKs。另一方面，据报道，MVA 途径抑制剂洛伐他汀可显著减少烟草 BY-2 细胞中 CK 的积累。在拟南芥中，*AtIPT4* 和 *AtIPT7* 分别位于细胞质和线粒体中。因此，MVA 途径似乎在某些情况下为 CK 合成提供 DMAPP。

使用 *AtIPTs* 的启动子报告基因对 *AtIPTs* 空间表达模式的分析表明，CKs 的合成仅限于根和空中器官中的特定组织和细胞。例如，*AtIPT3* 和 *AtIPT5* 分别在韧皮部伴随细胞和侧根原基中表达。尽管在某些生态型中发生了移码突变，*AtIPT6* 的转录物通常在角果中积累。

高等植物反式玉米素生物合成有两种可能的途径，iPRMP 依赖和 iPRMP 独立型。在 iPRMP 依赖性途径中，tZ 合成通常被认为是由 P450 催化的，并且该酶活性仅在花椰菜的微粒体部分中得到证明。CYP735A1 和 CYP735A2 基因在拟南芥中编码 CK 羟化酶。这两种酶都利用 iP 核苷酸，但不利用核苷和游离碱形式。iP 核苷酸特异性常数（kcat/Km）的比较表明，CYP735A 优先使用 iPRMP 或 iPRDP，而不是 iPRTP。尽管 CK 核苷酸的生理作用仍有待澄清，但核苷酸特异性羟基化表明它们形成了侧链修饰的代谢库。游离基细胞分裂素 iP 和 tZ 具有不同的生理功能，因此相应核苷酸的代谢区隔可能对维持游离基生理水平上的分工很重要。

在 iPRMP 非依赖途径中，假设 IPT 使用未知的羟基化侧链前体直接生产 tZ 核糖 5′磷酸。该前体可能来源于 MVA 途径，因为该途径的抑制剂美伐他汀降低了 tZ 生物合成的速率。尽管 HMBDP 是侧链前体的最佳候选，但它是 MEP 途径的中间体，植物 IPT 几乎不使用 HMBDP。因此，iPRMP 独立途径的生化性质仍不清楚。

四、细胞分裂素生物合成的调控

IPT、CKX 和 CYP735A 的表达受植物激素的单向调节或双向调节。细胞分裂素、生长素和脱落酸似乎是控制 CK 积累水平的主要因素。例如，在拟南芥中，生长素促进 AtIPT5 和 AtIPT7 转录物的积累，而 CK 对 AtIPT1、AtPT3、AtIPT5、AtIPT7 的转录物水平进行负调节。在豌豆中，IPT 基因的一些表达受到茎中生长素的负调节。另一方面，两种 CYP735A 的表达都被根中的 CK 上调，但被生长素或 ABA 下调。玉米中 CKX 的基因被 CK 或 ABA 上调。这些调节模式表明，所述基因的产物作为拮抗剂参与调节细胞 CK 水平以及 iP 和 tZ 之间与生长素和/或 ABA 相互作用的平衡。植物激素的相互依赖调节可以为植物对环境因素的可变形态发生反应提供基础。例如，生长素、ABA 和 CK 的相互调节在控制腋芽的生长和休眠过程中起着核心作用。

无机氮是植物生长和发育的关键限制因素。在大多数天然土壤中，NO_3^- 是无机氮的主要形式。NO_3^- 不仅作为营养物质，而且是激活同化和相关基因表达的主要信号。AtIPTs 响应无机氮源的表达谱表明，AtIPT3 和 AtIPT5 受到氮可用性的双重调节：在氮限制条件下，AtIPT3 对 NO_3^- 快速而特异地响应，而在长期限制下 AtIPT5 对 NO_3^- 和 NH_4^+ 特异性响应。这种调节 CK 生物合成的双重反应系统对植物应对氮状态的变化很重要。众所周知，NO_3^- 诱导 CK 在根和芽中积累。在 AtIPT3 的 Ds 转座子插入突变体中，NO_3^- 依赖性 CK 积累大大减少。这表明在响应 NO_3^- 的快速变化中 AtIPT3 是 CK 生物合成的关键决定因素。

CYP735A 在根和茎中表达，且经 CK 处理后在根中表达上调。因此，根中 tZ 的生物合成也应受到 NO$_3^-$ 的调控。细胞分裂素被认为是传达氮有效性的远距离信号，因为 tZ 核糖通过木质部导管的易位速率受根培养基中 NO$_3^-$ 的控制。尽管 CKs 作为调节植物发育的局部信号发挥着重要作用，但蒸腾流中 tZ 型物种的根到茎信号传导对于在整个植物水平上整合营养信号至关重要。另外，叶片分泌物主要含有 iP 型物种。因此，反式羟基化可能对控制易位的方向以及 CK 物种的区隔化很重要。

第三节 乙 烯

一、乙烯的合成

乙烯是第一个以气体分子被确定为植物激素，其合成都要通过杨氏循环，即甲硫氨酸循环进行（Yang & Hoffman，1984）。乙烯的合成是由蛋氨酸在 S-腺苷-甲硫氨酸合成酶的催化下形成 S-腺苷-L-甲硫氨酸（S-adenosyl-L-methionine，AdoMet），再在 1-氨基环丙烷-1-羧酸合成酶（1-Aminocyclopropane-1-carboxylic acid synthetase，ACS）的催化下形成 5′-甲硫腺苷（Methythio adenosine，MTA）以及乙烯合成前体 1-氨基环丙烷-1-羧酸（1-Aminocyclopropane-1-carboxylic acid，ACC）。ACS 是乙烯合成过程的限速酶，经 ACC 氧化酶-ACO 的氧化裂解作用产生乙烯（Sharon et al.，1993）（图 1-5）。

ACS 是由多基因家族编码的蛋白，但是不同 ACS 基因在作用和功能方面存在差异（Theologis，2004），目前只有 ACS2、ACS4-9、ACS11 可以催化 ACC 合成乙烯（Choudhury et al.，2008；Iwai et al.，2006；Shen et al.，2011）。其中 ACS1 不存在催化活性，无功能（Choudhury et al.，2008），ACS2 和 ACS6 是 MPK3 和 MPK6 的磷酸化底物，参与其磷酸化过程，经磷酸化后一直 26S 的泛素化过程，增加蛋白稳定性 li2012b，ACS3 是一个假基因，ACS10 和 ACS12 没有 ACS 活性，但是具有天冬氨酸氨基转移酶和芳香族氨基酸氨基转移酶的功能（Peng et al.，2005；Yamagami et al.，2003）。

二、乙烯的功能

作为一种气体激素，乙烯主要调节植物的生长、防御、成熟、繁殖和衰老过程。植物中可以感知乙烯的受体蛋白有 5 个：ETR1、ETR2、ERS1、ERS2 以及 EIN4，对乙烯信号转导过程起负调控作用，主要定位在内质网膜上（Dong et al.，2008）。5 个受体蛋白都含有一个 N 端 α-螺旋的跨膜结构，一个 GAF 结构域和激酶结构域，N 端结构域都

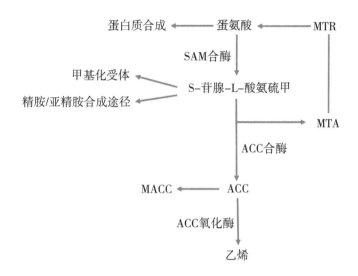

图 1-5　植物中乙烯生物合成和调控途径

注：S-AdoMet 是由蛋氨酸在 SAM 合成酶的催化下形成，每合成一个 S-AdoMet 就要消耗一个 ATP。S-AdoMet 是包括核酸、蛋白质和脂类在内的许多细胞分子的甲基供体。此外，S-AdoMet 是多胺合成途径的前体物质。ACC 是乙烯合成的直接前体物质，乙烯合成过程的限速酶 ACS 在大多数条件下将 S-AdoMet 转化为 ACC。MTA 是 ACS 生产 ACC 是产生的副产物，将 MTA 循环回蛋氨酸可以保留甲基硫基，因此即使在乙烯快速合成时也可以保持细胞蛋氨酸的恒定浓度。ACC 经丙二酰化生成丙二酰-ACC（MACC），减少乙烯的合成。ACO 以 ACC 为底物催化合成乙烯是合成途径的最后一步，同时生成二氧化碳和氰化物。

是可以和乙烯相结合的结构域。但是受体的激酶结构域也存在差异，ETR1 含有组氨酸激酶活性，ETR2、ERS2 和 EIN4 具有丝氨酸/苏氨酸激酶活性，ERS1 既含有组氨酸激酶活性又含有丝氨酸/苏氨酸激酶活性，而且 ETR1 与乙烯的结合需要铜离子的辅助（Binder et al.，2010；Hirayama & Alonso，2000）。这 5 个乙烯受体发生任何功能突变都会引起植物对乙烯不敏感。内质网膜上也存在一种激酶叫 Raf-like 丝氨酸/苏氨酸激酶 CTR1 可以负调控依稀信号通路（Huang et al.，2003；Kieber et al.，1993）。

当没有乙烯存在时，乙烯受体处于活化状态，可以和 CTR1 结合激活 CTR1，一次抑制依稀信号转导途径的正调控因子 EIN2 以及下游转录因子 EIN3，此时乙烯信号转导途径处于关闭状态。当有乙烯加入时，乙烯受体在铜离子转运蛋白的帮助下率先感知到外源乙烯信号，乙烯可以和乙烯受体结合，此时受体激酶失活，引起 CTR1 的活性丧失，解除了对乙烯信号元件 EIN2 和 EIN3 的抑制作用，开放乙烯信号转导通路，促进转录因子 EIN3 在转录水平上调控下游响应乙烯信号分子基因的表达（Yoo et al.，2009；Zhu & Guo，2008）（图 1-6）。ERF 转录因子位于 EIN3 的下游，可以和干旱应答元件基因结合，也可以和病原菌相关启动子 GCC-box 结合。在众多的 ERFs 转录因子中，只有一部分参与乙烯信号响应过程，ERF 和 EIN3 发生互作然后与 GCC-box 结合，激活乙烯响应通路。

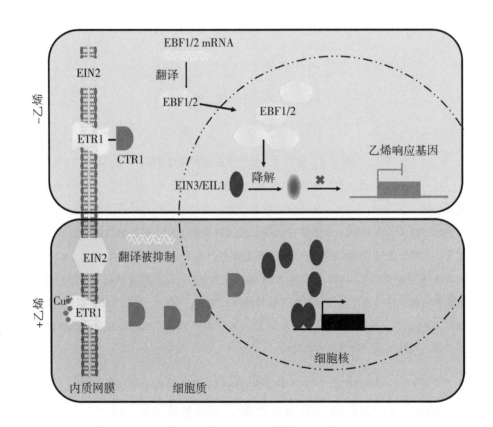

图 1-6　植物中乙烯信号转导途径

　　注：在没有乙烯的情况下（上方），内质网膜上的乙烯受体（ETR1/ETR2/ERS1/ERS2/EIN4）激活 CTR1 激酶，至此磷酸化另一种定位在内质网膜上的 EIN2C。F-box 型蛋白 EBF1/2 通过泛素化系统结合并降解转录因子 EIN3 和 EIL1，阻止了乙烯信号刺激的级联反应。在乙烯存在的情况下（下方），内质网膜上的乙烯受体到乙烯，不再激活 CTR1。结果，未磷酸化的 EIN2 被一种未知的机制切割，切割产物 EIN2 的 C 端（EIN2C）穿梭到细胞核，激活主转录因子 EIN3/EIL1 和下游转录级联。同时，细胞质中的 EIN2 直接或间接结合到 EBF1 和 EBF2 的 3'UTR 上，抑制它们的翻译。

乙烯可以引起植物的三重反应：促进上胚轴横向加粗、抑制茎尖伸长生长、诱导茎的向地性进而横向生长。乙烯通过乙烯转导信号途径的 ACC 促进花粉管的趋化性，诱导花粉管趋化因子 LURE 的分泌，同时控制植物的 GLR 通道，触发短暂的钙峰出现（Mou et al.，2020）。而且乙烯受体与组氨酸激酶 MHZ1 互作抑制 MHZ1 的激酶活性，抑制其介导的磷酸传递系统来抑制根部的乙烯反应。在空气中，乙烯受体抑制 MHZ1 介导的磷酸传递途径来抑制乙烯反应；有外援依稀存在时，乙烯通过抑制受体功能来解除受体对 MHZ1 的抑制，激活 MHZ1 介导的磷酸传递和根系乙烯反应来调控水稻根系的生长（Zhao et al.，2020）。乙烯信号可以控制植物中快速氧气反应机制，导致植物中及周围空气中乙烯的快速堆积，增强植物的耐缺氧性（Perata，2020）。

乙烯对植物的生长发育有着深远的影响，在植物的整个生命周期中起着重要作用，包括发芽、脱落、衰老、胁迫和病原体反应。因此，可以合理地假设乙烯也参与重力响应。事实上，在生长素被认为是重力向性的核心参与者之后，乙烯是在此过程中被主要研究的激素。乙烯也被认为是其他植物激素许多作用的介质，充当“第二信使”。事实上，生长素、细胞分裂素和油菜素类固醇等几种激素被证明可以高度提高拟南芥幼苗的乙烯产量，从而诱导三重反应表型。然而，尽管乙烯与细胞水平的生长密切相关，但它对重力反应的影响可能不是特定的。因此，尚未确定乙烯是否仅作用于其他植物激素（主要是生长素）的下游，或者作为信号传导的平等伙伴。在后一种情况下，生理反应将是不同信号通路之间复杂相互作用的结果。已经有大量证据表明乙烯和生长素的作用是相互关联的，并且它们都参与了向重力反应。

根据 Cholodny-Went 理论，生长素积聚在重力根下侧会抑制根的伸长并导致向下弯曲。基于 IAA-乙烯相互作用的广泛性，表明 IAA 刺激乙烯合成，抑制 IAA 合成和转运，而 IAA 诱导的根系生长抑制作用就是通过乙烯发挥的。有证据表明乙烯与根部向重力有关。最有说服力的证据表明，外源乙烯强烈抑制了根系的伸长和曲率，延缓了根系曲率和重力诱导的不对称生长素分布。此外，乙烯的抑制作用延缓了豌豆和利马豆根的重力响应，乙烯合成或作用的抑制降低了玉米根系的重力曲率。此外，IAA 诱导的乙烯调节生长将需要乙烯的番茄突变根的水平生长改变为垂直生长，表明保持根系生长的正常方向需要乙烯的参与。

乙烯在根部重力向性中的作用模式有几种，其中大多数与生长素有关，并且该过程似乎需要这两种激素的参与。乙烯改变曲率不是通过介导根系曲率的主要差异生长反应而是通过影响重力诱导的生长素横向运输。同样，在淹没的玉米和豌豆根中，乙烯是在随后的信号传递或差异生长阶段起作用而不是在重力感知时起作用。在这两种体系中，根系向重力作用受到淹没、内部乙烯水平增加或外源乙烯的抑制，淹没后通过定斜轮作可以恢复根系曲率。

突变体的研究为乙烯和生长素在根部向重力作用中的相互作用以及乙烯对重力系统中生长素转运的影响提供了新的证据。已经发现了几种在生长素和乙烯敏感性方面都有缺陷的嗜重突变体。生长素内流蛋白 AUX1 和生长素内流载体 EIR1/PIN2/WAV6/AGR1 因为生长素转运的突变导致对这两种激素不敏感。此外，用生长素转运抑制剂 NPA 处理可以抑制根部曲率和乙烯效应。因此，*aux1* 和 *agr1/eir1/pin2/wav6* 突变植物根系中的乙烯不敏感性可能与乙烯在调节生长素转运中的作用有关，并进一步指出了这两种植物激素信号通路之间相互作用的重要性。同样，对各种生长素更具抗性的 *clg1* 突变体的根也显示出对乙烯的显著抗性。*clg1* 中的乙烯抗性支持乙烯在控制根部向性中的作用不一定与生长素生理学有关，可能在连接信号转导途径的调节中起作用。

还有研究证明了乙烯和生长素转运在根部偏重作用中可能存在相互作用。第一项研究表明，乙烯抑制了生长素转运介导的形成根环的重力依赖性生长响应。第二项研究表明，*alh1*〔1-氨基环丙烷-1-羧酸（ACC）相关长下胚轴 1〕拟南芥突变体对乙烯和生长素不太敏感，更快地表现出根对重力性的反应。这些结果表明，*alh1* 在乙烯和生长素之间的交叉作用可能是在生长素转运的水平上发生了改变。

根部向重性仅受到乙烯不敏感的 *ein2-1* 突变的轻微影响。但是与先前未鉴定的乙烯途径基因对应的 *wei2* 和 *wei3*（弱乙烯不敏感）拟南芥突变体仅在根部表现出激素不敏感，并且对生长素的反应和对重力的反应都没有受到影响。这可能表明乙烯反应途径的 *Wei* 相关分支在根的重力反应中没有发挥作用。然而，这两种下游突变体对乙烯的反应敏感的事实表明它们可能在连接一般乙烯反应途径（从 ETR1 到 EIN3 的级联）与生长素介导的生长过程中起作用。

其他证据表明，乙烯可能通过其对淀粉代谢的影响参与根的重力反应。因此，外源乙烯降低了拟南芥根小柱细胞中的淀粉水平和曲率的大小，微重力生长的大豆植株不发生弯曲，表现出乙烯产量增加和淀粉产量降低。由于支链淀粉是重力传感所必需的，所以这些结果可能意味着乙烯积累可以改变重力感知阶段。此外，许多植物器官在从垂直位置转移到水平位置时表现出乙烯生产的短暂暴发。在恒温器或航天飞机实验中也观察到了这种乙烯含量的暴发。因为重力引起的乙烯暴发可能首先使系统过载，从而抑制重力响应，这使得对乙烯在枝部向重力中的作用变得复杂。如前所述，乙烯暴发被认为是重力刺激引起的反应或下侧游离 IAA 水平升高的结果。大多数研究得出的结论是，茎取向改变后乙烯产量增加对枝条的重力响应没有调节作用。

据报道，在一些枝条系统中，除了方向改变后立即发生的乙烯暴发外，重力反应伴随着水平定位的茎下半部分产生的乙烯量显著增加。在许多情况下，在重力器官上重力诱导的乙烯浓度梯度伴随着乙烯前体 ACC，其共轭形式丙二酰 ACC（MACC）的梯度和/或乙烯生物合成酶 ACC-synthase（ACS）和/或 ACC-oxidase（ACO）的不对称表达。许多植物中的乙烯生物合成途径对重力刺激的反应非常强烈。乙烯浓度梯度可以被各种处理所消除，同时这些处理也抑制了金鱼草和其他植物花芽的重力刺激。这些数据表明，这种乙烯产量差异是枝条重力响应的一个组成部分。

差异产生的乙烯在不对称生长中的生理作用目前尚不清楚，仍然存在争议。对金鱼草尖刺进行试验结果表明，重力诱导的生长素和乙烯不对称性在它们的出现时间和模式上不一致。研究结果显示，在重力刺激或 IAA 处理下，金鱼草切割尖峰中只有一个 ACS 基因（Am-ACS3）具有强烈的组织特异性上调。因此，Am-ACS3 在重力刺激后 2 h 内在下茎侧的弯曲区皮层中大量且排他性地被压出，既没有在垂直茎中表达，也没有在重力茎、叶或花等其他部分表达。证明了根系中 ACS 基因具有相似的基因和细胞类型特异性生长素诱导性。Am-ACS3 的表达模式和对 IAA 的强烈响应性表明 ACS3 是重力刺激金鱼草茎中观察到的差异乙烯产生的原因，反映了生长素信号的变化。在一些研究中，穿过茎的乙烯梯度先于视觉重力反应，或者与其起始平行。在其他情况下，下茎侧翼乙烯产量的增加发生在重力反应开始后数小时，说明乙烯可以调节但不启动枝条中的重力反应。此外，在少数情况下，乙烯合成或作用抑制剂可以阻断引力反应。需要注意的是，不同的植物物种对同一水平的乙烯的反应可能不同，乙烯既能抑制又能促进茎的生长。这可以解释文献中关于各种重力响应植物系统对乙烯的不同结果的多样性。综上所述，乙烯浓度梯度在枝条向重力中的作用尚不清楚。

另一种研究乙烯在枝条向重力中作用的方法是表征几种乙烯不敏感突变体的重力反应。如果乙烯在地上部重力作用中起主要作用，那么乙烯不敏感的突变体应该是向重力的。拟南芥乙烯不敏感突变体 ain1-1（ACC 不敏感）的幼苗在遗传上与先前鉴定的乙烯抗性位点不同，与野生型幼苗相比，显示出较慢的向重力反应。同样，乙烯不敏感的 ein2-1 突变体被证明在下胚轴的负重力中有明显的缺陷。与野生型植株相比，拟南芥 ein2-1 突变体的花序茎重力响应显著降低，而其他乙烯不敏感突变体（etr1-1、etr1-2 和 etr1-3）的花序茎的重量响应与野生型植物相比仅略有延迟。nr（从未成熟）番茄突变体在幼苗和成熟期均对乙烯不敏感，仅显示出轻微延迟的重力向性反应。由于 ein1、ein2 和其他突变体的重力响应略有降低，进一步研究表明突变体对乙烯的反应改变了重力弯曲，并且乙烯信号传导可能是芽弯曲所必需的。这些突变体都没有像预期的那样表现出完全的重力反应，而是显示出延迟的重力曲率，表明乙烯不是重力反应的绝对因素，而是充当重力反应的调节剂。

尽管累积的数据表明乙烯在番茄下胚轴的重量反应中没有起主要作用，但这些数据不能排除低乙烯水平对于完全向重反应是必需的。非常低浓度（5 mL/L）的乙烯可以恢复 *dgt* 下胚轴的正常重力反应，这表明乙烯可能在重力信号转导中作用于生长素的下游。此外，中等水平的乙烯特异性抑制番茄下胚轴的重力曲率，高乙烯水平（100 mL/L）能够重定向 7 d 龄的豌豆植株在重力刺激后向下生长而不是向上生长。此外，黑麦叶的重力能力由外源或内源乙烯（由 ACC 提供）恢复。此外，乙烯响应元件结合因子（EREBF）在幼苗重力向性刺激的早期阶段增加。这进一步支持了重力作用涉及乙烯作用的观点，尽管这种响应对弯曲响应的作用尚不清楚。这些数据指出，尽管对支持乙烯在枝条向重力中的作用持保留态度，但乙烯似乎是这一过程所必需的。

对于乙烯在重力响应中可能的作用模式，提出了几种假设：一是乙烯可能至少部分地通过 PIN 对生长素转运的影响来介导生长，因为在极性生长素转运方面存在缺陷的突变体显示出对乙烯的敏感性降低。二是乙烯可能增加组织对生长素的敏感性（或反应性）。对拟南芥 *nph4/msg1/tir5* 位点（简称 *nph4*）的分析表明，编码生长素响应因子 ARF7 的 NHP4 是茎向性生长素依赖性差异生长的调节剂。然而，尽管 NPH4/ARF7 在调节差异生长方面有明确要求，但乙烯可以增强该因子的敏感性或活性已经得到了证明。因此，在乙烯存在下，一种或多种 ARF 可以增强生长素敏感性。这些发现进一步说明了生长素和乙烯在控制重力刺激的差异生长过程中存在密切联系。与拟南芥中的发现类似，人们还在金鱼草中发现了乙烯可以调节对内源性或外源性 IAA 的芽响应性。在不含乙烯的情况下，AUX/IAA1 基因的差异表达有利于对照茎的上侧，而不是有利于下侧。这表明乙烯增强了下茎侧翼对 IAA 的响应性，有助于维护长时间的弯曲。乙烯可以通过影响弯曲杆部分的刚度来维持重新建立的垂直位置。因此，乙烯可以刺激 H_2O_2 的产生，在向重弯曲期间增加过氧化物酶活性，从而促进涉及细胞壁和茎硬化的过程以及维持重新建立的垂直方向。该假设基于不对称施用 H_2O_2 会导致玉米初级根系弯曲。数据显示，重力刺激诱导氧化暴发，参与氧化暴发的基因形成了重力调节基因的最大功能类别。

综上所述，积累的数据表明乙烯在地上部向重力作用中起作用，主要与生长素转运的调节或敏感性有关。对生长素转运和信号传导的理解的重大进展可能会为生长素和乙烯之间可能紧密而复杂的相互作用提供更多线索。这些新的假设可能有助于将来更好地理解乙烯在枝条引力作用中的特殊作用。

第四节　脱落酸

一、脱落酸的合成

脱落酸（Abscisic acid，ABA）因其可以使植物叶片脱落而得名，由在质体 2-C-甲基-D-赤藓糖醇-4-磷酸途径中产生的异戊二烯化合物构成的 15 个碳的倍半萜羧酸，又因参与植物的非生物胁迫过程也被称为"胁迫激素"（Sreenivasulu et al.，2010）。脱落酸主要在植物的叶绿体和细胞质中合成，分为 C_{15} 直接途径和玉米黄质 C_{40} 间接途径。高等植物中主要存在的脱落酸合成路径是 C_{40} 途径（图 1-7）。

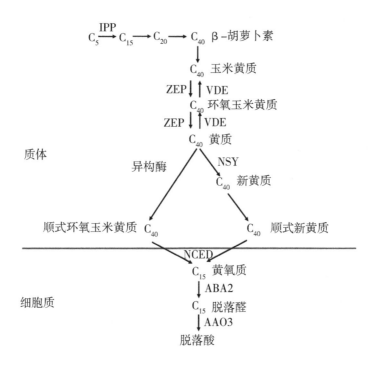

图 1-7　植物中脱落酸生物合成途径

注：玉米黄质由玉米黄质环氧化酶 ZEP 催化合成紫黄质，紫黄素脱环氧化酶 VDE 催化叶绿体在强光下发生可逆反应。玉米黄质和紫黄质的顺式异构体的形成需要玉米黄质合酶 NSY 和另外一种异构酶。顺式叶黄素的裂解由 9-顺式环氧类胡萝卜素双加氧酶 NCED 家族催化，然后由短链醇脱氧酶 ABA2 将新黄素转化成脱落醛，最终由脱落醛氧化酶 AAO3 氧化生成 ABA。AAO3 蛋白含有一个由 MoCo 硫酶激活的钼辅因子。

C_{15} 途径是法尼焦磷酸（FPP）经氧化和环化直接生成 ABA，C_{40} 途径最初从异戊烯焦磷酸（IPP）开始，经过 C_{15} 途径产生玉米黄质，最后经胡萝卜素氧化裂解而成 ABA，此过程延续了类胡萝卜素的代谢途径，玉米黄质在 9-顺式-环氧类胡萝卜素双加氧酶 NCED 作用下合成黄氧素 XHT，最后经短链脱氢酶 SDR 的催化作用生成脱落醛，进而被醛氧化酶氧化形成 ABA（Cutler & Krochko，1999；Daszkowska-Golec & Szarejko，2013）。在 ABA 生物合成过程中，NCED 是 ABA 合成过程中的关键限速酶，人们通常用增强植物 ABA 的合成来提高 ABA 含量进而提高植物的抗逆性。将水稻植株中的 NCED3 在拟南芥中进行过表达可以提高拟南芥对逆境胁迫的耐受性（Choi et al.，2014；Hwang et al.，2010）。ABA 的合成和代谢决定了植物体内 ABA 的最终浓度，ABA 的代谢过程分为羟基化反应（氧化失活）以及糖结合途径（结合失活）（Cutler & Krochko，1999）。

ABA 羟基化反应主要是在 7′、8′和 9′位置的甲基发生所计划反应，生成 7/8/9′-OH-ABA，引起 ABA 的失活，最终 ABA 氧化代谢成为没有活性的二氢红花菜豆酸（DPA）和红花菜豆酸（PA）（Boyer & Zeevaart，1982）。但是 8′位置的甲基发生的羟基化是高等植物最主要的 ABA 代谢途径，在该途径中，8′-羟基化酶（ABA8ox）是关键限速酶（Cutler & Krochko，1999；Saito et al.，2004；Yang & Choi，2006）。糖结合的代谢过程是通过共轭过程和解共轭过程使 ABA 失去活性，ABA 在 UDP 葡萄糖基转移酶 UGT 的作用下生成 ABA 葡萄糖苷（ABA-GS）和 ABA 葡萄糖酯（ABA-GE），其中 ABA-GE 是最广泛的共轭偶联物。ABA 的解共轭过程提供的游离态 ABA 使植物不断适应无常的生理过程和环境条件（Boyer & Zeevaart，1982；Lee et al.，2006）。ABA 在整个植物的细胞、组织和器官之间进行转运调控植物的生理反应过程，最终在远端的保护细胞气孔反应中起作用（Schachtman & Goodger，2008）。ABC 转运基因是一种负责 ABA 的转运和反应的蛋白，ABCG25 在 ABA 生物合成细胞中负责 ABA 的外排过程，将 ABA 扩散到异体区域，是气孔调节过程中所必需的；ABCG40 参与 ABA 往细胞的内流，引起气孔关闭（Kuromori et al.，2011；Umezawa et al.，2010）。

二、脱落酸信号转导路径

基于之前的大量研究，人们建立了一条 ABA 信号转导核心通路（图 1-8）。ABA 信号转导的开始是由 ABA 受体 PYR/PYL/RCAR、磷酸酶 PP2Cs 以及激酶 SnRK2s 构成（Ma et al.，2009）。在没有 ABA 存在时，PP2C 与 SnRK2 的 domain Ⅱ 结合在一起，使 SnRK2 活化环中的多个丝氨酸/色氨酸位点被去磷酸化而失活，负调控下游 ABA 信号转导过程（Umezawa et al.，2009）。当有外源 ABA 存在时，ABA 与其受体蛋白 PYR/PYL/RCAR 进行结合，形成 ABA-受体复合体，再和 PP2C 形成三元复合体抑制 PP2C

蛋白磷酸酶活性，此时 SnRK2 自我磷酸化被激活，从而磷酸化 ABA 信号下游调控因子（Cutler et al.，2010；Furihata et al.，2006）。

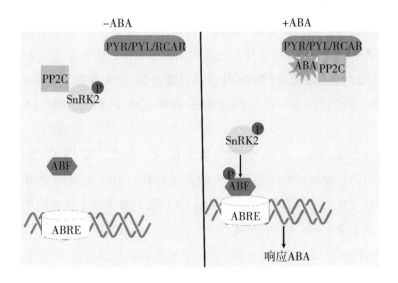

图 1-8　ABA 核心信号通路

注：在正常条件下，PP2C 通过互作和去磷酸化负调控 SnRK2 的表达。当内源 ABA 含量升高时，PYR/PYL/RCAR 与 ABA 结合并与 PP2C 互作来抑制蛋白磷酸酶的活性。反过来，SnRK2 从依赖 PP2C 的抑制反应中被释放出来，并被磷酸化激活下游响应因子。图中，ABA 为脱落酸，ABRE 为 ABA 响应元件，AREB 为 ABRE 结合蛋白，ABF 为 ABRE 转录因子，PYR 为耐帕雷巴克汀，PYL 为 PYR1-like，SnRK2 为 SNF1-蛋白激酶 2，TF 为转录因子，PP2C 为 2C 型蛋白激酶。

ABA 受体蛋白 PP2C 分为两种，一种包括 ABI1、HAB1/2，另一种包括 AHG1/3、HAI1/2/3（Antoni et al.，2012；Fujita et al.，2009；Schweighofer et al.，2004）。SnRK2 位于 PP2C 下游，是 ABA 信号途径重要的正调控因子，分为 SnRK2.2、SnRK2.6 和 SnRK2.3（Fujita et al.，2009），其靶基因有识别并结合含有 ABRE 启动子元件的 bZIP 转录因子，也有参与 ABA 调控气孔关闭的 SLAC1 和 KAT 离子通道（Furihata et al.，2006；Guo et al.，2011）。SnRK2 通过磷酸化反应激活 SLAC1 并抑制 KAT 的活性，使得细胞质膜去极化来激活向外的钾离子通道（Geiger et al.，2009；Lee et al.，2009）。AREB/ABF 是 ABA 信号途径中重要的下游靶点 bZIP 型转录因子，可以被 SnRK2s 经过磷酸化进行激活，帮助完成 ABA 信号的正向调控。当 AREB/ABF 被激活后，含有 DNA

结合结构域可以特异结合下游基因的 ABRE 启动子元件，调控响应 ABA 基因的表达，ABA 响应基因编码的蛋白质对逆境耐受具有重要作用，例如可以保护渗透物质和蛋白合成酶，因此 AREB/ABF 是 ABA 信号途径中最重要的转录因子（Fujii & Zhu, 2009; Yoshida et al., 2014）。蛋白激酶对 AREB/ABF 的磷酸化是 ABA 信号途径中非常关键的一步，过表达磷酸化的 ABF2 可以抑制种子的萌发和幼苗的生长发育，同时过表达株系中 ABA 响应基因也受非胁迫条件的诱导，并且在外源 ABA 存在下，ABF2 的活性可以被星形孢菌素（STS）——一种非特异性蛋白激酶抑制剂所抑制（Furihata et al., 2006）。

ABA 主要在植物的根、茎、叶和花等新生部位中合成，属于和胁迫相关的植物激素，可以调节植物适应不同的生物及非生物胁迫过程。ABA 可以通过调节保护细胞的离子通道在诱导气孔关闭过程中起重要作用，从依赖钙离子和不依赖钙离子两种途径影响气孔的大小来减少植物的蒸腾失水（Assmann & Jegla, 2016; Bauer et al., 2013; Martin-StPaul et al., 2017）。在依赖/不依赖钙离子途径中，水分亏缺时可以通过膜的去极化介导保护细胞的膨压下降，导致气孔缩小减少蒸腾，使得 OST1 和 CPKs 汇集在 PP2C 水平上，调节 ABA 受体下游的气孔运动（Geiger et al., 2011），也有认为 ABA 在渗透胁迫下的积累要慢于钙离子，所以 ABA 应该在钙离子上游起作用来适应植物胁迫过程（Brandt et al., 2012）。同时作为植物的应激激素，ABA 在根系生长中发挥重要作用，其对初生根长的抑制作用与 ABA 浓度成正比，而且低浓度的 ABA 刺激初生根的伸长，高浓度的 ABA 抑制初生根的伸长，该过程是通过影响根系细胞活性来实现的（Geng et al., 2013; Sun et al., 2018）。施用外源 ABA 后可以激活 CDPK 激酶活性，引起 ACS6 蛋白的磷酸化，增加 ACS6 蛋白稳定性，以促进乙烯的合成来促进果实成熟（Zhang et al., 2005）。

三、脱落酸的功能

ABA 对生长的抑制作用表明，ABA 可能在根部向重力过程中起作用，但对枝部向重力过程中没有作用。因此，ABA 作为主要生长抑制剂的作用受到严重质疑。已经发现 ABA 在需要光的根的重力响应中发挥作用，但是作为从根盖运输到延伸区的重要生长抑制剂，ABA 无法在黑暗中弯曲的根中发挥作用。该研究表明外源性应用 ABA 促进而不是抑制根系生长，并且只有在浓度明显高于被认为自然发生的浓度时才具有抑制作用；通过化学阻断 ABA 合成或特定突变获得的 ABA 缺陷植物的根仍然对重力有反应。同样，一些突变体的根对 ABA 有缺陷，像野生型一样弯曲；用 ABA 替换去除半帽对根部曲率没有影响；根帽内未检测到内源性 ABA 横向梯度；在不需要光的曲率的根中没有观察到从盖帽到根延伸区的极性基瓣运输。另一研究表明，在向日葵下胚轴的重力反应根尖中，无法通过免疫测定检测到内源性 ABA 的显著横向不对称性。因此，基于这些数据，曾经认为参与根部引力调节的 ABA 似乎没有作用。

尽管 ABA 在重力作用中的作用存在争议，但一些研究结果已经可以更清楚地阐明 ABA 在重力反应中可能存在的作用。ABA 在重力作用中的潜在功能可能被其在向水性中的积极作用所掩盖。多年来，根的向水性反应无法与重力作用分开，但可以通过使用向重力突变体来解决。结果发现，两种向性需要作为传感器的根帽细胞，生长素和钙的参与，但参与机制不同。基于对各种生长素和 ABA 突变体的研究，推测 ABA 可能在根系嗜水响应中作为生长素转运的调节因子，并且在根系向重性中也存在类似的相互作用。基于新的研究表明一些 ABA 突变体是向重力的，ABA 缺陷（*aba1-1*）和 ABA 抗性（*abi2-1*）突变体的根显示重力反应被减弱，并且生长素信号成分受到 ABA 的影响，应进一步研究 ABA 和生长素信号传导中受影响的突变体，以确定 ABA 是否在向重力作用中起作用。

ABA 在向重力作用中的潜在功能也可能通过其与乙烯对生长的拮抗相互作用来揭示。研究表明，高 ABA 对生长有抑制作用，而非胁迫植物的低浓度内源 ABA 水平被认为可以促进生长。对玉米和番茄的研究表明，缺乏 ABA 的植物生长迟缓是由于未能抑制乙烯的产生，反映了 ABA 和乙烯之间的另一种相互拮抗作用。关于 ABA 在向重力作用中另一个可能的研究方向是其与调节重力作用的细胞骨架的相互作用。ABA 在保卫细胞中的信号传导作用涉及由磷脂酶 D（PLD）活性介导的 K^+ 激活流入细胞以调节膨胀。重力刺激和生长素诱导的 K^+ 通道的不对称表达和磷脂信号系统中间体的活化，以及 PLD 与细胞骨架之间的密切关联都表明 ABA 可能通过这些过程在植物重力作用中起作用。

脱落酸在植物发育、芽和种子休眠、萌发、细胞分裂和运动、叶片衰老和脱落以及细胞对环境胁迫的反应中起着多种作用。它在低等和高等植物中普遍存在，在藻类、真菌，甚至哺乳动物脑组织中也有发现。脱落酸和视黄酸（Retinoic acid，RA）RA 在几个方面有相似之处：ABA（一种 15-碳倍半萜羧酸）的结构与 RA 非常相似；ABA 和 RA 最终都是由 β-胡萝卜素合成的；只有某些几何异构体具有生物活性。视黄酸有两种活性形式：全反式 RA 和 9-顺式 RA。对于 ABA 而言，C_2-顺式和 C_4-反式异构体具有生物活性，而 C_2-反式和 C_4-反式异构体则不具有生物活性。然而，细胞对 RA 和 ABA 的反应机制是完全不同的。视黄酸是由一个长至核受体或受体家族的胞内雷普受体感知的。RA 受体与一个共有的核受体或单体 RXR 形成了一个共二聚体，该共二聚体仅位于细胞核中。在缺少配体的情况下，异源聚合物通过去乙酰基导向附近的核小体来抑制含有同源 RA 反应元件的启动子转录。RA 与 rr 结合导致 RAR 的线性变化，并可与 RXR 共同分布。然而，在配体结合的结构中，异核受体直接在近核体中组蛋白的过乙酰基离子来逆转无配体异二聚体的矢量。核受体的配基结合域也能结合介质并刺激转录起始前复合物的组装。与此相反，植物细胞对 ABA 的反应涉及一个信号网络，该信号网络包含受体、二级干扰因子、蛋白激酶和磷酸相酶、总质重塑蛋白、转录调节因子、RNA 结合蛋白和蛋白降解复合物。

不同种类的糊粉细胞、悬液细胞、原质体和突变体/转基因植物已被用来研究复杂的 ABA 信号网络，用于保护细胞运动和胁迫反应、种子发芽和植物生长等方面。然而，人们认为 ABA 信号网络在高等植物中是保守的；从不同植物物种中获得的信息已被用于编制 ABA 信号网络图。拟南芥和水稻基因组序列和全长 cDNA 序列的可用性极大地促进了 ABA 信号机制普遍性的评估。

四、脱落酸信号通路

在大麦糊粉细胞和几种植物的保护细胞中研究了 ABA 感知的位置和性质。外用而非微量注射的 ABA 可以抑制赤霉素（GA）诱导的糊粉原生质体中 α-淀粉酶的表达，这表明 ABA 存在细胞外感知。一些研究表明 ABA-蛋白偶联物不能进入细胞，但能够调节离子通道活性和基因表达。相比之下，通过微量注射或膜片钳电极将 ABA 引入细胞质可以触发或维持气孔关闭，从而证明细胞内的感知位点。识别 ABA 受体的其他方法已经得到初步进展。一个有可能的受体候选是 ABAP1，它位于 ABA 处理过的大麦糊粉细胞的膜部分。它存在于多种单子叶和双子叶物种中，能够特异而可逆地与 ABA 结合。另一个候选者是在拟南芥中发现的 GCR1，是一种假定的 G 蛋白偶联受体，可以直接与 G 蛋白的 a 亚基 GPA1 相互作用。拟南芥 gcr1 敲除突变体对 ABA 更敏感，由于失水率降低，对干旱胁迫更耐受。这些数据表明，GCR1 可能是 ABA 信号的负调控因子。

异三聚体 G 蛋白参与拟南芥 ABA 信号的转导。在谷物糊粉细胞中，质膜结合的 ABA 诱导型磷脂酶 D（PLD）的激活对于 ABA 反应至关重要。这个过程依赖于 GTP。添加 GTPbS 会以不依赖 ABA 的方式瞬时刺激 PLD，而使用 GDPbS 或百日咳毒素则会阻断 ABA 对 PLD 的激活。这些数据表明 G 蛋白活性参与了大麦对 ABA 的反应。ROP10 是一种质膜相关的小 GTPase，在拟南芥种子萌发和幼苗生长中负调控 ABA 的反应。ROP10 被招募到质膜需要一个功能性的法尼化位点。然而，ROP10 的法尼基化独立于编码法尼基转移酶 b 亚基的 ERA1，在 ERA1 突变体中 ROP10 的定位反应很弱。

在细胞内 ABA 反应的主要信使是 Ca^{2+}，它也介导其他激素的信号。然而，Ca^{2+} 信号的特异性被认为是由其变化的幅度、时间、空间分布和频率决定的。脱落酸激活液泡

H^+-ATP 酶，并通过 ABA 激活的离子通道调节 Ca^{2+} 穿过质膜的流入。此外，胞质中 Ca^{2+} 的浓度（[Ca^{2+}] cyt）还受到其他二级信使的进一步调节，包括肌醇 1,4,5 三磷酸（InsP3）、磷脂酸（PA）、肌醇六磷酸（InsP6）、鞘氨醇-1-磷酸（S1P）、过氧化氢（H_2O_2）、一氧化氮（NO）、环 ADP 核糖（cADPR）和环鸟苷单磷酸（cGMP）。脱落酸能增强磷脂酶 C（PLC）、PLD 和 ADPR 环化酶的活性，分别产生 InsP3、PA 和 cADPR。肌醇 5-磷酸酶（一种水解 InsP3 和肌醇 1,3,4,5-四磷酸的酶）的过表达导致保护细胞对 ABA 的低敏感性。InsP6 促进 Ca^{2+} 从内膜腔室的（如液泡）释放。鞘氨醇-1-磷酸，通过 ABA 诱导的鞘氨醇激酶活化由长链胺醇（鞘氨醇）转化而来，作用于三聚体 G 蛋白 GPA1 及其受体 GCR1 以调动钙。活性氧（ROS），如由膜结合的 NADPH 氧化酶产生的 H_2O_2，以及由硝酸盐还原酶活性产生的 NO 和甘氨酸脱羧酶复合物也在 ABA 信号传导中充当二级信使。拟南芥硝酸盐还原酶接子蛋白基因 *NIA1* 和 *NIA2* 或 NO 合成酶基因 *AtNOS1* 的突变减少了 NO 的合成并削弱了 ABA 对气孔的闭合。NO 诱导的 ABA 应答需要环状 ADP 核糖和 cGMP，这表明 NO 作用于这两个二级信使的上游。研究表明，一种新的肌醇磷酸盐——磷脂酰肌醇 3-磷酸（PI3P），可能在 ABA 信号通路中作用于 ROS 的上游，因为使用磷脂酰肌醇 3-激酶抑制剂处理会损害 ABA 诱导的蚕豆气孔关闭，而应用 H_2O_2 可以部分恢复气孔关闭。这些信使通过从内部存储位点（如液泡和内质网）释放 Ca^{2+} 来控制 [Ca^{2+}] cyt，产生 Ca^{2+} 振荡，作为 ABA 信号的主要调节器，控制保护细胞的运动，以关闭和打开气孔。

这些二级信使调控的钙振荡也控制其他细胞类型中 ABA 调控的基因表达。事实上，能够去磷酸化 InsP3 的肌醇聚磷酸 1-磷酸酶的失活会导致种子萌发和胚后发育对 ABA 过度敏感。NADPH 氧化酶催化亚基因 *AtrbohD* 和 *AtrbohF* 的双突变，会损害 ABA 诱导的 ROS 产生，并增加 [Ca^{2+}] cyt，从而干扰 ABA 诱导的气孔关闭和 ABA 抑制的种子萌发和根系伸长。

肌醇磷酸激酶和磷酸酶突变研究表明，一些拟南芥蛋白磷酸酶 2C，如 ABI1 和 ABI2，在 ABA 信号通路中起负调控作用。电生理学研究表明，*abi1-1* 和 *abi2-1* 突变会破坏 ABA 激活钙通道，并减少 ABA 诱导的保护细胞胞质钙增加，表明这两种磷酸酶作用于 [Ca^{2+}] cyt 上游。然而，其他研究表明，它们作用于 cADPR 和 NO 的下游。蛋白质磷酸酶的活性由二级信使（PA 和 Ca^{2+}）和蛋白激酶调节，磷脂酸结合并抑制 ABI1 活性。ABI2 和 ABI1 与丝氨酸/苏氨酸蛋白激酶 PKS3（或其同源物 CIPK3）发生相互作用。该激酶还与钙调神经磷酸酶 B-样 Ca^{2+} 结合蛋白 SCaBP5（或其同源物 CBL）相关，形成负向调控 ABA 敏感性的复合物。另一种钙传感器（CBL9）作为负调节因子参与

ABA 信号途径和生物合成。相反，RCN1 编码的蛋白磷酸酶 2A 是 ABA 信号的正向调节因子。

蛋白激酶也可以作为 ABA 信号的正向调节因子。钙依赖性蛋白激酶（CDPKs）包含一个蛋白激酶结构域和一个直接结合钙的羧基末端类钙调蛋白结构。两个拟南芥 CD-PKs（AtCPK10 和 AtCPK30）可以在缺乏 ABA 诱导启动子的情况下激活。脱落酸和 H_2O_2 激活拟南芥丝裂原激活蛋白激酶 ANP1，从而启动涉及两个丝裂原激活蛋白激酶（MAPK）AtMPK3 和 AtMPK6 的磷酸化级联。AtMAPK3 过表达增加 ABA 敏感性，而抑制剂 PD98059 通过抑制 MAPK 活性从而降低 ABA 敏感性。蔗糖非发酵相关蛋白激酶可以在水稻和小麦中发挥 ABA 信号激活剂的作用。还有其他几个蛋白激酶基因的表达被 ABA 诱导或其蛋白活性被激活。然而，尚不清楚它们是如何参与 ABA 反应的。

五、脱落酸信号的转录调节

ABA 的顺式响应元件包括具有 ACGT 核心（G-box/ABRE 和/ACGT-box）、CGT 核心（CE3－like）或 GCC 核心（Motif I－like）、Sph/RY 序列［CATGCA（TG）］、DRE［CCGA（C/G）］、MYC 和 MYB 结合位点［分别为 ACACGCATGTG 和 YAAC（G/T）G］以及耦合元件。这些元素大多在原生质体、悬浮细胞和糊粉细胞的瞬时表达系统中被定义。可以在短时间内轻松大量制备均匀、同步和高度分化的细胞。前面描述的顺式作用元件都不能单独起作用。相反，它们形成 ABA-反应启动子复合物，称为 ABRC。对于两个大麦基因，每个 ABRC 由一个包含 ACGT 核心的元件（ACGT-box）和一个耦合元件（CE1 或 CE3）组成，形成了两个不同的 ABRCs，称为 ABRC1 和 ABRC3。这两个启动子复合物在耦合元件的序列、耦合元件的取向约束以及 ACGT-box 与 CE 之间的距离上都是不同的。大量缺失和点突变分析表明，ACGT 元件需要 5′-ACGTGGC-3′序列，CE1 和 CE3 元件分别需要 CCACC 和 GCGTGTC 序列。有人认为 ACGT-box 和 CE3 在功能上是等价的，因为 OsTRAB1/ABI5 在体外能与 ACGT-box 和 CE3 元素结合。然而，数据表明，ACGT-box 与 CE 之间或两个 ACGT-box 之间的耦合对于 ABA 的高水平诱导至关重要。此外，部分纯化的大麦胚胎核提取物对 ABRC3 中存在的 ACGT-box 具有特异性结合活性，能识别 ABRC3 的野生型版本和两个 ACGT-box 副本，但对两个偶联元件 CE3 副本具有较低的亲和性，这表明它在体内与 CE3 元件结合，可能是一种与 ABI5 不同的 bZIP 蛋白。

有几种转录因子（反式作用因子）已被证实可介导 ABA 信号转导。来自拟南芥、向日葵、小麦、大麦和水稻的 bZIP-型 ABI5 蛋白作为二聚体与 ACGT-box 或 CE3 结合以激活启动子。ABI5 通过增加转录水平和蛋白的稳定性被 ABA 上调。来自玉米和大麦的 AP2 型蛋白, ZmABI4、HvDRF1、ZmDBF1、ZmDBF2、DREB1s/CBFs 和 DREB2s，与 CE1 或其相关的富 C 基序相互作用。AtMYC2 和 AtMYB2 作为 ABA 信号的激活因子分别与 MYC 和 MYB 识别位点结合。脱落酸诱导的 NAC 激活蛋白也与 MYC 位点相互作用。

ABI5 及其同源物的活性被 VP1、FUS3 和 LEC1 等激酶修饰。先前存在的 AtABI5/OsTRAB1/TaABF 的细胞核磷酸化是接近 ABA 反应的终点事件。VP1 在 N 端有一个共激活/抑制结构域，在 C 端有 3 个基本结构域（B1、B2 和 B3）。N 端结构域是激活 ABA 途径和抑制赤霉素（GA）途径所必需的。尽管全长 VP1 不与 DNA 结合，但 C 端 B3 结构域被证明可以特异性地与 Sph1/RY 元件结合。B1 和 B2 结构域可能参与核定位，并与 ABI5、WRKY、14-3-3、（C3HC3-型）锌指蛋白和 RNA 聚合酶Ⅱ亚基 RPB5 相互作用，以增强 ABA 诱导的基因表达。

抑制因子的失活对 ABA 信号传导至关重要。事实上，在成为转录复合体的一部分之前，VP1/ABI3 似乎还发挥着两个额外的作用：使 ABI1 和 ABI2 蛋白磷酸酶失活和修饰染色质结构。另外两个 B3 蛋白，LEC2 和 FUS3，可能参与染色质的重塑过程。此外，LEC1 编码一种与 CCAAT-box 结合因子 HAP3 亚基同源的转录因子。LEC1、LEC2 和 FUS3 基因的转录被编码 CHD3 染色质重塑因子的 PKL 抑制。因此，ABI3、FUS3、LEC2 和 PKL 可能在转录激活子（如 ABI4 和 ABI5）与启动子结合之前共同作用控制染色质结构的重塑。虽然 ABI3、LEC1、a 和 FUS3 都与 ABI4 和 ABI5 基因相互作用，但只有 ABI3/VP1 直接与 ABI5/OsTRAB1 相互作用。此外，只有 VP1 和 LEC1，而不是 LEC2 和 FUS3 与 ABA 信号通路有关。

尽管 VP1 与 Sph/RY 元件结合在缺乏 ABA 的情况下激活 C1 启动子，VP1 也可以增强缺少 Sph/RY 元件的含 ABRC 启动子的转录。转录谱分析研究发现在 abi3 零突变背景下，携带 35S∷VP1 的转基因拟南芥中有多达 70 个 VP1 依赖的 ABA 激活基因。然而，VP1 并不总是作为 ABA 反应的激动剂。事实上，49 个 ABA 诱导基因被 VP1 抑制，9 个 ABA 抑制基因被 VP1 增强。

脱落酸在转录后水平上也起调控作用。脱落酸诱导几种 RNA 结合蛋白的表达，包括：玉米富含糖氨酸的蛋白 MA16，优先与富含尿苷和鸟苷的 RNA 片段相互作用；AtABH1 和 AtCBP20 形成拟南芥 mRNA 帽结合二聚体复合物；类似于多功能 Sm-like 小核核糖核蛋白的 AtSAD1；dsRNA 结合蛋白 HYL1，其突变导致 ABI5 和 MAPK 水平的增强。除了 MA16 其功能尚不清楚，这些 RNA 结合蛋白都是 ABA 信号的负调控因子。另一种 RNA 结合蛋白 AKIP1 是蛋白激酶 AAPK 的底物。磷酸化的 AKIP1 与编码在应激条件下参与细胞保护蛋白质的 mRNA 脱氢蛋白相互作用。

目前尚不清楚这些 RNA 结合蛋白在调节 ABA 反应中的作用。然而，据报道，ABH1、SAD1 和 AKIP1 的同源物是 RNA 剪接体和输出机制的组成部分。此外，ABA 增强了 AKIP1 和 HYL1 的分裂，最后，在 hyl1 ABA 超敏突变体中，几种 miRNA 的水平降低，这表明 hyl1 蛋白是参与 miRNA 介导的基因调控的核大分子复合物的一部分。

蛋白质降解也是 ABA 信号的一部分。一种核定位 ABA 调控蛋白 AFP 作为 ABA 信号的负调控因子与 ABI5 发生相互作用（酵母双杂交实验和共免疫沉淀实验）。蛋白酶体抑制剂研究表明，ABI5 的稳定性是由 ABA 通过泛素化进行调节的。AFP 和 ABI5 都在核体中共定位，核体中还含有 COP1（一种含环脂蛋白）和 WD40-重复蛋白，它们是幼苗去黄化的关键抑制因子。COP1 在体外具有自动泛素化活性（E3），促进 MYB-型转录因子的降解。尽管 COP1 尚未被证明介导 ABA 信号，但另一种 WD-40 蛋白 PRL1 的突变导致对 ABA 过度敏感，这表明 PRL1 是 ABA 信号的抑制因子。ABI5 的磷酸化可能通过阻断 26S 蛋白酶体 AFP 促进的降解来稳定蛋白质。这些数据表明 AFP 和 PRL1 通过促进转录激活子的降解来调节 ABA 信号。一些顺式作用的元件通过激素促进和 26S 蛋白酶体介导的过程去除抑制因子，促进激活因子与之结合，从而增强转录。

六、脱落酸和赤霉素信号交叉

越来越多的证据表明 ABA、乙烯、糖和生长素的生物合成和信号通路之间存在联系，最著名的是 ABA 和 GA 在控制种子萌发方面的相互作用。脱落酸下调了许多 GA 上调的基因。这种强烈影响导致 ABA 完全阻断了 GA 诱导的种子萌发。在谷物糊粉组织中，GA 诱导和 ABA 抑制 α-淀粉酶的表达对利用胚乳中储存的淀粉至关重要。GA 和 ABA 信号的交叉由次级信使介导。例如，将 PA 应用于大麦糊粉可以抑制 α-淀粉酶的产生，诱导 ABA 诱导的淀粉酶抑制剂和 RAB（对 ABA 的反应）蛋白表达来模拟 ABA 的作用。尽管 ABA 诱导的蛋白激酶 PKABA1 对调节 ABA 诱导的 HVA1 和 HVA22 基因的表达几乎没有活性，但它几乎完全抑制了 GA 诱导的 α-淀粉酶和蛋白酶基因的表达。由于大麦糊粉细胞中 α-淀粉酶基因表达的 GA 诱导和 ABA 抑制依赖于淀粉酶启动子中的同一组顺式作用元件，那么 ABA 对 GA 信号通路的抑制作用在哪个位置？数据表明，PKABA1 在功能性 GAMyb（GA 信号的转录激活剂）形成的上游起作用，但在细长体（GA 信号负调节器）作用位点的下游起作用。因为 PKABA1 RNA 干扰不会阻碍 ABA 对 α-淀粉酶表达的抑制作用，所以有更多的途径介导 PKABA1 对 GA 信号的抑制作用。事实上，两种 ABA 诱导的 OsWRKY 蛋白也阻断了 GA 信号传导。它们是否代表 PKABA1 非依赖性 ABA 抑制途径的成分仍有待研究。

近年来，随着对双子叶和单子叶植物的研究，人们对 ABA 信号的认识有了很大的提高。在这两大类被子植物中已经发现了十几种已报道的 ABA 信号调控因子的同源物。这些数据表明 ABA 信号网络在一些双子叶和单子叶植物中可能是高度保守的。但是与水稻同源性较低的 10 个 ABA 信号基因可能是双子叶植物所特有的，保守的蛋白质序列并不一定意味着保守的功能，所有设想都需要通过实验来证明是否真的是 ABA 信号调节器的同源物。即使它们确实是同源的，它们在 ABA 表达时的表达模式也可能完全不同，甚至相反，正如在拟南芥（一种长日植物）和水稻（一种短日植物）中控制光周期的关键调节基因的研究结果。

第五节　赤霉素

一、赤霉素的合成

赤霉素（Gibberellin，GA）是存在于植物中的四环二萜类化合物，具有以四环或者五环进行排列的碳骨架结构，可变的第五环是内酯。GA 主要有两种类型：一种是包括 20 个碳原子的分子 C_{20}-GAs 组成，另一种是失去一个碳原子并显示为内酯的 C_{19}-GAs 组成（Chen et al.，2020b）。目前在植物、细菌和真菌中鉴定到的赤霉素有 130 多种，可以调节植物生长发育的有活性赤霉素只有 4 种：GA_1、GA_3、GA_4 和 GA_7，都属于 C_{19}-GAs（Hedden & Thomas，2012）。

赤霉素的生物合成主要在根尖、茎尖、嫩叶、果实以及生长中的种子中，在细胞的原质体、内质网和细胞质中进行合成（Reinecke et al.，2013，李强等，2014）（图 1-9）。

GA 的合成是从牻牛儿基焦磷酸 GGPP 开始。原质体中 GGPP 在古巴焦磷酸合成酶 CPS 的催化下生成二磷酸内酯 CPP，再在贝壳杉烯合成酶 KS 的催化下形成贝壳杉烯；随后在内质网中，贝壳杉烯被贝壳杉烯氧化酶 KO 催化形成贝壳杉烯酸，贝壳杉烯酸在贝壳杉烯酸氧化酶 KAO 的催化加工下生成 GA_{12}。最终，在细胞质中 GA_{12} 被 GA_3 氧化酶及 GA_{20} 氧化酶催化成为高生物活性的赤霉素，GA_3ox 以及 GA_{20}ox 是合成活性 GA 的关键限速酶（Israelsson et al.，2004；黎家和李传友，2019）。GA_{20}ox 不仅可以合成有活性的赤霉素，也可以使活性赤霉素失活。GA_{20}ox 在植物中过表达后 GA_1 和 GA_4 的含量明显降低，植物出现矮化、花期推迟现象，若抑制 GA_{20}ox 的表达则植株株高会增加（Lo et al.，2008；Schomburg et al.，2003；魏灵珠等，2012）。活性赤霉素的动态平衡主要通过赤霉素合成与降解来实现（Yamaguchi，2008）。经过原质体—内质网—细胞质合成的活性赤霉素，其降解代谢发生在细胞质，一方面是 C_{19}-GA_2oxs 通过 2-β 羟基化反应将具有生物活性的 GA_1 和 GA_4 及其前体物质 GA_{20} 和 GA_9 转化成不具备生物活性的

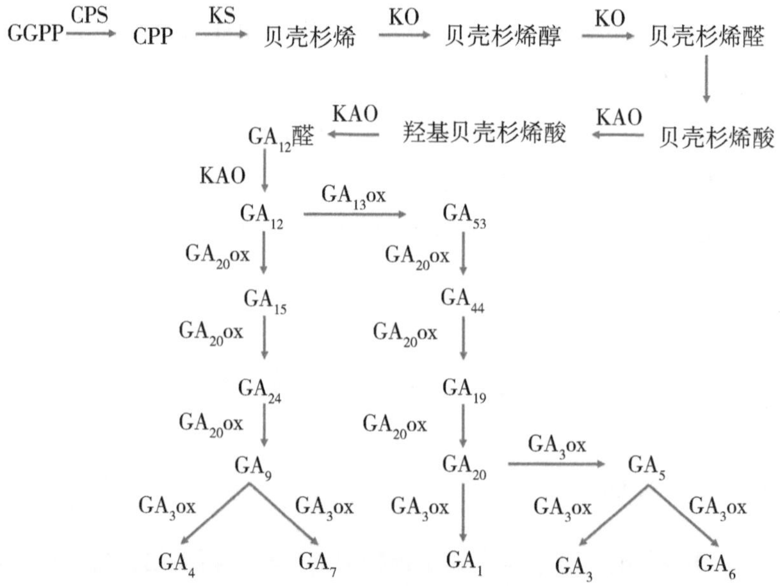

图1-9 高等植物中赤霉素生物合成路径

注：代谢产物定位在原质体、内质网以及细胞质基质中。植物中的活性赤霉素有 GA_1、GA_3、GA_4、GA_6 和 GA_7。催化后续反应的酶：CPS 为古巴焦磷酸合成酶，KS 为贝壳杉烯合成酶，KO 为贝壳杉烯氧化酶，KAO 为贝壳杉烯酸氧化酶，GA_{13}ox 为赤霉素 13 氧化酶，GA_{20}ox 为赤霉素 20 氧化酶，GA_3ox 为赤霉素 3 氧化酶。

GA_8、GA_{34}、GA_{29} 和 GA_{51}，另一方面是 C_{20}-GA_2oxs 通过羟基化反应将具有生物活性的 GA_{12} 和 GA_{53} 转化成没有生物活性的 GA_{97} 和 GA_{110}（Hedden & Thomas，2012；Olszewski et al.，2002）。

通过使用各种实验系统来提高对 GA 代谢的理解，其中最显著的是对 GA 代谢酶的表征，以及它们在来源于南瓜（*Cucurpita maxima*）、豌豆（*Pisum sativum*）和菜豆（*Phaseolus vulgaris*）未成熟种子的无细胞系统中所催化的反应。在一些情况下，这些酶在这些未成熟种子中的表达已经成为克隆它们各自基因的基础。拟南芥已经成为研究 GA 代谢的实验系统。当 GA 生物合成突变体 *ga1*、*ga2*、*ga3*、*ga4* 和 *ga5* 作为克隆几个生物合成基因的基础时，说明了拟南芥分子遗传分析的威力。这些基因的特征正在迅速揭示控制 GA 代谢的复杂调控机制。此外，拟南芥和水稻基因组序列，以及方便的转化程序，极大地提高了人们对 GA 代谢的理解，以及这些植物激素在调节植物生长和发育中的作用。后文中描述 GA 代谢的章节将重点介绍进展，包括 GA 生物合成和分解代谢基因的发现和调控。

MVA 和 MEP 途径参与赤霉素生物合成。香叶基二磷酸（GGPP）是合成许多萜类化合物（包括 GA）所必需的异戊二烯前体。类异戊二烯生物合成的初始步骤是异戊烯基二磷酸（IPP）和二甲基烯丙基二磷酸（DMAPP）的缩合。多年来，人们认为植物中用于类异戊二烯生物合成的 IPP 仅通过甲戊酸（MVA）途径合成。在无细胞系统中，^{14}C MVA 结合到苯环中，为 GA 生物合成中的这一途径提供了一些初步支持。目前已知植物中存在 IPP 生物合成的另一条途径，即增塑性甲基赤藓糖醇 4 - 磷酸（MEP）途径。探讨了 MEP 和 MVA 途径对 GA 生物合成的贡献。通过对被这两种途径阻断的拟南芥植物的 ^{13}C 饲喂研究，证明 MEP 途径在 GA 的生物合成中起主要作用，但 MVA 途径似乎在某些条件下也起作用。需要进一步研究来揭示这两条途径的调节，这两条通路控制着用于类异戊二烯生物合成的 IPP 的产生。

ENT-COPALYL-二磷酸合酶。GA 生物合成的第一个承诺步骤是 GGPP 的环化，产生戊-共聚二磷酸（CPP）。在植物中，这一反应是由二萜环化酶-戊二磷酸合酶（CPS）催化的。利用基因组减影技术克隆了 GA₁ 基因，并证实它编码一种功能性 CPS 酶 AtCPS 时，证明了拟南芥遗传分析识别编码 GA 生物合成酶基因的潜力，随后提供了 AtCPS 作为一种加工形式定位在质体中的证据。这与生物化学研究表明 CPS 在几种植物前体中的活性一致。根据序列同源性，拟南芥中似乎有一个编码 CPS 酶的基因，AtCPS 缺失突变体具有可检测的 GA 水平。这支持了有另一种能够产生 CPP 或二萜的途径存在。一项研究表明，水稻还含有一个编码 CPS 酶的基因 *OsCPS1*。*OsCPS1* 的空等位基因产生的植物具有严重的 GA 缺陷矮化特征，令人联想到拟南芥 *ga1* 功能缺失突变体。

CPS 编码基因的身份允许表征其空间和时间表达模式，以确定 GA 生物合成的精确细胞位点。在拟南芥中，AtCPS 表现出高度特异性的发育和细胞特异性表达模式。最高水平的启动子活性集中在生长活跃的区域，与具有生长促进作用的 GA 一致。在扩张的叶片的维管组织中也观察到 AtCPS 的表达，这表明这些可能是 GAs 运输到响应组织的来源。随后对 AtCPS 启动子的缺失分析确定了其组织特异性表达所必需的顺式调控元件。

由 CPP 形成二萜是由另一种二萜环化酶——二萜合成酶（KS）催化的。这种酶催化产生 GA 的特征四环骨架所需的环化反应。从南瓜中首次分离到一个编码 KS 的基因。未成熟南瓜种子发育中的子叶中存在高水平的 KS 活性，这允许将酶纯化至均一性和氨基酸测序。随后使用简并 PCR 策略鉴定 cDNA 克隆，并证明其编码功能性 KS 酶。这项工作导致从拟南芥（AtKS）中分离出一个编码 KS 的基因。生化研究表明 KS 酶定位于前质体中。这得到了 CmKS 和 AtKS 中推定的 N 末端转运肽的存在的支持，该肽可能直接靶向质体。此外，AtKS 的前 100 个氨基酸与 GFP（TPKS-GFP）的融合在瞬时转化的烟草表皮细胞中显示了质体定位。在同一研究中，TPKS-GFP 融合蛋白被导入分离的豌豆叶绿体。CPS 和 KS 的潜在共定位提高了它们可能形成参与二萜生产的塑性复合体的可能性。

拟南芥基因组似乎包含一个 AtKS 基因。这与功能缺失 ga2-1 等位基因的严重程度一致，该等位基因与极端侏儒 ga1 缺失突变体非常相似。AtCPS 和 AtKS 的表达谱存在差异，AtCPS 表现出更局部化的模式。此外，在南瓜中还观察到 CmCPS1/2 和 CmKS 基因表达谱的差异。可以想象，CPS 基因的更局部化表达模式表明 CPS 酶催化了二萜生产中的限速步骤。研究表明，过度表达 AtCPS 的转基因拟南芥具有升高的二萜水平，而过度表达 AtKS 的植物具有野生型水平。

二萜氧化酶的作用。细胞色素 P450 依赖性单加氧酶催化二萜生物合成 GA12/53。这些步骤中的第一步是由二萜氧化酶（KO）催化的，这是一种多功能酶，催化 C-19 位的连续氧化，产生戊二烯酸（KA），研究证明其有助于提高人们对参与 GA 生物合成的细胞色素 P450 单加氧酶的理解。这项工作最初涉及确认 ga3 突变体缺乏 KO 活性。随后证实，当在酵母中异源表达时，GA$_3$ 基因座编码细胞色素 P450 单加氧酶，能够将二萜转化为戊二烯酸。该基因被命名为 AtKO，似乎在拟南芥基因组中以单个拷贝的形式存在。AtKO 基因表达的 RNA 酶保护分析显示发育调控，在幼苗、伸长的茎和花序中转录物水平最高。赤霉素处理不影响 AtKO mRNA 的水平。

水稻含有 5 个类似 KO 的基因（OsKOL1-5），它们在第 6 号染色体上串联排列成一簇基因。其中一个基因 OsKOL2 已被证明与 D35 基因座相对应。D35 处的零突变产生严重的 GA 缺陷表型，可能在恩特—考雷烯氧化的 GA 生物合成步骤中被阻断。D35 的一个弱等位基因 d35 产生了一种具有半干旱特性的水稻植株。20 世纪 50 年代，该等位基因的引入产生了 TanGinbozu 品种，导致水稻作物产量大幅增加。这是许多影响 GA 生物合成或反应的突变在培育具有改良农艺性状的作物方面发挥作用的例子之一。

参与 GA 生物合成的细胞色素 P450 依赖性单加氧酶通常被认为局限于内质网（ER）。这是基于表明酶活性与微粒体部分共纯化的研究。AtKO 基因的可用性为使用更敏感的细胞生物学方法研究这些酶的定位提供了机会。发现 AtKO-GFP 融合蛋白定位于瞬时转化烟草表皮细胞的外质体膜。他们假设 AtKO 在 GA 生物合成途径的质体和 ER 定位步骤之间提供了联系。旨在了解萌发的拟南芥种子中参与 GA 生物合成的酶的定位，发现 AtCPS 和 AtKO 显示出明显不同的细胞特异性表达模式。基于这些研究，他们提出 GA 中间体（可能是二萜）的细胞间转运发生在维管和皮层/内皮层之间。为了确定这些酶的精确亚细胞分布，需要进一步研究内源性蛋白质的定位。

在一个旨在分离与烟草中生长素响应性顺式调节元件结合的反式作用因子的筛选中，很偶然地发现了芽生长抑制（RSG）。已证明 RSG 不结合生长素响应元件，而是在体外结合 AtKO 启动子。此外，在转基因烟草中显性—阴性形式的 RSG 表达产生了具有较低水平生物活性 GA 以及 AtKO 同源物表达减少的 GA 响应矮化表型。研究表明，GA 信号通过与细胞质 14-3-3 蛋白的结合促进 RSG 从细胞核中消失。RSG 与 14-3-3 蛋白的相互作用似乎取决于丝氨酸残基的磷酸化。提出了一种模型，其中 RSG 受到 GA 的负面调节，并在维持 GA 水平方面发挥作用。需要进一步研究来确认 RSG 是否是 GA 生物合成的直接调节因子。

戊二烯酸向 GA_{12} 的转化由另一种细胞色素 P450 单加氧酶——戊二烯酸氧化酶（KAO）催化。多功能 KAO 酶氧化戊二烯酸的 C-7，生成 7a-羟基戊二烯酸，然后该酶在 C-6 上氧化生成 GA12-醛。最后，KAO 氧化 C-7 上的 GA12-醛，生成 GA12。尚未在拟南芥中鉴定出在生物合成途径的这一步骤中被阻断的赤霉素缺陷突变体。相比之下，大麦 grd5 和豌豆 na 突变体都表现出 GA 响应矮化特性，显示出 KAO 活性降低。玉米矮秆 3（d3）突变体具有类似的 GA 缺陷表型。尽管在 d3 突变体中阻断的 GA 生物合成的精确步骤尚不清楚，但 d3 基因的身份被证明有助于鉴定 KAO 基因。使用转座子标记策略克隆 D3 基因，并证明其编码细胞色素 P450 依赖性单加氧酶，属于 CYP88A 亚家族。基于与 D3 的同源性分离出 Grd5 cDNA 克隆，并证实其编码细胞色素 P450 单加氧酶，也属于 CYP88A 亚家族。此外，还鉴定了两个编码 CYP88A 酶的拟南芥基因。使用为测试 AtKO 功能而开发的酵母异源表达系统，证实大麦和两种拟南芥 CYP88A 酶催化了从 KA 到 GA12 的 GA 生物合成的 3 个步骤。其随后被命名为戊二烯酸氧化酶。可能其他 CYP88A 酶，包括 D3，编码 KAO 酶。从南瓜中鉴定出一种新的基因，该基因编码一种 2-氧戊二酸依赖性双加氧酶（2-ODD）（GA7-氧化酶），该酶催化 GA12-醛一步转化为 GA12。

两个 AtKAO 基因的存在与编码 GA 生物合成途径早期步骤的基因形成对比。这种功能冗余很可能解释了为什么在这一步骤中没有发现被阻断的拟南芥突变体。尽管 AtKAO 基因表现出相似的表达模式，但需要对敲除突变体进行表征，以确定它们是否在调节植物发育中具有特定作用。在豌豆中，有两个 KAO 基因，PsKAO1 和 PsKAO2，它们似乎具有不同的发育作用。豌豆 NA 基因编码 PsKAO1，NA 突变体表现出严重的 GA 缺陷表型，但种子发育正常。这些特征可能通过 PsKAO 基因的双向表达模式来解释；PsKAO1 在植物中普遍表达，而 PsKAO2 仅在发育中的种子中表达。PsKAO2 在种子发育中的作用仍有待解决。

在包括菥蓂（Thlaspi arvense）在内的一些植物中，GA 在介导春化（或冷）诱导的抽薹和开花中发挥着重要作用。有人提出，热诱导刺激 GA 生物合成，由此产生的 GA 积累促进茎伸长。蒺藜感觉寒冷的部位是芽尖，春化后 KA 水平显著降低。这表明 KAO 是该物种春化调节 GA 代谢的主要步骤。鉴定和表征采穗中的 GA 生物合成基因有助于确定春化如何调节 GA 代谢。

在许多植物中，包括大多数单子叶植物和豌豆，GA_1 是主要的生物活性 GA，说明了 13-羟基化在生物合成途径中的重要性。目前，GA 生物合成中发生 13-羟基化的确切点仍不完全清楚。用赤霉素饲喂豌豆的实验表明，这种反应发生在该途径的早期，GA_{12} 和 GA_{12} 醛被证明是良好的底物。在许多植物中，包括大多数单子叶植物和豌豆，GA_1 是主要的生物活性 GA，说明了 13 羟基化在生物合成途径中的重要性。目前，GA 生物合成中发生 13-羟基化的确切点仍不完全清楚。用赤霉素饲喂豌豆的实验表明，这种反应发生在该途径的早期，GA_{12} 和 GA_{12} 醛被证明是良好的底物。很容易推测 GA_{12} 是内源性底物，因为它是由其他微粒体细胞色素 P450 单加氧酶产生的没有特征化的 GA_{13} 羟化酶突变体，并且在植物中尚未鉴定出编码这种酶的基因。更好地理解 13-羟化酶需要克隆这些难以捉摸的基因。

生物活性 GAs 代谢的最后步骤由 2-氧戊二酸依赖性双加氧酶催化。这些酶被认为是可溶的。这是 GA_{20} 氧化酶催化生物活性 GA 生物合成的倒数第二步，这一阶段涉及将 C-20 氧化为醛，然后去除该 C 原子并形成内酯。一些植物含有不同性质的 GA_{20} 氧化酶。例如，在菠菜中，已经鉴定出一种转化内酯的 GA44 氧化酶活性，而不是这种 GA 的游离醇形式。

Lange 和同事发现了第一个 GA_{20} 氧化酶基因以来，对 GA_{20} 氧化的理解有了极大的提高。他们主要克隆包括从极度富含 GA 代谢酶的未成熟南瓜子中纯化一种 GA_{20} 氧化酶（Lange，1994）。针对纯化的 GA_{20} 氧化酶中包含的肽序列产生的抗体随后通过表达筛选分离出相应的 cDNA 克隆。从该 cDNA 克隆中表达的重组南瓜 GA_{20} 氧化酶（CmGA20ox1）被证实是一种能够将 GA_{12} 转化为 GA_9 的多功能酶。令人惊讶的是，Cm20ox1 催化的主要反应是 C-20 完全无损氧化成羧酸。Cm20ox1 产生的 C-20 三羧酸气体基本上是无生物活性的。

Cm20ox1 从拟南芥中分离出 3 个 GA_{20} 氧化酶基因，并确认其中 1 个对应于 GA_5 位点 *AtGA20ox1*。在拟南芥中，现在很明显有 5 个推定的 GA_{20} 氧化酶基因。其中 3 个基因 *AtGA20ox1*、*AtGA20ox2* 和 *AtGA20ox3* 主要是参与 GA_{12} 到 GA_9 代谢的功能性酶。在水稻中，隐性半矮秆 f1（*sd1*）突变在选育高产矮秆品种方面发挥了重要作用，这些品种更能抵抗来自外界环境的破坏。SD1 位点编码 GA_{20} 氧化酶 OsGA20ox2。根据水稻基因组序列，水稻中似乎有 4 个 GA_{20} 氧化酶基因。需要进一步的工作来确认其他 3 个假定的 *OsGA20ox* 基因的功能作用。

GA_{20} 氧化酶在大多数植物生物合成途径中的关键调控步骤具有重要作用。此外，研究表明，与野生型植物相比，转基因拟南芥中 GA_{20} 氧化酶的过度表达导致生物活性气体水平升高，并导致相应的 GA 过量。相反，过表达催化 GA 生物合成途径早期步骤的酶不会产生这种效果。因此，GA_{20} 氧化酶活性很可能在调控生物活性 GA 水平和由其控制的后续发育过程中起到重要作用。

高等植物中 GA_{20} 氧化酶多基因家族的存在，提高了某些成员在调控特定发育过程中发挥作用的可能性。单个基因具有不同空间和发育表达谱。例如，在拟南芥中，*AtGA20ox2* 主要在花和角果中表达，而 *AtGA20ox3* 只在角果中表达。相比之下，*AtGA20ox1* 主要在茎中表达，因此 *ga5* 突变体具有半侏儒特征。在其他 GA_{20} 氧化酶基因中鉴定功能丧失突变有助于发现这些家族成员的特定作用。

KNOX 基因参与分生组织的维持。有证据表明，KNOX 蛋白通过调控其生物合成来控制 GA 水平。烟草中 NTH15 KNOX 基因的过表达产生了 GA 反应性矮化表型是因为 GA_{20} 氧化酶基因 Ntc12 的表达减少。NTH15 直接抑制 Ntc12 的表达来维持 SAM 中细胞的不确定状态。在分生组织的外围，NTH15 的表达被抑制，允许 GA_{20} 氧化酶的表达。类似地，在拟南芥中，KNOX 基因 STM 参与抑制分生组织中 *AtGA20ox1* 的表达。

生长活性气体被 GA_3 氧化酶在 C-3β 位置进行羟基化。拟南芥 *ga4* 突变体是对 GA 敏感的半矮秆植物，其中 3β-羟基化导致 GAs 含量降低，GA_{19}、GA_{20} 和 GA_9 含量增加。结果表明 GA_4 可能编码 3β-羟化酶。随后，通过 T-DNA 标记确定了 GA_4 位点，并且重组 GA_4 酶可以将 GA_9 转化为 GA_4。为了防止混淆，按照 Coles 等（1999）提出的命名法，GA_4 基因被重新命名为 *AtGA3ox1*。

孟德尔用豌豆研究遗传元素的传播，他的开创性实验被广泛认为是遗传学的基础。在这些研究中，他跟踪了 7 对性状，包括茎长（Le）。*le* 突变是隐性的，产生对 GA 有反应的矮秆。对 *le* 突变体内源性 GA 水平的分析发现这些植物不能将 GA_{20} 转化为 GA_1 表明 *le* 参与了 3β-羟基化阶段 GA 的生物合成。*AtGA3ox1* 直接导致了两个独立群体对 *Le* 基因的分离和表征。已证实 Le 编码一种功能性 3β-羟化酶，而 Le 突变体在大肠杆菌中表达时活性降低。活性的降低与其活性位点附近预测的氨基酸序列中的丙氨酸被苏氨酸替代有关。

除了拟南芥和豌豆，其他植物物种在 3β-羟基化步骤突变影响 GA 生物合成已被确认。一般来说，所有的 GA_3 氧化酶功能丧失突变体都具有半矮化表型，与在通路早期步骤被阻断的 GA 突变体的营养不良严重矮化表型相反。对这一现象最可能的解释是 GA$_3$-氧化酶基因的功能冗余。例如，在拟南芥中至少有 4 个 GA$_3$-氧化酶基因，而水稻中只有 2 个基因。也有证据表明，分流型 GA$_3$-氧化酶基因在调节植物发育中具有特定的作用。例如，两个拟南芥 GA$_3$-氧化酶基因 *AtGA3ox1* 和 *AtGA3ox2* 表现出时空差异表达模式。

二、赤霉素信号转导

植物细胞在感受到 GA 信号后引起 GA 信号应答反应，经过一系列 GA 信号转导过程调节植物种子休眠、腋芽生长以及化合物代谢等生物过程（Sauter，1997；Serrano-Mislata et al.，2017）（图 1-10）。

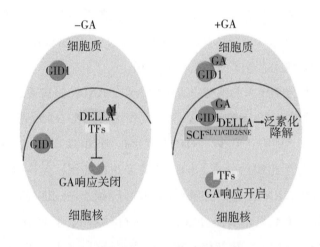

图 1-10　GA 信号通路

注：没有 GA 存在时，DELLA 抑制 GA 响应基因的表达。存在 GA 情况下，活性 GA 与 GID1 结合后，促进 GID1 与 DELLA 蛋白 N 端结合，导致 DELLA 蛋白构象改变，促进 DELLA 蛋白 C 端与 SCF^{GID2} 相互作用；GID1-GA-DELLA 蛋白复合体形成，增强了 DELLA 与 SCF^{GID2} 间的互作，导致 DELLA 蛋白被泛素化，并经由 26S 蛋白酶复合体降解，进而解除 DELLA 蛋白的阻遏作用。

GID1 是一种可溶性赤霉素受体在细胞质上感受到 GA 信号后直接与 GA 相结合形成 GA-GID1 复合物。然后 GA-GID1 复合物与 DELLA 转录因子相结合，此过程有 SCF^{GID2} E3 泛素连接酶复合物参与快速降解 DELLA，引发下游 GA 响应基因的表达。GID 编码类似激素敏感相关的脂肪酶 HSL 蛋白，含有 HSL 保守基序 HGG 和 GXSXG，但是不具有水解酶的活性，其与 DELLA 的互作也要依赖 GA 的存在（Ueguchi-Tanaka et al.，2005）。DELLA 对 GA 信号途径起阻遏作用，N 端具有保守 DELLA 和 VHYNP 结构域来推动 GID1 和 DELLA 的互作，C 端为 GRAS 结构域包含两个亮氨酸重复序列 LHR 介导蛋白互作、核定位序列和介导 GID1 与 F-box 蛋白互作的阻遏结构域 VHIID、PFYREY 和 SAW，中间包含多聚 Ser/Thr/Val 作为磷酸化和糖基化靶点的调节结构域（Asano et al.，2009；Dill A et al.，2001；Hirano et al.，2010）。已知的 DELLA 蛋白有 RGA、RGL1、RGL2、RGL3 及 GAI（Dill et al.，2001；Lee et al.，2002；Peng et al.，1997；Silverstone et al.，199；Wen & Chang，2002）。其中 GAI 与 SCR 蛋白同源性较高，是具有植物特异性的 GRAS 家族，但是 DELLA 结构域和 GA 相应相关是 GRAS 家族中 DELLA 亚家族特有的结构域（Pysh et al.，1999）。SCF 是 Skp1/cullin/F-box 的复合体，属于一种 26S 蛋白酶中的 E3 泛素连接酶，主要是特异和 DELLA 蛋白结合在一起，再通过泛素化降解 DELLA 蛋白，解除其对 GA 信号通路的阻遏作用，诱导响应 GA 的下游因子应答，在 GA 信号途径中是一种正调控因子（Dill et al.，2004；McGinnis et al.，2003；Wang & Deng，2011）。当存在 DELLA 功能结构域时，GA 单独结合 GID1 就可以不需要 SLY1/GID2 介导的 DELLA 降解途径来直接解除 DELLA 的阻遏作用，而过量表达的 GID1 是通过增加 GA-GID1-DELLA 复合体的形成来解除 *sly1* 突变体的种子休眠特征，所以在 GA 信号途径中，可能存在一条直接通过蛋白互作或间接转录后修饰完成的不依赖蛋白酶体降解的途径（Ariizumi et al.，2013；Ariizumi et al.，2008；Miyako et al.，2008）。

三、赤霉素的功能

GA 对植物的生长发育具有重要作用，参与植物的种子萌发、木质部分化、节间伸长、叶片伸展、花和果实的发育以及植物的逆境生长（Daviere et al.，2008；Sun，2011；Sun & Gubler，2004）。赤霉素可以从细胞分裂及细胞增大这两个方面促进植物的生长，因为细胞中的钙离子可以降低细胞壁的延展性，而赤霉素可以让细胞壁中的钙离子通过离子通道进入细胞质中，降低细胞壁中的钙离子含量，增加细胞壁的伸展性，使植物加快生长。赤霉素通过促进 IAA 的生成加快叶绿素的合成来增强植物的光合作用，缓解叶片的衰老，并且在花期喷施赤霉素可以防止落花落果，促进坐果率及果实膨大率（曹柳青，2012；司贺龙等，2019）。赤霉素负调控不定根的形成，缺失 GA 的突变体会引起不定根过量生成（Garciarrubio et al.，1997）。当敲除 GA 合成关键酶基因 *GA2oxs* 会引起植株矮小，抗倒伏性能增强，显著增加水稻产量（Komatsu et al.，2006）。赤霉素转录因子 DELLA 与棉花纤维特意表达的 HOX3 进行互作，与其下游靶基因产生竞争，抑制棉花纤维的伸长，而赤霉素降解 DELLA 蛋白，增强了 HOX 下游靶基因表达，促进棉花纤维伸长。在逆境胁迫下，会诱导赤霉素合成基因的表达，改变赤霉素的代谢途径，显著增加赤霉素的含量调控胁迫环境下植株的生长（Magome et al., 2004；Yamauchi et al., 2004）。

已知 GAs 在细胞伸长中起到关键作用，有理由认为 GA 可能参与重力向性刺激。GA 刺激根部偏重性先前已有报道，而且重力向性刺激后 GA 的不对称分布有利于蚕豆根尖或玉米根的上半部分生长。然而，使用免疫测定法对重力向性刺激期间内源性 GA_3 和 GA_7 的再分布动力学进行更仔细分析没有发现 mays L. 或 V. faba L. 的根尖有任何显著的横向不对称性。此外，GA 缺陷突变体显示根细胞伸长率降低，与正常根一样具有重力反应。没有证据表明 GA 在根部向重力作用中起着关键作用，也没有进一步确定这种作用。然而，GA 仍有可能对根部偏重有间接影响。用 GA 和肌动蛋白处理水芹（Lepidium sativum L.）根导致其重量敏感性丧失，是由淀粉损失以及伴随的静止细胞极性组织损失引起的。

GA 不参与导致重力曲率的地上部差异生长表明 GA 浓度增加并没有消除生长差异。在向日葵下胚轴重力向性刺激过程中，免疫测定法未检测到内源性 GA_3 和 GA_7 的显著横向不对称再分布，外源性 GA 诱导的紫鸭跖草（Tradescantia fluminensis）的生长区域未发生重力生长。所有这些数据都表明，GA 参与芽的弯曲响应是值得怀疑的。然而，侧向 GAs 浓度梯度作为向重力的原因发生在对施用生长素不敏感的切除向日葵芽尖中，其重力茎底部存在较高浓度的 GA_1。

使用放射性标记的内源性 GAs 和 GA 偶联物水平的变化与完整燕麦叶鞘叶枕的重力弯曲相关。因此，GA 偶联物在上半部分占主导地位，而游离 GA_3、GA_4 和 GA_7 等 GA 在下半部分积累得更多，但这些梯度仅能在弯曲发生后（24 h）观察到。由于 GA 在重力的叶枕中不会向下转运，因此 GA 梯度无法在器官受重力刺激后的早期阶段（4 h）获得，无论是通过 GA/GA 偶联物的差异合成还是游离 GA 和 GA 偶联物的差异移动到各自的芽髓两边，这种 GA 不对称性应该是在局部池中引起的。关于 GAs 在谷物重力响应中的明显作用表明，外源性 GA_3 施用于水平节段的下侧显著增强了芽髓的生长和节段曲率，但是外源性 GA_3 对垂直节段的这些参数没有影响。除了 IAA 之外，重力刺激还诱导了对 GA_3 的反应性变化，并且 GA_3 可能会增加向重性所必需的支链淀粉运动。此外，野生型玉米叶枕上半部分和下半部分之间游离 GA_1 代谢物的差异定位在其多重力突变体中并不明显。这些结果似乎表明 GA 在重力向性后的差异芽生长中的作用。然而，这进一步表明，激素浓度的线性梯度可能主要是 GA 水平局部变化的结果，而不是激素进入或穿过中柱的产物。

GA 似乎在其中发挥一定作用的另一个有趣的重力响应系统是具有垂枝的木本植物。木质茎的生长方向和次生木质部的形成取决于地球上的重力刺激。结果表明，外源

GA 在垂枝樱（樱桃）枝条中诱导木材张力，从而导致其直立生长。在模拟微重力条件下，GA 促进了日本樱花树苗的次生木质部发育，斜茎上侧的 GA_1 水平远高于下侧，表明具有垂枝的木本植物的茎形态发生是由差异 GA 诱导的次生木质部形成介导的。总之，除了 GAs 在指导非常特定的重力响应芽系统中的生长作用外，几乎没有证据表明 GAs 在根和芽向重力作用中起着关键作用，例如谷物芽叶枕和木本树的垂枝。

赤霉素（GAs）是一个植物激素家族，控制植物生长和发育的许多方面，包括茎伸长、发芽以及从营养生长到开花的过渡。编码 GA 生物合成和酶活基因的克隆使人们对 GA 激素积累的发育调节有了深入了解，GA 激素积累受到正反馈和负反馈调节。GA 信号基因的遗传和生化分析表明，DELLA 蛋白积累的翻译后调节是 GA 应答的关键控制点。高度保守的 DELLA 蛋白是 GA 信号传导的负调节因子家族，通过泛素 26S 蛋白酶体途径受 GA 刺激降解。

赤霉素是一个大的四环二萜类植物激素家族，其特征是赤霉素环系统。赤霉素已被证明可促进植物生长和发育的许多方面，包括发芽和茎伸长，在大多数物种中，赤霉素可向开花、花粉管伸长和种子发育过渡。每个激素信号转导途径都由两个基本组成部分组成，即激素积累的控制和激素信号的接收。

赤霉素是第一种被鉴定的植物激素。1926 年，日本科学家黑泽英一（Eiichi Kurosawa）发现赤霉素是基于真菌赤霉素（*Gibberella fujikuroi*）的合成，赤霉素是水稻中巴卡那病的病原体。被巴卡那病感染的"肥苗"长得太高、太细。存活下来的罕见受感染的幼苗结实率很低。黑泽明证明，这些植物感染的真菌病原体合成了一种化学物质，可以刺激水稻和其他草的芽伸长。这种化学物质赤霉素 A_3 或 GA_3 的结构于 1956 年提出，1961 年进行了修订。赤霉素是在 20 世纪 50 年代中期在高等植物中被发现的。这一发现标志着 GA 对植物生长和发育影响的研究开始。

已经在植物和真菌中发现了超过 136 种 GAs。然而，其中只有一小部分在植物中具有生物活性。每个 GA 都有一个唯一的编号，从 GA_1 到 GA_{136}。赤霉素根据碳原子的数量分为 C_{20}-GAs 和 C_{19}-GAs 两类，其中 C_{20} 已被 γ-内酯环所取代。GAs 的生物合成过程基本上分为 3 步：在前质体中形成二萜，在 ER 中形成 $GA_{12/53}$，以及通过连续的氧化步骤在细胞质中形成活性 GA。在大多数植物物种中，GA_1 或 GA_4 是具有生物活性的遗传因子。

GA 在植物生长发育中的作用已通过 GA 生物合成和信号突变体的生理特征以及 GA 响应基因的特征得到阐明。例如，在依赖 GA 萌发的筛选中分离出拟南芥的 *ga1*、*ga2*、*an* 和 *ga3* 突变体。这些突变体导致内源性赤霉素显著减少，除非外用赤霉素，否则无法发芽。虽然种子是 GA 的极好来源，但在这些突变体中合成 GA 的失败并不完全阻碍种子的发育。因此，最初认为 GA 在种子发育过程中是不需要的。然而，组成性表达

GA 催化酶 *GAox2* 的拟南芥生理特征表明，GA 在种子中的积累减少会增加种子败育的概率。这表明 GA 在种子发育过程中是必需的。此外，GA 积累的减少会干扰花粉管伸长和角果膨大导致结实率降低。种子萌发和幼苗生长需要水解酶的产生来削弱种皮，调动种子养分储存储备，刺激植物胚扩张和下胚轴伸长，激活胚分生组织产生新芽和根。赤霉素参与了上述所有过程。当植物胚的任何部分从种子中冒出来时，萌发过程就完成了。对番茄和甜瓜的初步研究表明，发芽源于胚胎扩张的内部压力和胚乳帽或种皮外部约束之间的平衡，都需要赤霉素诱导的水解酶，如内源-$[\beta]$-甘露糖酶来削弱胚乳帽的阻碍。

赤霉素对种子养分储存的刺激作用以谷物糊粉系统最为明显。赤霉素由植物胚合成，通过糊粉层刺激水解酶的分泌。糊粉层衍生的水解酶作用于邻近的胚乳，在胚乳中降解淀粉供胚胎使用。由于糊粉层本身不分泌 GA，因此可以将其分离出来并用于测定 α-淀粉酶分泌对激素的反应。α-淀粉酶基因可以说是 GA-反应性最强的基因。测定 α-淀粉酶活性和 mRNA 积累已被用于鉴定 GA-响应启动子元件和转录因子。

赤霉素刺激植物茎伸长是该激素发现的基础。研究表明，GA 通过刺激细胞伸长和细胞分裂来刺激茎伸长。赤霉素处理使微管重新定向，从而促进轴向伸长。一般认为 GA 通过诱导木糖聚糖内转糖基化酶/水解酶（XET 或 XTH）、膨胀素和果胶甲基酯酶（PME）等促进细胞壁松动和扩张的酶来促进细胞伸长。木葡聚糖内转糖基酶裂解细胞壁木葡聚糖聚合物，然后与另一个木葡聚糖链重新连接自由端。木葡聚糖内转糖化酶活性与区域扩张有关，在拟南芥、莴苣和豌豆中被 GA-诱导。在拟南芥和水稻中，扩张素破坏细胞壁中的氢键，似乎是 GA-诱导的。果胶甲基酯酶被认为通过果胶修饰使细胞壁松动来诱导茎伸长，并且在拟南芥中被 GA-诱导。赤霉素首次在快速生长的深水水稻中通过诱导细胞周期来刺激生长。在水稻中，GA 诱导细胞周期蛋白 *cycA1;1* 和细胞周期蛋白依赖性激酶 *cdc2Os-3* 在 G2/M 相变中表达。拟南芥基因芯片分析表明 GA 诱导了 G1/S 转变相关基因，包括 *cyclinD*、*MCM* 和复制蛋白 A。这些基因诱导 GA 的机制及具体作用方式有待进一步研究。

在大多数物种中，向花发育的过渡是由赤霉素刺激的。然而，赤霉素并不是决定花期过渡的唯一因素。拟南芥是一种促进性长日照（LD）植物，其向开花的过渡由 GA 途径、自主途径、春化途径和光依赖途径的信号整合控制。很明显，赤霉素是短日照（SD，8 h 光照）内向开花过渡所必需的，不施用赤霉素，强赤霉素生物合成突变体 *ga1-3* 无法向开花过渡。*ga1-3* 在 SD 下不能开花是由于 *leaf*（*LFY*）基因表达的减少。*ga1-3* 突变体导致花器官（包括花瓣和雄蕊）发育不良的事实表明，GA 也参与了花发育的刺激。赤霉素还可诱导花的同源基因 APETELA3、PISTILLATA 和 AGAMOUS

表达。

对大头草的研究表明，GA 是 LD 敏感草的开花诱导剂或"致花素"。在黑麦草中 GA_1、GA_3 和 GA_4 在茎伸长中更活跃，而 GA_5 和 GA_6 在开花过渡中更活跃。有人提出，GA_5 和 GA_6 在花分生组织中更活跃，因为它们在花诱导早期对 GA 分解代谢酶 GA_2ox 的表达有更强的抗性。

拟南芥的研究表明 GA 在茎尖分生组织（SAM）细胞鉴定中发挥着重要作用。SAM 是一个未分化细胞的储存库，形成高等植物的气生叶和茎。KNOX 转录因子似乎控制分生组织与叶细胞的转变。KNOX 基因 SHOOTMERISTEMLESS（STM）已被证明可以阻止 SAM 中 GA 生物合成基因 *GA20ox1* 的表达。异位 GA 信号通路不利于分生组织的维持表明 GA 信号通路对分生组织细胞具有拮抗作用，可能参与了分生组织向叶片细胞的转变过程。

第六节　油菜素内酯

一、油菜素内酯的合成

油菜素内酯（Brassinolide，BR）是第六大植物激素，属于类固醇激素的一种，类固醇激素在动物中的发现要早于植物，因植物中的类固醇激素提取自油菜花粉，所以被命名为油菜素内酯（Grove et al.，1979；Mitchell & Gregory，1972）。油菜素内酯以极低含量就可发挥出极强的生理作用，调控植物根系生长、茎间伸长、种子果实大小、授粉受精以及胁迫响应等方面，具有广阔的产业应用前景（Steber & McCourt，2001；Tong & Chu，2018）。

BR 由目前已知 60 多种 BR 类似物，分为 C27、C28 和 C29 共 3 类。BR 合成分为早期和晚期 C-22 氧化途径、早期和晚期 C-6 氧化途径、早期 C-22 氧化途径+晚期 C-6 氧化途径之间的合成途径 3 部分（Vriet et al.，2013）。BR 的合成前体为云苔甾醇（Campesterol，CR），CR 的合成是以 24-亚甲基胆固醇为起始物进行合成，再经 C-22 氧化途径中的 DET2 催化合成菜油烷醇（Campestanol，CN），其后通过早期和晚期 C-6 氧化途径将 CN 转变为油菜甾酮（Castasterone，CS）。在早期 C-6 氧化途径中，CN 被依次转化为长春花甾酮（Cathasterone，CT）、茶甾酮（Teasterone，TE）、3-脱氢茶甾酮、香蒲甾酮、粟甾酮及油菜素内酯（图 1-11）（Fujioka et al.，2002，Thompson et al.，1982）。云薹甾醇至少需要经过两种不同的途径，早期 C-6 氧化途径（左侧）及晚期 C-6 氧化途径（中间）。主要通过 DWF4、CPD、DET2 等酶参与合成途径。

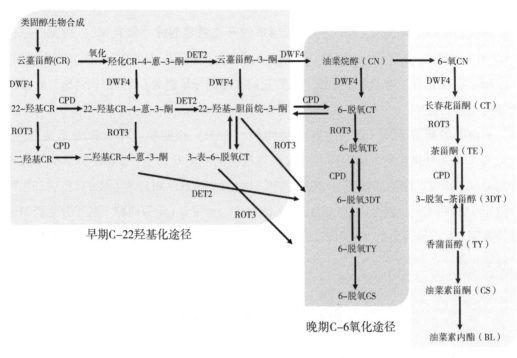

图1-11　BR生物合成三大途径

植物内源油菜素内酯的合成代谢受反馈调节。当BR含量充足时，BR信号被激活引起转录因子BZR1的去磷酸化，与BR合成基因DWF1以及CPD等启动子的BR合成元件BRRE结合，抑制其表达从而抑制BR的生物合成，诱导BR生物合成抑制剂（Brassinazole，BRZ）的生成；相对应地，当植物内源BR含量不足时，转录因子不会进入细胞核发生去磷酸化，不能结合BR合成基因的启动子元件，引起这些基因表达的上调，BR通过这种反馈调节方式来调控植物中BR含量来影响植物的生长发育过程（Bancos et al.，2002；Wang et al.，200；Yin et al.，2005）。

二、油菜素内酯的信号转导

细胞内BR的信号转导主要由细胞膜受体蛋白、胞内激酶及细胞核转录因子等一系列作用元件组成（Wang et al.，2012）（图1-12）。存在BR信号时，细胞膜表面的BR受体BRI1（Brassinosteroid insensitive 1）以及共受体BAK1（BRI1-associated receptor kinase 1）形成的复合物可以识别和感知BR信号分子引起受体激酶结构域发生磷酸化，继而对细胞质激酶中的BSK1（BRAS-sinosteroid-signaling kinase 1）和CDG1（Constitutive differential growth 1）激酶进行磷酸化，被磷酸化的BSK1和CDG1基嘘磷酸化BSU1

（BRI1-suppressor 1）磷酸酶，继而去磷酸化以及灭活 BIN2（Brassinosteroid insensitive 2）——一种 GSK3-like 激酶。此时，BR 转录因子 BZR1（Brassinosteroid resistent 1）及 BES1（BRI1 EMS suppressor 1）被蛋白磷酸酶 PP2A（Protein phospha-tase 2A）去磷酸化，没有磷酸化的 BZR1 及 BES1 在细胞核中进行积累并结合下游靶基因的启动子使 BR 信号路径的下游基因响应 BR 信号的诱导。如果缺乏 BR 信号，BRI1 活性被 BKI1 所抑制，引起下游 BIN2 磷酸化 BZR1 和 BES1，磷酸化状态的 BZR1 和 BES1 与胞质中的 14-3-3 蛋白互作，无法进入细胞核行使功能来激活 BR 响应基因的表达（Kim & Wang，2010；Li，2010；Tang et al.，2008）。

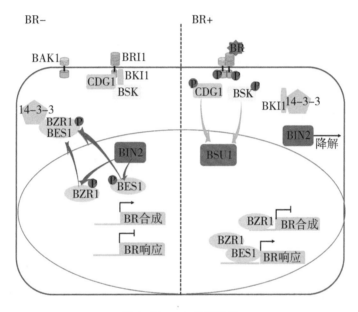

图 1-12　BR 信号通路

注：缺乏 BR 时（左侧），BKI1 与 CDG1 和 BSK 结合并与 BRI1 互作防止 BAK1 与 BRI1 结合。BIN2 磷酸化 BR 特异性转录因子 BZR1 和 BES1 使其无法进入细胞核被 14-3-3 蛋白保留在细胞质中。存在 BR 时（右侧），BR 与 BRI1 结合，诱导 BKI1 和 BAK1 的自身磷酸化和反式磷酸化。磷酸化的 BKI1 与 BRI1 分离并被 14-3-3 蛋白保留。磷酸化的 CDG1 和 BSK1s 从 BRI1 受体释放并激活 BSU1。BZR1 和 BES1 从 BIN2 的抑制中解放出来，转录调控它们的靶基因。

三、油菜素内酯的功能

BR 在植物细胞分裂、伸长生长以及生殖发育等各个植物发育阶段都发挥重要调节作用，是植物正常生长发育必需的（Clouse & Sasse，1998）。BR 通过调控细胞的伸长和分裂参与对细胞壁的修饰（Vert et al.，2005）。外源添加 BR 可以促进细胞伸长（Luo et al.，2007），增加叶片细胞的大小和数量，但是 BR 突变体中细胞分裂素率会降低（Nakaya et al.，2002）。BR 可以影响叶绿体发育调节植物光合过程进而影响植物的光形态建成（Luo et al.，2010；Yu et al.，2011）。BR 可以提高植物的光合效率，提高植物对二氧化碳的利用促进叶片光合作用效率，增加了植物有机物的合成（Gendron et al.，2012）。BZR1 抑制光信号中 GATA2、光敏色素 B（PHYB）的转录过程，因此 BR 是通过 BZR1 阻碍光信号途径的正调控因子促进负调控因子影响植物光形态的建成（Lau & Deng，2012；Luo et al.，2010）。

油菜素类固醇（BRs）现在被认为是植物生长和发育的必需物质，并且它们的存在已在所有植物器官中得到证实。BRs 参与促重力反应与生长素有关，因为这两种植物激素在植物生长和发育的某些方面都是相互作用的。据报道，外源施用 BRs 可增强豆类或番茄下胚轴和水稻叶片关节的重力曲率，表明 BRs 可能参与对地上部向重力的调节。在外源施用从玉米中分离的油菜素内酯或内源性 BR 后，首次证明了玉米根系中 BR 的发生，显示出玉米根系以 IAA 依赖性方式增强的重力响应。这些结果表明，BRs 可能参与生长素介导的根部向重作用过程。结果表明，这种油菜素内酯刺激的原生玉米根部的促重力反应部分是通过增加乙烯产量介导的，但这种刺激与乙烯刺激的向重反应部分不同。这表明 BR 对重量响应机制的影响与生长素和乙烯参与该过程的影响有关。BRs 和生长素之间有趣的调节相互作用通过增加 ACS 多基因家族的表达影响乙烯，在绿豆下胚轴中得到证实。因此，应该投入更多的精力来确定 BRs 是独立作用于重力还是通过与生长素和/或乙烯的相互作用起作用。为了了解 BRs 和生长素之间可能相互作用的分子机制，在拟南芥中分析了一系列激素调节基因。在发现由其中一种激素诱导的 637 个基因中，只有 48 个基因共同受到这两种激素的调节，这表明每种激素的大部分作用是由每种激素特有的基因表达介导的。然而，一些研究表明 BRs 与生长素信号传导和生长素转运元件可能存在相互作用，如 IAA5、IAA19、SAUR-AC1 和 PIN，据报道它们也参与枝条和根的重力响应。因此，这些分析可能揭示 BRs 在向重力中的作用及其与其他激素的相互作用。

第七节　茉莉酸

茉莉酸是一种源自亚麻酸的氧磷脂信号分子。茉莉酸酯（JA）（包括游离酸和许多缀合物）已被证明可以调节或共同调节植物中的各种过程，从对生物和非生物胁迫的反应到拟南芥雄蕊和花粉的发育成熟。对 JA 在机械损伤和昆虫防御反应中的作用可以确定 JA 是激活整个植物防御基因全身信号的重要组成部分。JA 可能通过产生包括过氧化氢（H_2O_2）在内的活性氧间接起作用。缺乏 JA 合成的拟南芥突变体对于确定 JA 在防御微生物病原体和生殖发育中的作用至关重要。目前，JA 作用的关键问题是了解 Skip/cullin/F-box 泛素化复合物 SCF^{COI1} 的作用，并确定在 JA 信号传导早期步骤中起作用的其他蛋白质成分。

　　JA 是植物工艺的关键调节剂，已确立为主要的植物激素之一。数据库检索一系列植物生长调节剂（包括脱落酸、生长素、细胞分裂素、乙烯、赤霉素和油菜素内酯以及茉莉酸）的信息表明 JA 是植物发育以及生物和非生物胁迫反应的关键调节因子。1990 年首次报道了茉莉酸具有诱导番茄蛋白酶抑制剂的作用，随后发表了描述诱导某些病原体防御基因的论文。后来，随着原系统素反义番茄植物的生产，以及拟南芥和缺乏 JA 合成或感知的番茄突变体的分离，证明 JA 对于防御昆虫、真菌和细菌至关重要。挥发性衍生物 JA 甲酯作用于植物间信号传导。对缺乏 JA 合成的脂肪酸前体的 *fad3 fad7 fad8* 突变体之一的表征发现 JA 是花粉成熟和花药裂开最后阶段的重要信号。茉莉酸甲酯已被证明在非生物胁迫（包括紫外线辐射和臭氧）的信号传导中起作用。在健康、未受伤的植物组织中，JA 参与碳分配、机械转导、根系生长以及花粉的成熟和释放。人们对 JA 信号通路作用的理解都是从拟南芥和其他植物中突变体的分离和表征发展而来的。抑制因子筛选和基于报告基因构建的筛选为营养组织中 JA 信号传导提供了重要的新见解。

一、茉莉酸的合成

　　从亚麻酸合成 JA 的途径（18∶3）已经得到了许多研究的实质性证实，还增加了有关途径反应的酶学、调节和亚细胞位置的重要细节。在合成过程中，第一步是从膜甘油酯中释放 18∶3（或 16∶3）。13-脂氧合酶和氧化丙二烯合酶按 18∶3 顺序作用，产生 12,13-环氧十八碳三烯酸，由氧化丙二烯环化酶（AOC）作用。AOC 酶将产物的立体构型确定为（9S,13S）-12-氧代植物二烯酸（OPDA），该立体异构体是在受伤植物中检测到的唯一（＞99%）异构体。OPDA 也被鉴定为叶绿体脂质单半乳糖基二酰基甘油 *sn-1* 的取代基，尽管尚不清楚 OPDA 的这种潜在储层如何促进 JA 合成。现在已知需要 OPDA 还原酶的特定同工酶（由 OPR3 基因编码）将（9S,13S）OPDA 还原为 3-氧代-2（20［Z］-戊烯基）环戊烷-1-辛酸（OPC∶8），然后通过 3 个 b-氧化循环转化为（3R,7S）-茉莉酸。大量证据表明，OPDA 的合成发生在叶绿体（质体）中，而 JA 的最终产生则可能发生在过氧化物酶体中，因为这是植物中唯一已知的 b-氧化位点。OPR3 是一种过氧化物酶体蛋白，它的发现也表明过氧化物酶体是 JA 合成最终反应的位点。在植物中，b-氧化由酰基辅酶 A 氧化酶、多功能蛋白（MFP）和 L-3-酮酰辅酶 A 硫醇酶催化。在拟南芥中，似乎至少有 4 个基因编码酰基辅酶 A 氧化酶（具有不同的链长特异性），2 个编码 MFP，3 个编码硫醇酶。除脂肪酸外，b-氧化还参与许多化合物的代谢，包括 OPC：8、吲哚丁酸和 2,4-二苯氧基丁酸（2,4-DB）。现有证据表明，每种 MFP 和硫醇酶同工酶都会在 2,4-DB 的 b-氧化中起作用，OPC：8 向 JA 的代谢也是如此。根据所示的途径，必须有一种 CoA 连接酶激活 OPC：8 以进行 b-氧化，还有一种硫酯酶，经过 3 个 b-氧化循环后，从茉莉酰辅酶 A 产生 JA。在植物中也发现了许多 JA 衍生物。有充分的证据表明，MeJA 和 JA-异亮氨酸偶联物和前体 OPDA 都具有生物活性。

二、茉莉酸类信号传导

人们目前对植物防御昆虫的局部和系统信号传导过程的理解是基于对番茄的长期研究结果。局部信号，如寡糖苷酸和全身信号，如肽激素系统蛋白，与受体相互作用以触发一系列细胞反应。这些包括质膜离子通道的打开，细胞质（Ca^{2+}）的增加，MAP 激酶的触发以及磷脂酶的激活，磷脂酶从膜脂质中释放亚麻酸并通过十八烷途径启动 JA 的合成。这些初始反应发生在 2~10 min 内，发生太快而无法捕捉转录水平的变化。尽管发生了其他信号传导过程，但突变体分析表明 JA 合成和 JA 信号传导对于植物防御性至关重要。在损伤后 30 min 内，JA 产生触发编码十八烷途径酶的基因和编码参与信号传导的其他蛋白质的基因激活，例如原系统素，其中衍生 18-aa 系统蛋白肽。这些"早期"基因的表达在受伤后 2~4 h 达到峰值，然后下降。相比之下，防御基因（包括蛋白酶抑制剂和多酚氧化酶）被激活后，转录本水平在 4 h 开始上升，并在受伤后 8~10 h 达到峰值。人们现在知道，基因表达的时间和空间差异对于在分子机制水平上理解 JA 反应很重要。许多 JA 相关过程的研究都依赖于少量的"原型"基因，以使用 RNA 印迹分析来记录和跟踪表达的变化。广泛的差异筛选技术，如微阵列、差异显示和 SAGE 分析揭示了 JA 调控的不同程度。根据早期微阵列中独特基因的数量，可以计算出拟南芥中 26 000 个基因中至少有 1 200 个被 JA 信号激活或抑制。JA 通路与大多数信号通路一样，转录因子通常作用于一组相关基因，许多靶基因被转录因子的作用诱导（或抑制）。一个相关的例子是长春花（*Catharanthus roseus*）中生物碱合成需要 JA 转录因子的诱导。合成这些生物碱所需的许多（但不是全部）酶的表达已被证明受 JA 响应转录因子 ORCA2 和 ORCA3 的调节，它们是 AP2/EREBP 家族的成员，该家族在拟南芥中有 144 个成员。

JA 是介导对昆虫攻击的防御反应的化学信号。然而，允许植物对咀嚼昆虫进行防御的信号通路是复杂的，首先需要清楚 JA 信号的功能。JA 在昆虫防御中重要作用的明确证据来自对缺乏 JA 合成或积累的番茄和拟南芥突变体的研究。拟南芥 fad3-2 fad7-2 fad8 三重突变体缺乏所有 3 种去饱和酶，这些酶可以将 18：2 转换为 18：3，16：2 转换为 16：3。因此，这些植物缺乏 JA 合成的脂肪酸前体，并且含有可以忽略不计的 JA。为了研究 JA 在拟南芥创伤信号传导中的作用，并测试是否存在平行或冗余的昆虫防御途径，人们对 fad3 fad7 fad8 植物进行了进一步的研究。突变植物对异迟眼蕈蚊（Bradysia impatiens）幼虫的攻击显示出极高的死亡率（约 80%），而邻近的野生型植物基本不受影响。外源 JA 的应用极大地保护了突变体植株，并将死亡率降低到约 12%。这些实验精确地定义了 JA 在这种植物—昆虫相互作用中诱导生物有效防御至关重要的作用。3 个损伤反应基因的转录本被证明不是由突变植株的损伤诱导的，但相同的转录本可以被外源 JA 诱导。相比之下，对编码谷胱甘肽-S-转移酶的基因转录本水平的测量表明，该基因的损伤诱导与 JA 合成无关。这些结果表明 JA 合成突变体作为研究植物防御昆虫的遗传和分子生物学模型具有实用性。例如，突变体中转基因的组成型表达可用于测试候选防御基因是否能够有效地减少昆虫攻击造成的损害和死亡率。

番茄和其他植物伤口防御信号的一个关键方面是发现单片叶子的损伤导致整个植物防御基因的表达。这意味着必须在受伤的叶片中产生系统信号以激活远端部位的防御功能。已有一些化合物以及拟议的电信号是否可能参与长距离信号的推测。在番茄中，18-aa 肽系统在整个植物防御基因的激活中具有明确的作用，而 JA（或相关的脂氧化物）是易位信号的重要组成部分。番茄的 spr-2 突变体缺乏 JA 合成，但对外源的 JA 反应正常。相反，jai-1 突变体中的防御基因不会响应损伤或 JA 的诱导。这些突变体被用于野生型植物的嫁接实验，野生型植物下部叶片损伤导致接穗（植株嫁接上部）上未受伤叶片中测量的移植传播信号的产生和防御基因的诱导。即使 SPR-2 砧木可以响应野生型砧木受伤产生的信号，spr-2 砧木的受伤也不会产生信号。来自 jai-1 突变体的砧木能够产生信号，诱导野生型接穗中的防御基因表达。然而，jai-1 接穗对伤害野生型砧木产生的信号不敏感。这些结果表明，JA 在受伤的叶子中合成，并在植物中移动以激活防御反应。

关于茉莉酸甲酯诱导的许多全身防御基因信号传导都依赖于分析机械损伤或昆虫损伤的组织。在这些实验中，伤口部位产生的 JA 大峰值与基因激活密切相关。然而，在受伤植物的远端叶片中，JA 响应基因被激活，但是 JA 水平没有检测到增加。因为全身信号传导仅在维管束细胞而不是叶肉细胞中导致 JA 合成基因激活仅在脉管系统中产生，这可以解释为什么在总叶组织的分析中无法检测到 JA 的大量增加。然而，JA 信号如何传递到含有表达蛋白酶抑制剂、多酚氧化酶和其他防御基因的叶肉细胞？这个问题的答案来自在番茄叶片中发现伤口诱导的聚半乳糖醛酸酶。聚半乳糖醛酸酶活性的产物是寡半乳糖醛酸，可以刺激植物细胞中 H_2O_2 产生（通过 NADPH 氧化酶的活性）并促进植物中防御基因激活。伤口诱导聚半乳糖醛酸酶活性伴随着 H_2O_2 的产生，这表明聚半乳糖醛酸酶衍生的寡半乳糖醛酸和 H_2O_2 可能是 JA 信号传导的下游步骤。在 JA 合成突变体中不产生 H_2O_2，并且用 NADPH 氧化酶抑制剂（二亚苯基碘氯化物，DIP）处理植物可阻断伤口和 JA 诱导的 H_2O_2 产生和防御基因的表达。相反，葡萄糖和葡萄糖氧化酶的 H_2O_2 生成系统刺激诱导了未受伤植物中的防御基因。阻断 H_2O_2 的产生并没有阻断早期反应基因的 JA 诱导，如脂氧合酶和氧化丙二烯合酶。过氧化氢和活性氧是超敏细胞死亡的重要介质，可预防某些病原体感染，并且还参与一系列非生物胁迫，因此这些新发现加强了 JA 信号传导与其他植物响应中涉及的信号过程之间的串扰和相互作用的概念。结果在另外两个方面也很重要。它们证明了不同的 JA 反应途径的存在，并强调了将组织特异性视为 JA 信号传导一个组成部分的必要性。

三、茉莉酸的功能

茉莉酸甲酯还作用于植物对微生物病原体的防御。水杨酸激活对真菌病原体的防御的信号与参与昆虫防御的信号不同，事实上，这两种信号通路曾经被认为是相互对抗的。在实验中分离出一种马氏蕨属真菌（*Pythium mastophorum*），它特异性地杀死了 *fad3-2 fad7-2 fad8* 突变系的植株，并且这种真菌重新感染并杀死了三重突变体植株，而野生型植物基本上不受影响。外源 JA 的应用很大程度上保护了突变体植株，将发病率降低到接近野生型对照的水平。但是外源 JA 处理并不能保护 JA 不敏感突变体 *coi1* 免受感染，表明应用 JA 对真菌的保护作用是由诱导植物防御机制而不是直接抗真菌作用介导的。3 个 JA 响应性防御基因的转录本是由野生型的马氏蕨真菌攻击诱导的，但在 JA 缺陷突变体中不是。马氏蕨属真菌在世界各地的土壤和根系中无处不在，但大多数（包括 *P. mastophorum*）被认为是次要病原体。由于植物根部高度暴露在土壤中的马氏蕨属真菌中，JA 对于植物防御马氏蕨属真菌至关重要，很可能是自然界中植物生存的基础。随后的工作表明，JA 和乙烯是植物对许多真菌和其他微生物病原体非宿主防御的关键信号分子。(9S, 13S)-12-氧代植物二烯酸和茉莉酸酯都可以激活植物防御。关于 JA 及其前体 OPDA 在植物信号传导过程中的相对作用一直存在争议，一些研究人员认为 OPDA 是体内的主要生理效应。JA 就足以保护 *fad3 fad7 fad8* 植物免受昆虫和病原体的攻击，OPDA 不能替代 JA 作为植物生殖发育的信号。然而，野生型、*fad3 fad7 fad8*、*coi1* 和 *opr3* 植株在混合林中生长并受到适度真菌种群侵染的实验中，*opr3* 植物比 *fad3 fad7 fad8* 突变系植物更不容易受到昆虫和病原体的损害。相对于野生型对照，*fad3 fad7 fad8* 和 *coi1* 植株对莲座叶的损害越来越大，到实验结束时，大多数植株已经死亡。相比之下，*opr3* 植物基本上没有受到昆虫的伤害，并且显示出与野生型相当的存活率。在这些实验中，4 个品系的植物被随机间植，结果表明相对于两种易感基因型，*opr3* 植株的抗性水平非常高。其他研究表明，*opr3* 植物也对真菌病原体具有抗性。为了进一步研究防御信号传导，人们使用防御基因微阵列对野生型和 *opr3* 植物进行了转录本分析。受伤的 *opr3* 植株积累了 OPDA 而不是 JA。然而，尽管 *opr3* 植株伤口诱导水平通常略低，许多 JA 诱导的防御基因在 *opr3* 植株和野生型对照中均上调，防御基因可以通过外源性应用 OPDA 或 JA 在未受伤的 *opr3* 植物中诱导。一些 JA 响应基因，如 VSP，在 *opr3* 中没有被损伤或 OPDA 诱导，而其他基因（RNS1、OPR1 和 GST1）对 OPDA 有反应，但对 JA 没有反应。显然，OPDA、JA 和其他脂氧化物存在协同作用以调节防御基因的表达。

四、茉莉酸信号的转录调控

JA 参与调控的多样性和观察到的转录调控的复杂性可以从 3 个主要组成部分来理解。JA 信号传导可以针对不同的组织或细胞类型具有特异性。例如，在 JA 诱导许多花药特异性基因的花药中，情况显然如此。这种特异性可能是通过受体与不同的细胞内信号通路的连接来实现的，就像在动物中一样，这取决于细胞类型。当不同的信号通路同时被激活（JA 和乙烯，JA 和 SA，JA 和 OPDA）时产生的相互作用增加了响应的复杂性。JA 信号传导提供了早期和晚期基因的诱导，因为反应和相互作用必须随时间变化。显然，这些因素确保表达不同的基因事件以产生不同的 JA 反应。对植物和动物中其他信号系统的了解表明，转录因子和其他关键调控成分有责任确保来自多个途径的信号和串扰在转录水平上转化为适当的反应。对化学信号的初始反应通常非常快，当然，这要求转录因子是由生化反应或相互作用激活的组成蛋白。这当然是正确的，但现在已知许多转录因子本身受转录调控的影响。在不同情况下，这种调节可能有助于信号的反馈放大或替换在信号转导过程中分解的转录因子蛋白，或者可以提供"转导级联"。因此，在拟南芥中，大约 7% 的 JA 响应基因被识别或推定为转录因子。现在可以识别几乎所有其信息水平响应 JA 的转录因子，并研究这些转录因子在许多不同 JA 响应中的作用。这意味着可以将系统分析应用于 JA 指令和响应过程。通过比较和分析 JA 转录组在不同处理和一系列突变背景下的反应以积累调控信息，使人们能够识别许多关键转录因子的潜在功能。这些转录因子的敲除和过表达实验与进一步的转录分析和功能生物测定相结合，为以后的研究进一步提供有用的信息，帮助人们解析 JA 响应转录因子分配生物学功能，深入了解 JA 转录组的信号分支，并获得了解 JA 参与如此广泛的生物过程所需的新知识。JA 和乙烯在防御信号传导中的组合作用是研究揭示转录因子在调节反应中作用的一个领域。ERF1 是拟南芥的 5 个乙烯响应因子之一。ERF 基因首先被确定由乙烯诱导。然而，随后的分析表明乙烯和 JA 信号传导都是 ERF1 高表达所必需的。因此，ERF1 可能是整合了基因表达的信号转录因子候选者，其产物可保护植物免受坏死性真菌病原体（如 *Phythium spp.* 和芸薹链格孢）的侵害。与这一观点一致，ERF1（由花椰菜花叶病毒 35S 启动子控制）组成型诱导了许多防御基因的表达。此外，由于 JA 或乙烯信号传导缺陷（分别为 *coi1* 和 *ein2*）而通常使病原体敏感的突变体受到 35S：ERF1 过表达转基因的保护。

克隆拟南芥的茉莉酸不敏感 1 位点（JAI1 / JIW1）和番茄中的酵母单杂交筛选已经确定了在 JA 信号传导中起补充作用的 bHLH 转录因子（拟南芥中的 AtMYC2 和番茄中的 JaMYC10）。JIN1 表达由 JA 诱导，其编码的 MYC2 蛋白是激活许多 JA 反应基因所必需的，特别是那些对损伤作出反应的基因。然而，MYC2 抑制了许多通过 ERF1 转录因子的作用诱导响应病原体的基因。相反，ERF1 抑制损伤反应基因。因此，JA 诱导的防御信号至少有两种途径。其中，损伤反应基因通过 MYC2 转录因子上调。其次，JA 和乙烯通过 ERF1 协同作用，激活病原体反应基因。MYC2 和 ERF1 的拮抗调控为基于输入信号引发的不同响应提供了适当的方法。

转录因子是诱导耐药性的关键。某些非致病性细菌在植物根部的定植促进了对广泛细菌和真菌病原体的增强防御能力。这种诱导的全身性耐药性（ISR）与由病原微生物诱导的系统性获得性耐药性（SAR）完全不同，依赖于 JA 的信号传导，并导致编码病原体响应性（PR）防御蛋白的基因诱导。研究表明，与 SAR 相比，ISR 似乎不会导致 PR 或其他防御基因的诱导，可以在缺乏 JA 积累和 SAR 的 *nahG* 拟南芥植物中被诱导。相反，ISR 依赖于 JA 和乙烯信号。ISR 和 SAR 都依赖于 NPR1，NPR1 是一种编码核定位的 ANK 重复蛋白的基因。JA 和乙烯先前已被确定为诱导 PDF1.2 和其他防御基因的重要信号，防止 *Pythium* 和链格孢菌感染。因此，两种独立的 JA/乙烯信号通路有助于植物防御病原体入侵。ISR 途径特别有趣，因为迄今为止的研究未能证明在病原体感染之前 ISR 植物中诱导任何已知的防御基因。相反，病原体攻击后，在这些植物中观察到更快、更强的 JA 响应防御基因诱导。观察结果表明，ISR 涉及通过 JA 信号传导过程增强整个植株的响应途径。在分子水平上，这种增强可能基于转录因子表达的增加，然后转录因子可用于生化水平的激活和防御靶基因的快速激活。

茉莉酸对拟南芥的花粉发育和生育能力至关重要。人们最初创建了 *fad3 fad7 fad8* 三重突变体，以研究脂质不饱和度对膜相关过程（如光合作用）的重要性。缺乏 18：3 和 16：3 脂肪酸导致是三突变植物的雄性败育说明 JA 具有控制拟南芥雄蕊和花粉发育化学信号的作用。其他缺乏 JA 合成的突变体，包括 *dad1*、*aos* 和 *opr3*（*1/4dde1*）也是雄性不育的，JA 感知突变体 *coi1* 也是如此。拟南芥中的 JA 合成突变体可以通过外源性 JA 恢复生育能力。这意味着突变体是遗传和基因组方法识别启动花粉和雄蕊成熟的 JA 响应基因的理想工具。番茄中的 JA 突变体是雄性可育，但雌性不育。对这些突变体的分析表明，其花粉活力和发芽相对于野生型降低，表明类似的 JA 调节过程发生在拟南芥和番茄花药中，并且 JA 也可能在拟南芥的心皮发育中起作用，但是对该物种的雌性生育能力并不重要。对 *fad3 fad7 fad8* 和 *opr3* 突变体的研究确定了其雄性不育表型的 3 个特征。花器官在闭合的花蕾内正常发育，但花药细丝在开花时不能伸长，无法将花瓣定位在柱头上方。花药室在开花时不裂开（但后来发生有限的裂开）。尽管突变植物上的花粉通过用 40,6-二氨基-2-苯基吲哚（DAPI）染色确定，发育到三核阶段，但花粉粒主要是不可存活的。无论从 *fad3 fad7 fad8* 或 *opr3* 植物中获取花粉的阶段如何，花粉的发芽率小于 4%，而野生型植物的成熟花粉为 97.6%。将 JA 应用于花蕾弥补了这 3 个缺陷，体外测试中花粉萌发率相当于野生型（97.2%），并且在处理过的植物上结实了丰富的种子。JA 恢复突变植物生育能力具有极强的阶段特异性。通过花朵分期和单次监测施用 JA 后的种子产量，人们确定只有对应于花卉发育阶段 11 和 12 之间过渡的花蕾才能重新形成 JA，发育早期和晚期的花不能通过 JA 处理使其具有可育性。阶段 11/12 是在芽开放之前，包括花粉中的第二个有丝分裂。

拟南芥雄蕊中的茉莉酸调节基因 *fad3 fad7 fad8* 和 *opr3* 的条件可育表型为转录谱鉴定表征启动花粉和雄蕊成熟的 JA-响应基因提供了一种极好的方法。鉴定可能参与雄蕊和花粉成熟的基因的一种方法是比较野生型和 *opr3* 植株分期芽雄蕊中的基因表达。另外，响应 JA 信号而发生的一系列基因诱导和发育过程使得在外源性 JA 处理 *opr3* 花后转录物水平变化的时间过程分析更具信息量。据估计，在拟南芥的营养组织中有超过 1 000 个基因可以被 JA 诱导，其中很大一部分是已知或假定的防御基因。在用 JA 处理的雄蕊中强烈诱导防御基因可能会使与雄蕊和花粉成熟有关的 JA 调节基因的鉴定变得非常复杂。为了探索这些问题并开始寻找与 JA 依赖性雄蕊发育有关的基因，使用微阵列分析来比较野生型和 *opr3* 植物雄蕊发育中的表达。早期人们使用了通过原始拟南芥功能基因组学联盟（AFGC）提供的 cDNA 微阵列（代表约 8 500 个独特基因的 11 000 个 cDNA）完成了首次实验，对数据的分析确定了 25 个基因，与两个实验中的突变体相比，这些基因在野生型雄蕊中至少上调 1.8 倍。第二个实验使用了第二代 AFGC 微阵列，其中 14 000 个 cDNA 代表大约 11 000 个独特的基因，确定了另外 38 个基因（较小阵列中不存在），其野生型与突变体的表达比大于 3.0。

为了证实这些实验的结果，通过对从野生型和 *opr3* 雄蕊中分离的 RNA 进行凝胶印迹分析，研究了 8 个代表性基因克隆的转录水平。与 *opr3* 雄蕊 RNA 相比，所有 8 个基因在野生型中均显示出更高的 mRNA 转录水平。为了研究 JA 信号是否直接参与改变这些基因的表达，人们在 JA 处理前后检查了它们在野生型、*opr3* 和 JA 不敏感的 *coi1* 突变体雄蕊中的表达。向花蕾施用 JA（或对照溶液）后 30~60 min 内收集花药。在 JA 处理在这个早期时间点，8 个基因中的 4 个受到 *opr3* 突变体的强烈诱导。茉莉酸酯处理 *coi1* 花蕾未诱导这些基因的表达，表明 JA 反应是 COI1 依赖性的。其余 4 个基因在 *opr3* 或 *coi1* 中均未被 JA 诱导，人们怀疑这 4 个基因可能是参与 JA 反应后期诱导的基因。JA 处理后 1 h、3 h、8 h 和 16 h 收取 *opr3* 雄蕊提取 RNA 进行凝胶印迹分析显示，这 4 个基因在 3~16 h 的时间内开始被诱导。结果表明，雄蕊 RNA 的转录分析可以准确识别 JA 调控基因。

SCF^{COI1} 泛素化是茉莉酸信号传导的核心环节。对化学物质的初始反应通常涉及生化反应和相互作用激活的组成蛋白，但从其他信号系统中已知，关键转录因子和其他成分本身受到转录调节的影响。越来越多的证据表明，JA 信号的初始步骤在许多方面类似于生长素响应传导的模型，并且两个信号系统共享一些信号组件。赤霉素信号传导也遵循类似的信号模型。Skp1/CUL1/F-box（SCF）复合物（代表 E1/E2/E3 泛素化系统的 E3）泛素化阻遏蛋白 R（然后被 26S 蛋白酶体降解）允许预先存在的转录因子 T 介导信号级联中早期基因的表达。研究表明 JA 反应中诱导的转录因子是雄蕊发育和植物肥力所必需的。基因图谱的 *coi1* 位点克隆建立 SCF 介导的泛素化是作为 JA 信号传导第一步的关键。*coi1* 突变体在绝大多数 JA 反应中不敏感且有缺陷。COI1 基因编码一种包含与 SCF 复合物的 Skp1 组分相互作用所需的 F-box 结构域的蛋白质。在生长素信号传导中，TIR1 具有 F-box 结构域，阻遏因子（R）属于 AUX/IAA 蛋白家族。拟南芥中至少有 29 个 AUX/IAA 基因，这些基因在生长素处理后 2 h 内诱导表达至 20~50 倍。已经研究了与 COI1 相互作用的蛋白质，并且已经鉴定出大量早期基因，这些基因在植物用 JA 处理后迅速被诱导。然而，迄今为止，在 SC^{FCOI1} 模型中，这些候选者都没有被确认为可以抑制 R 基因的表达。AUX/IAA 蛋白具有核靶向性并快速传递，这些是生长素信号传导模型中 R 基因的重要要求。AUX/IAA 基因的显性突变降低了蛋白质的表达，并导致生长素出现抗性表型。许多筛选尚未鉴定出显性 JA 抗性突变体的事实表明，JA 信号传导中的 R 可能与生长素信号传导中的 AUX/IAA 并不完全相似。在 JA 信号传导的初始步骤中发现 R 和 T 组分的身份将是理解这种植物激素功能多样性的核心。目前还没有关于茉莉酸盐可能参与重力运动的具体研究。然而，有证据表明，茉莉酸和生长素使用相似的信号机制有助于将茉莉酸调节剂置于一般激素/发育信号的背景下。最值得注意的是，已发现茉莉酸酯不敏感突变体属于生长素信号基因 *AUR1* 的新等位基因。等位基

因 *axr1-24* 突变不仅引起对茉莉酸甲酯和 IAA 的敏感性降低，还导致对乙烯前体、细胞分裂素类似物、油菜素内酯和 ABA 的敏感性降低。该突变体在 E3 泛素连接酶的修饰中存在缺陷，因此，JA 途径可能参与植物的许多主要胁迫和发育途径。

第八节　萜类化合物

植物抗氧化剂由各种不同的物质组成，如抗坏血酸、生育酚、多酚化合物或萜类化合物等，它们在植物和人体中具有多种重要功能，例如，类胡萝卜素可作为光捕获的辅助色素，为植物提供光保护和色素沉着。单萜和二萜是精油的主要成分，可作为化感剂、植物—植物或植物—病原体/食草动物相互作用中的引诱剂或驱虫剂。

对于人类来说，类胡萝卜素对健康起着重要作用，具有维生素 A 原活性的类胡萝卜素对视力很重要。此外，它们的抗氧化能力被认为是水果和蔬菜具有促进健康特性的原因。已经检测到类胡萝卜素抗氧化作用的 3 种主要方式（单线态氧的淬灭、氢转移或电子转移），单萜烯柠檬烯和紫苏醇可能参与癌症治疗过程。已经有学者研究了体外单萜和二萜或精油的抗氧化活性以及新发现的非常有效的抗氧化剂（即 g-萜品烯）的作用。在评估植物抗氧化剂的抗氧化活性时，着重考虑它们与其他抗氧化剂的相互作用。特别是可能会发挥协同作用的亲水性和亲脂性抗氧化剂的组合，例如芦丁与 g-萜品烯、叶黄素或番茄红素的组合。

生物活性化合物被定义为非营养成分，通常以微小剂量出现。它们由数千种物质组成，由于其结构可分为 8 类：硫代葡萄糖苷、有机硫化合物、植物甾醇、皂苷、蛋白酶抑制剂、植物雌激素、萜类化合物和多酚化合物。其中一些可以降低总胆固醇、低密度脂蛋白胆固醇或甘油三酯的含量，并能降血压。硫代葡萄糖苷和有机硫化合物被认为可通过诱导 Ⅱ 期酶来预防癌症，一些植物甾体也有助于降低人体的胆固醇，从而保护人类健康。生物活性化合物的另一个重要特性是防止氧化应激（即它们具有抗氧化能力）。因为活性氧（ROS）可能参与其中，所以这种 AC 可能有助于预防心血管疾病（CVD）或癌症。氧化应激可能与几种慢性疾病的发展有关。ROS 与脂质、蛋白质和 DNA 等生物分子的反应可能增加患慢性疾病的风险，如癌症、心血管疾病、动脉粥样硬化、年龄相关性黄斑变性（AMD）或白内障。因此，（膳食）抗氧化剂灭活 ROS 可能是一种有前途的预防策略。然而，越来越多的证据表明，最谨慎的公共卫生建议是增加植物性食物的消费（并以这种方式增加抗氧化剂的摄入量），而不是使用单一补充剂。

一、植物抗氧化剂

氧化剂和抗氧化剂之间的不平衡构成了"氧化应激"定义的核心。氧化应激可能发生在植物和人类中。在植物中，氧化应激的主要来源是光系统，因为叶绿素可以作为光敏剂形成单线态氧。但在线粒体、微粒体、过氧化物酶体等其他隔室中，也会产生 ROS。在人类中，身体消耗的 O_2 中有 1%~3% 在生理条件下转化为超氧化物和其他 ROS，在生理过程中执行许多重要功能（例如，微生物杀伤、细胞信号传导或基因转录）。然而，除了这些理想的效果外，它们还可以损害 DNA、蛋白质或脂质，是心血管疾病、癌症或 AMD 等疾病发展的原因。为了应对这种由 ROS 引起的损伤的威胁，身体已经开发出一种抗氧化防御系统，主要由抗氧化酶（如超氧化物歧化酶或过氧化氢酶）和断链抗氧化剂（自由基清除剂）组成，如抗坏血酸、生育酚（维生素 E）和尿酸。在运动和某些疾病发病期间，这种抗氧化系统得到增强来保持促氧化剂和抗氧化剂之间的平衡。改善抗氧化防御的另一种可能性是可以通过增加水果和蔬菜的摄入量来增加抗氧化剂的膳食摄入量，因为它们含有广泛的抗氧化剂，其中最重要的是抗坏血酸、维生素 E、多酚化合物和萜类化合物。

二、萜类化合物的合成

萜类化合物是由异戊二烯积累的物质。因此，根据其 C 架进行划分，它们也被称为异戊二烯。萜类化合物的产生包括 3 个步骤：C5 亚基的形成→C5 亚基的凝聚形成了不同萜类化合物的骨架→将所得异戊二磷酸通过甲羟戊酸或甲基赤藓 - 4 - 磷酸（MEP）途径（最初称为非甲羟戊酸途径，同时也称为 DXP - 或 DOXP - 途径）转化为最终产物，通过该途径合成位于细胞质中的倍半萜、三萜和聚萜烯。20 世纪 90 年代初发现了单萜、二萜、酯萜和四萜。它们常见的中间体是异戊烯基焦磷酸盐（IPP，活化异戊二烯），所有萜类化合物均由其形成。在异戊烯基转移酶的催化下，IPP 聚合成异戊烯基焦磷酸盐。在合成的第三阶段，异戊烯基焦磷酸盐最终转化为萜烯。这些反应由一大群萜烯合酶进行。

三、单萜、倍半萜和二萜

对植物和人类来说，单萜烯和倍半萜烯是精油（例如，来自柑橘类水果、草药和香料的精油）的主要成分。精油在植物王国中具有许多生态功能，例如在植物—植物或植物—病原体/食草动物相互作用中充当化感剂、驱虫剂或引诱剂。另一个功能可见于松树物种的防御和伤口愈合或增加植物的耐热性。大多数关于它们在人类健康中作用的研究都是用具有化疗活性的柠檬烯、紫苏醇、香芹酮和香芹醇进行的。许多膳食单萜类药物在动物模型或不同的细胞系中具有抗肿瘤活性，该结果已经在进行人体临床试验。单萜烯在起始和促进/进展阶段都可以抑制癌变，并有效治疗早期和晚期癌症。倍半萜是最多样化的异戊二烯类。在植物中，它们作为信息素和幼年激素发挥作用。无环代表也称为法尔内桑，该术语源自基本结构法尼醇。α-石竹烯和β-石竹烯属于双环倍半萜烯。对人类健康最重要的二萜是具有维生素 A 活性的二萜。除此之外，类维生素 A 调节癌前和恶性细胞的正常生长和分化。这些功能主要是通过与视黄酸受体和类视黄醇 X 受体相互作用的基因表达变化来实现的。

体外不同测试系统中的抗氧化能力表明单萜、倍半萜及二萜具有抗氧化活性。大多数研究都是用精油进行的，结果表明它们在不同的体外模型系统中表现出抗氧化能力。除了精油的化学成分外，提取方法和用于确定抗氧化能力的系统也会影响结果。通过检查精油对葵花籽油、猪油、月见草油等脂肪氧化的影响而进行的研究有助于识别可用于食品保存的精油、单萜烯或二萜。使用蛋黄和大鼠肝脏作为可氧化底物，2, 20-偶氮二(2-脒基丙烷)二盐酸盐（AAPH）作为自由基诱导剂，研究了抗氧化精油的广泛性。研究中精油显示出不同的功效，马约兰油和牛至油是最有效的。其他检查使用 2, 2-二苯基-1-三氯化肼（DPPH）或不同的脂质过氧化测定以及测试精油的羟基或超氧自由基清除能力对抗氧化能力进行定量。结果证实了精油的供氢特性，并对羟基自由基或超氧自由基阴离子的活性给出了不一致的结果。此外，在同一测试系统（例如 DPPH 测定）中获得的结果是以完全不同的计量单位标记，例如剩余活性百分比、Trolox 当量、IC50 值等。由于这个原因，比较不同组的结果是极其复杂甚至不可能的。一些研究证实了迷迭香和百里香油抗氧化能力的良好性，而且大多数研究表明酚类物质（如来自迷迭香提取物的酚类二萜鼠尾草酸和鼠尾草酚，或酚类单萜烯香芹酚和百里酚）是观察到的抗氧化作用的原因。

迷迭香中的酚类二萜通过向脂质自由基提供氢来充当"主要抗氧化剂"从而减缓脂质过氧化。DPPH 测定研究表明柑橘油是相当有效的抗氧化剂，g-萜品烯也是一种重要的非酚类抗氧化剂。所有使用的测试系统都提供了有关单萜烯和二萜烯的供氢或自由基清除活性以及它们在抑制脂质过氧化（LPO）方面的有效性的一些结论，帮助人们寻找抗氧化剂以增强可食用脂质的氧化稳定性，但大多缺乏对人类病理学的意义。使用全血活化的中性粒细胞作为 ROS 来源的研究表明，由于亲脂性精油与嗜中性粒细胞膜的相互作用，精油具有很强的抑制作用，也可以解释精油的抗炎作用。

关于低密度脂蛋白氧化的抗氧化能力研究表明，低密度脂蛋白氧化被认为与动脉粥样硬化发生有关。因此，保护低密度脂蛋白免受氧化有助于预防心脏病和卒中发作。精油的酚类成分能够防止铜诱导的低密度脂蛋白氧化，而且g-萜品烯是在这种情况下最活跃的物质。g-萜品烯的这种高抗氧化能力符合世界卫生组织要求的。研究结果，这些单萜的结构表明它们不含羟基（即抗氧化能力必须由其他结构因素解释），即柑橘油的自由基清除活性除其他不太重要的因素外，还取决于其g-萜品烯和萜品油烯的含量。在一项关于茶树油（TTO）的研究中，其抗氧化能力也归因于非酚类化合物α-萜品油烯，萜品油烯和g-萜品油烯，而不是TTO的主要成分（即松油烯-4-醇，含有羟基）。证明g-萜品烯可以通过用柠檬油或g-萜品烯预孵育人血浆来富集LDL，并且随后分离的LDL对铜诱导的氧化具有高抗作用。在后来的研究中表明，添加到低密度脂蛋白溶液中的g-萜品烯能够防止低密度脂蛋白的氧化。通过监测内源性抗氧化剂（如α-生育酚和类胡萝卜素）的消耗，可以证明高度亲脂性的g-萜品烯可保护类胡萝卜素免受氧化侵害，但对α-生育酚的消耗没有影响。这是由于g-萜品烯提供氢原子或电子的能力，或其螯合金属离子的能力以及与LDL颗粒具有良好的疏水相互作用，揭示了g-萜品油烯抑制脂质过氧化的潜在机制。然而，螯合金属离子（即铜络合）并不发挥重要作用，因此可以证明g-萜品烯不是一种有效的铜螯合剂。重要的事实是，携带过氧自由基的链是HOO·自由基，它们与亚油酰过氧基自由基反应迅速，从而终止链式反应。由于这种机制与维生素E的作用方式不同，并且由于维生素E在高浓度下成为促氧化剂，因此g-萜品油烯的发现可能为可食用脂质提供新的稳定物质来源，并且还可以丰富食品和饮料中添加的高效抗氧化剂的品种。

单萜烯作为抗氧化剂时的一个重要作用模式是与其他抗氧化剂相互作用，如α-生育酚（例如，迷迭香提取物与α-生育酚一起显示出协同作用）。这些结果表明，在迷迭香提取物存在的情况下，由于α-生育酚的再生，脂溶性抗氧化剂可以协同作用，保护脂质免受氧化。证明脂溶性抗氧化剂的协作不仅可以产生有效的协同作用，而且脂溶性与更多水溶性抗氧化剂的组合可以提供过度加性保护。因此，g-松油烯与芦丁一起可以导致铜诱导的LDL氧化协同抑制。这些结果再次证明了"水果和蔬菜的健康益处来自植物化学物质的添加剂和协同组合"的观点。

精油及其成分（即主要是单萜和二萜，在不同的体外模型系统中具有抗氧化功能）。在某些情况下，这可以通过它们含有灵果醇、鼠尾草酸、香芹酚或百里酚等酚类物质来解释。然而，一些新的研究结果表明，对于不含此类酚类物质的精油，由于碳氢化合物，如松油烯或g-萜品烯导致抗氧化性很高。它们的抗氧化功能基于通过携带HOO·自由基的链起作用，该自由基与亚油酰过氧基自由基迅速反应，从而终止链式反应。一个有趣的特征是萜类化合物与其他抗氧化剂（如生育酚）或类黄酮（如芦丁）之间的协同作用。因此，不仅要单独而且要相互组合来测试抗氧化剂，因为水果和蔬菜促进健康的特性很可能是由于植物次生代谢混合物的存在。

四、四萜的功能

四萜的主要组分是类胡萝卜素，它们在植物中大量作为色素存在。已经从自然界中分离出 600 多种类胡萝卜素，它们的基本结构是由两个 C_{20} 单元共轭形成的对称四萜骨架。所有类胡萝卜素可以根据其官能团进行划分，通过涉及加氢、脱氢、环化或氧化的不同反应步骤从酰基单元衍生而来。那些只含有碳和氢原子的被称为胡萝卜素，那些至少具有一种氧功能的被称为叶黄素。对植物和人类而言，类胡萝卜素在植物的主要功能是用于光捕获的辅助色素。类胡萝卜素是光捕获触角的重要组成部分。几乎所有物种的叶绿体都含有一系列主要的类胡萝卜素，即 β-胡萝卜素、叶黄素、紫黄质和新黄质。它们吸收 450~570 nm 的光，从而扩大光合作用的吸收光谱并提高光合作用的有效性。类胡萝卜素必须靠近叶绿素分子，以确保能量的有效转移。在这种情况下，主要的类胡萝卜素是叶黄素、紫黄质和新黄质。

色素沉着吸引动物授粉和传播种子。类胡萝卜素不仅位于叶绿体中，还存在于发色体中，它们有助于水果或花朵的大部分橙色、黄色和红色颜色的形成。然而，其他化合物（如水溶性花青素）也有助于水果和花朵颜色的形成。叶绿素的绿色掩盖了黄色或红色使它们在许多树木的秋叶中显露出来。对于人类来说，类胡萝卜素在人类健康中起着重要作用。视黄醇（维生素 A）在视力中的功能早已为人所知。虽然视黄醇主要由 β-胡萝卜素通过对称裂解形成，但其他重要的 α-胡萝卜素、β-隐黄嘌呤和顺式 β-胡萝卜素等 50 种类胡萝卜素可以作为维生素 A 原。观察性流行病学证明较高的水果和蔬菜饮食水平与患某些癌症或心血管疾病的风险呈负相关，因此认为类胡萝卜素有几种机制可以预防疾病，是水果和蔬菜中的化学预防剂。

类胡萝卜素对人体免疫功能表现出免疫调节作用，这可能有助于了解其潜在的抗癌作用。β-胡萝卜素可以增强细胞介导的免疫反应能力，补充增强导致自然杀伤细胞的活性以及单核细胞的抗原呈递。类胡萝卜素的另一个生物学功能是支持间隙连接通信（GJC）。在致癌过程中，GJC 丢失，这种损失可能对恶性细胞转化很重要，其恢复可能会抑制恶性过程。类胡萝卜素以差异和剂量依赖性方式刺激 GJC，但是其潜在机制尚不清楚。氧化损伤与老年人的两种疾病（即白内障和老年性黄斑变性）的研究证据表明，叶黄素和玉米黄质是人类晶状体中仅有的两种类胡萝卜素，可以降低患这些最常见眼部疾病的风险。一种可能的作用方式是黄斑色素过滤蓝光，蓝光对光感受器和视网膜色素上皮有害。另一种假设是叶黄素和玉米黄质的抗氧化特性可能会降低氧化应激促进这些疾病的程度，因为由于强光照射和视网膜中的高氧化代谢率，眼睛中存在相当大的氧化应激。类胡萝卜素的抗氧化特性在预防癌症或心血管疾病方面也很重要。但是，类胡萝卜素对疾病预防存在的可能性影响才刚刚开始阐明，目前尚不清楚类胡萝卜素的抗氧化特性是否与预防疾病有关。

类胡萝卜素的抗氧化特性表明类胡萝卜素最有可能参与单线态氧和过氧自由基的清除。此外，它们能够使参与 ROS 产生的敏化剂分子失活。单线态氧可以通过从敏化剂的激发态到氧的电子能量转移产生。致敏剂可以是叶绿素、核黄素、卟啉等，它们可能在生物系统中诱导单线态氧的产生从而导致 DNA、脂质、蛋白质和其他生物分子的损伤。因此，植物含有的类胡萝卜素是非常有益的，因为它们是自然界中发现的最有效的单线态氧淬灭剂。类胡萝卜素对单线态氧光保护的主要机制是物理淬灭，其发生机制：由于类胡萝卜素的长共轭多烯系统，它们通过与溶剂的振动和旋转相互作用（即它们将其分配为热能）失去多余的能量。而类胡萝卜素从该反应中原封不动地散发出来，准备开始另一个单线态氧淬灭循环。据估计，每个类胡萝卜素在发生化学反应之前可以淬灭 1 000 个单线态氧分子。

过氧自由基是 LPO 过程的中间体，其特征在于与脂质过氧自由基发生自由基链式反应，这个过程可以被断链抗氧化剂打断。这些断链抗氧化剂包括生育酚、酚类或抗坏血酸。它们的一个重要特征是与产生的抗氧化自由基态不反应，无法传播 LPO 的链式反应。抗氧化剂自由基可以通过与另一种自由基反应进行去除从而形成稳定的产物。抗氧化剂自由基还可以被另一种抗氧化剂回收。类胡萝卜素能够通过 3 种途径（即电子转移、氢提取或自由基加成）充当断链抗氧化剂。这些途径中的哪一种优先进行主要取决于类胡萝卜素的结构以及用于评估抗氧化活性的环境和系统。例如，电子转移不太可能在高度亲脂的环境中发生，因为这不利于电荷分离。重要的一点是，类胡萝卜素的抗氧化活性可能在高氧压情况下转化为促氧化活性。在氧压的生理范围内，过氧自由基与类胡萝卜素的反应将导致共振稳定的结构，从而终止过氧化过程，而增加氧张力将使类胡萝卜素自由基与氧反应，从而产生能够传播过氧化的自由基。然而，大多数数据表明，促氧化作用仅在 100% 氧气下产生，而不是在低氧环境条件（21% 氧气）以及生理或组织浓度（1%~2% 氧气）下产生，表明 β-胡萝卜素可以在空气和生理条件下提供类似的抗氧化保护。但是几乎没有证据表明 β-胡萝卜素在体内充当促氧化剂。

从类胡萝卜素的多样性来看，通过不同的氧化反应将产生更多种类的氧化产物，这些氧化产物很可能是体内代谢物。因此，不仅要考虑类胡萝卜素，还要考虑它们的氧化或裂解产物。目前已经检测到具有生物活性的各种氧化产物，例如，环氧化物或类载脂类胡萝卜素，并参与干扰多种信号通路。研究表明，这些物质具有功能多样性，如增强 GJC，则抑制 Na^+-K^+-ATPase 或损害线粒体呼吸。类胡萝卜素最有效的氧化产物是通

过 β-胡萝卜素的酶裂解形成的视黄酸。类胡萝卜素体外抗氧化活性即对单线态氧的反应性。类胡萝卜素作为抗氧化剂首先鉴定到的机制是它们淬灭单线态氧的能力。人们研究了不同类胡萝卜素对单线态氧淬灭的速率常数的影响，发现单线态氧的淬灭能力随着共轭双键数量的增加而增加。眼睛中的两种类胡萝卜素（玉米黄质和叶黄素）具有不同的淬灭速率常数。由于玉米黄质中含有额外的共轭双键，其有效性至少是叶黄素的两倍。环氧化物基而不是羰基或羟基取代基增加了类胡萝卜素相对于单线态氧的反应性，证明番茄红素的淬灭速率高于 β-胡萝卜素，因此打开 β-紫罗兰酮环可能对氧化淬灭有积极作用。但是当速率常数由不同的技术确定时，可能会出现显著差异，例如，β-胡萝卜素的值根据测定的不同变化多达 4 倍。这都表明，类胡萝卜素在体外是非常好的 $^1O_2$ 淬灭剂，但很少有人进行任何研究来阐明它们如何有效地保护细胞免受 $^1O_2$ 相关损伤。

类胡萝卜素抗氧化活性可以通过跟踪类胡萝卜素或类胡萝卜素氧化产物在与不同自由基物种反应期间或之后的分析来研究。结果证明类胡萝卜素能够捕获氧气和/或有机自由基中间体。氧自由基不是唯一可以被类胡萝卜素捕获的自由基。叶黄素能够清除硫自由基，表明 β-胡萝卜素可以淬灭谷胱甘肽、磺酰基和二氧化氮自由基。β-胡萝卜素与苯氧基自由基的相互作用，导致 β-胡萝卜素自由基阳离子和加合物的形成。苯氧基自由基是氧化系统中的重要种类，当酚类抗氧化剂与过氧基和烷氧基自由基反应时形成。生育酚自由基是生物系统中最重要的苯氧基自由基。α-生育酚基自由基与 β-胡萝卜素的反应显示出接近扩散控制的速率常数。根据自由基种类的不同，类胡萝卜素的抗氧化作用将遵循不同的机制（将发生电子转移或加成过程）。将自由基物种分为两组：一组主要引起电子转移和生育酚自由基，另一组被证明导致加成过程。类胡萝卜素在不同实验中在消除类胡萝卜素的抗氧化活性时，另外还比较了各种测试系统中的不同物质。β-胡萝卜素能够减少黄嘌呤氧化酶（XOD）/次黄嘌呤或多形核白细胞（PML）诱导的核损伤。此外，β-胡萝卜素能够抑制由各种系统（如 XOD 系统）诱导的 LPO。研究人员经常使用脂质体作为模型膜系统来研究类胡萝卜素抑制 LPO 的能力。

许多研究表明 LPO 在脂质体或分离膜中存在抑制作用。然而，有些结果与该结论相反，可能是由含类胡萝卜素的脂质体或膜的不同制备方法导致的。例如，β-胡萝卜素抑制 2,20-偶氮二（2,40-二甲基戊腈）（AMVN）诱导的磷脂酰胆碱脂质体过氧化的量为 0.1~0.5 mol，然而在 AMVN 诱导的大鼠肝脏微粒体在 1.5 mol 的过氧化反应中，检测到有抑制作用。这可能是由脂质体的不同制备引起的。在前一种情况下，β-胡萝卜素在脂质体形成之前与磷脂混合，在后一种情况下，预先形成微粒体膜，随后加入 β-胡萝卜素。另一种测量抗氧化功效的亲脂系统被认为是与动脉粥样硬化有关的低密度脂蛋白的氧化。已经测试了几种类胡萝卜素在体外抑制 LDL 氧化的能力，表明 β-胡萝卜素和番茄红素可能发挥保护作用。体外证据表明在大多数研究中，体内补充 β-胡萝卜素并没有增强 LDL 对氧化的体外抵抗力。番茄红素在不同的测试系统中表现出强烈的反应性，而其他被测试的类胡萝卜素（β-胡萝卜素、玉米黄质、异氮黄质、棘烯酮、叶黄素、虾青素和角黄质）的反应性在系统之间有所不同，建议将氢提取反应视为类胡萝卜素暴露于过氧自由基和其他氧化剂时可能发生的机制之一。在体外使用不同的促氧化剂（NaOCl、AIBN 或光照射，光敏剂 Rose Bengal 存在的紫外线），发现番茄红素和 β-胡萝卜素的分解在所有系统中都比叶黄素和玉米黄质快得多。众所周知，番茄红素是一种非常有效的单线态氧淬灭剂，并且在紫外光下或存在孟加拉玫瑰单线态氧可能是主要的氧化物质，因此番茄红素在光诱导氧化中的高抗氧化活性并不奇怪。此外，在 3 种不同的测试系统中证明了番茄红素的高抗氧化功能，使用血红素蛋白-Fe^{2+}-复合物作为自由基发生器，并量化了 TBA 的产生。在 AIBN 作为自由基发生器的情况下，对 β-胡萝卜素、叶黄素、玉米黄质、虾青素、金枪黄质和角黄质与 α-生育酚进行比较发现，番茄红素和 β-胡萝卜素的分解率高于叶黄素和玉米黄质，虾青素是最有效的清除剂，其次是玉米黄质、角黄质、叶黄素、金枪鱼黄质和 β-胡萝卜素。

α-生育酚的 IC_{50} 值高于所有类胡萝卜素。然而，改良的测试系统研究了虾青素、β-胡萝卜素、角黄素和玉米黄质对不同系统中甲酯过氧化的抗氧化作用（即高铁肌红蛋白作为非均相脂质/水系统中的水基自由基发生器以及 AIBN 作为自由基发生器在均相氯仿溶液中），可能是使用了血红素铁或不同的溶剂，玉米黄质表现出比叶黄素高得多的抗氧化功能，虾青素和角黄质的效果最差。溶解度或空间位阻等因素在一种环境中可能非常重要，但在另一种环境中可能不重要，这些因素都会对类胡萝卜素的交流产生影响。在非均相体系的情况下，每种类胡萝卜素都保护甲酯免受氧化，并且抗氧化作用对类胡萝卜素的结构几乎没有依赖性。然而，在均相溶液的情况下，氧化系统中类胡萝卜素的稳定性取决于结构，稳定性的降低顺序为虾青素＞角黄质＞β-胡萝卜素＞玉米黄质。另一项调查得出的结论是，类胡萝卜素与 α-生育酚的反应也取决于环境。类胡萝卜素和叶黄素的相对抗氧化活性研究表明通过它们清除 ABTS 自由基阳离子的能力程度为番茄红素＞β-隐黄质＞β-胡萝卜素＞叶黄素＞玉米黄质＞α-胡萝卜素＞棘烯酮＞虾青素＞大麻黄素。在与 AMVN 的反应中显示出相同的类胡萝卜素顺序表明 ABTS 自由基阳离子的清除可能是由于类胡萝卜素的供氢特性。类胡萝卜素的烯丙基 C 原子处的氢提取是可能有助于类胡萝卜素的抗氧化功能。

类胡萝卜素的抗氧化能力很重要一点是具有不同作用方式或极性的物质之间的相互作用。首先，几种类胡萝卜素表现出相互作用。通过监测一种类胡萝卜素自由基阳离子被另一种类胡萝卜素淬灭，测试了不同类胡萝卜素自由基阳离子的相对单电子还原电位，虾青素＞大麻素＞叶黄素＞玉米黄质＞β-胡萝卜素＞番茄红素。这意味着番茄红素是最容易氧化的类胡萝卜素，能够修复所有其他类胡萝卜素自由基阳离子。对 Triton X-100 胶束中不同类胡萝卜素的氧化电位进行研究发现，番茄红素是最容易被氧化成自由基阳离子的类胡萝卜素，虾青素是最难氧化的，番茄红素和叶黄素是最有效的类胡萝卜素，这与证明类胡萝卜素混合物更有效地保护脂质体免受氧化损伤的结果一致。几种迹象表明类胡萝卜素也与生育酚相互作用。β-胡萝卜素显著延缓 AIBN 诱导的内源性微粒体生育酚损失，引起 LPO 与 α-生育酚联合的协同抑制，增强 α-生育酚抗氧化活性，而且脉冲放射和激光闪光解与 α-生育酚合作保护 LDL 免受氧化。α-生育酚自由基与 β-胡萝卜素反应迅速，在己烷中具有接近扩散控制的速率常数。类胡萝卜素对 α-生育酚的反应性也受环境影响。在极性环境中，α-生育酚阳离子去质子化，去质子化的阳离子不与类胡萝卜素反应，而在非极性环境中，质子化的 α-生育酚自由基阳离子被类胡萝卜素转化为生育酚。

除了与其他类胡萝卜素或生育酚相互作用外，类胡萝卜素还与更亲水的抗氧化剂相互作用。最常见的抗氧化剂是抗坏血酸，可以修复甲醇中的类胡萝卜素自由基阳离子，可以在生物膜中重新定向，接近极性界面的电荷。在研究中也能观察到不良反应，其中β-胡萝卜素不能保护吸烟者（通常血液中抗坏血酸水平较低）免受肺癌的侵害，但可以为非吸烟者提供保护。β-胡萝卜素可以与其他亲水性抗氧化剂发生相互作用，阿魏酸单独使用以及与 β-胡萝卜素结合使用在分离膜和完整细胞中的抗氧化作用揭示它们之间的相互协同作用。LDL 分别受到芦丁和番茄红素或叶黄素的协同保护，通过亲水性和亲脂性抗氧化剂分别在膜、细胞或低密度脂蛋白中的不同位置进行。类胡萝卜素在植物和人体中发挥着重要的生物学功能。在植物中，它们的主要功能是光保护，光合作用中的光捕获和色素沉着。对于人类来说，最著名的是维生素 A，这对视力至关重要。然而，据推测，类胡萝卜素至少部分负责水果和蔬菜的健康促进特性。除了对人体免疫功能和 GJC 的影响外，它们还具有显著的抗氧化特性。淬灭单线态氧与各种自由基物种反应的能力可能有助于减少人体的氧化应激，从而保护他们免受心血管疾病或癌症等各种疾病的侵害。许多体外研究证明了类胡萝卜素的抗氧化作用。然而，关于类胡萝卜素在体内作为抗氧化剂的研究仍然非常有限。

第二章　橡胶树产量形成机制研究进展

郭冰冰

（中国热带农业科学院橡胶研究所）

天然橡胶（Natural rubber）主要是由橡胶树生产的一种不可替代、具有高价值的高分子量生物聚合物，具有许多合成橡胶不具备的特性，可用于生产包括轮胎和医用手套在内的约 5 万种橡胶产品，对运输、医药和国防等行业至关重要（Cherian et al.，2019）。世界上有 2 500 多种植物可生产天然橡胶（Men et al.，2018），目前只有以无性系、芽接苗、组培苗和转基因苗等种植生长在热带亚热带胶园的巴西橡胶树（*Hevea brasiliensis* Muell. Arg.）是天然橡胶的唯一商业来源（Cornish，2017）。我国的橡胶主要种植在海南、云南和广东等省份的热带及亚热带地区（何康和黄忠道，1987），随着对天然橡胶需求的日益增长，有效提高橡胶产量和品质在橡胶树产胶研究中越来越重要。橡胶产量与品质和橡胶树排胶过程紧密相关，本章从橡胶树排胶机理与调控方面来阐述橡胶产量与品质形成机制。

橡胶树依靠自身的乳管系统产胶，乳管分布在橡胶树树皮内侧，是由薄壁细胞组成的胶乳合成和储存场所（Gomez，1976）。胶乳由橡胶粒子、C-乳清和黄色体组成，其中橡胶粒子是最主要的构成成分，占 30%~40%（陈春柳等，2010）。C-乳清是乳管细胞的胞质，与细胞代谢有直接的关联（李明，2010）。黄色体含有大量蛋白质，二价阳离子和酶可保证胶乳处于平稳状态（Cardosa et al.，1994）。排胶即橡胶树乳管割断和机械损伤后胶乳溢出的过程（d'Auzac，1989）。胶乳从乳管中流出的速度由急至缓，最后停止排胶，每次每株树可收集到数量不等的胶乳，排胶持续时间是决定橡胶产量的关键因素之一。排胶是巴西橡胶树胶乳采收的重要环节，占生产成本的 60%，是橡胶产业提质增效的关键环节（Chow et al.，2012；Chrestin et al.，1997；Jayashree et al.，2018；Lau et al.，2016；Long et al.，2015；Yamashita & Takahashi，2020）。近年来，天然橡胶异戊二烯途径合成与调控机制、胶乳诊断指标、乳管伤口堵塞、死皮发生和修复机理等领域均取得了重要进展。本章从天然橡胶生物合成与胶乳再生、乳管伤口堵塞、排胶影响因素、排胶生理与分子机理4个方面总结了橡胶树产量与品质形成的研究现状，并结合新技术持续引入橡胶产量与品质研究领域的最新进展，展望了橡胶树研究发展趋势和应用。

第一节　天然橡胶生物合成和胶乳再生

天然橡胶主要由顺式-1,4-聚异戊二烯组成。天然橡胶的生物合成主要包括异戊烯基焦磷酸（Isopentenyl diphosphate，IPP）的合成、聚异戊二烯基焦磷酸链的延伸、橡胶分子的合成3个过程（Takahashi & Koyama，2006）。植物通过细胞质的甲羟戊酸途径（MVA）及质体中的甲基赤藓糖醇途径（MEP）合成IPP。DMAPP（Dimethylallyl diphosphate）是IPP由异戊烯基焦磷酸异构酶（IPPI）催化形成的，二者可相互转化。DMAPP和IPP通过转酰基转移酶（TPTs）催化形成异戊二烯类化合物牻牛儿焦磷酸（Geranyl diphosphate，GPP）、法尼基二磷酸（Farnesyl diphosphate，FPP）、牻牛儿基牻牛儿焦磷酸（Geranylgeranyl pyrophosphate，GGPP）。这些异戊二烯焦磷酸短链可激活IPP的聚合（Sando et al.，2008）。在橡胶转移酶（HRT/cPT酶）、橡胶延伸因子（REF）、小橡胶粒子蛋白（SRPP）的共同作用下，IPP与异戊二烯类化合物结合在一起形成橡胶（Berthelot et al.，2014；Wadeesirisak et al.，2017）。

胶乳是对橡胶树进行割胶时从乳管细胞中流出的细胞质，包含各种细胞器和粒子，同时排出的还有合成橡胶烃的糖、有机酸、各种核酸和酶等。影响胶乳产量的主要因素是排胶时间和胶乳再生能力（陈相，2017）。乳管细胞的再生能力是橡胶树产量的决定性因素，是指在两次割胶期间乳管细胞通过代谢活动补充流失组分的过程，其中包括天然橡胶高分子量的合成（Rojruthai et al.，2010）及蔗糖的供给和利用（Amalou et al.，1992）。蔗糖是乳胶再生过程中主要的能量和物质来源（Tupý，1985）。在胶乳再生初期，需要大量的能量物质提高胶乳中的糖代谢，保证胶乳的再生及橡胶的合成（何斌，2015）。其中蔗糖转运蛋白对糖的供给和利用（Dusotoit-Coucaud et al.，2009；阳江华等，2007）、胁迫与防御反应（Chow et al.，2007）、激素信号在乳胶再生调控中起重要作用。

第二节　乳管堵塞

排胶是橡胶树受到机械损伤刺激后的创伤反应过程。橡胶树皮的乳管细胞受到机械损伤后，因损伤处压力为零而乳管细胞内膨压很大（10~15 MPa），从而造成胶乳从乳管细胞胞质向损伤口方向溢出的初动力。排胶初期会发生黄色体破裂，释放大量正电荷离子和凝集物质来固化胶乳，同时随着胶乳流出乳管周围薄壁细胞中的水分会渗入乳管细胞，使胶乳稀释再次加大排胶动力维持排胶过程（牛静明等，2011）。留在乳管细胞内的线粒体、细胞核等细胞器重新合成新的胶乳，为二次割胶做准备。经过一段时间的胶乳流出后，损伤处会被凝固蛋白质网堵塞停止排胶，排胶停止 24 h 后在伤口堵塞处发现橡胶凝块（郝秉中和吴继林，2004）。排胶停止的主要原因是损伤口的堵塞，关于堵塞的假说目前有 3 种：酶假说、静电中和假说和凝集假说。其中，酶假说认为黄色体中的酸性水解酶和氧化还原酶、F–W 复合体中的酚氧化酶、黄色体中的过氧化物酶及 D 型磷脂酶的酶促反应机制参与橡胶粒子的凝集引起胶乳堵塞（Woo，1973），但该假说的实验证据较贫乏；橡胶粒子表面带负电荷，是胶乳稳定的主要原因，静电中和假说认为黄色体破裂释放正电荷物质与橡胶粒子表面的负电荷凝集引起胶乳堵塞（Buttery & Boatman，1964）；目前比较倾向的原因是凝集假说（Gidgol et al.，1994），该假说认为黄色体破裂释放一种凝集素——橡胶素，橡胶素使橡胶粒子结合在一起，但几丁质酶通过水解 N–乙酰氨基葡萄糖破坏橡胶素与橡胶粒子的结合来抑制胶乳凝固。最近，我国学者在乳管堵塞物主要成分蛋白质网的研究中发现橡胶粒子、几丁质酶和 Hevb 蛋白在乳管伤口堵塞物形成中具有重要作用（史敏晶等，2015a；史敏晶等，2010；王冬冬等，2016），揭示了乳管伤口堵塞物形成的机制。

第三节　排胶影响因素

天然橡胶产量和品质与胶乳中的化学成分有很大关系，胶乳中化学成分受很多因素的影响，主要为品种、季节气候、刺激措施、死皮、逆境及病虫害等。

一、气候因素

气候和胶园物候会引起排胶产量的显著差异。刘少军等研究发现橡胶生产易受气候变化的影响，海南橡胶种植区的年平均净初级生产力整体高于广东，广东整体高于云南，为评估未来气候变化对橡胶树产胶能力影响提供技术保障（刘少军等，2020）。物候条件是橡胶树产胶随季节变化的主要原因，在云南地区，4 月橡胶树胶乳干胶产量最大，然后下降；7—9 月气温回升，干胶产量有所回升，随后因为气温降低，胶乳的干胶质量分数呈直线下降趋势（岩利等，2021）。在海南地区，平均在 5 月、7—8 月、10—11 月形成产量高峰（谭德冠等，2004；王岳坤等，2013）。因此，生产中割胶技术和制度应随着气象因素变化进行相应调整。

二、品种因素

橡胶树不同品种、品系间排胶特性存在显著差异。在传统割胶无刺激条件下，'热试99-2''热试99-5''热试99-6''热试99-8''热试99-9'和'热试99-10'的胶乳产量较高，且生理状况良好；'热试99-4''热试99-3''热试99-1'和'热试99-7'的胶乳产量较低且生理状况较差，其中'热试99-10'的排胶速度最快，达0.88 mL/min；'热试99-4'的排胶速度最慢，只有0.26 mL/min；'热试99-1'胶乳中的平均蔗糖含量最低，而'热试99-4'胶乳中的蔗糖含量最高（谭德冠等，2004）。橡胶树品系'GT1'较'云研77-2''云研77-4''PR107'和'RRIM600'的干胶产量是最高的（岩利等，2021）。王岳坤等以'PR107''热研73397''热研879'为研究对象，发现'热研879'乳管蔗糖代谢活跃程度最高，乳胶产量最高，'热研73397'次之，'PR107'最小（王岳坤等，2013）。

三、刺激因素

目前，我国使用的割胶技术有常规割胶和乙烯刺激割胶技术2种。乙烯刺激割胶技术包括常规刺激（乙烯利）和气刺微割。乙烯对橡胶树的高效增产作用是在1968年发现的，现已在天然橡胶的生产中得到了广泛应用（Sainoi & Sdoodee，2012）。乙烯引起橡胶树胶乳产量显著增加的一个重要原因是乙烯可延长排胶时间。许闻献等研究指出在一定范围内，乙烯浓度越高，促排胶效果越好，但产生的惯性刺激也越大，严重时可致乳管完全丧失排胶能力，在生产上造成非常大的损失（许闻献等，1987）。庄海燕等研究也发现乙烯利刺激产胶是因为延缓了乳管内的堵塞现象，大幅提高乳管内蔗糖的利用率，加速水分及养分的吸收，刺激橡胶乳管细胞内的生物合成，加速产胶和排胶（庄海燕等，2010）。气刺微割是采胶时割线长度小于等于5 cm，并结合乙烯气体刺激的一种新型割胶技术。气刺微割最开始是1995年在马来西亚推荐用于生产，较传统割胶技术更安全，操作要求低，可有效延长橡胶树的经济寿命。气刺微割与常规乙烯利处理相比，虽然产胶量有所减少，但株次产量明显增加，干胶含量相当，树皮损耗较小，死皮发生率降低，割胶速度更快，可有效节约人工成本（李明谦等，2019）。可针对不同树龄的橡胶树差异使用乙烯利刺激割胶方式，达到降低成本、提高产量和品质的目的。

四、橡胶树死皮及其恢复机制

死皮（Tapping panel dryness，TPD）是橡胶树受到过度割胶刺激出现割面干涸的特有现象（Venkatachalam et al.，2007）。死皮发生是橡胶树对过度排胶刺激的一种自我保护措施。死皮是橡胶生产中影响经济效益的重要因素之一，对于死皮的发生原因，科研人员提出了不同的假说。第一，病理学假说认为死皮是因为橡胶树皮被病原物入侵导致，但通过组织细胞学技术鉴定并没有在死皮部位鉴定到任何致病菌，因此，确认死皮发生不是由病原菌引起（邓军等，2008a；蒋桂芝和苏海鹏，2014）。第二，局部严重创伤假说认为橡胶树死皮是过度割胶引起的生理紊乱反应，造成黄色体破裂而引发的乳管细胞程序性死亡，从而引起死皮病（郑学勤和刘志昕，2002）。Sivakumaran 等已证明死皮树中形成大量胼胝体、无机磷、辅氨酸，并且 Mg^{2+} 大量减少，引起树体营养失衡，但这种营养失衡不确定是死皮发生的原因还是结果（Sivakumaran et al.，2002；周敏等，2019）。第三，水分失衡假说认为反复割胶带走大量的胶乳，引起树体内水分失衡、胶乳不正常地反复稀释促进死皮病的发生，极度的水分缺失会导致树体韧皮部氰化物中毒，这是导致树皮死的根本原因（郝秉中和吴继林，2007）。第四，自由基假说认为细胞器、黄色体和橡胶粒子中含有导致胶乳凝结的因子，导致 NADPH 酶活增加，活性氧含量上升，引起死皮（喻时举和林位夫，2008；袁坤等，2011）。第五，乙烯利衰老假说认为乙烯利刺激过度割胶会引起细胞内系统代谢和物质循环加快，加速养分流失，促进树皮衰老，导致死皮发生（蔡磊等，1999）。第六，激素失调假说认为过度割胶引起激素失衡，进而影响橡胶树的正常生长发育，这可能是导致橡胶死皮的重要因素（邓军等，2008a）。也有研究表明，外施中国热带农业科学院橡胶研究所研制的橡胶树死皮康复营养剂，发现其能明显降低橡胶树死皮停割植株的死皮指数并促进割线症状的恢复，且能提高死皮植株产量（胡义钰等，2021；周敏等，2019）。一般情况下，割线长、割胶频率高、低产株及高强度刺激割胶会造成死皮率升高，因此，选择合理割胶制度可有效降低橡胶树的死皮率，从而提高排胶质量。

五、逆境

不利的环境因素也会引起橡胶树排胶减少，经济效益降低。热带北缘地区的海南、广东和云南是我国主要植胶区，周围环境温度在 18~24℃ 是最适宜的割胶排胶温度（高新生等，2008b；王树明等，2008；肖桂秀，2001），每年发生的低温寒害均直接导致与排胶反应相关的渗透压、酶活性和代谢系统的变化，使橡胶减产，减少橡胶树的经济寿命（Omokhafe & Emuedo，2006；高新生等，2008a）。史敏晶等研究发现低温会导致排胶时间过度延长，直接影响了天然橡胶的高产稳产（史敏晶等，2015a）。反之，高温干旱时散热率和呼吸速率同时降低净光合产物的积累而导致排胶量减少（Omokhafe & Emuedo，2006）。曾宪海等研究发现严重干旱会引起橡胶树嫩叶大面积死亡、变黄或凋零，造成排胶障碍而减产（曾宪海等，2003）。广东和海南的植胶区还面临台风灾害的侵袭，风力胁迫会造成胶树堵塞指数增加、排胶受阻，造成产量下降，死皮率增加，与胶乳再生相关的代谢活性及相关因子水平均会降低，同时，越高产的橡胶树越容易受到风害威胁（何川生等，1998；威彻利和席与烈，1975；杨少琼等，1995）。除了不利的环境因素外，病虫害也时刻威胁着橡胶树的排胶量。白粉病是威胁橡胶产量最严重的一种病害，主要为害橡胶树的嫩叶，病情严重时可影响叶片的光合作用导致减产，根据病情的不同程度会造成不同程度的经济损失（Shangphu，1986；冯淑芬等，1998；刘静，2010；孟依，2019；张运强和张辉强，1998）。炭疽病、割面条溃疡病、根系疾病等均会不同程度造成橡胶树树势减弱、胶乳产量减少（冯淑芬等，1998；李国尧等，2014；文衍堂等，2018；张欣和史学群，2001；张欣和史学群，2002；张运强和张辉强，1998）。橡胶小蠹虫、六点始叶螨、介壳虫、蟋蟀和蝼蛄等虫害也会影响橡胶树长势，并造成胶乳产量大幅度下降，严重时还会引起橡胶树死亡（邓军等，2008b；李国尧等，2014；蒙平，2012）。

第四节　排胶的生理和分子生物学机制

橡胶树排胶过程受多种因素的协调调控。张晓飞等用胶乳诊断的方法比较了6个国外引进品种的排胶特性，发现'热试11-107'的蔗糖含量与干胶产量呈正相关，而'热试11-9'的蔗糖含量与干胶产量呈负相关（张晓飞等，2021），表明排胶具有品种特异性。

一、生理基础

通过胶乳诊断（Latex diagnosis）来测定胶乳中物理化学成分及生理指标，以预测橡胶树的排胶特性（肖再云和校现周，2009）。参与排胶相关的生理参数主要有总固形物含量（Total solids content，TSC）、硫醇（R-SH）、黄体破裂指数（BI）和镁离子等。TSC可直接反应乳管细胞的胶乳再生能力，若干胶含量过高，说明细胞黏性大可能引起排胶不畅，含量过低表示乳管细胞再生能力弱。吴明等指出干胶含量大小顺序为'PR107'＞'热研917'＞'RRIM600'，且受乙烯刺激干胶含量会有所下调（吴明等，2013）。硫醇是胶乳细胞中重要的细胞膜保护剂，反应乳胶中细胞抗氧化能力和对细胞器保护的情况，也是乳胶稳定剂之一。割胶会引起细胞内硫醇含量降低（方分分和杨文凤，2008），硫醇含量高时可清除细胞内的活性氧，延迟乳管堵塞，显著延长排胶时间，其含量与胶乳产量呈正相关；过低时造成非酶促保护系统减弱而引起死皮（杨少琼和何宝玲，1989）。高产株系的硫醇含量均较高，'热研879'和'热研73397'

的硫醇含量显著高于'PR107'（黄德宝等，2010）。硫醇受乙烯刺激的诱导，但是品系不同，受刺激的反应也不同。无性系'PR107'受乙烯利刺激后，细胞内硫醇含量会升高；'热研879'在乙烯作用下细胞内硫醇含量会先升高再降低（仇键等，2014；史敏晶等，2015b），因此，乳管细胞中的硫醇含量具有品系特异性。

黄色体破裂指数是黄色体破裂后胶乳中游离酸性磷酸酶活性与总磷酸酶活性的百分比，可用来反映胶乳中黄色体的完整性。黄色体破裂指数越高，越易造成乳管堵塞阻碍排胶。敖硕昌等（1994）证明黄色体破裂指数与产量呈负相关。但是，乙烯利可提高黄色体的稳定性，抑制黄色体的破裂，延缓胶乳在割口处凝固，从而延长排胶时间和增加乳胶产量。

Mg^{2+} 与乳胶产量关系较复杂，它不仅是 ATP 酶、转移酶等激活剂，也是转化酶和酸性磷酸酶的抑制剂，因此，Mg^{2+} 和乳胶产量既存在正相关，又存在负相关（Eschbach et al.，1984；杨湉等，2021）。Mg^{2+} 主要是通过黄色体破裂排出，因此，过高的 Mg^{2+} 浓度会引起乳管堵塞阻碍排胶。

二、分子机理

（一）橡胶树基因组

目前，在橡胶树排胶过程中已经有很多基因组学、转录组学和蛋白组学等方面的研究。RAHAMN 等首次公布了橡胶树无性系'RRIM600'的基因组，共预测基因数目为68 955个（Rahman et al.，2013）。随着测序技术的成熟和新测序技术的发展，Tang 等（2016）发布了橡胶树无性系'热研73397'的全基因组序列，预测基因数量为43 792个，同年，LAU 等（2016）利用三代测序技术更新了'RRIM600'基因组数据，预测基因数量为84 440个。Pootakham 等（2017）发布了橡胶树'BPM24'的全基因组数据，预测基因数为43 868个，并且首次发现胶乳中高表达的基因存在大量的可变剪接现象。在'RRIM600'基因组数据基础上，Makita 等（2018）整合大量转录组数据，对基因共表达网络和转录组起始位点进行在线分析。结合新兴的 Hi－C（High－through chromosome conformation capture）技术，Liu 等（2020）发布橡胶树无性系'GT1'基因组数据，预测基因 44 187个，发现橡胶树经历了 2 次全基因组复制事件。橡胶树全基因组的公布对后续基因功能的研究发挥着重要作用。

（二）天然橡胶生物合成相关蛋白

目前，发现参与橡胶生物合成的蛋白主要有橡胶延伸因子 REF（Dennis et al.，1989）、小橡胶蛋白 SRPP（Cornish，1993）、橡胶转移酶 HRT（Oh et al.，1999）、

HMGR（Chye et al.，1991）、HMGS（Suwanmanee et al.，2013）、FDP 合酶（Adiwilaga & Kush，1996）。酵母双杂交实验已证明 REF 不仅可与高同源性蛋白互作，也可与 TCTP 和激发子蛋白等互作（曾日中等，2011），使用特异抗体与 REF 结合或去除 REF 后，天然橡胶生物合成途径中的异戊烯链会终止延长（Dennis & Light，1989）。SRPP 和 REF 的氨基酸序列同源性高达 72%，代龙军等（2012）分离出一个新 SRPP 亚家族成员的完整氨基酸序列，推测 SRPP 可能参与逆境反应，并对橡胶生物合成有促进作用。在橡胶树中分离出 2 个 *HRT* 基因和 3 个 *HMRG* 基因，其中 *HRTs* 基因同源性为 87%，在胶乳中特异性表达，参与胶乳合成、催化 IPP 多聚化（Cornish，2001）；而 *HMGR1* 的表达受乙烯利的诱导，且在乳管中的表达量明显高于叶片，*HMGR2* 和 *HMGR3* 的表达无组织特异性，而且 *HMGR3* 缺少 TATA-box 启动子，推测 *HMGR1* 可能参与橡胶的生物合成（Chye et al.，1992），*HMGR3* 可能与有持家特性的类异戊二烯生物合成有关。HMGS 的酶活力主要存在于乳管中，在胶乳合成早期为胶乳合成提供原料，且高产橡胶树中 HMGS 的表达水平高于低产橡胶树水平，受乙烯的直接诱导（Suwanmanee et al.，2013）。*FDP* 在橡胶树表皮和胶乳中均有表达，而且割胶会引起 *FDP* 表达量的升高，说明 *FDP* 在橡胶生物合成和一些异类异戊二烯合成中起双重作用（Adiwilaga & Kush，1996）。

（三）排胶相关蛋白研究

橡胶树中许多与排胶相关的基因家族均已经得到鉴定。如钾转运蛋白（KUP）基因家族在橡胶树中有 31 个成员，其中经过乙烯利刺激后，*HbKUP30* 和 *HbKUP31* 在胶乳中的表达量明显上调（肖小虎等，2021）。已知乙烯在产排胶过程中起重要作用，ACS 是乙烯生物合成的关键限速酶，橡胶树中共有 7 个 ACS 成员，主要在根、叶、花和树皮中表达，胶乳中的表达量相对较低，但经乙烯利处理后，这些基因的表达量均会显著上升（Zhu et al.，2015）。ERF 是乙烯响应因子，在橡胶树中有 141 个 *HbERF* 基因，且有 59 个成员基因均在胶乳中表达（Duan et al.，2013）。经乙烯处理后，原生质膜上的 ATP 酶活性显著升高，激活的 ATP 酶为蔗糖运输提供能量（Gidrol et al.，1988）。在胶乳中表达的 2 个蔗糖转运蛋白 HbSUT1A 和 HbSUT2A 均受乙烯诱导，说明这 2 个蔗糖转运蛋白均参与了乳管的蔗糖供给及乙烯刺激增强乳管代谢的能力（Dusotoit-Coucaud et al.，2009），其中 *HbSUT5* 基因在胶乳、树皮和叶片中均有高表达，并且参与乳管蔗糖供给的调控（李和平，2010）。紫色酸性磷酸酶（PAP）与乙烯刺激增产相关联，已从橡胶树中克隆出 9 个 *PAP* 基因，*HbPAP3* 在胶乳中表达量较高，而且在乙烯刺激下，*HbPAP26*、*HbPAP3* 和 *HbPAP23* 伴随刺激强度的增强在胶乳中基因表达增强 3 倍以上（李晓娟等，2021）。快速碱化因子（RALF）是一种植物多肽类激素，在橡胶树中鉴定到 16 个 RALF 基因，其中有 8 个在胶乳中高表达的 *HbRALFs* 参与乙烯刺激响应（杨洪等，2021）。茉莉酸信号途径在橡胶生物合成和乳管发育过程中起重要调节作用，*HbJAZ5* 和 *HbJAZ10* 参与次生乳管分化，*HbJAZ8* 参与橡胶生物合成（Chao et al.，2019）。COP9 信号小体（CSN）在茉莉酸信号途径中起重要作用，吴绍华等采用 RACE 技术在胶乳中克隆了 8 个 CNS 基因，其中 *HbCSN5* 在胶乳中表达量最高，部分基因受到茉莉酸甲酯处理后，上调表达可能参与胶乳的茉莉酸信号途径（吴绍华等，2019）。茉莉酸信号途径中的 MYC 转录因子 HbMYC2、HbMYC3、HbMYC4 可与含有 G-box 顺式元件的产排胶相关基因互作来调控靶基因，*HbPIP2; 1* 是其调控的靶基因之一（郝慧，2017）。高产橡胶树种质中 *HbMYC1*、*HbMYC2*、*HbMYC3* 基因的表达量是低产种质的 2 倍以上，其中 *HbMYC3* 基因的表达差异最大，有望成为橡胶树产量育种的一个分子标记（杨署光等，2019）。

（四）水分运输相关蛋白

影响橡胶树排胶的因素有 2 种，即排胶动力和排胶阻力（Gidrol et al.，1994；蔡甫格，2011）。橡胶树排胶是由于乳管内与切口处的膨压，这时水通道蛋白（Aquaporin，AQP）水分进入乳管，增大排胶压力顺利排胶（庄海燕等，2010）。Tungngoen 等（2009）首先在橡胶树'PB217'中克隆了 *HbPIP2; 1* 和 *HbTIP1; 1* 水通道蛋白，这 2 个水通道蛋白受乙烯利、水杨酸、脱落酸和生长素刺激后在胶乳中均表现出上调。庄海燕（2010）克隆了水通道蛋白 *HbPIP1* 和 *HbPIP2* 的 cDNA 全长序列，且均受乙烯利的诱导。乙烯可在短时间内显著增强水通道蛋白的表达量，进一步增加乳管细胞水分的供给，降低胶乳黏性，增强乳管膨压，提高排胶速度。

（五）乳管堵塞相关蛋白

在乳管堵塞处的"蛋白质网"的形成主要与由肌动蛋白微丝骨架有关。邓治等以'热研 73397'胶乳为模板克隆出 *HbADF6* 基因，结果发现随着排胶时间的延长 *HbADF6* 基因的表达量逐渐下调，而经过乙烯诱导后，*HbADF6* 基因表达量均有上调，只有在排胶即将结束时 *HbADF6* 基因的表达量才会下调，说明 ADF 可解聚在堵塞口处形成的肌动蛋白微丝骨架，延长排胶时间（邓治等，2018；邓治等，2016）。"蛋白质网"的主要成分是 β-1,3-葡聚糖酶、几丁质酶及橡胶素（史敏晶等，2010）。王冬冬等在橡胶树'PR107'中克隆了这 3 个基因序列，结果发现这 3 个基因受乙烯影响均会显著下调，并且通过免疫印迹分析可得知 HGN1、Hevamine A 和 HEV1 受乙烯调控的蛋白含量变化与基因变化规律一致（王冬冬等，2016）。乙烯通过抑制这 3 种成分的表达来抑制

"蛋白质网"的形成，很大程度上延长了排胶时间和增加胶乳产量。

几丁质酶（EC 3.2.1.14）/溶酶菌（Hevamine A）是阻止胶乳凝固的一个重要因子，几丁质的单体是橡胶粒子表面蛋白 22 kDa 的糖基 GlcNAC，而几丁质酶可解除 GlcNAC 糖基，致使橡胶蛋白不能与橡胶粒子结合，抑制胶乳凝固，延长排胶时间。乙烯利刺激可使几丁质酶基因超表达（Gidgol et al.，1994），并且在刺激 36 h 时达到高峰（黄瑾和校现周，2003），当停止乙烯刺激时，几丁质酶的活性就不再增加（曾日中，1998）。Bokma 等（2001）获得了 Hevamine cDNA 序列。黄瑾等（2004）以此为基础克隆得到了几丁质酶基因序列的全长，发现不同品系胶乳中的几丁质酶基因均受乙烯诱导，刺激前后基因表达存在明显差异，乙烯浓度越大，差异越显著。但是 Gidrol 等（1994）通过实验证明堵塞指数不同的橡胶树品种'WAR4'和'GT1'经过乙烯刺激后，'WAR4'橡胶树中的几丁质酶基因大量表达，胶乳产量增加了 3~5 倍，而'GT1'橡胶树刺激前的几丁质酶基因表达较高，对乙烯刺激反应弱，经乙烯刺激后胶乳产量只增加了 1.3~1.5 倍，说明不同品系的橡胶树中的几丁质酶对排胶影响存在特异性。

橡胶素（Hevein）即橡胶蛋白，分子量约为 5 kDa，是植物凝集素家族的一种，是橡胶树黄色体可溶性蛋白的主要成分（Kempel et al.，2011），可将橡胶粒子凝集在一起，使胶乳凝结和堵塞乳管的作用，这种凝集机制需要糖基 GlcNAC 的支持（黄瑾和校现周，2003）。组织特异性表达发现所有 *HbHEV* 基因在胶乳中的表达量最高（Broekaert et al.，1990；Pujade-Renaud et al.，2005），割胶、ABA、乙烯利均会诱导 *HbHEV* 基因的表达（Deng et al.，2002），朱家红等克隆到了橡胶素家族的一个新基因 *HbHEV3*，组织表达表明，该基因积极参与橡胶树对乙烯的响应，并在乙烯诱导 12 h 时表达量最高，表示乙烯利延长排胶时间的同时凝集效果也很显著（朱家红等，2014）。但是目前两者之间的分子调控机制还需进一步研究。

β-1,3-葡聚糖酶（EC 3.2.1.39）伴随几丁质酶同时出现（史敏晶等，2009），在病原菌侵染、水杨酸、茉莉酸和乙烯等处理刺激下，会激活相关蛋白基因的表达来增强酶的活性（严文文等，2003）。在胶乳中，β-1,3-葡聚糖酶通过与黄色体膜的结合与橡胶粒子结合，在割胶口形成多组分交联的复杂堵塞物（Wititsuwannakul et al.，2008）。含有大量 β-1,3-葡聚糖酶的橡胶无性系比少量 β-1,3-葡聚糖酶的橡胶无性系产胶多（Subroto et al.，1996）。黎喻等通过实验证明割胶和外源 SA 刺激下，可促进橡胶树胶乳 β-1,3-葡聚糖酶基因的表达，且酶活增强（黎瑜等，2004）。

第五节 展　望

随着科学技术与研究方法的不断发展和引入橡胶树排胶研究领域，橡胶树排胶机制方面的研究已经取得了重大进步，对推动橡胶经济产业的发展起到关键性作用。如今，天然橡胶产业从产量提升向品质提升转变，阐明排胶调控机制并据此研发安全、长效、低成本的排胶调控技术成为橡胶经济产业研究的新热点。

一、内源激素检测技术

在橡胶树排胶研究和生产实践中已经证明，激素对橡胶生物合成、芽接苗砧穗结合、橡胶树乳管分化（吴绍华等，2019）、愈伤组织诱导等均具有重要作用。目前，已在橡胶树中相继建立了树皮茉莉酸含量（Gidrol et al.，1994）、茉莉酸自显影、气相色谱检测乙烯、胶乳中4种植物激素（生长素、玉米素、赤霉素、脱落酸）的检测方法。随着天然橡胶从产量目标向质量目标的转变，植物激素在橡胶树胶乳、叶片和枝条等部位的功能将不断拓展。因此，须建立橡胶树胶乳、叶片和枝条等部位简便、快捷的激素检测方法，用于定量和定性研究，包括树皮和胶乳中内源乙烯的 GC-MS 检测方法和茉莉酸等激素的 HPLC-MS-MS 方法等。

二、排胶相关调控基因筛选和功能鉴定

橡胶树基因组（Tang et al.，2016）、遗传图谱、组织培养和遗传转化体系的建立和日益完善均有助于排胶相关基因的进一步筛选。在排胶影响关键基因和蛋白功能鉴定的基础上（Duan et al.，2013），进一步克隆筛选基因启动子区域响应元件、鉴定 MYB 等转录调控因子、解析钙信号、活性氧等信号转导途径，蔗糖和异戊二烯代谢路径中的关键家族成员结构与功能是研究重点。另外，开展活性氧猝灭的相关抗氧化物酶活性分析以及乙烯、脱落酸等内源植物激素含量分析也有助于证明关键基因的调控作用。

三、高效排胶技术和调节剂的研发

在研发橡胶树乙烯刺激剂、死皮康复剂和割面保护剂的基础上依据橡胶树排胶理论，结合排胶影响因素，研发新型乳管伤口愈合和保护剂、死皮康复喷剂等橡胶树排胶调节剂。目前，自动割胶机研发进展迅速，人工成本降低，可结合气刺微割技术和针刺采胶技术形成新的割胶技术体系。

四、排胶相关分子标记的开发

由于橡胶树产量与品质与排胶过程息息相关，而排胶激励和调控与植物生理生化、酶活性代谢和基因表达等密切相关，开发排胶相关分子标记有利于筛选排胶特性差异种质和指导排胶新技术的研发。结合前期研究进展，可从总固形物含量、ATP 酶和蔗糖转移酶等中筛选排胶相关的生理生化标记；从乙烯、茉莉酸等植物激素信号途径中关键因子 *ERF*、*MYB*、*WRKY* 等基因中筛选分子标记。此外，排胶相关关键蛋白，如 *HEV*、*ADF*、*RPB1*、*ACTIN* 等基因组序列和启动子序列也可用于标记筛选。这些标记可用于种质资源鉴定，也可用于新型调节剂研发过程中的评价指标。

综上所述，橡胶树产量和品质与天然橡胶生物合成、生理生化、割胶技术和环境因素密切相关，在橡胶树生理与分子生物学领域不断引入新技术和新方法，将为橡胶产量和品质提升及天然橡胶产业升级提供理论基础和技术指导。

第三章　植物激素测定方法研究进展

王立丰

（中国热带农业科学院橡胶研究所）

植物激素乙烯、茉莉酸等在橡胶树生长发育、产量和品质形成中具有重要作用。近年来，植物激素检测方法在前处理技术、检测仪器和检测数量等方面均取得重要进展。随着橡胶树研究从产量调控向品质形成转变，精确的激素检测方法的作用愈加凸显。本章从样品前处理技术和仪器分析两方面详细综述了乙烯、茉莉酸等主要植物激素检测方法的研究进展，并结合橡胶树生长发育和品质形成调控机制，展望了在橡胶树生理与分子机制研究中的应用前景，为橡胶树激素精确定量、橡胶树产量和品质调控技术研究打下坚实基础。

植物激素是多种微量的内源激素总称，在植物中的生长发育、代谢以及生物胁迫和非生物胁迫响应中具有重要作用（Jiang et al., 2020）。主要植物激素有茉莉酸（Jasmonic acid, JA）、乙烯（Ethylene, ET）、脱落酸（Abscisic acid, ABA）、赤霉素（Gibberellin, GA）、油菜素内酯（Brassinosteroids, BRs）、生长素（Auxin）、水杨酸（Salicylic acid, SA）等九大类（Bowman et al., 2019）。每类激素又可以细分成更多种类，例如，生长素包含吲哚乙酸（IAA）和吲哚丁酸（IBA），赤霉素包括 GA_3 和 GA_7 等（表3-1）（Pan & Wang, 2009）。植物激素作为有机小分子，在植物中的丰度极低，如IAA和JA的含量为 $1 \sim 50$ ng/g 鲜重，而BRs的含量低至 $0.01 \sim 0.10$ ng/g 鲜重，需要精确的仪器分析技术检测和定量分析（Wang et al., 2020）。

表3-1　常见植物激素种类和名称

名称	简写	分类
乙烯 Ethylene	ET	乙烯类 ET

（续表）

名称	简写	分类
吲哚-3-乙酸 Indole-3-acetic acid	IAA	
吲哚-丁酸 3-Indolebutyric acid	IBA	生长素类 Auxin
吲哚-3-乙酸甲酯 Methyl indole-3-acetate	ME-IAA	
吲哚-3-甲醛 Indole-3-carboxaldehyde	ICA	
戊烯腺嘌呤 N6-Isopentenyladenine	IP	
异戊烯基腺苷 Isopentenyl adenosine	IPA	
反式玉米素核苷 trans-Zeatin-riboside	tZR	
反式玉米素 trans-Zeatin	tZ	细胞分裂素类 CK
顺式玉米素 Cis-Zeatin	cZ	
二氢玉米素 Dihydrozeatin	Dh-Z	
激动素 Kinetin	K	
油菜素内酯 Brassinolide	BL	油菜素内酯类 BR
茉莉酸甲酯 Methyljasmonate	MeJA	
二氢茉莉酸 Dihydrojasmonic acid	H_2JA	茉莉酸类 JA
N-茉莉酸-异亮氨酸 N-Jasimonic acid isoleucine-Isoleucine	JA-Ile	
（±）-茉莉酸 （±）-Jasmonic acid	JA	
水杨酸 Salicylic acid	SA	水杨酸类 SA
水杨酸甲酯 Methylsalicylate	MESA	
脱落酸 Abscisic acid	ABA	脱落酸 ABA

（续表）

名称	简写	分类
赤霉素 A₁ Gibberellin A₁	GA₁	
赤霉素 A₃ Gibberellin A₃	GA₃	赤霉素类 GA
赤霉素 A₄ Gibberellin A₄	GA₄	
赤霉素 A₇ Gibberellin A₇	GA₇	
1-氨基-环丙烷羧酸 1-Aminocyclopropanecarboxylic acid	ACC	合成前体 ETH

天然橡胶的生物合成和生产主要来自橡胶树（Men et al.，2018）。天然橡胶具有独特的理化性质，如回弹性、耐磨损和冲击、延展性、耐酸耐压等系人工合成橡胶无法替代（Men et al.，2018）。植物激素在橡胶树生长发育和品质形成中具有重要作用，例如，在橡胶树胚胎发育过程中，ABA 和 IAA 在不同发育时期起作用（Etienne et al.，1993）。乙烯是橡胶树最重要的产量调节剂（Yu et al.，2020b）。JA 在橡胶树乳管分化和抗寒性中起作用（Chen et al.，2020a；Chen et al.，2019）。在乳管细胞中 ABA 响应 ETH 和 JA 刺激（Guo et al.，2017）等。因此，将橡胶树激素含量测定、生理指标和分子生物学分析结合研究将有利于阐明橡胶树产量与品质形成的机制。据此，本章对近年来植物内源激素的样品制备和检测方法进行了综述，对橡胶树激素前处理技术、检测方法及其在橡胶树产量和品质形成中的作用提出展望，为橡胶树排胶机理研究和配套调控技术研发奠定基础。

第一节　激素样品前处理方法进展

植物激素检测的原则是根据植物样品的生理生化性质选择灵敏度高、样品消耗少、富集能力强的提取技术，从而达到有效地从复杂的植物样品提取目标激素的目的。激素常用有机溶剂为甲醇、乙醇、乙腈等，前处理方法有破碎匀浆、提取和纯化等步骤。因不同激素含量差异，测定多种激素时要防止提取损失，还可以加入衍生物或标记等便于分离提取（Li et al.，2015）。在此基础上，为去除样品中的杂质采用固相萃取（Solid-phase extraction，SPE）（Yalcin et al.，2020）、QuEChERS（Quick，Easy，Cheap，Effective，Rugged and Safe）（Li et al.，2020d）和离子对搅拌棒吸附萃取法（Ion-pair stir bar sorptive extraction，IP-SBSE）（Wang et al.，2017）等进一步提取激素。例如，为了测定辣椒中生长类激素 PCPA、2,4-D 和 NAA 等，采用将二乙基和稀硫酸溶液结合超声方法提取，制备分子印迹 3-氨基苯酚-乙二醛脲树脂（Molecularly imprinted 3-amino-phenol-glyoxalurea resin，MIAGUR），测定精度和准确度大幅提高（Ye et al.，2020）。采用甲醇和水提取海藻中的植物激素，使用 OASIS HLB 固相萃取柱进行分离后测定 Z、GA 和 IAA 等激素含量范围为 0.05 ~ 500 μg/L，最低检出限（LOD）达 0.01 μg/L（Armbruster et al.，1994；Yalcin et al.，2020）。在黄瓜中检测酸性激素 SA、IAA 和 ABA 的过程中，采用了 IP-SBSE 方法。样品溶液中加入了阳离子表面活性剂十六烷基三甲基溴化铵（Cetyltrimethylammonium bromide，CTAB），与目标激素形成离子对，提高了提取效率 32 ~ 49 倍（Wang et al.，2017）。使用超高效液相色谱串联质谱法测定茶树叶中 IAA 和 NAA 等 13 种酸性激素及其类似物，用酸化甲醇提取目标酸性植物激素，用聚氯乙烯聚吡烷（PVPP）和石墨化炭黑（GCB）分散固相吸附剂清洗茶叶基质，然后用聚合物混合模式阳离子交换固相萃取，使最低检出限低至 0.1 ~ 4.2 μg/kg（Jiang et al.，2020）。氮掺杂碳纳米管增强中空纤维固相微萃取（N-doped CNTs-HF-SPME）测定番茄当中的 NAA 等激素，加入 CTAB 超声震荡后再采用离心等方法获得均匀一致的 CNTs 有利于后续操作（Han et al.，2018；Yehong et al.，2020）。

第二节 激素测定方法进展

目前主要检测植物内源激素的方法是高效液相色谱（LC）和气相色谱（GC）两种方法（Pan & Wang，2009）。随着质谱或者串联质谱技术的发展，可以一次性测定超过 24 种主要植物激素种类（Liu et al.，2013）。刘志勇等（2006）采用青霉素瓶收集，使用毛细管柱气相色谱法测定了油菜盛花期的乙烯释放量，相对偏差 RSD 为 1.10%。及雪良等（2016）采用集气法收集，使用气相色谱法测定莴苣的乙烯含量，发现最佳取样部位为茎，取样时间为 6 h，取样温度为 30℃。采用甲酸和乙腈并超声提取豆芽中 IAA、NAA、IBA 等 5 种激素，并采用过 MCS 小柱纯化、加入甲醇和盐酸淋洗的方法进行 GC-MS 分析，LOD 最低为 1.1 μg/kg（Qin et al.，2018）。

与气相色谱相比，液相色谱（LC、HPLC 和 UPLC）应用更为广泛。一是 HPLC 可以作为有效的提取方法，二是 HPLC 可以单独检测激素，三是与质谱联用检测激素。例如，为了测定海草和海藻中的 IAA 和 IBA 等 9 种植物激素，采用超临界流体萃取（Supercritical fluid extraction，SFE）结合 CO_2 技术提取并采用液相色谱仪和光电二极管检测（HPLC-PDA）可在 15 min 内检测 9 种激素，最低检出限达到 0.05 mg/L（Gorka &

Wieczorek，2017）。采用液氮破碎、甲醇提取和 C18 小柱过滤后，采用线性洗脱梯度结合电喷雾离子源（ESI）测定了拟南芥和玉米中 IAA 等 6 种激素检出限为 0.02~0.75 ng/mL（朱莉莉等，2020）。可见，植物激素检测方法持续更新，提取和检测效率显著提高，为相关激素生理与分子生物学研究打下坚实基础。

第三节　橡胶树激素含量测定技术展望

一、橡胶树样品中乙烯检测方法

乙烯利刺激通过延长排胶时间、扩大排胶影响面来增加橡胶树胶乳产量（Amalou et al.，1992；Zhu & Zhang，2009），因此，乙烯在天然橡胶生产上的作用尤为重要。根据橡胶树树皮可以离体产生乙烯的特性（Paranjothy et al.，1979），邓军等（2009）采用棕色瓶收集结合毛细管柱气相色谱法测定橡胶树胶乳中的乙烯含量，检出限为 1.12 μL/L。乙烯检测方法的建立有助于收集和分析橡胶树叶片、树皮和胶乳中的乙烯气体，为研究乙烯刺激后苗期的转录组学（Nakano et al.，2021）、蛋白组学（Wu et al.，2019）、小橡胶离子（Wang et al.，2019）和糖蛋白（Yu et al.，2020b）合成具有重要的作用。由于乙烯气体具有易挥发的特点，还可以结合测定其合成前体氨基环丙烷羧酸（1 - Amino cyclopropane carboxylic acid，ACC）辅助分析乙烯含量的变化规律（Ahmed et al.，2006）。

二、橡胶树样品茉莉酸检测方法

茉莉酸在橡胶树中具有调控乳管分化和胶乳产量的重要功能（Kim et al.，2009）。其机制为茉莉酸信号途径的 HbCOI（Chen et al.，2020a）、MYC 转录因子（Zhao et al.，2011）等在乳管细胞中组成信号级联，从而调控天然橡胶生物合成（Deng et al.，2018；Liu et al.，2018a）。为了检测橡胶树树皮和茎中的茉莉酸含量，基于 JA 与 5-溴甲基荧光素（5-BMF）的衍生化，并通过毛细管电泳耦合激光诱导荧光检测（CE-LIF）技术对得到的 5-BMF-JA 衍生物进行分离和定量（Zhang et al.，2005）。随着检测技术的进步，可以采用 HPLC - MSMS 方法测定橡胶树树皮和胶乳中 JA。例如，邓文红等（2019）采用异丙醇、水和盐酸混合液提取、用乙腈—乙酸水溶液为流动相，质谱梯度洗脱多反应监测（MRM）、电喷雾电离源（ESI）负离子模式下进行分析，内标曲线法定量的方法测定毛白杨的 JA 含量为 286.62 ng/g。李天雪等（2019）异丙醇/甲酸溶液提取金银花中的 JA 后，使用超高效液相色谱—串联质谱（UPLC-MS/MS）测定 JA 含量为 12.4~40.0 μg/kg。

三、橡胶树样品中 ABA 等其他激素检测方法

ABA 在橡胶树与白粉病菌侵染机制（Li et al.，2020c）和割胶后伤害导致胁迫密切相关（Guo et al.，2017）。在检测方法中，ABA、Z、GA 和 SA 可以同时采用 HPLC 法测定出来。王斌等（2012）采用甲醇提取结合 HPLC 技术从胶乳中测定 Z、GA、IAA 和 ABA 共 4 种激素，LOQ 值分别为 0.76 μg/mL、1.85 μg/mL、0.67 μg/mL 和 0.81 μg/mL。在此基础上，进一步 HPLC 技术建立了叶片和枝条中 4 种激素的检测方法，检测限低至 0.5 μg/L（陈华峰等，2021）。目前，对橡胶树中主要激素及其衍生物功能的研究较少。笔者发现橡胶树油菜素内酯信号途径的 BES1 转录因子相应逆境胁迫（Guo et al.，2022），可以采用超高效液相色谱和质谱联用技术（UHPLC-MS/MS）测定痕量的 BR 用于深度解析其在橡胶树中的含量与作用。

可见，植物激素在橡胶树产量形成、抗逆和品质调控中具有重要作用。气相色谱和液相色谱结合质谱联用技术在植物激素检测中得到广泛应用，并不断在前处理方法、分析精度和分析数量上取得突破。将植物激素仪器分析技术引入橡胶树生理与分子机制研究将为橡胶树遗传转化、栽培管理和排胶机理研究提供新的思路与方向。

第四章　巴西橡胶树植物激素检测方法

王立丰

（中国热带农业科学院橡胶研究所）

　　基于 HPLC 技术建立了一种同时检测巴西橡胶树叶片和枝条中生长素、玉米素、赤霉素和脱落酸的检测方法。材料前处理采用液氮研磨，80%甲醇暗中抽提过夜，离心后减压蒸发后过 PXC 小柱淋洗，用盐酸和色谱甲醇洗脱后，1 mL 甲醇溶解提取物。样品测定采用安捷伦 1260 Ⅱ 液相色谱仪，反相色谱柱 CNWSIL C18（4.6 mm×150 mm，5 μm），柱温 30℃；流动相为甲醇∶乙腈∶磷酸 = 15∶15∶70（体积比，pH 值 3.5）等度洗脱；流速为 1 mL/min；进样量为 20 μL，检测波长 254 nm。结果表明，4 种激素洗脱的先后顺序为玉米素、赤霉素、生长素和脱落酸，洗脱时间分别在 2.166 min、3.871 min、8.133 min 和 13.405 min。橡胶树叶片和枝条中 4 种植物激素的检测限低至 0.5 μg/L，加标回收率为 85.63%～105.13%。本章为解析巴西橡胶树内源激素形成和对产量和品质的调控机制打下坚实基础。

　　植物激素生长素、细胞分裂素、赤霉素和脱落酸在林木生长发育和抗逆生理中具有重要作用（Jiang et al., 2020）。国际上认定的主要激素为生长素类（Auxins, IAA）、赤霉素类（Gibberellins, GAs）、细胞分裂素类（Cytokinins, CKs）、脱落酸（Abscisic acid, ABA）、乙烯（Ethylene, ET）、油菜素内酯类（Brassinosteroids, BRs）、茉莉酸（Jasmonic acid, JA）、水杨酸（Salicylic acid, SA）和独脚金内酯类（Strigolactones, SLs）。它们分别在促进植物生长、催芽、促进茎的伸长、开花、果实膨大、抗逆、早熟、抗病、抗虫等过程起到关键作用。植物激素还存在剂量效应和交互作用，因此植物外源和内源激素含量分析检测在理论研究和实际生产中具有重要地位。植物激素检测方法在近年来进展迅速，主要为在前处理技术上采用 SPE 柱，仪器上采用酶联免疫法、气相色谱、液相色谱、气质联用、液质联用、毛细管电泳和液相色谱—串联质谱联用等，检测数量从单一激素到多达 39 种激素同时检测。为植物生理、食品科学和遗传育种等学科的发展提供了精准的定量化方案。

　　天然橡胶产业以收集胶乳作为工业原料为主，以木材、种子等其他生物量开发利用为辅。橡胶树多以芽接苗、组培苗等作为种植材料，种植后 6~8 年，树干周长超过 50 cm 后，割取树皮，取韧皮部乳管细胞的胶乳。植物激素林业研究中具有重要作用，在橡胶树中已经证明激素对橡胶生物合成、芽接苗砧穗结合、橡胶树乳管分化和愈伤组织诱导等均具有重要作用。鉴于激素在天然橡胶产业研究中的重要性，已经相继研究出树皮茉莉酸含量、茉莉酸自显影、气相色谱检测乙烯和胶乳中 4 种植物激素的检测方法。随着分子生物学在天然橡胶研究中不断拓展，以及从产量目标向质量目标的转变，植物激素在橡胶树叶片和枝条等部位的功能持续得到挖掘和拓展。因此，建立橡胶树叶片和枝条等部位简便、快捷的激素检测方法对橡胶树基础理论研究和技术研发具有重要意义。本研究综合了前人的研究成果，优化了橡胶树叶片、枝条和树皮中 4 种植物激素（生长素、赤霉素、玉米素和脱落酸）的提取方法，为精确定量研究橡胶树排胶过程中激素信号的功能打下了良好基础。

第一节　4 种植物激素混合样品色谱检测

　　将激素浓度为分别 0.1 μg/mL 的玉米素（ZT）、赤霉素 A_3（GA_3）、吲哚-3-乙酸（IAA）和脱落酸（ABA）标准品混合后采用本章前文提出的色谱检测方法进行检测，分析该方法的检测效果。结果表明，该方法可以一次性将 4 种植物激素在 15 min 内全部检测出来。从图 4-1 可以看出，4 种激素洗脱的先后顺序为 ZT、GA3、IAA 和 ABA，洗脱时间分别在 2.166 min、3.871 min、8.133 min 和 13.405 min，峰面积分别为

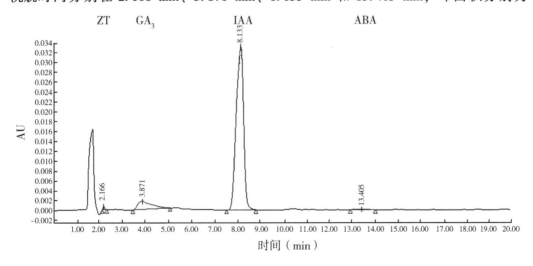

图 4-1　4 种植物激素混合标准品色谱

3 549、70 609、751 048和3 016，峰面积占比分别为0.43%、8.53%、90.68%和0.36%（表4-1）。4种激素区分效果明显，检测时间短。

表4-1　4种植物激素 HPLC 检测结果

序号	名称	洗脱时间（min）	峰面积	峰面积占比（%）	峰高
1	ZT	2.166	3 549	0.43	733
2	GA₃	3.871	70 609	8.53	1 686
3	IAA	8.133	751 048	90.68	33 438
4	ABA	13.405	3 016	0.36	107

第二节　4种植物激素混标样色谱检测曲线和检出限

在检测方法成功的基础上，为了计算回归方程和检出限，进一步将浓度为 0.001 mg/L、0.01 mg/L、0.1 mg/L、0.5 mg/L、1 mg/L、2 mg/L 和 10 mg/L 的4种激素标准样品进行高效色谱检测，根据检测结果计算 ZT 的回归方程为 $Y=23\,935x+6\,787$，相关系数为0.988，检出限 3.1 μg/L。GA_3 的回归方程为 $Y=17\,899x+11\,525$，相关系数为0.999，检出限 2.8 μg/L。IAA 的回归方程为 $Y=7\,761\,252x-866\,874$，相关系数为0.953，检出限为 2.5 μg/L。ABA 的回归方程为 $Y=12\,071x+8\,234$，相关系数为0.993，检出限 0.5 μg/L（表4-2）。

表4-2　4种植物激素 HPLC 检测回归方程和最低检出限

激素	回归方程	相关系数（R^2）	RSD（%）	LOD（μg/L）
ZT	$Y=23\,935x+6\,787$	0.988	4.6	3.1
GA₃	$Y=17\,899x+11\,525$	0.999	3.5	2.8
IAA	$Y=7\,761\,252x-866\,874$	0.953	7.1	2.5
ABA	$Y=12\,071x+8\,234$	0.993	6.7	0.5

第三节　巴西橡胶树叶片和枝条中4种激素含量测定

在建立标准曲线的基础上，取 0.5 g 健康橡胶树绿熟期叶片和枝条等材料进行4种植物激素含量测定（表4-3），结果表明，所有样品均可在2.195 min、3.838 min、8.053 min和13.893 min鉴定出4种植物激素的特异峰（图4-2），按照回归方程计算得出每克鲜质量的正常橡胶树绿熟期叶片ZT、GA$_3$、IAA和ABA含量分别为151.17 μg、190.77 μg、0.19 μg和37.10 μg，每克鲜质量的正常枝条ZT、GA$_3$、IAA和ABA含量分别为1 581.64 μg、5.07 μg、0.12 μg和65.85 μg。叶片中GA$_3$含量高，枝条中ZT和ABA相对含量高。

表4-3　巴西橡胶树叶片和枝条中样品中4种激素保留时间和含量

名称	保留时间（min）	含量（μg/g鲜质量）	
		绿熟期叶片	枝条
ZT	2.195	151.17±20.35	1 581.64±257.92
GA$_3$	3.838	190.77±42.25	5.07±0.89
IAA	8.053	0.19±0.03	0.12±0.01
ABA	13.893	37.10±8.39	65.85±10.65

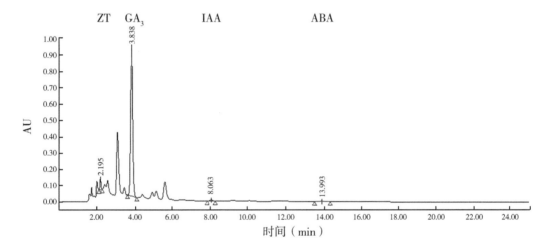

图4-2　巴西橡胶树叶片中4种植物激素色谱

第四节　加标回收率计算

将'热研73397'叶片经粉碎均匀后称量0.1 g，分别加入10 μg激素标准样品，静置30 min，待其充分混入样品后，进行激素提取和测定分析。经计算，采用本方法测定的4种激素ZT、GA$_3$、IAA和ABA加标回收率分别为85.63%、106.31%、90.91%

和 109.13%（表 4-4），符合标准，进一步证明了本方法的可靠性。

表 4-4　巴西橡胶树叶片 4 种激素加标回收率的测定

名称	叶片含量（μg/g）	加标注激素量（μg）	加标试样测定值（μg/g）	回收率（%）
ZT	4.22±0.26	10	12.78±2.01	85.63±9.42
GA₃	2.16±0.12	10	12.78±1.43	106.31±5.30
IAA	0.003 3±0.00 02	10	9.09±0.84	90.91±8.15
ABA	0.084±0.009	10	11.00±01.02	109.13±4.67

　　由于植物激素具有痕量且在植物体内作用重要的特点，其测定中最大的困难是植物激素检测不灵敏，或是内源激素浓度变化范围大。因此，人们不断创新激素检测方法，如早期的同位素示踪分析乙烯，用放射免疫检定法测定 ZT、GA₃、IAA 和 ABA 等，到最新的气相、液相色谱—串联质谱联用等。样品提取总的要求是尽可能完全地提取出所含植物激素成分，尽量少提取出干扰物质。在选择提取溶剂时，选择和待测植物生长调节剂极性相近的溶剂，并且提取剂不能与样品发生反应，毒性要低。对非极性的植物生长调节剂，可以用非极性溶剂来提取，也可用混合溶剂来提取；对含水量较高的样品，如蔬菜、水果等，宜用极性溶剂，常用的提取剂有甲醇、丙酮、乙醇、乙腈等。由于林木中激素含量变化幅度较大，如采用放射免疫检定法测定土耳其栎等 14 种林木的 ZT、GA₃、IAA 和 ABA，结果发现 4 种激素含量变化分别为 7.1～50.4 nmol/L、0.9～22.7 μg/mL、40～750 nmol/L 和 30～920 nmol/L，因此，人们常在前处理和检测程序方面优化提取和检测方法。在提取时，通常加入正己烷、乙酸乙酯、HCL 来增加提取效率。龚明霞等根据 ZT 分子中嘌呤环侧链末端带一个极性羟基，IAA 分子中碳链末端带有一个极性羧基，GA 分子中弱极性的碳环被极性的羟基、羧基和酯基包围而使得整个分子具有中等极性，ABA 带有极性的羟基和羧基，进而设计梯度洗脱检测植物中激素。易勇等分析海藻中 IT、GA₃、IAA 和 ABA 4 种激素，在前处理部分采用 70% 甲醇提取，加了苯并噻二唑（BHT）防止氧化，同时分别采用 PCX 和 PAX 两种固相小柱净化，回收率达 90% 以上。本研究中，采用 80% 色谱甲醇提取，只用 SPE 一次净化，加标回收率在 85.63%～109.13%，这与前人研究结果相一致。

　　适合的甲醇浓度既可以提高 IAA 的提取效率，又可以保证 4 种植物激素能够有效分开。刘婷等建立了根际促生菌 ZT、IAA 和 ABA 的检测方法，发现仅以甲醇—水为流动相，其色谱图峰形不好且拖尾严重，加入一定的乙酸抑制溶质的离子化，使分离得到改善。进一步采用甲醇：乙腈：磷酸＝15：15：70（体积比，pH 值 3.5）等度洗脱，4 种激素在 15 min 内即可得到完全分离。这与王杏等（2018）在 20 min 之内检测出果树中 ZT、IAA 和 ABA 等 6 种植物激素，洗脱时间和本研究结果一致，与此同时，该方法的检出限在 1.4~30 ng/mL，亦与本研究结果一致。李华等建立了枇杷果实中 10 种激素的检测方法，加标回收率在 58.6%~85.2%，这既与果实中成分复杂、干扰率高有关，也与激素检测次数过多有关，可见一次性检测 4 种激素的准确度更高。

在橡胶树中，已经分别建立了胶乳中 4 种激素的检测方法，其中 ZT 采用等度洗脱，GA$_3$、IAA 和 ABA 采用梯度洗脱方法，这些方法存在无法一次性检测 4 种激素的缺点，且回收率在 70%~92%。与之相比，本研究采用液氮研磨处理巴西橡胶树叶片和枝条，80%甲醇暗中抽提过夜，离心后减压蒸发后过 PXC 小柱淋洗，用盐酸和色谱甲醇洗脱后，1 mL 甲醇溶解提取物。样品测定采用安捷伦 1260 Ⅱ 液相色谱仪，反相色谱柱 CNWSIL，C18（4.6 mm×150 mm，5 μm），柱温 30℃；流动相为甲醇：乙腈：磷酸＝15：15：70（体积比，pH 值 3.5）等度洗脱。检测限低至 0.5 μg/L，加标回收率在 85.63%~105.13%。本检测方法建立了橡胶树叶片和枝条等部位的简便、快捷的激素检测方法，为精确定量研究橡胶树排胶前后过程中激素信号的功能提供了科学的理论，为解析巴西橡胶树内源激素形成以及对产量和品质的调控机制打下了坚实基础。

第五章　橡胶树赤霉素信号研究进展

覃　碧

（中国热带农业科学院橡胶研究所）

DELLA 蛋白是赤霉素激素信号负调控因子，具有抑制植物生长发育的作用。解析其家族成员结构与功能将有助于阐明揭示橡胶树 DELLA 蛋白家族成员调控橡胶树生长发育的机制。本章从橡胶树'热研 73397'叶片中克隆 HbRGA1 和 HbRGL1 的 cDNA 全长序列，证明其蛋白序列包含 DELLA 和 GRAS 保守结构域，与杨树、木薯和橡胶树 DELLA 基因相似性高。qRT-PCR 分析发现叶片中基因表达量受喷施赤霉素和脱落酸等诱导显著上调。表明 HbRGA1 和 HbRGL1 与橡胶树赤霉素等激素信号密切相关，为深入研究其在橡胶树生长发育中的结构和功能打下良好基础。

第一节　橡胶树中 HbRGA1 的结构与功能

赤霉素信号转导途径是赤霉素和它的可溶性受体蛋白 GID1 结合时，GID1 与 DELLA 蛋白的 DELLA 基序和 VHYNP 基序结合后，将阻遏蛋白 DELLA 在 26S 蛋白酶体水解（白云赫等，2019）。DELLA 是陆生植物特有的，属于 GRAS 转录调控子家族（Blanco-Tourinan et al.，2020）。它是赤霉素信号的负调控因子。缺失该基因的拟南芥和水稻突变体会产生促进生长发育的表型。DELLA 功能与其结构、翻译后修饰、下游转录调控靶基因和蛋白互作相关（Phokas & Coates，2021）。在模式植物拟南芥中已经鉴定了 GAI、RGA、RGL1、RGL2 和 RGL3 共 5 个 DELLA（高秀华和傅向东，2018）。其氮端和 C 端分别含有 DELLA 和 GRAS 超家族结构域。在其功能研究领域，已证明 DELLA 通过蛋白互作方式调控超过 300 个以上的转录因子（Blanco-Tourinan et al.，2020）。拟南芥 DELLA 蛋白与 MYB21 和 MYB24 结合调控花丝伸长（Huang et al.，2020）。FKF1 蛋白负调控 DELLA 蛋白稳定性促进开花（Yan et al.，2020）。油菜 BnaA6. RGA 与 ABA 信号转录因子 ABF 结合调控干旱抗性（Wu et al.，2020）。鉴于

DELLA 蛋白的重要性，相继从海棠（卢艳芬等，2016）、苹果（麻楠等，2018）等果树，大戟科植物珍珠黄杨（黄昊等，2016），以及蓖麻（李晓晨等，2018）中克隆并鉴定了 DELLA 蛋白基因并验证。

巴西橡胶树起源于南美亚马孙流域，是重要工业原料天然橡胶的主要来源（何长辉等，2020）。橡胶树生长发育和产量与植胶区环境和植物激素信号密切相关（黄珍珠等，2018）。随着分子生物学在橡胶树研究领域的不断拓展，橡胶树中植物激素信号的调控作用机制不断更新，例如，揭示橡胶树 ABA 信号途径的 PP2A 家族（Chao et al.，2020）和 bZIP（张冬等，2018），以及生长素信号 HbJAR1（李晓娜等，2017）和乙烯信号 AP2/ERF（Piyatrakul et al.，2012）。在橡胶树赤霉素信号研究领域，已经鉴定了 *HbGAI* 基因，并证明其受割胶、茉莉酸甲酯和乙烯利差异调控表达。在 RGL1 研究领域，发现 RGL1 与 WRKY45 互作激发叶片衰老（Chen et al.，2017）。鉴于 DELLA 蛋白植物生长发育和激素信号交互中的作用，揭示并证明橡胶树中 DELLA 蛋白的结构与功能将为研究生长发育和产量形成提供坚实的理论基础。据此，本研究克隆并鉴定 *HbRGA1* 的 cDNA 全长序列，利用生物信息学分析预测该基因及其推导的氨基酸序列的结构和特性，并利用荧光定量 PCR 技术分析该基因的表达模式，为阐明 *HbRGA1* 在橡胶树的生物学功能打下基础。

一、*HbRGA1* 的克隆与生物信息学分析

以橡胶树叶片 cDNA 为模板，通过 PCR 克隆得到 *HbRGA1* cDNA 全长序列，测序验证正确无误后，并将 cDNA 序列命名为 *HbRGA1* 并提交 NCBI（GenBank：KM086713）。其长度 2 136 bp，包含 1 839 bp 的 ORF。*HbRGA1* 基因编码区的核苷酸和推导的氨基酸序列，共编码 613 个氨基酸残基，在 49-115 处是特征性的 DELLA 蛋白结构域，在 254-610 处是 GRAS 结构域（图 5-1A）。通过在线分析工具 SignalP-5.0 Server（http：//www.cbs.dtu.dk/services/SignalP/）分析预测 HbRGA1 存在信号肽的概率是 0.002（图 5-1B），说明其不含信号肽。利用在线分析工具 PSIPRED V4.0（http：//bioinf.cs.ucl.ac.uk/psipred/）预测 HbRGA1 蛋白的二级结构发现存在许多 Alpha Helix 和 Random coil 结构，利用 SWISS-MODEL 在线分析工具分析其三级结构与二级结构预测结果相符合（图 5-1C）。利用 ProtParam 工具在线分析蛋白质的理化性质（表 5-1），证明其是疏水性蛋白。HbRGA1 与毛果杨 PtPOPTR（*Populus trichocarpa*，XP_002305198）、蓖麻 RcGAI（*Ricinus communis*，XP_002534030）、胡杨 PeGAI（*Populus euphratica*，XP_011002785）、苹果 MdGAI-like（*Malus domestica*，XP_008343058）、橡胶树 HbGAI（*Hevea brasilinesis*）进行同源性分析，总相似度达到 82.5%（图 5-2）。进化分析表明 HbR-

GA1 与橡胶树 HbGAI 聚为一类（图 5-3A）。TMHMM Server v. 2.0 分析预测 HbRGA1 无跨膜蛋白结构，利用在线分析工具 DeepLoc-1.0 预测 HbRGA1 蛋白亚细胞定位，发现定位于细胞核中的概率为 0.998（图 5-3B）。利用 MEME 在线分析软件分析橡胶树 HbRGA1 与其他植物 DELLA 蛋白序列有 3 个共同的 motif（图 5-3C）且标注了其在相关序列的位置，motif 序列与生物功能密切相关。

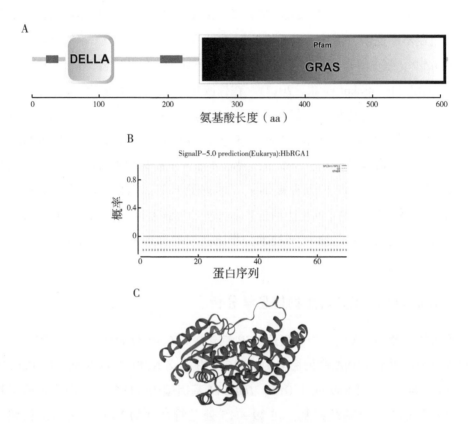

图 5-1　*HbRGA1* 基因编码区生物信息学分析

注：A. 保守结构域；B. 信号肽；C. 三维结构分析。

表 5-1　橡胶树 HbRGA1 蛋白质理化性质

项目	理化性质
分子式	$C_{2918}H_{4591}N_{803}O_{914}S_{29}$
分子量（Da）	66 476.12
等电点	5.19
正电荷残基数（Arg+Lys）	49
负电荷残基数（Asp+Glu）	71
不稳定系数	50.01（大于 40 为不稳定）
脂肪系数	82.94
总平均亲水性（GRAVY）	−0.220

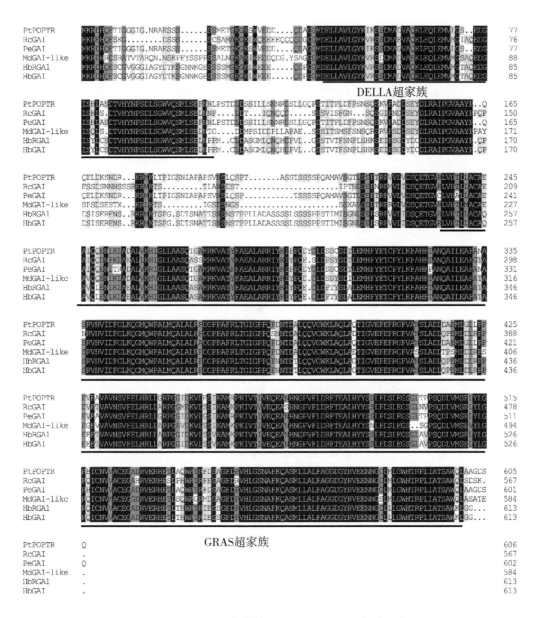

图 5-2　HbRGA1 与其他植物 DELLA 蛋白序列比对

注：毛果杨 PtPOPTR（*Populus trichocarpa*，XP_002305198），蓖麻 RcGAI（*Ricinus communis*，XP_002534030），胡杨 PeGAI（*Populus euphratica*，XP_011002785），苹果 MdGAI-like（*Malus domestica*，XP_008343058），橡胶树 HbGAI（*Hevea brasilinesis*）。

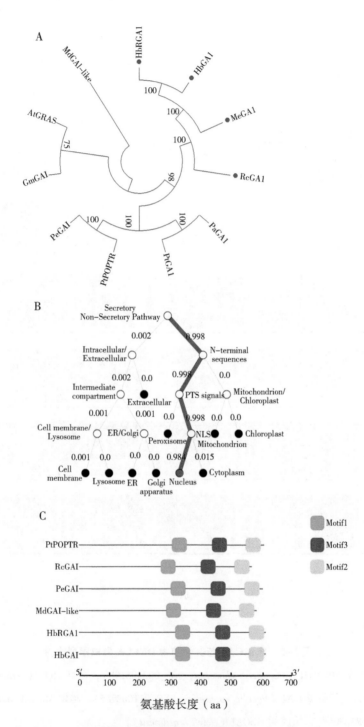

图 5-3　HbRGA1 结构分析

注：A. 不同物种 DELLA 蛋白聚类分析；B. HbRGA1 亚细胞定位预测；C. 不同物种 DELLA 保守基序预测。

二、*HbRGA1* 的表达分析

通过分析实时荧光定量 PCR 数据发现，*HbRGA1* 在橡胶树树皮、叶片、胶乳和花中均表达，其中在叶片和花中的表达量较高，叶片的表达量是胶乳中的 8 倍左右。在树皮和胶乳中 *HbRGA1* 的表达量相对较低（图 5-4）。据此，人们以橡胶树芽接苗为材料进一步分析了在干旱和不同激素处理下的表达规律。从图 5-4 可以看出，随着白粉病级别的提高，*HbRGA1* 的表达量呈持续上升趋势。机械伤害处理的叶片，*HbRGA1* 的表达量分别在 1 h 和 10 h 达到两个峰值，分别为初始 0.5 h 的 4 倍和 6 倍。赤霉素处理后，*HbRGA1* 的表达量在 0.5 h 上调接近 12 倍，随后呈现下降的趋势。

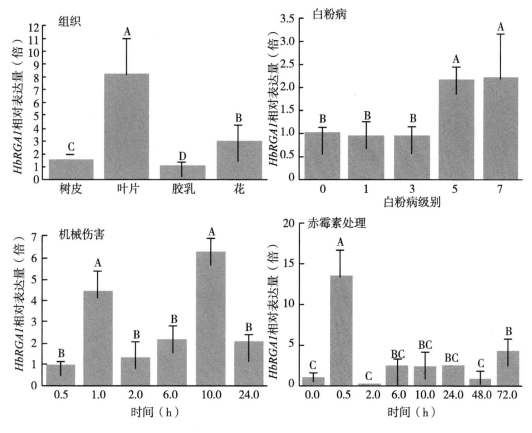

图 5-4　*HbRGA1* 基因在组织、白粉病级别、机械伤害

和赤霉素处理叶片中的表达分析

注：各柱形图上用不同大写字母标识表示数据间差异极显著（$P < 0.01$），下同。

在干旱条件下，*HbRGA1* 基因的表达量在 3 d 显著性上升，达到对照的 6 倍，之后表达量呈下调趋势。在 ABA 作用下，*HbRGA1* 基因的表达量在 0.5~10 h 显著性上调且在 10 h 达到最高点，之后下调，但仍高于处理前的水平。水杨酸处理后，*HbRGA1* 的表达量在 10~48 h 长时间保持峰值，随后下调。茉莉酸甲酯处理后，*HbRGA1* 的表达量呈现先上升后下降的规律，在 6 h 达到峰值，表达量是对照的 6 倍。生长素处理后，*HbRGA1* 的表达量在 6~48 h 呈现峰值，表达量是对照的 6 倍。乙烯利处理后，*HbRGA1* 基因的表达量在 6 h 呈现峰值，随后急剧下调并趋于稳定（图 5-5）。

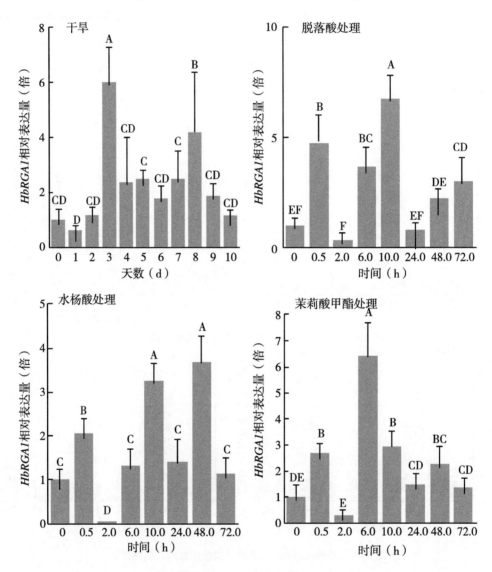

图 5-5 橡胶树叶片中 *HbRGA1* 在干旱、脱落酸、水杨酸、茉莉酸甲酯、生长素和乙烯利处理条件下的表达分析

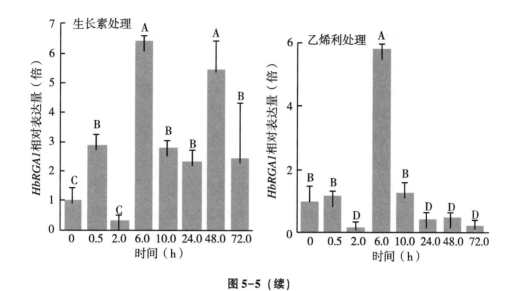

图 5-5（续）

三、HbRGA1 是植物 DELLA 蛋白家族成员

DELLA 蛋白是植物赤霉素信号的转录遏制因子，含有特征性的 DELLA 和 GRAS 超家族结构域。DELLA 结构域的序列为 DELLAVLGYKVRSSDMADVAQKLEQLEMVMGTA-QEDGISYLCSDTVHYNPSDLSGWVQSMLSELNPPMCLDASG，在所有植物物种中均保守，DELLA 和 VHYNP 这两个基序是赤霉素信号受体 GID1 蛋白的结合区域。采用缺段突变技术，将 RGA 基因的 DELLAVLGYKVRSSEMA 敲除后，突变体拟南芥表现出 GAI 一样的表型，说明 DELLA 结构域是 DELLA 蛋白行驶功能的重要区域（Dill et al.，2001）。DELLA 蛋白家族的另外一个结构域是 GRAS，也具有 DELLA 蛋白的功能，在缺失 DELLA 结构域的突变体发挥部分替代功能（Itoh et al.，2005，Sato et al.，2014）。本研究发现，人们克隆的 HbRGA1 蛋白分别在 49~115 处是特征性的 DELLA 蛋白结构域，在 254~610 处是 GRAS 结构域，与其他植物已知的 DELLA 蛋白相似度在 82.5% 以上，并与橡胶树 HbGAI 蛋白聚在一起，说明 HbRGA1 是植物 DELLA 蛋白家族中一员。亚细胞定位显示其定位在细胞核，与 F-box 蛋白 SLY1 和 GID1 蛋白等互作（Sheerin et al.，2011）。

四、HbRGA1 在橡胶树植物激素信号交互中具有重要作用

尽管 DELLA 蛋白最早是在赤霉素激素信号研究中发现的，但其被证明参与多种生长发育过程和其他植物激素信号途径（Fu et al.，2002；Lee et al.，2002）。例如，拟南

芥中乙烯通过调控 DELLA 抑制赤霉素生长效应，进而调控拟南芥生长发育（Achard et al.，2003）。生长素单独调控 DELLA 蛋白进而调控赤霉素水平（Reid et al.，2011）。在茉莉酸信号中，DELLA 蛋白通过与茉莉酸信号阻遏子 JAZ 蛋白竞争性结合参与调控茉莉酸信号（Hou et al.，2010）。在植物逆境抗性方面，冷害诱导因子 CBF1 通过调控 DELLA 蛋白含量调控赤霉素代谢（Achard et al.，2008）。远红光通过 DELLA 蛋白刺激 ABA 合成抑制萌发（Piskurewicz et al.，2009）。上述结论与本研究的结果一致。在单独逆境和激素处理下，都能上调 HbRGA1 的表达量。其中，赤霉素诱导效果最早，在 0.5 h 达到峰值。干旱、水杨酸和生长素诱导效应最久，可达 2~3 d。这说明，HbRGA1 在橡胶树中可能参与多种植物激素信号转导过程的交互。这与前人的研究结果一致，例如，HbGAI 受茉莉酸甲酯和乙烯利诱导差异表达（吴绍华等，2015），蓖麻 RcGAI 在叶片中表达量高（陈宇杰等，2017）。下一步拟采取构建过表达载体转基因，基因编辑（Tomlinson et al.，2019）和免疫印迹技术鉴定其互作蛋白和功能（Noel et al.，2007）。

总之，本研究通过生物信息学预测分析基因的相关信息和荧光定量 PCR 技术分析了 HbRGA1 在不同组织和不同激素处理下的表达情况，发现 HbRGA1 与橡胶树抗旱和植物激素信号交互有关，为进一步阐明其结构和功能打下基础。

第二节　HbRGL1 结构与功能研究

赤霉素（Gibberellin，GA）是一种植物激素，控制生长发育多个过程，包括种子萌发、茎伸长、叶片伸长和花发育等。DELLA 蛋白作为生长抑制因子，是 GA 信号传导过程起负调控作用的一类蛋白。拟南芥基因组和水稻中的 DELLA 在抑制 GA 反应方面表现出部分重叠但截然不同的功能。在拟南芥中，RGA 和 GAI 是 GA 促进营养生长和成花启动的主要抑制因子，RGL2 是参与种子萌发过程中主要的 DELLA 蛋白，RGA、RGL1 和 RGL2 均参与控制花的发育。DELLA 蛋白丰度是通过调节 GA 水平来触发泛素介导的蛋白酶体降解过程进行调控的。酵母三杂交试验表明 GA-GID1 复合物促进 RGA 和 F-box 蛋白 SLY1 之间的相互作用，F-box 蛋白是 SCF^{SLY1} E3 泛素连接酶的组成部分，其促使 DELLA 蛋白降解。E3 泛素连接酶蛋白 COP1 在烟草中过表达促使 DELLA 等位基因的降解，通过增加 GA 水平进而降低 DELLA 蛋白丰度。DELLA 蛋白有两个结构域，分别是 N 端 DELLA 结构域和 C 端 GRAS 结构域。其中，DELLA 结构域对于 GA 降解是必需的，但不是 F-box 蛋白结合所必需，而 GRAS 结构域对与其他蛋白相互作用起关键作用。DELLA 不能结合 DNA，其主要是作为转录辅激活因子。

橡胶树（Hevea brasiliensis Müll. Arg.）是热带经济树种，其合成的天然橡胶是不可

或缺的工业原料，广泛应用于医疗卫生、交通运输及国防建设等各个领域。橡胶树生长
发育和产量与植物激素信号密切相关。目前生产上应用最多的产量刺激剂是乙烯利
（ETH）。茉莉酸（JA）也有促进橡胶生物合成的作用。随着分子生物技术手段的不断
应用及植物激素信号转导研究取得显著进展，推动了橡胶树中植物激素信号交互的研
究。在橡胶树中，赤霉素信号的关键蛋白 HbRGA 和 HbGAI 已经克隆，但关于橡胶树中
DELLA 蛋白编码基因 RGL1 结构与功能尚不清楚。据此，本研究以橡胶树品种'热研
7-33-97'为材料，克隆并鉴定 *HbRGL1* 的 cDNA 全长序列，对其基因序列进行鉴定及
生物信息学分析，并利用荧光定量 PCR 技术（qRT-PCR）分析该基因的表达特征，为
研究橡胶树中 DELLA 蛋白家族的结构与功能提供坚实的理论基础。

一、HbRGL1 的克隆和理化性质分析

以橡胶树叶片 cDNA 为模板，使用特异引物克隆 *HbRGL1* 的 cDNA 序列，测序验证
正确后将其序列命名为 *HbRGL1* 并提交 NCBI（GenBank 登录号：KM086714）。*HbRGL1*
基因 cDNA 长度为 1 901 bp，包含 1 851 bp的 ORF，编码 616 个氨基酸。利用 ProtParam
工具在线分析 HbRGL1 蛋白质的理化性质，HbRGL1 分子式为 $C_{2922}H_{4599}N_{817}O_{922}S_{27}$，蛋
白质分子量为 66.79 kDa，等电点为 5.28，蛋白不稳定系数为 46.73，脂肪系数为
81.07，表明其为不稳定的亲水性蛋白。HbRGL1 蛋白的第 49~122 位氨基酸是特征性的
DELLA 结构域，第 249~611 位氨基酸是 GRAS 结构域（图 5-6A 和图 5-7）。利
用 MEME 在线软件分析橡胶树 HbRGL1 与其他植物 DELLA 蛋白序列发现，它们具有 3

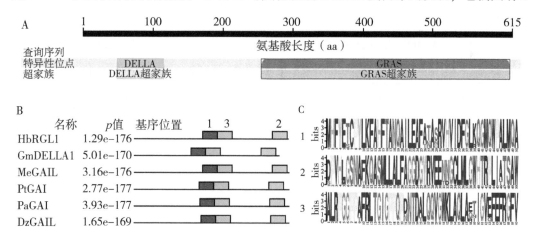

图 5-6　HbRGL1 蛋白的结构特征分析

注：A. 保守结构域；B. 不同物种 DELLA 蛋白基序预测。

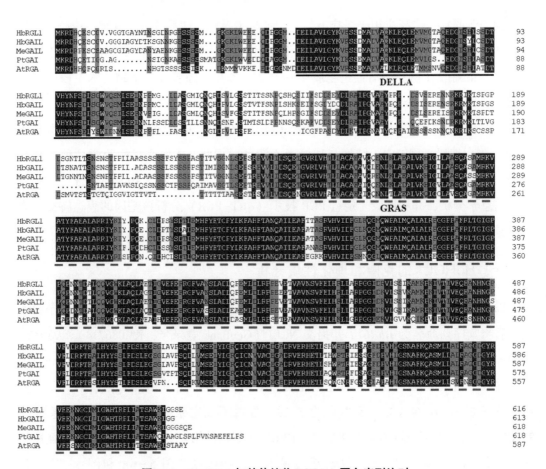

图 5-7　HbRGL1 与其他植物 DELLA 蛋白序列比对

个共同的 motif（图 5-8B）。使用 SignalP-5.0 Server 预测发现，HbRGL1 没有信号肽结构。利用 SOPMA 和 SWISS-MODEL 分别预测 HbRGL1 蛋白的二级和三级结构，结果显示 α 螺旋占 43.90%，延长链占 8.78%，β 折叠占 4.55%，无规卷曲占 42.76%。TM-HMM Server v.2.0 分析结果表明，HbRGL1 无跨膜结构。利用 DeepLoc-1.0 预测 HbRGL1 蛋白的亚细胞定位，发现该蛋白定位于细胞核中，其概率为 0.998（图 5-6A）。

二、HbRGL1 与其他植物 DELLA 蛋白的比对分析

HbRGL1 与其他植物 DELLA 蛋白的系统进化关系分析表明，HbRGL1 与同为大戟科的橡胶树 HbGAIL、木薯 MeGAIL、蓖麻 RcGAI、麻风树 JcGAI 相似性最高，聚为一类；大豆 GmDELLA1 与拟南芥 AtRGA 单独具有一类，明显区别于其他木本植物的 DELLA 蛋白，木本植物与草本植物 DELLA 蛋白形成了两个大的分支（图 5-8B），表明

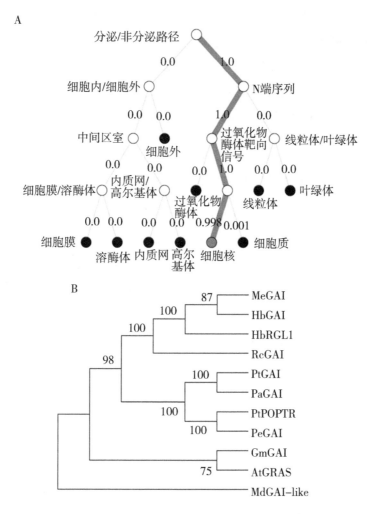

图 5-8　HbRGL1 的亚细胞定位预测及其系统进化树分析

注：A. HbRGL1 亚细胞定位预测；B. 不同物种 DELLA 蛋白进化树分析。橡胶树 HbRGL1（*Hevea brasiliensis*，KM086714），HbGAIL（XP _ 021665884. 1），木薯 MeGAIL（*Manihot esculenta*，XP _ 021604200. 1），毛果杨 PtGAI（*Populus trichocarpa*，XP _ 006383329. 1），胡杨 PeGAIL（*Populus euphratica*，XP_011021384. 1），麻风树 JcGAI（*Jatropha curcas*，XP_037495142. 1），蓖麻 RcGAI（*Ricinus communis*，XP_002534030. 1），番木瓜 CpGAI（*Carica papaya*，XP_021891377. 1），可可 TcGAI（*Theobroma cacao*，XP_017975440. 1），榴梿 DzGAIL（*Durio zibethinus*，XP_022728327. 1），开心果 PvGAIL（*Pistacia vera*，XP_031257899. 1），白梨 PbGAIL（*Pyrus x bretschneideri*，XP_009334448. 1），碧桃 PpGAI（*Prunus persica*，XP_007214956. 1），李 PaGAI（*Prunus avium*，XP_021811985. 1），苹果 MdGAIL（*Malus domestica*，NP_001315670. 1），甜橙 CsGAI（Citrus sinensis，XP_006482132. 1），葡萄 VvGAI（*Vitis vinifera*，XP_002266267. 1），陆地棉 GhGAI（*Gossypium hirsutum*，XP_016667033. 1），大豆 GmDELLA1（*Glycine max*，XP_003552980. 1），拟南芥 AtRGA（*Arabidopsis thaliana*，AT2G01570. 1）。

其功能在不同植物中的也出现了分化。进一步利用 DNAMAN 软件对 HbRGL1 及其他植物 DELLA 蛋白序列进行多重序列比对分析,结果显示,HbRGL1 与其他植物 DELLA 蛋白在 DELLA 和 GRAS 结构域高度保守,HbRGL1 与 HbGAIL、木薯 MeGAIL、毛果杨 Pt-GAI、拟南芥 AtRGA 之间的相似度分别为 90.2%、90.1%、78.0%、62%,而不同植物的 DELLA 蛋白间总体相似度达到 81.4%(图 5-7),表明 DELLA 蛋白在不同植物中具有较高的保守性。

三、HbRGL1 基因的表达分析

通过 qRT-PCR 分析 HbRGL1 在橡胶树不同组织中的表达模式,结果显示 HbRGL1 在树皮中的表达量最低;其次是胶乳和叶片,其表达量分别为树皮中的 4.2 倍和 8.2 倍;在花中的表达量最高,是树皮中的 18.2 倍(图 5-9)。为了进一步解析 HbRGL1 基因在胁迫处理下的响应模式,本研究分析了干旱、机械伤害及 H_2O_2 处理后 HbRGL1 基因的表达趋势。结果如图 5-9 所示,干旱处理显著诱导 HbRGL1 的表达,干旱处理后 8 d 其表达量上升达到处理前(0 d)的 10.1 倍。机械伤害和 H_2O_2 处理也能明显诱导

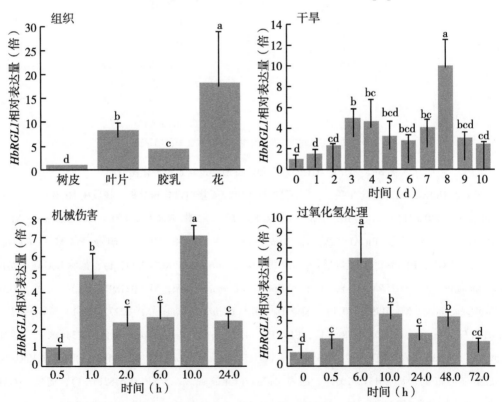

图 5-9 HbRGL1 基因在不同组织及不同胁迫处理条件下的表达分析

HbRGL1 的表达，其表达量在机械伤害后 10.0 h 达到初始 0.5 h 的 7.1 倍；而在 H_2O_2 处理后 6.0 h 其表达量是对照 0 h 的 7.3 倍。以上结果表明，*HbRGL1* 响应橡胶树干旱胁迫、机械伤害及过氧化氢处理。

经不同外源激素处理后的 qRT-PCR 分析结果发现，*HbRGL1* 基因表达量显著提高。结果如图 5-10 所示，在外施赤霉素作用下，*HbRGL1* 基因表达被快速诱导，在 0.5 h 的转录水平达到了 0 h 的 14.6 倍。生长素 IAA 诱导 *HbRGL1* 的表达，分别在 6.0 h 和 48.0 h 表达量出现最高值，均为初始 0 h 的 5.4 倍。外源乙烯利和茉莉酸甲酯处理后 6.0 h，*HbRGL1* 的表达水平均达到最高，分别为 0 h 的 10.6 倍和 5.4 倍。外源脱落酸处

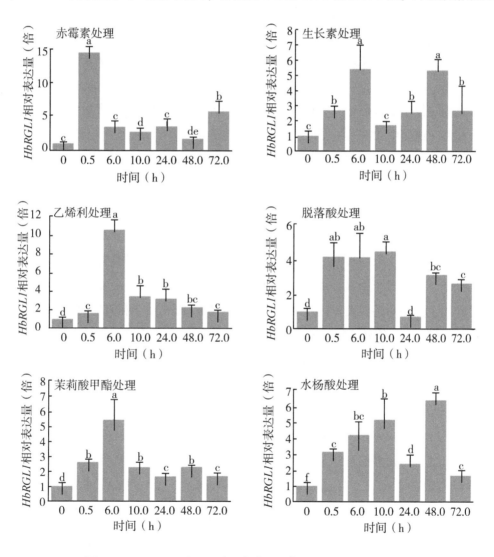

图 5-10　*HbRGL1* 在不同外源激素处理条件下的表达分析

理也能快速诱导 *HbRGL1* 表达，在 0.5 h 的表达量就提高了 4.2 倍且一直维持至 10.0 h，24.0 h 快速下降，48~72 h 再次上调。外施水杨酸处理条件下，*HbRGL1* 的响应比其他激素迟缓，其表达量在 48.0 h 出现峰值，是 0 h 的 6.3 倍（图 5-10）。这些结果表明，外源激素包括赤霉素、生长素、乙烯利、茉莉酸甲酯及水杨酸可以有效地诱导 *HbRGL1* 基因的表达，其中 *HbRGL1* 对赤霉素的应答快速且表达量增强幅度最大。

植物激素信号通路转导过程通过关键调控因子不断调整植物的生长发育以适应不同的环境变化。DELLA 蛋白是 GA 信号通路中的重要调控因子，属于 GRAS 转录因子家族，因其具有高度保守 DELLA 结构域而得名。GRAS 转录因子由最早发现的 3 个成员 GAL、RGA 和 SCR 的特征字母而命名，在植物的生长发育与逆境胁迫响应中具有重要作用。本研究从橡胶树中克隆得到一个 DELLA 蛋白编码基因 *HbRGL1*，蛋白保守结构域分析结果表明，HbRGL1 蛋白含有 DELLA 和 GRAS 两个结构域，属于植物 DELLA 蛋白家族成员。已有研究表明，DELLA 蛋白定位在植物细胞核中，HbRGL1 蛋白的亚细胞定位预测定位于细胞核中，与已有的研究结果一致。qRT-PCR 结果表明，*HbRGA1* 在橡胶树所有组织中均有表达，但花中的表达量最高，表明 *HbRGL1* 在橡胶树花的发育过程中发挥重要作用。在拟南芥和葡萄的研究中也证明 *RGL1* 基因对花器官发育起关键作用。

DELLA 除了在 GA 信号通路中发挥中重要作用，还作为多个信号通路交叉互作的节点调控植物的发育过程。本研究通过 qRT-PCR 技术分析了 *HbRGL1* 在外源生长素、乙烯利、脱落酸、茉莉酸甲酯和水杨酸处理后的表达量，结果表明 *HbRGL1* 响应不同激素的处理。生长素与赤霉素对植物的促进作用极其相似，尤其在果实生长调节过程中的相互作用。在番茄果实发育过程中，生长素信号成分 SiARF7 和激活因子 SiARFs 通过不同的结构域与 GA 信号抑制因子 SiDELLA 反馈调控果实生长相关基因的表达，对番茄果实的形成有重要调控作用。DELLA 通过与 EIN3 拮抗作用调控叶绿素的生物合成。ABA 参与种子休眠的建立和维持，而 GA 则促进种子萌发的诱导，GA 和 ABA 发挥拮抗作用调控种子萌发过程。DELLA 蛋白与 ABA 信号通路的调控因子 ABI3 和 ABI5 相互作用，从而激活靶基因 SOMNUS（SOM）的转录，SOM 能促进 ABA 的生物合成进而抑制 GA 的生物合成，从而抑制种子萌发。JA 和 GA 交叉参与植物防御系统和生长发育过程。在没有 GA 的情况下，稳定的 DELLA 蛋白与 MYC2 竞争与 JAZ 的结合，JAZs 释放 MYC2，MYC2 通过与 G-box 基序的结合激活 JA 信号途径防御基因的表达。JAZ 和 DELLA 的相互作用影响 DELLA 调节 PIFs 活性，说明 JA 和 GA 信号拮抗作用调节植物光形态发生。DELLA 蛋白同样参与 SA 介导的生物胁迫和非生物胁迫过程。当植物受到病原菌侵染时，抗病调控因子 EDS1 与 DELLA 蛋白 RGA 和 RGL3 相互作用，抑制 SA 过度生成和过度抗性反应，通过维持植物生长和防御间的平衡。在干旱条件下，GA 和 SA 协同作用提高水稻应对干旱胁迫的耐受能力。橡胶树中已有研究表明 ETH 主要通过提高橡胶乳管细胞的基础代谢和延长胶乳的排胶时间来增加胶乳产量。ETH 信号通路相关基因的表达与橡胶树体细胞胚胎发生及乳管分化密切相关。JA 信号途径通过诱导橡胶树乳管分化的关键因子调控橡胶树次生乳管分化。天然橡胶生物合成途径有关的 Hb-CZF1 蛋白受 MeJA 诱导上调表达，说明 MeJA 参与乳管中橡胶的生物合成。本研究结果表明，干旱胁迫、机械伤害、过氧化氢、外源激素（包括赤霉素、生长素、乙烯利、茉莉酸甲酯及水杨酸）可以有效地诱导 *HbRGL1* 基因的表达，推测 HbRGL1 参与橡胶树中多个激素信号及其交互作用过程，并通过不同信号途径及其交互作用调控橡胶树的生长发育与胁迫响应。本研究结果为进一步阐明 *HbRGL1* 调控橡胶树生长发育与胁迫响应的作用机制提供了理论基础。

第六章　橡胶树脱落酸信号研究进展

王立丰　张　冬

（中国热带农业科学院橡胶研究所）

第一节　脱落酸的抗逆功能研究进展

脱落酸（Abscisic acid，ABA）是植物内源激素，具有促进脱落与休眠，控制植物的生长发育和种子萌发等功能（Taylor，2000；Seiler et al.，2011）。研究发现，ABA 能够增加植物抗逆能力，在逆境胁迫（低温、干旱、高盐、高温等）时起到重要作用（Hirayama et al.，2007）。不同逆境胁迫均能不同程度上刺激植物体内 ABA 合成（Giraudat et al.，1994），使得气孔关闭以响应逆境胁迫，随后有关抗逆特异蛋白被诱导合成，促使相关基因得到表达。前人在研究干旱与 ABA 的关系时发现，植物受到渗透胁迫诱导后合成 ABA，植物不同品系的抗旱性与 ABA 的积累量相关，所以，内源 ABA 含量被作为鉴定抗旱性的指标之一。ABA 联系根系及其他地上植物部分，土壤含水量影响根系中 ABA 的浓度，叶片导管中 ABA 浓度也与叶片生长速率和气孔导度有关（王学臣等，1992）。ABA 能够减轻水分胁迫带来的伤害，根系遭受水分胁迫时，ABA 经木质部运输到植物地上部分，从而调节气孔开度，控制蒸腾作用（And et al.，1991）。ABA 处理瓜尔豆叶片后，净光合速率和蒸腾速率降低，内源 ABA 含量升高（周玲等，2010）。内源 ABA 含量的升高只在一定范围内，在植物适应干旱的环境时，ABA 的含量暂时下降，后随干旱胁迫缓慢上升（李东晓等，2010）。席吉龙等（2014）用 ABA 处理不同发育时期的小麦，发现 ABA 可使小麦种子发芽率提高，增强芽期小麦的抗旱能力，促进小麦幼苗的生长。ABA 处理后的甜椒幼苗呼吸速率降低，ABA 内源激素、叶片脯氨酸、钾离子和可溶性糖等渗透调节物质的含量升高，活性氧自由基累积量和产生速率下降，由此可见外源 ABA 减轻低温胁迫对幼苗造成的伤害，使甜椒幼苗抗寒性增强（罗立津等，2011）。

第二节 脱落酸信号转导途径

PYR/PYL/RCAR-PP2C-SnRK2-ABRE/ABF 通路是一种重要的 ABA 依赖型信号通路，在非生物胁迫反应中起着至关重要的作用（Seiler et al.，2011）。该途径主要包括四大核心组件：ABA 受体 PYR/PYL/RCAR、负调控因子蛋白磷酸酶（PP2C-typepro-teinphosphatase，PP2C）A 亚族成员、正调控因子蛋白激酶（Sucrose non-fermenting 1-related protein kinase 2，SnRK2）和转录因子 ABRE/ABF（ABA responsive element binding protein）/（ABRE binding factors）。正常情况下，PP2C 直接磷酸化抑制 SnRK2；环境胁迫下，ABA 在植物细胞中积累。ABA 含量升高被 PYR/PYL/RCAR 受体蛋白识别，ABA 诱导 PP2C 与受体蛋白相互作用，抑制 PP2C 蛋白磷酸化，使得 SnRK2 处于激活状态，触发下游 ABA 应答元件（ABA-responsive element，ABRE）与 ABF 转录因子结合，从而调控下游靶基因的表达（Fujita et al.，2009；Fujii et al.，2009；Fujii et al.，2009）。

一、ABA 信号途径正调控因子 SnRK2 蛋白激酶

SnRK2 是一类植物特异性丝氨酸/苏氨酸蛋白激酶，具有一个保守的 N 末端催化结构域（类似 SNF1/AMP 蛋白激酶）和一个高度保守的 C 末端。在拟南芥中，*SnRK2* 基因家族有 10 个成员（*AtSnRK2.1* 至 *AtSnRK2.10*）（Hrabak et al.，2003）。拟南芥 10 个 SnRK2 基因被分为 3 个亚族，Ⅰ、Ⅱ和Ⅲ（Fujii et al.，2007），*AtSnRK2.1*、*AtSnRK2.4*、*At-SnRK2.5*、*AtSnRK2.9* 和 *AtSnRK2.10* 属于Ⅰ亚族，*AtSnRK2.7* 和 *AtSnRK2.8* 属于Ⅱ亚族，*AtSnRK2.2*、*AtSnRK2.3* 和 *AtSnRK2.6* 属于Ⅲ亚族（Mizoguchi et al.，2010）。拟南芥 10 个 SnRK2 蛋白 C 末端存在两个保守结构域，结构域Ⅰ（约由 30 个氨基酸组成）和结构域Ⅱ（由结构域Ⅰ末端 40 个氨基酸组成）。所有 SnRK2 亚家族成员都含有结构域Ⅰ，只有 ABA 依赖型 SnRK2 成员（Ⅲ亚族）含有结构域Ⅱ（Yoshida et al.，2006）。Ⅲ亚族 SnRK2 基因是 ABA 信号途径中响应胁迫的主要正调节因子（Fujita et al.，2009）。体外实验表明，Ⅲ亚族 SnRK2 基因 *AtSnRK2.2*、*AtSnRK2.3* 和 *AtSnRK2.6* 可由 ABA 激活，而 *AtSnRK2.7* 和 *AtSnRK2.8* 受 ABA 诱导程度低（Boudsocq et al.，2004；Furihata et al.，2006）。除 AtSnRK2.9 外，渗透胁迫可激活拟南芥原生质体中所有 SnRK2（Boudsocq et al.，2004），Ⅲ亚族 *AtSnRK2.2*、*AtSnRK2.3* 和 *AtSnRK2.6* 通过调控 ABA 信号途径中的 AREB / ABF 响应水分胁迫。*AtSnRK2.2*、*AtSnRK2.3* 和 *AtSnRK2.6* 三重突变体对干旱胁迫的耐受性大大降低，且对 ABA 不敏感。敲除拟南芥Ⅲ亚族 SnRK2 基因后发现几乎不

响应 ABA。*AtSnRK2.4* 和 *AtSnRK2.10* 参与盐胁迫下根系构型的维持（McLoughlin et al.，2012）。*AtSnRK2.8* 介导磷酸化激活 NPR1 以促进拟南芥免疫调控（Lee et al.，2015）。功能冗余成员 SnRK2 激酶的失活导致 miRNA 积累减少（Yan et al.，2017）。小麦 *TaSnRK2.8* 参与盐、低温和干旱胁迫反应（Zhang et al.，2010）；将杨树 *PtSnRK2.5* 和 *PtSnRK2.7* 在拟南芥中过表达发现，盐胁迫下拟南芥叶绿素含量和根长保持不变（Song et al.，2016）。

二、ABA 信号途径负调控因子 PP2C 蛋白磷酸酶

PP2C 是一类单体丝氨酸/苏氨酸残基蛋白磷酸酶（Xing et al.，2006；Stern et al.，2007），其活性依赖于 Mg^{2+} 或 Mn^{2+} 等离子，进化保守（Fuchs et al.，2013），广泛存在于古细菌、细菌、真菌、植物和动物中（Hwang et al.，2016）。相较于其他生物，植物中 PP2C 类蛋白数量最大（张继红等，2015）。大部分植物 PP2C 蛋白包含 3 个基序，1 个具有保守催化结构域的 C 末端，1 个具有功能各异的膜定位信号序列延伸区的 N 端，还有 1 个类似受体激酶互作结构域（胡晓丽等，2007）。研究发现，拟南芥中有 80 个 PP2C 基因，水稻中有 90 个（Xue et al.，2008），二穗短柄草中有 86 个（Cao et al.，2016）。拟南芥的 80 个 PP2C 候选基因被分为 13 个亚类：A、B、C、D、Ea、Eb、F1、F2、G、H、I、J 亚族（Xue et al.，2008）。其中，胡杨 *PeHAB1* 基因（Chen et al.，2015）、拟南芥 *ABI1*、*ABI2* 和 *AtPP2CA* 基因属于 A 亚族（Cui et al.，2013），是 ABA 信号途径中的调控基因（Leung et al.，1997；Gosti et al.，1999）。B 亚族基因在 MAPK 途径起作用，苜蓿中 B 亚族 *MP2C* 基因受逆境胁迫诱导，是 MAPK 途径中的负调控因子（Meskiene et al.，2003；张继红等，2015）。拟南芥中 B 亚族 *AP2C1* 基因，在病原体应激和受到机械伤害后，影响 *MPK4* 或 *MPK6* 基因，抑制 MAPK 活性（Schweighofer et al.，2007）。C 亚族与花器官发育有关（闵东红等，2013），D 亚族也对非生物胁迫和激素的刺激有反应，而关于 *PP2C* 基因家族其他亚族的研究并不多。

三、ABA 信号应答元件 bZIP 转录因子家族

ABRE/ABF 是碱性亮氨酸拉链（basic region/leucine zipper motif，bZIP）转录因子成员，bZIP 转录因子普遍存在于真核生物中（Correa et al.，2008），参与植物光信号、生长发育及病原防御等过程（张计育等，2011），通过 ABA 信号途径响应植物逆境胁迫（Uno et al.，2000；Sornaraj et al.，2016）。bZIP 转录因子是根据其共同的 bZIP 结构域而被命名为 bZIP，bZIP 结构域由 60~80 个氨基酸组成，被两个功能不同的区域包

围，一个碱性结构域和一个亮氨酸拉链结构域（Hurst，1994），碱性结构域约由 16 个氨基酸残基组成，可与特异 DNA 序列结合，亮氨酸拉链结构域与碱性结构域紧密连接（Nijhawan et al.，2008a）。bZIP 蛋白优先与含有 ACGT 的 DNA 序列结合，特别是 G-box（CACGTG）、C-box（GACGTC）和 A-box（TACGTA）（Izawa et al.，1993；Foster et al.，1994）。在与 DNA 结合时，碱性结构域 N-末端嵌入双链 DNA 亮氨酸拉链结构域的 C 端，并介导二聚化形成叠加的卷曲螺旋结构（Landschulz et al.，1988；Ellenberger et al.，1992）。目前，拟南芥（Oyama et al.，1997）、木薯（Hu et al.，2016）、烟草（Heinekamp et al.，2004）等植物的 bZIP 转录因子家族已被鉴定。拟南芥（Jakoby et al.，2002）和木薯（Hu et al.，2016）的 bZIP 转录因子基因家族被分为 10 个亚族，而水稻（Zg E et al.，2014）、黄瓜（Baloglu et al.，2014）、马铃薯（Li et al.，2015）的 bZIP 转录因子基因家族则分别被划分为 11 个、8 个和 9 个亚族。不同亚族的功能各不相同，其中研究比较广泛的是 A 亚族，被命名为 ARBE（ABA-responsive element binding protein）或 ABF（ABRE binding factor）（Yoshida et al.，2010；Fujita et al.，2013）。A 亚族参与对逆境胁迫的调控和 ABA 的表达，植物响应 ABA 信号和各种胁迫主要是通过 ABA 响应元件 ABRE（ABA response element）诱导一系列基因的表达而实现，而属于 bZIP 的 A 亚族转录因子 ABF 和 ABRE 能够广泛绑定含有 ABRE 元件的基因启动子，从而启动下游基因的表达。另外，ABA 和各种胁迫可诱导 AREB/ABF 类转录因子的表达，且 AREB/ABF 需要 ABA 磷酸化激活。A 亚族 ABI5（Baloglu et al.，2014）基因能够被 ABA、干旱和高盐等胁迫诱导表达，在植物抗逆中起着重要的作用。此外，研究发现 C 亚族与 S 亚族参与胁迫应答，F 亚族基因响应植物缺锌胁迫（Nazri et al.，2017）。

四、外源 ABA 缓解草甘膦对橡胶树的药害

喷施草甘膦会造成橡胶树芽接苗叶片发黄、枯萎和脱落等现象。喷施 200 μmol/L 草甘膦后用 200 μmol/L 的 ABA 处理橡胶芽接苗，其生长情况明显好于未经 ABA 处理的芽接苗。草甘膦处理橡胶树芽接苗 7 d 时，叶片已完全发黄并开始脱落；而喷施过外源 ABA 的芽接苗叶片逐渐发黄，未有叶片脱落。草甘膦处理橡胶树芽接苗 12 d 时，叶片皱缩干边，出现大面积叶片脱落现象，并伴随叶柄脱落；施用过外源 ABA 的芽接苗叶片也开始大面积脱落，但仍有部分绿叶。说明，ABA 具有缓解草甘膦药害的作用（图 6-1）。

喷施草甘膦+ABA　　　　　喷施草甘膦　　　　　　喷施草甘膦+ABA　　　　　喷施草甘膦

喷施7 d时　　　　　　　　　　　　　　　喷施12 d时

图6-1　ABA 缓解橡胶树草甘膦药害的表型

第三节　橡胶树 *SnRK2* 基因家族成员分析

一、橡胶树 *SnRK2* 基因家族成员鉴定与克隆

为全面鉴定橡胶树 *SnRK2* 基因家族，将拟南芥和水稻 *SnRK2* 基因序列与橡胶树基因组比对后，获得 27 个橡胶树 *SnRK2* 基因序列。通过进一步筛选（去除重复、ORF 不完整和无 SnRK2 结构域序列）得到 7 个基因序列，克隆 7 个基因后发现，6 个 *SnRK2* 基因存在完整 ORF，另外一个无完整 ORF，此基因核酸序列中存在多个提前终止子，不能翻译成蛋白。故本研究最终确定 6 个橡胶树 *SnRK2* 家族基因，并根据同源拟南芥基因分别将这 6 个基因命名为 *HbSnRK2. 2*、*HbSnRK2. 4*、*HbSnRK2. 6*、*HbSnRK2. 7*、*HbSnRK2. 3a* 和 *HbSnRK2. 3b*，登录号分别为 MF785121、MF785118、MF785116、MF785119、MF785117 和 MF785120。笔者列举了橡胶树 *SnRK2* 家族基因的氨基酸大小、分子量、等电点、亚细胞定位预测等信息（表6-1）。由表6-1可知，橡胶树 *SnRK2* 家族基因编码氨基酸大小 338 ~ 364 aa，分子量 96 985. 77 ~ 122 659. 54 Da，等电点 4.99 ~ 5.07。亚细胞定位预测表明，*HbSnRK2. 6*、*HbSnRK2. 3a* 和 *HbSnRK2. 7* 存在于植物细胞质中，*HbSnRK2. 4* 和 *HbSnRK2. 2* 存在于细胞骨架，*HbSnRK2. 3b* 存在于细胞质基质。

表 6-1　橡胶树 *SnRK2* 基因家族基本信息

基因名称	登录号	编码序列长度（bp）	氨基酸长度（aa）	等电点	分子量（Da）	亚细胞定位
HbSnRK2.2	MF785121	1 017	338	4.99	96 985.77	细胞骨架
HbSnRK2.3a	MF785117	1 095	364	5.06	102 756.30	细胞质
HbSnRK2.3b	MF785120	1 089	362	5.02	122 659.54	细胞质基质
HbSnRK2.4	MF785118	1 065	354	5.07	105 291.98	细胞骨架
HbSnRK2.6	MF785116	1 017	338	4.99	103 760.04	细胞质
HbSnRK2.7	MF785119	1 011	336	4.99	110 419.40	细胞质

二、橡胶树 *SnRK2* 基因家族系统发育进化树

将拟南芥、玉米、水稻和橡胶树 *SnRK2* 蛋白序列进行多重比对，构建系统发育树。*SnRK2* 家族基因分为 3 簇。根据拟南芥 *SnRK2* 家族基因分类，本研究将 3 个分支命名为 Ⅰ、Ⅱ 和 Ⅲ 亚族。*HbSnRK2.4* 属于 Ⅰ 亚族，*HbSnRK2.2*、*HbSnRK2.6* 和 *HbSnRK2.7* 属于 Ⅱ 亚族，*HbSnRK2.3a* 和 *HbSnRK2.3b* 属于 Ⅲ 亚族（图 6-2）。

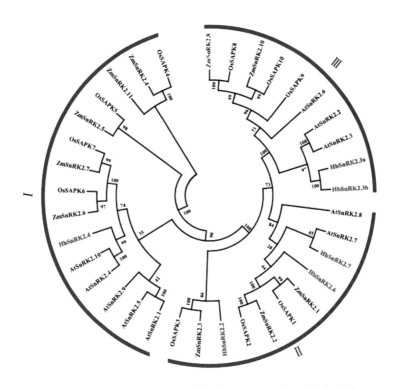

图 6-2　橡胶树、水稻和拟南芥中 *SnRK2* 基因的系统进化树

三、橡胶树 *SnRK2* 家族基因结构分析与功能预测

用 6 个 *HbSnRK2* 氨基酸序列构建系统进化树发现，同源基因聚集在一个分支上。将克隆的 cDNA 序列与其基因组序列比对，分析其外显子—内含子结构。除 *HbSnRK2.2* 含 9 个内含子外，其他 5 个 *HbSnRK* 基因均只有 8 个内含子（图 6-3）。I 亚族 *Hb-SnRK2.6* 和 *HbSnRK2.7* 拥有相似的内含子长度与分布，III 亚族 *HbSnRK2.3a* 和 *Hb-SnRK2.3b* 基因的内含子长度与分布也大致相同，II 亚族 *HbSnRK2.2* 基因中同区域内含子长度明显大于 *HbSnRK2.4*。

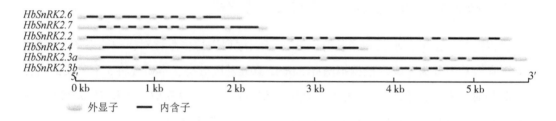

图 6-3　橡胶树 *SnRK2* 基因外显子—内含子结构

使用 MEME 分析 *HbSnRK2* 氨基酸的保守 motif 发现，HbSnRK2 家族蛋白含有 9 个 motif。所有的 HbSnRK2 蛋白均含 motif1-4、motif5 和 motif8。除 *HbSnRK2.3* 外，其他成员的结构中都有 motif6，只有 III 亚族蛋白中含有 motif7 和 motif9（图 6-4）。

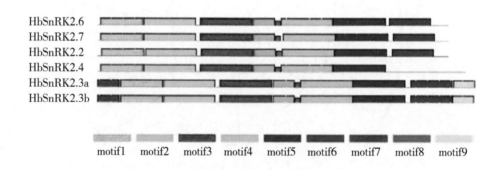

图 6-4　橡胶树 SnRK2 蛋白 motif 结构

顺式元件是转录因子的结合位点，参与基因表达的调控，因此分析基因启动子序列中的顺式作用元件的类型有助于基因功能研究。分析 *HbSnRK2* 家族基因起始密码子上

游 1 kb 的区域发现，*HbSnRK2* 家族基因共含有 13 个响应胁迫与激素的调节元件（图 6-5）。

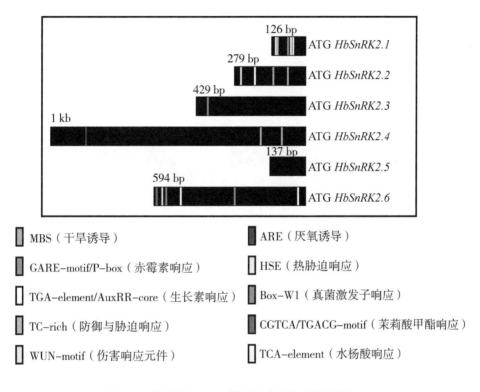

图 6-5　橡胶树 *SnRK2* 基因启动子顺式元件分析

每个 *HbSnRK2* 基因均含有不同数量元件，分别位于不同区域。这 6 个基因中，*Hb-SnRK2.7* 元件的数量最多，只有 *HbSnRK2.2* 基因中存在 MYB 干旱响应元件。除 *Hb-SnRK2.3b* 外的 5 个基因均含有 ABA 响应元件，*HbSnRK2.4* 基因中的 ABA 响应元件最多。除 *HbSnRK2.2* 外，其他基因中均含高温响应元件。除 *HbSnRK2.6* 外的所有基因均含有无氧诱导元件。*HbSnRK2.2* 和 *HbSnRK2.7* 中没有生长素响应元件但存在水杨酸响应元件。

四、橡胶树 *SnRK2* 家族基因在不同组织中的表达分析

本研究分析了 *HbSnRK2* 家族基因在根、茎、叶、胶乳和花中的表达（图 6-6）。*HbSnRK2* 基因在橡胶树根、茎、胶乳等各个组织中的表达程度差异较大，在同一组织中不同橡胶树 *HbSnRK2* 基因的表达也各不相同。所有 *HbSnRK2* 基因在花中的表达量均很高，在胶乳中表达量较低。相较其他 5 个基因，*HbSnRK2.7* 在各个组织中的表达量都

很高。*HbSnRK2.2*、*HbSnRK2.3a*、*HbSnRK2.3b*、*HbSnRK2.6* 和 *HbSnRK2.7* 在茎中不表达，HbSnRK2.4 在茎中表达量高于其他组织，*HbSnRK2.7* 在茎中表达量最高，*HbSnRK2.3a* 在根中表达量最高。

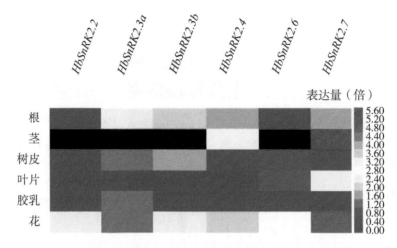

图 6-6　橡胶树 *SnRK2* 基因在不同组织中的表达

五、橡胶树 *SnRK2* 家族基因在胁迫处理下的表达分析

为探究 *HbSnRK2* 家族基因在不同胁迫处理下的表达分析情况，分析了 *HbSnRK2* 家族基因在草甘膦、干旱、高温和白粉菌侵染下的表达 *HbSnRK2* 家族基因在不同处理下显出较大的差异表达。6 个 *HbSnRK2* 基因对高温、干旱、草甘膦和白粉菌侵染处理均有响应，在干旱处理下呈下调表达，在白粉菌侵染处理前期的表达倍数较高。Ⅲ亚族两个基因 *HbSnRK2.3a* 和 *HbSnRK2.3b* 在高温、草甘膦和白粉菌侵染处理下均上调表达。草甘膦处理后 0.5~2.0 h，*HbSnRK2.3b* 表达倍数最高，分别为对照的 3 倍、4.2 倍、5.3 倍和 8.9 倍；*HbSnRK2.3a* 表达倍数次之，分别为对照的 2.8 倍、2.9 倍、3.9 倍、8.2 倍和 5.4 倍（图 6-7）。

六、橡胶树 *SnRK2* 家族基因在激素处理下的表达分析

为探究 *HbSnRK2* 在不同激素处理下的表达情况，本研究取不同激素处理下的橡胶芽接苗叶片和 5 年生橡胶萌条胶乳材料用于荧光定量分析。*HbSnRK2* 家族基因在不同激素处理下表现出不同的表达情况，同激素处理下的不同 *HbSnRK2* 基因的表达情况也不同。在橡胶树芽接苗叶片材料中，ABA 对 *HbSnRK2* 基因的表达具有显著影响；同样，ETH 处理下的基因表达也较显著。大多数橡胶萌条胶乳中的 *HbSnRK2* 基因在 ABA 处理

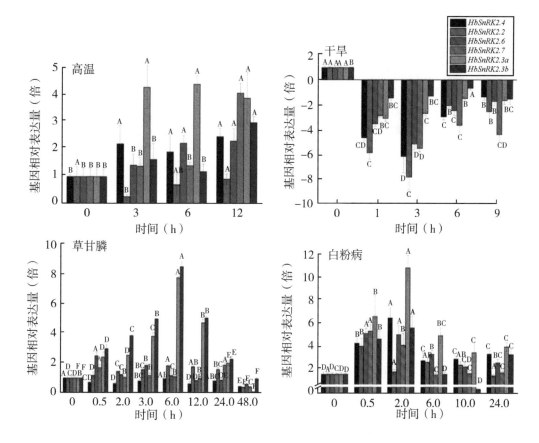

图 6-7 橡胶树 *SnRK2* 基因在不同胁迫下的表达情况

下上调表达，*HbSnRK2* 家族基因在胶乳中处理的上调表达倍数明显低于叶片。叶片中，*HbSnRK2.4* 和 *HbSnRK2.7* 在 ABA 处理早期下调，其余 4 个 *HbSnRK2* 基因在 ABA 处理下均上调表达较显著，尤其是 *HbSnRK2.4*，在处理 6.0 h 时的表达量达到 80 倍，处理 24.0 h 表达量达 40 倍；Ⅲ亚族 *HbSnRK2.3a* 和 *HbSnRK2.3b* 基因在 ABA 处理的叶片中表达倍数仅次于 *HbSnRK2.4*，在 ABA 处理 6.0 h 时，两者表达倍数分为对照的 40 倍和 20 倍；胶乳中，基因 *HbSnRK2.7* 在 ABA 处理中下调表达，*HbSnRK2.4* 和 *HbSnRK2.2* 基因被 ABA 激活上调表达，*HbSnRK2.6* 先下调表达后上调，*HbSnRK2.3b* 在处理前期上调表达后下调。叶片中所有 *HbSnRK2* 基因在 ETH 处理下呈上调表达，而胶乳中的 *HbSnRK2* 家族基因在 ETH 处理下均呈下调表达。叶片中，在 MeJA 处理 0.5 h 和 2 h 时，大多数 *HbSnRK2* 基因表现出较低的表达；处理 12 h 后，除了 *HbSnRK2.7* 以外的基因都上调表达；胶乳中，*HbSnRK2.2* 在 MeJA 处理 2.0 h 时上调后下调，*HbSnRK2.6* 在处理 2.0 h 以后一直上调，其他基因均下调（图 6-8）。

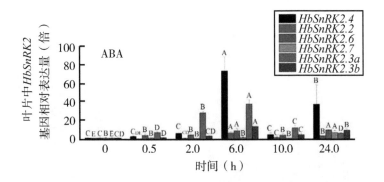

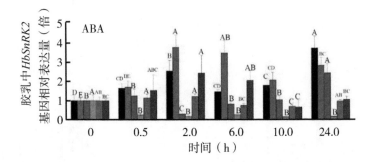

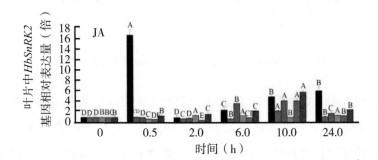

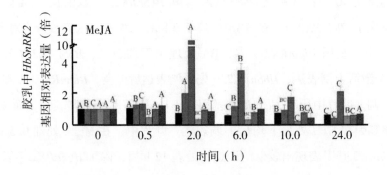

图 6-8　橡胶树 *SnRK2* 基因在不同激素处理下的表达情况

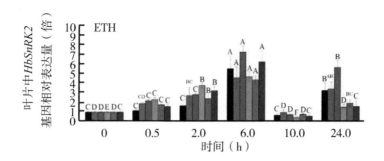

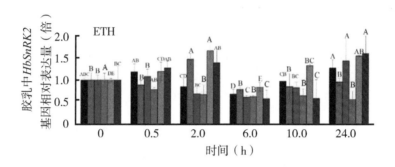

图 6-8（续）

第四节　橡胶树 *PP2C* 基因家族成员鉴定与分析

一、橡胶树 *PP2C* 基因家族的鉴定

利用拟南芥 *PP2C* 基因比对橡胶树基因组后筛重，95 个 *PP2C* 基因被确定为候选橡胶树 *PP2C* 家族成员。本研究根据拟南芥中同源基因名称将 95 个 *HbPP2C* 基因分别命名为 *HbPP2C2* 至 *HbPP2C79*。本研究鉴定的 95 个 *HbPP2C* 编码序列（CDS）长度范围为 357 ~ 3 285 bp，氨基酸长度范围为 119 ~ 1 095 aa，分子量范围为 13 181.22 ~ 121 087.70 Da，等电点范围为 4.62~9.88（表6-2）。

表 6-2　橡胶树 *PP2C* 基因家族基本信息

基因名称	编码序列长度（bp）	氨基酸长度（aa）	分子量（Da）	等电点
HbPP2C2	687	228	25 130.49	5.41
PP2C2a	1 377	459	51 001.69	4.98

（续表）

基因名称	编码序列长度 （bp）	氨基酸长度 （aa）	分子量 （Da）	等电点
HbPP2C3	996	331	36 712.72	5.47
HbPP2C3a	990	329	36 716.07	8.19
HbPP2C4	1 740	579	65 573.51	5.39
HbPP2C5	1 287	428	46 120.90	6.40
HbPP2C6	1 536	511	56 592.87	5.49
PP2C6a	1 050	350	38 326.10	5.53
HbPP2C7	1 515	504	54 241.09	4.62
HbPP2C7a	1 632	543	59 251.99	4.90
PP2C7b	1 440	480	52 162.89	6.61
HbPP2C8	1 086	361	39 711.86	6.21
PP2C8a	357	119	13 181.22	9.05
HbPP2C9	744	247	26 712.08	8.31
PP2C9a	852	284	30 675.62	8.45
HbPP2C10	846	281	30 766.68	8.70
PP2C10a	852	284	30 929.99	8.35
PP2C10b	852	284	30 967.01	8.78
HbPP2C11	831	276	30 162.58	4.79
HbPP2C12	1 281	426	46 211.85	5.62
PP2C13	990	330	36 318.18	4.98
HbPP2C14	906	301	33 255.94	7.96
PP2C14a	2 205	735	81 317.80	8.51
HbPP2C15	843	280	30 078.90	8.72
HbPP2C16	1 647	548	59 173.58	4.68
HbPP2C16a	1 638	545	58 926.58	4.71
PP2C16b	1 731	577	61 734.04	4.86
PP2C16c	1 158	386	42 502.24	4.81
HbPP2C19	3 285	1 094	121 034.70	5.05
PP2C19a	3 285	1 095	121 087.70	5.07
HbPP2C20	876	291	32 120.55	8.70
PP2C21	909	303	33 208.61	6.37

（续表）

基因名称	编码序列长度 （bp）	氨基酸长度 （aa）	分子量 （Da）	等电点
HbPP2C22	495	164	18 178.68	5.63
HbPP2C22a	864	287	31 413.62	5.15
PP2C22b	1 149	383	41 258.72	5.30
HbPP2C24	1 107	368	40 969.80	8.44
PP2C25	2 079	693	77 298.70	5.83
HbPP2C26	915	304	32 822.40	5.09
HbPP2C27	1 149	382	41 895.72	5.24
HbPP2C29	2 364	787	86 792.40	5.40
HbPP2C29	2 373	790	87 750.35	6.81
PP2C29a	2 355	785	86 666.99	5.13
HbPP2C30	1 125	374	40 501.11	7.06
PP2C30a	1 119	373	40 507.21	7.50
HbPP2C31	735	244	26 258.97	4.99
HbPP2C33	792	263	28 981.91	8.83
HbPP2C33a	1 158	385	42 130.40	4.88
PP2C34	1 128	376	41 614.51	6.40
HbPP2C35	1 416	471	51 567.47	5.54
PP2C35a	1 251	417	45 590.03	5.50
HbPP2C37	1 278	425	46 328.04	5.12
PP2C37a	1 290	430	46 957.00	6.30
HbPP2C38	1 194	397	44 117.94	8.54
PP2C38a	1 176	392	43 153.24	6.40
HbPP2C39a	540	179	19 352.03	5.94
HbPP2C39a	408	135	14 735.89	5.79
HbPP2C40	1 593	530	57 315.53	5.34
HbPP2C42	726	241	26 124.60	5.63
HbPP2C44	957	283	32 449.25	9.76
PP2C44a	849	283	32 039.84	9.88
HbPP2C46	744	247	27 451.31	6.30
PP2C46a	1 185	395	44 023.18	8.21

（续表）

基因名称	编码序列长度 （bp）	氨基酸长度 （aa）	分子量 （Da）	等电点
HbPP2C47	1 158	385	41 882.79	5.96
PP2C48	813	271	30 109.78	8.85
HbPP2C49	1 185	394	43 697.35	4.93
PP2C49a	1 185	395	43 975.61	5.06
HbPP2C51	2 931	976	110 551.67	5.44
HbPP2C51a	1 125	374	40 916.22	4.85
HbPP2C52	948	315	34 981.15	4.67
HbPP2C55	1 236	411	43 539.76	5.92
HbPP2C55a	1 548	515	55 811.20	6.24
HbPP2C56	777	258	27 827.86	4.79
HbPP2C57	1 164	387	42 380.07	4.97
HbPP2C58	765	254	28 091.82	6.17
PP2C58a	876	292	32 210.54	8.93
HbPP2C59	891	296	31 721.07	4.77
PP2C59a	1 014	338	36 549.00	4.74
HbPP2C60	849	282	31 444.84	6.09
HbPP2C60a	1 110	369	40 325.37	5.23
HbPP2C63	717	238	26 636.45	6.45
HbPP2C63a	1 158	385	42 961.30	8.29
HbPP2C64	1 194	397	44 117.94	8.54
PP2C65	1 564	521	57 588.57	6.34
HbPP2C68	1 161	386	43 622.84	7.23
PP2C68a	1 161	387	43 176.35	5.98
HbPP2C70	1 077	358	39 528.75	5.39
PP2C70a	1 680	560	62 075.78	5.31
PP2C71	2 016	672	76 994.66	5.77
PP2C72	1 023	341	36 937.26	6.16
HbPP2C73	1 074	357	39 813.20	6.36
PP2C73a	1 107	369	40 974.43	6.13
PP2C74	1 278	426	46 767.92	6.13

（续表）

基因名称	编码序列长度 （bp）	氨基酸长度 （aa）	分子量 （Da）	等电点
HbPP2C75	1 251	416	45 312.93	5.21
HbPP2C76	1 047	348	38 238.89	5.63
PP2C79	1 113	371	40 916.42	5.81

二、橡胶树 *PP2C* 基因家族系统发育进化树

为分析橡胶树、拟南芥和水稻 *PP2C* 家族基因系统发育关系，本研究基于序列比对后构建系统发育树。进化树系统分析表明，橡胶树 *PP2C* 基因家族在各亚族中的大概分布与拟南芥相似。根据拟南芥分类依据，*HbPP2C* 家族基因被分为 12 个亚族（A 亚族至 M 亚族）（图 6-9）。其中，13 个 *HbPP2C* 基因属于 A 亚族；B 亚族中家族成员最多，为 16 个，相较其他植物数量较大；D 和 E 亚族中分别有 12 个和 10 个成员，其他亚族成员都不超过 10 个，J 亚族成员数量最少为 2 个。水稻 *PP2C* 基因只存在于 10 个亚族，L 和 M 亚族分支上没有水稻 *PP2C* 家族基因（表 6-3）。

图 6-9　橡胶树 *HbPP2C* 家族基因系统进化树

表 6-3　不同植物中 *PP2C* 基因的数量

亚族	数量（个）		
	拟南芥	水稻	橡胶树
A	10	10	13
B	6	3	16
C	7	6	6
D	9	11	12
E	12	12	10
F	13	11	7
G	6	8	9
H	3	7	3
I	2	12	3
J	2	1	2
K	3	6	3
L	2	0	4
M	1	0	4

三、橡胶树 *PP2C* 基因家族结构与功能预测与分析

HbPP2C 磷酸酶催化结构域存在 11 个保守 motif。从多重比对中获得的结果看，在 95 个 HbPP2C 结构域中，并非全部 *HbPP2C* 成员都含有 11 个保守 motif。A 亚族中大多数基因具有 9 个 motif，*HbPP2C56* 只含有 4 个 motif；B 亚族多数基因也含有 9 个基因；C 亚族含有 7 个 motif；K 亚族只有 2 个 motif，其中 *HbPP2C26* 只有 1 个 motif；L 亚族和 M 亚族都只有 7 个 motif。HbPP2C 蛋白中 motif 的缺失可能导致部分功能的丧失，所以也造成了各个不同亚族及相同亚族成员的功能不一致。更深入地分析发现，一些 *HbPP2C* 的氨基酸残基中也存在保守 motif，这表明 PP2C 磷酸酶的氨基酸组成相当复杂（图 6-10）。

通过分析橡胶树所有 *HbPP2C* 基因的外显子与内含子，*HbPP2C* 家族各个亚族表现出相似的基因结构，虽然每个亚族中的结构也有不同。A 亚族 13 个 *HbPP2C* 基因的外显子数量为 2~4 个，其中 8 个基因的外显子是 4 个，4 个基因的外显子是 3 个，*HbPP2C56* 有两个外显子，一个内含子；这 13 个 A 亚族内含子长度为 99~6 315 bp，其中 *HbPP2C75* 的内含子最长。B 亚族 16 个基因外显子范围为 2~6 个，7 个基因的外显子是 5 个，5 个 B 亚族基因具有 4 个外显子，*HbPP2C14a* 有 6 个外显子，*HbPP2C2*、*Hb-*

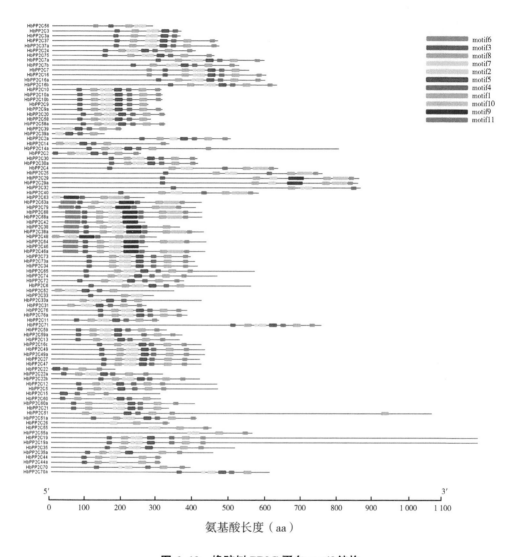

图 6-10　橡胶树 PP2C 蛋白 motif 结构

PP2C39 和 *HbPP2C39a* 是最短的 3 个基因，分别只有 2 个、2 个和 1 个内含子。C 亚族中，除了 *HbPP2C32* 只有 1 个内含子外，其他 5 个基因都有 3 个内含子。D 亚族 7 个基因含有 4 个外显子，2 个基因有 1 个内含子，其余的基因为 4 个外显子。G 亚族的基因序列中均无内含子，H 亚族外显子数量为 5~8 个，Ⅰ 亚族基因的外显子数量为 9~10 个；J 亚族两个基因外显子—内含子结构差异较大，*HbPP2C51* 具有整个家族基因中最多的外显子数量，为 19 个，而 *HbPP2C51a* 只有 5 个外显子。K 亚族虽然 2 个基因的外显子与内含子数量一致，都为 4 个和 3 个，但是内含子长度差异较大。L 亚族和 M 亚族中的外显子数量差异也很大，分别为 3~15 个和 5~9 个（图 6-11）。

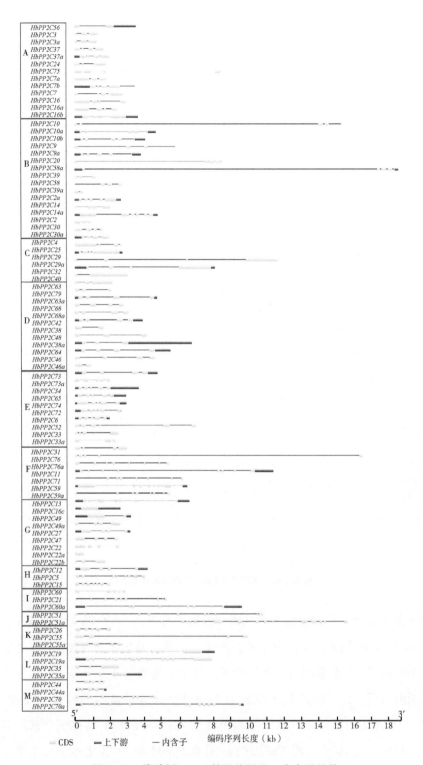

图 6-11　橡胶树 *PP2C* 基因外显子—内含子结构

四、橡胶树 *PP2C* 家族基因在草甘膦处理下的表达分析

为了分析 *HbPP2C* 在草甘膦处理下的表达情况以及讨论不同亚族可能的功能分析，本研究随机挑选了 40 个 *HbPP2C* 基因进行实验。A 亚族基因在草甘膦处理下显著表达，而其他亚族大多数基因下调或小幅度上调表达。B 亚族中，*HbPP2C20* 和 *HbPP2C30* 基因在草甘膦处理后一直呈上调表达，最低表达倍数分别为 4.7 倍和 2.0 倍，*HbPP2C20* 在处理 0.5 h 时表达倍数升至最高为 7.5 倍，*HbPP2C2030* 在处理 6 h 时达到最大倍数为 5.7 倍；*HbPP2C58* 也一直上调表达，最大倍数为 2.4 倍；*HbPP2C39a* 在草甘膦处理后下调，直到处理 12.0 h 时，上调至未处理时的 7.5 倍，而后降低至 2.5 倍。C 亚族 *HbPP2C29* 呈上调表达，最大表达倍数为 5.4 倍。D 亚族 *HbPP2C63* 基因上调表达情况显著，在草甘膦处理 0.5 h 的时候表达倍数达到 9 倍，12.0 h 表达倍数达到 33 倍；F 亚族中，*HbPP2C59* 下调后至处理 6.0 h 又上调表达，在处理 24.0 h 时表达倍数为 53~63 倍。H 亚族 *HbPP2C12* 基因上调后下调，直到 12 h 又上调至 4.6 倍；*HbPP2C* 和 *HbPP2C15* 被草甘膦诱导下调表达。J 亚族与 M 亚族基因在草甘膦处理下均上调（图 6-12）。

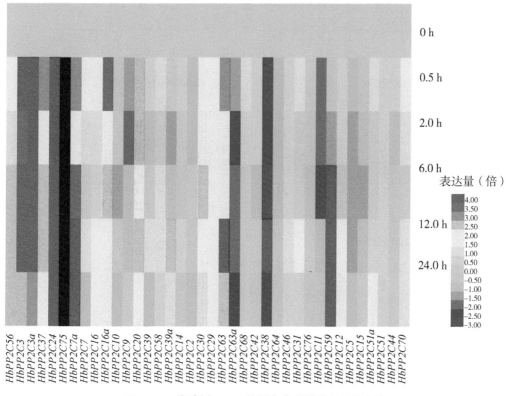

图 6-12　橡胶树 *PP2C* 基因在草甘膦处理下的表达

　　本研究列举了 A 亚族在草甘膦处理下的表达，*HbPP2C* 家族 A 亚族在草甘膦处理下被诱导，A 亚族成员中除了 *HbPP2C75* 不表达，其他基因均上调表达，且大多数基因上调极显著。其中，*HbPP2C3a* 上调幅度最大，在草甘膦处理 0.5 h 和 2.0 h，基因上调的表达量分别是处理 0 h 的 34 倍和 17 倍；草甘膦处理 6.0 h 时，该基因上调表达至最大值（表达量是处理 0 h 的 172 倍）；直到草甘膦处理 12.0 h 和 24.0 h 时，该基因表达量下降到处理 0 h 的 116 倍和 9 倍。和 *HbPP2C3a* 基因一样，*HbPP2C56*、*HbPP2C3* 和 *Hb-PP2C24* 也是在草甘膦处理 6.0 h 时，上调表达至最大值，分别为处理 0 h 的 6.5 倍、33.0 倍和 64.0 倍。*HbPP2C7a* 在草甘膦处理 0.5~24.0 h 内的 5 个时段，表达倍数分别为 8.7 倍、3.9 倍、15.4 倍、27.0 倍和 19.8 倍。*HbPP2C16a* 在草甘膦处理 0.5 h 时上调表达至最大，表达量为处理 0 h 的 15.0 倍。*HbPP2C7* 和 *HbPP2C16* 低于其他 A 亚族基因的表达量，最大表达量倍数分别为 3.8 倍和 4.4 倍（图 6-13）。

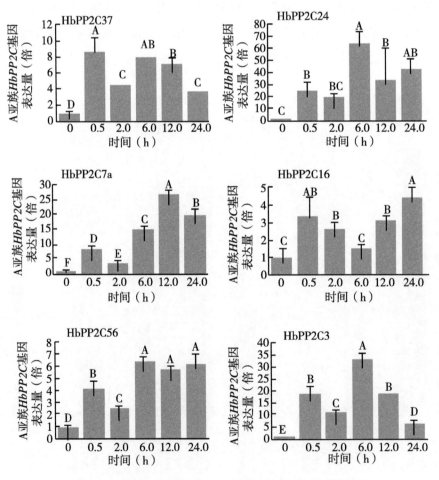

图 6-13　橡胶树 A 亚族 *PP2C* 基因在草甘膦处理下的表达

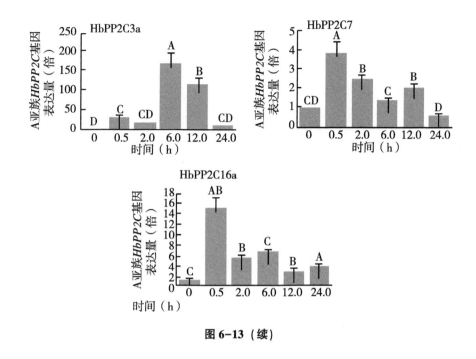

图 6-13（续）

五、橡胶树 *PP2C* 家族基因在 ABA 处理下的表达分析

在 ABA 处理下，除了 *HbPP2C10* 和 *HbPP2C11* 外，所有 *HbPP2C* 基因成员均呈上调表达。其中，A 亚族 *HbPP2C16* 和 *HbPP2C75* 在 ABA 处理下 12.0 h 和 24.0 h 时上调幅度最大，分别为处理 0 h 的 25 倍和 31 倍；*HbPP2C3a* 和 *HbPP2C37* 分别均在 ABA 处理 12.0 h 时表达量达到最大，分别为 0 h 的 9.4 倍和 8.9 倍。*HbPP2C56*、*HbPP2C7*、*Hb-PP2C10*、*HbPP2C9* 和 *HbPP2C76* 等部分基因在处理前期下调表达，*HbPP2C10* 在处理 12.0 h 时表达量上调至 1.8 倍又下调，*HbPP2C56* 和 *HbPP2C76* 均在处理 0.5 h 后呈持续上调。相较 A 亚族，B、C、F 等亚族的基因上调表达倍数略低。B 亚族中，*HbPP2C20* 在 ABA 处理 0.5 h 时上调表达至 15.6 倍，而处理 24.0 h 时下调表达；*Hb-PP2C39*、*HbPP2C3958*、*HbPP2C3939a*、*HbPP2C3914*、*HbPP2C392* 和 *HbPP2C3930* 在 ABA 处理后上调表达，最高表达倍数为 3.6~10.4 倍。C 亚族 *HbPP2C29* 在 ABA 处理后同样呈持续上调表达状态，在 24.0 h 时表达倍数最高，为 4.8 倍。D 亚族中，除 *Hb-PP2C63a* 在 ABA 处理 2.0 h 时下调表达，其他基因均上调表达，*HbPP2C63* 和 *HbPP2C42* 在处理 24.0 h 时表达倍数分别为 9.6 倍和 10.6 倍。同样，F、H、J 和 M 亚族基因在 ABA 处理下均上调表达（图 6-14）。

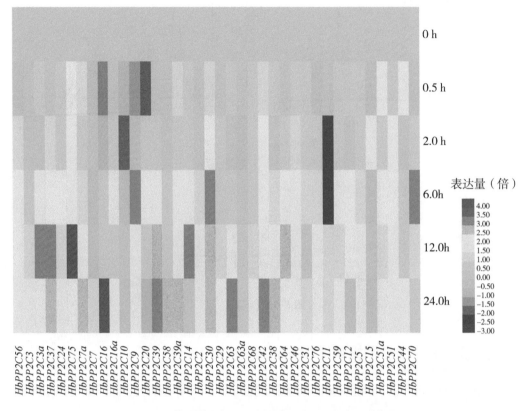

图 6-14　橡胶树 *PP2C* 基因在 ABA 处理下的表达

第五节　橡胶树 *bZIP* 基因家族成员鉴定与分析

一、橡胶树 *bZIP* 基因家族的鉴定

本研究通过拟南芥和水稻的 bZIP 序列，在橡胶树基因组及转录组数据库中 BLAST 搜索查询并找到橡胶树 bZIP 家族转录因子序列。去除重复基因后分析 bZIP 结构域，确定了 85 个候选橡胶树 *bZIP* 基因家族成员，人们根据橡胶树 *bZIP* 基因在拟南芥中的同源基因命名，总结了 HbbZIP 蛋白质序列大小的其他参数。85 个 *HbbZIP* 基因的大小和序列差异很大，它们的编码蛋白质、物理化学性质及蛋白质中 bZIP 相关结构域的位置也不同。85 个 HbbZIP 蛋白的氨基酸长度为 81～767 aa，EXPASY 分析表明 *HbbZIP* 相对分子量为 9 878.37～83 007.31 Da，等电点的预测范围为 5.04～10.16（表 6-4）。

表 6-4　橡胶树 *bZIP* 基因家族基本信息

基因名称	编码序列长度（bp）	氨基酸长度（aa）	等电点	分子量（Da）
HbbZIP1	351	117	9.37	13 792.73
HbbZIP4	447	148	9.38	17 056.31
HbbZIP6	597	199	10.16	22 904.71
HbbZIP9	909	302	5.70	33 189.52
HbbZIP5	570	189	10.12	21 867.37
HbbZIP10	1 368	456	5.35	48 440.15
HbbZIP11	456	151	6.28	16 925.87
HbbZIP11b	369	122	8.06	14 386.48
HbbZIP11a	486	161	6.51	18 288.47
HbbZIP11c	465	155	6.10	17 366.49
HbbZIP12	957	319	6.47	36 172.81
HbbZIP13	813	270	5.30	29 197.40
HbbZIP13a	1 032	343	9.00	37 221.74
HbbZIP14	873	291	9.92	32 056.96
HbbZIP14a	804	268	8.98	29 629.92
HbbZIP14b	741	247	9.22	27 511.80
HbbZIP16	1 248	415	6.03	44 169.61
HbbZIP16a	1 221	407	6.39	43 265.76
HbbZIP17	2 304	767	6.61	83 007.31
HbbZIP17a	2 292	764	6.82	82 460.76
HbbZIP18	1 089	363	5.92	40 342.07
HbbZIP18a	1 179	393	6.32	42 327.03
HbbZIP18b	1 275	425	9.08	46 700.19
HbbZIP20	1 407	468	7.08	51 670.75
HbbZIP21	1 479	492	6.64	54 581.32
HbbZIP21a	1 479	493	6.75	54 486.32
HbbZIP22	1 086	362	7.86	40 624.78
HbbZIP23	819	272	6.50	29 264.73
HbbZIP25	1 377	458	5.82	49 356.56
HbbZIP25a	1 284	428	5.41	46 564.18

（续表）

基因名称	编码序列长度 （bp）	氨基酸长度 （aa）	等电点	分子量 （Da）
HbbZIP26	1 353	451	5.98	49 724.61
HbbZIP27	618	206	9.71	23 194.93
HbbZIP29	1 788	595	6.11	64 854.44
HbbZIP29a	1 500	500	8.18	54 648.16
HbbZIP30	1 746	582	6.13	63 333.83
HbbZIP34	942	314	6.26	35 064.91
HbbZIP36	1 245	414	9.56	44 636.93
HbbZIP36a	1 230	410	9.70	44 346.78
HbbZIP37	1 341	447	9.48	48 705.57
HbbZIP38	1 347	448	9.57	48 568.53
HbbZIP39	246	81	10.07	9 878.37
HbbZIP40	1 020	340	7.91	36 856.63
HbbZIP41	720	239	9.51	26 772.44
HbbZIP41a	855	285	7.85	29 729.68
HbbZIP42	519	172	5.54	20 258.48
HbbZIP42a	600	200	6.05	22 690.35
HbbZIP43	588	196	5.55	22 633.02
HbbZIP44	477	159	6.42	18 058.21
HbbZIP44a	337	112	9.49	13 361.49
HbbZIP45	1 398	465	5.58	51 408.37
HbbZIP46	1 386	462	6.21	50 974.90
HbbZIP46a	1 368	456	6.05	50 235.32
HbbZIP47	1 122	373	8.33	41 969.83
HbbZIP47a	1 122	374	7.07	41 838.81
HbbZIP50	1 116	371	8.90	41 685.18
HbbZIP51	1 041	346	8.09	37 872.09
HbbZIP51a	1 035	345	8.76	37 410.81
HbbZIP52	522	173	5.71	19 209.90
HbbZIP53	444	147	7.86	16 967.26
HbbZIP53a	432	144	6.36	16 517.67

（续表）

基因名称	编码序列长度 （bp）	氨基酸长度 （aa）	等电点	分子量 （Da）
HbbZIP54	1 224	408	8.34	43 064.70
HbbZIP55	1 230	409	8.64	43 257.95
HbbZIP55a	1 275	425	7.82	45 046.05
HbbZIP56	636	211	9.19	23 313.13
HbbZIP56a	708	236	8.68	26 084.40
HbbZIP58	600	199	5.91	22 805.40
HbbZIP60	957	318	5.04	35 243.77
HbbZIP61	1 149	382	7.75	43 044.36
HbbZIP61a	1 023	341	5.84	38 361.38
HbbZIP61b	1 158	386	7.89	43 339.99
HbbZIP61c	960	320	6.64	35 804.69
HbbZIP62	1 536	512	9.05	55 744.90
HbbZIP64	477	158	9.61	18 076.48
HbbZIP65	1 557	519	6.27	57 985.28
HbbZIP65a	1 551	517	6.18	57 965.10
HbbZIP66	810	269	9.20	30 257.23
HbbZIP66a	975	325	7.72	36 562.55
HbbZIP66b	912	304	8.96	34 141.70
HbbZIP67	1 125	375	9.24	41 696.83
HbbZIP67a	1 092	364	8.78	40 559.35
HbbZIP68	1 251	416	6.09	44 482.07
HbbZIP69	1 257	418	6.06	45 742.83
HbbZIP69a	1 275	425	5.82	46 069.46
HbbZIP69b	1 275	425	6.11	46 418.59
HbbZIP73	498	166	9.56	18 912.27

二、橡胶树 *bZIP* 基因家族系统发育进化树

进行全面的系统发育分析以了解 HbbZIP 蛋白质中结构域的进化意义，将橡胶树 bZIP 与水稻和拟南芥的 bZIP 蛋白序列构建（NJ）进化树后发现（图6-15），除去一支

不明确的分支，三个物种的所有 bZIP 蛋白被归为 10 个分支，这 10 个分支分别被命名为 A–I 亚族和 S 亚族。橡胶树中 *bZIP* 家族 A、D 和 S 亚族超过 12 个成员，C、E、G 和 I 亚族含有至少 5 个成员，而 B、F 和 H 亚族成员较少，数量分别为 3 个、1 个和 4 个。从系统发育分析树可知，3 个物种在进化树中有一定的分歧，*bZIP* 基因 3 个物种种间聚类的平行进化关系。橡胶树 *bZIP* 各亚族分布与拟南芥、水稻、木薯等植物的数量分布大致相同。

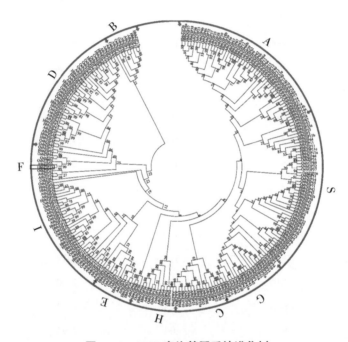

图 6-15　*bZIP* 家族基因系统进化树

三、橡胶树 *bZIP* 家族基因结构与功能分析

为了深入了解 HbbZIP 蛋白的功能，本研究分析了所有候选 *HbbZIP* 基因与蛋白的结构。所有的 HbbZIP 都含有特异性 bZIP 结构域，尽管 bZIP 结构域在 HbbZIP 蛋白中的位置变化很大。除了 bZIP 结构域，本研究利用 MEME 软件进一步搜索获得 10 个保守 motif，并绘制成图（图 6-16）。观察发现，大部分聚集在同一分支的 HbbZIP 蛋白都共享 1 个或多个守恒的 motif 位置与结构。绝大多数 motif 按照同一结构分布出现在特定的某一分支的基因中，代表这些家族成员可能拥有同样的功能。在 85 个 HbbZIP 蛋白中，motif 个数为 1~7 个。A 亚族有 3 个 motif，B、C、G 和 S 亚族都有 2 个相同的 motif，G 和 S 亚族中部分基因缺失 1 个 motif。E 和 I 亚族中存在 3 个 motif，F 亚族和 H 亚族只有 1 个。这 10 个亚族里，D 亚族 motif 的数量最多，每个 D 亚族成员都有 7

个 motif。推测 D 亚族成员具有多种功能。

相同亚族基因具有类似的外显子—内含子结构与保守 motif 分布，具有一定的进化意义。图 6-17 可见，橡胶树 *bZIP* 基因家族分为内含子富集和内含子缺失两类，其中，18 个基因没有内含子（包括 S 亚族所有基因和 A 亚族中的 1 个基因），B 亚族 *bZIP17*、*bZIP17a* 和 F 亚族 *bZIP23* 仅 1 个内含子，H 亚族基因含 2~3 个内含子，I 亚族 *bZIP52* 和 *bZIP69* 含 2 个内含子，以上成员属于内含子缺失组；B 亚族 *bZIP62* 含 7 个内含子，D 亚族基因含 7~11 个内含子，G 亚族基因内含子范围为 9~11 个，以上成员均属多内含子富集组。

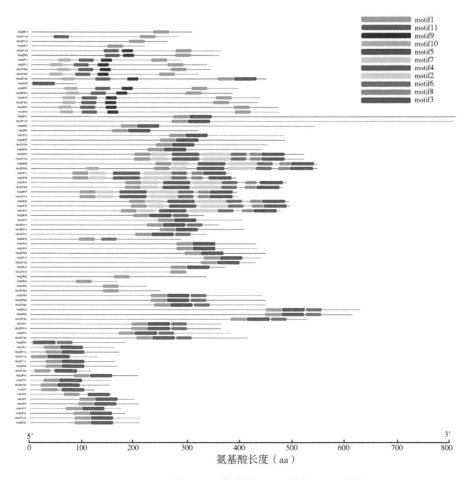

图 6-16　橡胶树 bZIP 蛋白 motif 结构

四、橡胶树 *bZIP* 家族基因在草甘膦处理下的表达分析

为了确定差异表达的基因，本研究从 *HbbZIP* 家族基因中随机抽取了 35 个基因，分

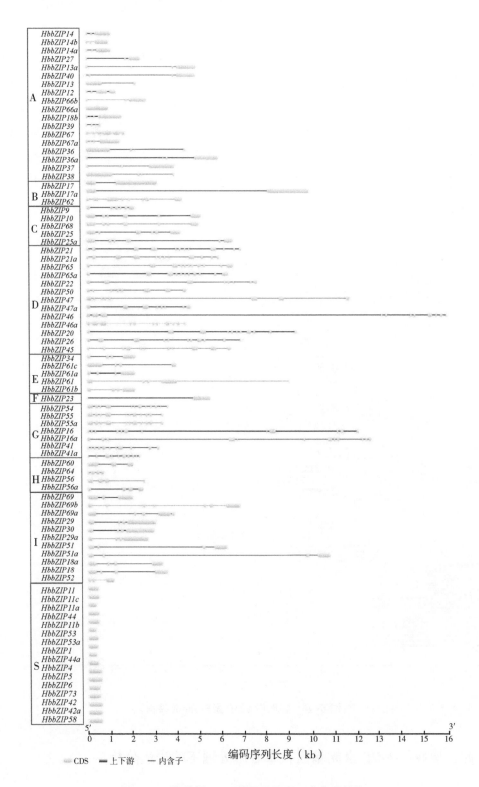

图 6-17　橡胶树 *bZIP* 基因外显子—内含子结构

析了 *HbbZIP* 家族基因在草甘膦处理下的表达情况。荧光定量结果如所示，A 亚族所有基因都在草甘膦处理 24.0 h 时表达倍数趋于 0，除了 *HbbZIP38* 表达量一直下调外，其他几个 A 亚族基因在草甘膦处理 0.5~12.0 h 基本都上调。B 亚族 *HbbZIP17* 基因受草甘膦诱导后上调显著，在草甘膦处理 0.5~12.0 h 时，其上调倍数约为 10 倍，直到草甘膦处理 24.0 h，此基因下调至 0.2 倍。C 亚族 *HbbZIP25* 基因不表达；*HbbZIP68* 基因被草甘膦诱导后上调极其显著，如所示在草甘膦处理 0.5~24.0 h 内的 5 个时段，基因的表达倍数分别为 29.0 倍、31.7 倍、9.6 倍、5.0 倍和 21.0 倍；C 亚族另一个基因 *HbbZIP9* 和 *HbbZIP68* 的表达规律一致，处理前期上调后下调，但是表达倍数只有 1.0~2.8 倍。D 亚族除了 *HbbZIP21* 外，其他 4 个基因在草甘膦诱导处理后都上调表达，*Hb-bZIP20* 和 *HbbZIP45* 在草甘膦处理 24.0 h 时表达量为 0，*HbbZIP47* 在处理 24.0 h 时上调显著（表达倍数为 15.5 倍）（图 6-18）。

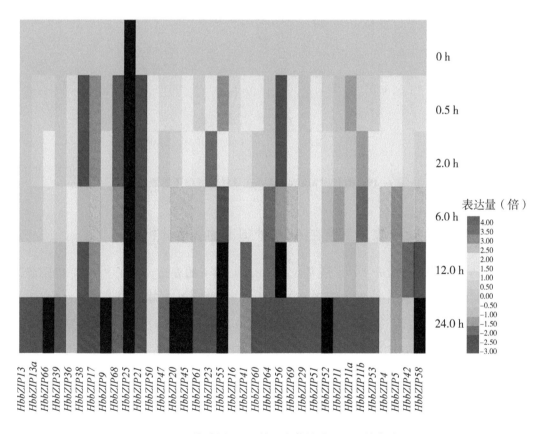

图 6-18　橡胶树 *bZIP* 基因在草甘膦处理下的表达

E 亚族 *HbbZIP61* 在草甘膦处理后先上调，至处理 24.0 h 时基因表达量倍数几乎降为 0。F 亚族 *HbbZIP23* 表达规律类似 *HbbZIP61*，但表达倍数不同，*HbbZIP9* 基因在草甘膦处理 2.0 h 时表达倍数达最大，为 11.6 倍。G 亚族 *HbbZIP55* 基因受草甘膦诱导上调表达后，在处理 6.0 h 后不表达；*HbbZIP16* 和 *HbbZIP41* 均受草甘膦诱导上调，*HbbZIP41* 在处理 12.0 h 和 24.0 h 的表达量分别达到 26 倍和 11 倍。H 亚族的基因在处理 24.0 h 时均几乎不表达，*HbbZIP60* 在处理 0.5~12.0 h 时上调表达，表达倍数为 1.3~4.8 倍。I 亚族中除 *HbbZIP29* 外的几个基因也受草甘膦诱导上调，直到处理 24.0 h 时候表达倍数几乎降为 0。S 亚族基因 *HbbZIP53*、*HbbZIP4*、*HbbZIP58* 和 *HbbZIP5* 在处理 0.5~12.0 h 时候受草甘膦诱导上调，*HbbZIP42* 基因在草甘膦处理 12.0 h 时上调表达至最高，为 12 倍（图 6-19）。

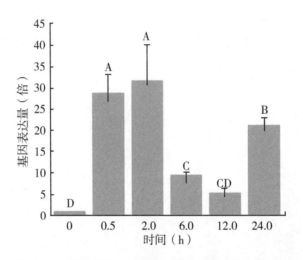

图 6-19　橡胶树 *bZIP68* 基因在草甘膦处理下的表达

五、橡胶树 *bZIP* 家族基因在 ABA 处理下的表达分析

本研究分析橡胶树 *HbbZIP* 家族基因在 ABA 处理下的表达，除了 F 亚族 *HbbZIP23* 和 G 亚族 *HbbZIP55* 在 ABA 处理下不表达，大多数 *HbbZIP* 家族基因成员在 ABA 处理前期下调或者上调表达不显著，在 ABA 处理 12.0 h 和 24.0 h 时上调表达显著。A 亚族中，*HbbZIP13a*、*HbbZIP39* 和 *HbbZIP38* 分别在 ABA 处理 2.0 h、24.0 h 和 12.0 h 的表达量达到最高，为 7 倍、5.3 倍和 7.4 倍。B 亚族 *HbbZIP17* 受 ABA 诱导，表达量持续上升，直到 24.0 h 时为 4.2 倍。C 亚族 *HbbZIP68* 在 ABA 处理 12.0 h 时表达量达最大，为 5 倍。D 亚族成员中，*HbbZIP21* 在 ABA 处理后下调表达，其他成员均上调，*HbbZIP50* 在 ABA 处理 12.0 h 时的表达量为 7.9 倍。E 亚族和 H 亚族成员均受 ABA 诱导后上调表达。G 亚族另外两个基因在 ABA 处理 0.5 h 和 24.0 h 时下调表达，其他时段上调。I 亚族 *HbbZIP29* 和 *HbbZIP51* 在 ABA 处理下下调表达，*HbbZIP69* 被诱导上调，

在处理 24.0 h 时表达量达到最大，为 8 倍。S 亚族大多数成员也受 ABA 诱导上调表达（图 6-20）。

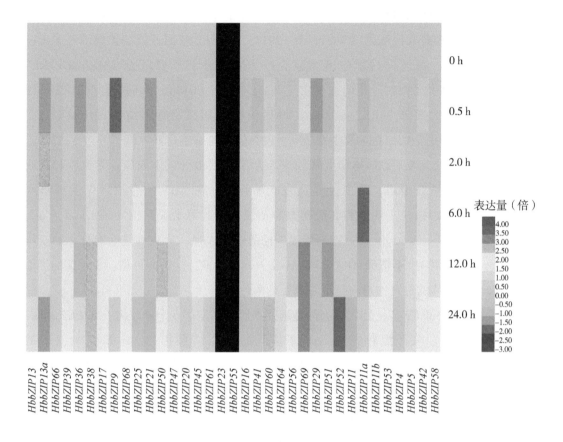

图 6-20　橡胶树 *bZIP* 基因在 ABA 处理下的表达

第六节　脱落酸信号途径研究展望

"胁迫激素" ABA 近来备受关注，外源 ABA 可通过改变植物内源激素的水平调节植物生长发育与改变生理代谢（Zhang et al., 2012）。高温胁迫对小麦产量造成极大的损失，外源 ABA 调节并改变内源激素在小麦中的含量及合成速率，最终提高了小麦的产量（杨东清等，2014）。李馨园等（2017）采用外源 ABA 处理耐低温品种玉米叶片，然后用低温处理，实验结果证明应用外源 ABA 后，玉米较之前抗寒能力增强。干旱胁迫下，外源 ABA 处理甘薯后，抗氧化防护系统增强，水分利用率升高，甘薯抗寒能力增强（孙哲等，2017）。本研究中发现，外源 ABA 的施用对草甘膦胁迫下橡胶树芽接苗的生长恢复作用明显，橡胶树草甘膦药害症状明显减轻。

一、*HbSnRK2* 家族基因 Ⅲ 亚族受 ABA 调控

SnRK2 蛋白激酶在植物信号系统中是不可或缺的组件之一，在响应生物和非生物胁迫的过程中调控着其他基因（Wu et al.，2017）。*SnRK2* 基因家族的扩增源于 *SnRK1* 基因家族的复制，在进化过程中迅速演变并适应了外部环境压力（Halford et al.，2009）。SnRK2 在被子植物分化前就存在（Zhang et al.，2014），人们推测 SnRK2 首先出现在苔藓中。大部分 SnRK2 基因在扩增后仍保持其原始基因结构（Huai et al.，2008）。本研究利用生物信息学及生物技术手段在橡胶树中鉴定并克隆了 6 个 *SnRK2* 基因。与前人的研究分类一致，本研究橡胶树 *SnRK2* 基因被分成 Ⅰ 亚族、Ⅱ 亚族和 Ⅲ 亚族。基于前人的研究报道，Ⅲ 亚族是最古老的亚族，在 ABA 信号途径中发挥作用（Hauser et al.，2011），Ⅰ 亚族和 Ⅱ 亚族的 *SnRK2* 基因起源于 Ⅲ 亚族（Umezawa et al.，2009；Huang et al.，2015），Ⅱ 亚族不依赖或轻微依赖 ABA，Ⅰ 亚族是最晚分化的亚族（Taishi et al.，2010），不依赖 ABA（Boudsocq et al.，2007）。由此可见，Ⅰ 亚族的扩增在 *SnRK2* 基因家族的进化中扮演越来越重要的角色。

为了加深对 SnRK2 在植物内机制的理解，本研究鉴定了 6 个橡胶树 *HbSnRK2* 基因。与 Guo 等（2017）关于橡胶树中 *SnRK2* 基因的研究结果相比，本研究所发现的 *HbSnRK2* 基因基本特征，结构和表达分析情况均不同。在本研究中，只有 6 个 *HbSnRK2* 基因可以被成功克隆，Guo 等（2017）在橡胶树基因组中找出 10 个 *HbSnRK2* 原始序列，并未克隆验证。本研究根据拟南芥同源基因命名 6 个基因，除 *HbSnRK2.2* 有 10 个外显子，其他 5 个 *HbSnRK2* 基因均具有 9 个外显子和 8 个内含子，在 Guo 等（2017）的研究中，其将 10 个 *HbSnRK2* 基因命名为 *HbSnRK2.1* 至 *HbSnRK2.10*，且 10 个 *HbSnRK2* 基因都有 9 个外显子，其蛋白中存在 8 个 motif。本研究 HbSnRK2 蛋白序列中存在 9 个 motif，只有 Ⅲ 亚族 HbSnRK2.3a 和 HbSnRK2.3b 含 motif7 和 motif9，前人推测 motif 7 和 motif 9 可能与响应 ABA 相关功能有关（Kulik et al.，2011；Huang et al.，2015）。与其他植物相比，高进化保守性的 *HbSnRK2* 基因家族具有很多共同的结构特征。与本研究类似，在拟南芥中，除 *AtSnRK2.6* 含有 10 个外显子和 *AtSnRK2.8* 含有 6 个外显子外，其他 *AtSnRK2* 均为 9 个外显子（Hrabak et al.，2003）。

基因启动子区域中的顺式作用元件通常在植物中的胁迫反应中起关键作用，为了探究顺式元件对基因表达情况的影响，本研究总结了 6 个 *HbSnRK* 基因的顺式元件作为参考。6 个 *HbSnRK* 基因都含有大量的顺式作用元件，并且每个基因中的作用元件的种类、数量和位置都不一样。基因的表达会因为不同顺式元件的诱导而改变，例如，ABRE 结合因子是 ABA 应答元件，对 ABA、干旱和盐胁迫都有响应（Li et al.，2012）。SnRK2

蛋白激酶通过 C 末端与 *PP2C* 等基因相互作用并参与植物信号转导（Soon et al.，2012），氨基酸序列决定了蛋白质的功能活性和结构，氨基酸的结构与蛋白激酶的功能密切相关。有研究表明，活化环中两个丝氨酸残基的不同磷酸化模式涉及不同的功能与机制。例如，AtSnRK2.6 蛋白激酶可同时由 ABA 和渗透胁迫两种因素诱导，而 At-SnRK2.10 蛋白激酶只能被渗透胁迫所诱导起作用而对 ABA 没有反应。AtSnRK2.6 蛋白激酶两个残基上都独立地磷酸化，而 AtSnRK2.10 残基的磷酸化须建立在另一个残基磷酸化的基础上。位于同亚族的 HbSnRK2 享有相同的氨基酸结构，蛋白质中 motif 也具有类似的结构，转录因子与 motif 结合从而调控基因表达。所有 HbSnRK2 蛋白的 N-末端区域都含有 motif1 至 motif4，这表明这些 motif 是蛋白激酶结构域的一部分。与 N-末端区域不同，3 个亚族 HbSnRK2 蛋白的 C-端区域表现出组间多样性和组内同一性。

作为 ABA 信号通路的关键调控组件之一，SnRK2 参与了植物中应对环境压力的许多过程（Wang et al.，2015）。SnRK2 蛋白激酶在响应胁迫（如干旱、高盐、高温等）的基因表达调控中发挥重要作用（Wu et al.，2017），基因表达为分析基因功能提供了重要信息。本研究发现 *HbSnRK2* 家族基因有明显的组织特异性，能在不同程度上被植物胁迫和激素处理激活。本研究中，所有 HbSnRK2 在花中的表达量均很高，在胶乳中表达量较低。而 Guo 等（2017）的研究中，10 个基因中有 7 个在胶乳中都呈现高表达。Ⅱ亚族和Ⅲ亚族的 *HbSnRK2* 基因受草甘膦处理诱导上调，尤其是Ⅲ亚族。草甘膦产生作用的机理是通过抑制莽草酸这条重要代谢途径来杀死植物，莽草酸途径和 ABA 合成途径都存在于植物质体中（van Schie et al.，2006；Vranová et al.，2013）。人们推测这两条途径之间存在竞争或其他关系。草甘膦的施用致使植物内源 ABA 含量上升，促进了 ABA 信号通路的作用，因此Ⅲ亚族的 *HbSnRK2* 受草甘膦处理诱导后表达量显著增加。

SnRK2 激酶是响应干旱、寒冷、高盐和其他非生物胁迫的主要调节因子（Yoshida et al.，2000）。在干旱胁迫下，棉花中几个 *GhSnRK2* 基因表达量增加（Liu et al.，2017），3 月龄幼苗的 *MpSnRK2.1* 和 *MpSnRK2.4* 被显著诱导，表达水平分别为 14 倍和 80 倍（Shao et al.，2014）。在寒冷条件下，大多数 *MpSnRK2* 下调表达（Shao et al.，2014）。本研究结果显示所有 *HbSnRK2* 基因在干旱胁迫条件下呈现下调表达状态。Hb-SNRK2 基因受到下调表达可能与上调基因具有相同的调节机制。不同于本研究的结果，*ZmSnRK2.3*、*ZmSnRK2.7* 和 *ZmSnRK2.11* 在低温处理下被强烈诱导，大部分 *ZmSnRK2* 在高温处理下被抑制。低温处理下，白菜中除了 *BcSnRK2.6b* 的表达量显著降低外，所有Ⅲ亚族基因的表达均高于Ⅰ亚族（Huang et al.，2015）。所有 *StSnRK* 基因在 ABA 处理下的表达没有明显差异，在干旱和高盐处理下，Ⅰ亚族 *StSnRK2.8* 表达量比其他

StSnRK 高（Bai et al.，2017）。本研究中，*HbSnRK2* 基因的表达在白粉病侵染后发生显著变化，这表明 *HbSnRK2* 可能在白粉病抗性中发挥作用。

植物激素诱导基因表达（Wasilewska et al.，2008），在植物对逆境的反应过程中起着重要的作用（Wolters et al.，2009）。为研究 *HbSnRK2* 基因家族在植物激素响应中的作用，本研究进行了一系列荧光定量 PCR 实验与分析。最近的研究表明，并非所有受胁迫诱导的 *SnRK2* 也受 ABA 调控，这表明响应逆境胁迫和植物激素的 *SnRK2* 基因受不同机制的调控（Coello et al.，2012）。不同处理下相同基因的表达可能完全相反。越来越多的证据表明，Ⅱ亚族和Ⅲ亚族的 SnRK2 可被 ABA 激活（Boudsocq et al.，2004；Kobayashi et al.，2004）。研究表明，Ⅱ亚族和Ⅲ亚族 *SnRK2* 在 ABA 信号通路中具有多余的功能（Yoshida et al.，2000；Fujii et al.，2007）。基因表达模式的差异可能由基因结构的多样性、活化或底物特异性引起。在拟南芥中，Ⅲ亚族的 3 个基因可由 ABA 诱导表达，而其他两个亚族基因则不能。然而，白菜中，大部分Ⅰ亚族成员的表达在 ABA 处理后上升，尤其是 *BcSnRK1. a* 和 *BcSnRK1. b*（Huang et al.，2015）。一些Ⅰ亚族 *ZmSnRK* 基因被 ABA 诱导后上调（Huai et al.，2008）。在本研究中，*HbSnRK2. 4* 属于Ⅰ亚族，在 0.5~24.0 h 内被 ABA 诱导显著上调。类似地，Ⅰ组的 *BnSnRK2. 4* 在甘蓝型油菜中由 ABA 处理强烈诱导（Yoo et al.，2016）。尽管相当多的研究认为Ⅰ组是独立于 ABA 的，但（Yoo et al.，2016）认为，*SnRK* 参与Ⅰ组可能是间接的，BnSnRK2.4 中没有 ABA box。虽然用于 qRT-PCR 的叶和乳胶来自不同生长阶段的材料，但 ABA 处理的 *HbSnRK2* 在叶和乳胶中的表达都高于其他植物激素处理。Guo 等（2017）的实验分析了几个 *SnRK2* 基因在 ETH、MeJA 和 ABA 处理下的表达情况，与本研究结果相差不大；但 *HbSnRK2* 在 ABA 处理下的胶乳中的最高表达量仅为未处理时段的 2~3 倍，在本研究叶片处理材料下，*HbSnRK2* 的表达倍数高达 40~75 倍，证明了 *HbSnRK2* 基因在胶乳和叶片中表达的组织特异性。同时，部分 *HbSnRK2* 基因被 ETH 和 JA 诱导，JA 和 ETH 有助于天然橡胶的生物合成和调控（Hao et al.，2000；Peng et al.，2009；Zhu et al.，2009；Pirrello et al.，2014），ABA 也可能在天然橡胶合成中发挥作用（Fricke et al.，2013）。ABA、JA 和 ET 等信号途径间的相互作用可能有利于植物对生物胁迫的响应（Lackman et al.，2011；Ahmad et al.，2016；Aleman et al.，2016），拟南芥中 ABA 影响 JA 生物合成和激活对病原体抗性（Adie et al.，2007），ABA 与其他植物激素信号通路之间的串扰机制仍有待进一步阐明。本研究中，ABA、JA 和 ETH 均诱导 *HbSnRK2. 2* 和 *HbSnRK2. 6* 产生不同程度的表达，代表这两个基因可能参与 ABA、JA 和 ET 信号通路的串扰。因此，阐明 *SnRK2* 在橡胶合成的作用及与各种信号通路间的关系是下一步研究的重点。

前人的研究表明，不同的胁迫或激素处理可在不同的信号途径中激活相同的基因（Shinozaki et al.，2000；Knight et al.，2001），这可能是由不同应激刺激引起一些常见信号成分（如 ABA 或钙）产生所致。增加这些信号成分以致激活蛋白激酶，包括 MAPK、CDPK、CCaMK 和 SnRK2，从而调节转录因子活性，促使下游反应。这种重叠的表达模式也可能是不同途径之间串扰的基础，促进非生物胁迫条件下植物中各种复杂信号途径的进行。

二、*HbPP2C* 家族 A 亚族基因响应草甘膦胁迫与 ABA

构建进化树后发现，*HbPP2C* 家族基因被分为 13 个亚族（A 亚族至 M 亚族）。二穗短柄草（Cao et al.，2016）中，K 亚族成员较多，为 13 个，而橡胶树与拟南芥中的 K 亚族成员都只有 3 个，说明不同物种中各个亚族成员分布情况差异较大。外显子—内含子数量与位置模式多样性和蛋白域往往在基因家族的进化史里充当非常重要的角色，本研究根据 PP2C 系统进化关系分析了其外显子—内含子的基因结构和保守结构域。外显子—内含子结构显示，同一个亚族中的大多数成员拥有相似的外显子与内含子数目以及差别较大的外显子与内含子长度。L 亚族中外显子数量为 3~15 个，M 亚族中外显子数量为 5~9 个，尽管这两个亚族的基因系统发育关系相近，但是外显子—内含子排列差距很大。所有缺内含子的 *HbPP2C* 基因都是 G 亚族成员，而在二穗短柄草中 K 亚族成员均无内含子（Cao et al.，2016），本研究中 K 亚族 2 个基因内含子数量均为 3。这表明，不同物种中的同种基因外显子—内含子结构也存在差别。缺乏内含子的基因会迅速扩增，表明 *HbPP2C* 基因家族中，G 亚族的扩增可能与基因复制相关。大多数同源基因对具有高度相似的氨基酸序列和外显子—内含子结构。尽管同源基因对表达多样化，但其功能仍保留。这表明表达多样化可能在短时间内发生，而功能的多样性变化需要长时间的进化。据报道，PP2C 磷酸酶催化结构域有 11 个保守 motif，其中 4 个有助于 Mg^{2+}/Mn^{2+} 平衡（Bork P et al.，1996；Shi，2009）

已有的研究证明，拟南芥、谷子和水稻中 A 亚族 PP2C 在外源 ABA 处理或刺激 ABA 生物合成的胁迫条件下，基因上调表达（Singh A et al.，2010；Fujita et al.，2011；Min et al.，2013）。拟南芥中 A 亚族成员是 ABA 介导的生理过程中作为响应 ABA 的负调节因子（Merlot et al.，2001；Chérel et al.，2002；Saez et al.，2004）。二穗短柄草中（Cao et al.，2016），A 亚族 *BdPP2C* 有 8 个成员，荧光定量分析结果表明，这些基因中有 6 个被外源 ABA 处理高度诱导；同样，A 亚族的 *BdPP2C* 也受干旱、高盐、低温和高温处理诱导而不同程度地上调，其中 *BdPP2C36*、*BdPP2C37* 和 *BdPP2C44* 在这些胁迫处理后均不断上调并保持在较高水平；另外，D 亚族 *BdPP2C70*、F 亚族 *Bd-*

PP2C13 和 G 亚族 *BdPP2C32* 在 ABA 和非生物胁迫处理下也表现出较强的表达水平，说明其他几个亚族部分成员可能也参与 ABA 信号途径并在其中作为调控因子起作用。本研究中结果与其一致，橡胶树 *HbPP2C* 家族 A 亚族基因成员中，除 *HbPP2C75* 外的几个基因均能被草甘膦和 ABA 高度诱导表达。*HbPP2C75* 在草甘膦处理下不表达，但在 ABA 处理下表达倍数高达 31 倍。推测基因的表达具有特异性，受不同因素调控，表达程度不一。

三、*HbbZIP* 家族 *HbbZIP68* 基因响应草甘膦胁迫

在拟南芥中，Jakoby 等（2002）和 Corrêa 等（2008）分别鉴定 75 个和 77 个 *bZIP* 基因家族成员。然而，JiZhou 等（2011）发现这些序列中含有不完整的 bZIP 结构域，最终确定了拟南芥中有 72 个 bZIP 基因家族成员。水稻 *bZIP* 基因家族先前在全基因组水平上被鉴定（Nijhawan A et al., 2008；Corrêa et al., 2008），虽然这两项研究报道了水稻中存在 89 个 *bZIP* 基因，但 Jizhou 等（2011）将水稻 *bZIP* 基因与高粱 *bZIP* 基因进行了详细对比后发现水稻中只有 88 个 *bZIP* 基因。据报道，蓖麻（Jin et al., 2014）、玉米（Wei et al., 2012a）和杨树（Corrêa et al., 2008）基因组分别编码 *bZIP* 基因家族的分别有 49 个、125 个和 89 个成员。本研究首次通过生物信息学手段对橡胶树基因组进行比对分析，从中鉴定出 85 个橡胶树 *bZIP* 基因。

研究发现，单子叶植物中 *bZIP* 家族成员的数量远大于双子叶植物（Li et al., 2015），可能是因为单子叶植物中有更多的 *bZIP* 成员进化，且进化速度快于双子叶植物（Jin et al., 2014）。为了分析橡胶树 *HbbZIP* 基因家族的进化，构建进化树发现 *HbbZIP* 基因家族被分为 10 个组，比番茄与豆类多出一个分支（Jin et al., 2014），比黄瓜和高粱分别多出 4 个和 3 个分支，与水稻和玉米的拥有相同的分支（Nijhawan et al., 2008b；Wei et al., 2012b）。系统进化分析发现，大多数分枝含有水稻、拟南芥和橡胶树 bZIP 蛋白，表明至少有一部分 bZIP 转录因子出现在单子叶植物与双子叶植物分歧之前。同时，进化树中也表明同源性的存在。由此可推测，在进化过程中，HbbZIP 的结构与功能跨物种保守。

每个基因的基因组结构可能是一个印记，记录进化过程中的关键，从而为了解某个特定基因或某个特定基因家族的出现和进化提供依据（Betts et al., 2001）。为深入了解 *HbbZIP* 基因的结构演变，本研究分析了每一个 *HbbZIP* 家族基因的结构，并预测其功能。橡胶树中每个亚族 *bZIP* 具有相似的基因结构，而不同亚族间的结构差异较大，表明 *HbbZIP* 家族成员间有很大差异。香蕉 G 亚族和 D 亚族成员拥有超过 9 个外显子，而其他亚家族成员内含子较少（Hu et al., 2016）。玉米中 D 亚族和 G 亚族的内含子数量

存在较大水平的变异，D 亚族中内含子的数量范围为 5~12 个，而 G 亚族中内含子是 3~14 个，而另外几个分组成员内含子的数目变动较小，主要为 1~3 个。和香蕉 bZIP 基因结构一样，橡胶树中 D 亚族和 G 亚族外显子也最多，而其他亚族成员的外显子少于 D 亚族和 G 亚族。橡胶树中 D 亚族和 G 亚族外显子数量较稳定，分别为 8~12 个和 10~12 个；其余亚族中的外显子数量也较多，只有少数亚族的一些成员数量为 1~3 个。外显子—内含子结构具有基因家族进化的印记，根据先前的研究，基因片段复制之后，内含子丢失速度比内含子增加速度快（Nuruzzaman et al.，2010）。因此可以得出结论：亚家族 G 和 D 可能含有原始基因，而其他基因是通过基因复制衍生的，随后内含子丢失。有 18 个（21.2%，S 亚族所有成员以及 1 个 A 亚族成员）HbbZIP 基因没有内含子；在具有内含子的成员中，开放阅读框（ORF）内的内含子数量为 1~11 个，表明 HbbZIP 基因家族有很大差异。A 亚族和 B 亚族的外显子数量存在较大程度的变异，分别为 1~7 个和 2~8 个，而其余组内含子的数目变化范围较小，C 亚族的外显子数量均为 6。ORF 中内含子存在的区域是多样的，并且剪接位点的相位彼此不同，但是 bZIP 结构域的碱性区和亮氨酸拉链结构域中内含子的位置和相位是高度保守的。葡萄（Liu et al.，2014）、香蕉（Hu et al.，2016）等植物中，同一组中的 bZIP 具有相似的外显子—内含子组织和保守基序，但在不同组中有所不同，表明同一组中的 bZIP 在基因进化过程中具有更密切的关系。

根据在其他植物中关于该基因家族的研究发现，不同的 bZIP 基因在胁迫处理下的表达存在差异性较大的情况，同一亚族或相同的基因在不同处理下的表达也有差别。白菜的两个 BrABI5 基因在干旱处理下的表达情况完全相反，BrABI5a 在干旱处理 0~12 h 下调，在干旱处理 12~24 h 时上调；BrABI5b 在处理 12 h 时的表达量达最大（为干旱处理前的 5 倍）（Bai et al.，2016）。本研究 HbbZIP25 基因在草甘膦中不表达，在 ABA 处理下表达；HbbZIP23 和 HbbZIP55 在草甘膦处理前期被诱导表达，而在 ABA 处理下不表达；A 亚族 HbbZIP38 基因在草甘膦高度诱导上调表达，而在 ABA 处理下表达量下降。干旱处理黄瓜发现，黄瓜 5 个 CabZIP 基因在叶片中的表达量持续下降（Baloglu et al.，2014）。对葡萄干旱胁迫 12 d 发现，45 个葡萄 bZIP 基因中存在有 7 个基因下调表达，上调表达的基因里有 25 个基因在干旱胁迫处理 8~12 d 时显著上调（Liu et al.，2014）。

为初步探究橡胶树 bZIP 转录因子基因与橡胶树逆境的关系，本研究选取部分 HbbZIP 基因进行了在草甘膦处理下的差异表达分析。分析发现，HbbZIP 基因大部分被草甘膦处理后上调表达，除 HbbZIP68、HbbZIP50、HbbZIP47、HbbZIP16、HbbZIP41 和 HbbZIP4 这 6 个基因，其他 29 个基因在草甘膦处理 24 h 时的表达倍数均几乎为 0；相较其他基因，*HbbZIP68* 在草甘膦处理后不同时段均显著上调，且表达倍数最高。对橡胶树进行草甘膦胁迫处理后，*HbbZIP68* 基因的表达量均有不同程度的上调：在草甘膦处理第 0.5 h 时，表达量显著升高，为对照的 28 倍；草甘膦处理 2 h 时，其表达量达到最大，为独照处理的 31 倍；草甘膦处理 6 h、12 h 和 24 h 时，其表达量分别为对照的 9.6 倍、5.3 倍和 21.0 倍。可见橡胶树 *HbbZIP68* 基因作为转录调控因子，通过上调表达响应草甘膦胁迫。本研究结果为预测和确定未来研究中 *bZIP* 的生物学功能提供了参考。

本章发现外源 ABA 可以缓解草甘膦在橡胶树中的药害作用，增加橡胶树的抗逆性；橡胶树 *HbSnRK2* 家族基因在橡胶树生物胁迫和非生物胁迫中均具有一定的功能，Ⅲ亚族基因被草甘膦诱导上调表达，受草甘膦及 ABA 共同调控。确定了 95 个 *HbPP2C* 家族成员，*HbPP2C* 家族 A 亚族大多数成员响应草甘膦和 ABA 处理。*HbbZIP* 家族基因表现出不同的功能特征，在草甘膦和 ABA 处理下各组成员差异性和部分规律性表达，*HbbZIP68* 响应橡胶树草甘膦胁迫，*HbbZIP69* 受 ABA 诱导高度表达。

本结果有助于进一步研究 *HbSnRK2*、*HbPP2C* 和 *HbbZIP* 基因家族的进化历史和生物功能，有利于揭示 ABA 信号转导途径的复杂机制，为橡胶树抗逆机制研究、筛选培育橡胶树抗逆种质和开发 ABA 为组分的草甘膦药害保护剂奠定理论基础和提供技术支撑。

本章的创新在于发现外源 ABA 对橡胶树草甘膦药害具有缓解作用；为防治草甘膦药害提供技术指导。鉴定了 ABA 缓解草甘膦药害的关键成员基因Ⅲ亚族 *HbSnRK2*，A 亚族 *HbPP2C* 和 *HbbZIP68* 基因，为深入阐明草甘膦药害及其防治机理打下基础。为开发以 ABA 为组分的草甘膦保护剂提供理论指导。

下一步拟分别构建过表达和沉默Ⅲ亚族 *HbSnRK2*、A 亚族 *HbPP2C* 和 *HbbZIP68* 重组载体，将载体转入拟南芥中，并阐明其功能。通过酵母双杂交实验筛选 *HbbZIP68* 转录因子互作蛋白，筛选橡胶树草甘膦药害中重要调控因子。

第七章　橡胶树油菜素内酯信号研究进展

郭冰冰

（中国热带农业科学院橡胶研究所）

油菜素内酯（BR）是一种天然植物激素，存在于花粉、种子、茎、叶等植物器官中。广泛参与各种植物调节过程，包括茎伸长、叶片发育、花粉管生长、木质部分化、衰老、光形态建成和应激反应（Clouse，1996；Thompson et al.，1982）。目前还未有人对橡胶树中 BR 潜在功能进行研究，因此，本章简要地以 BR 受体 BRI1、共受体 BAK1以及转录因子 BES1 家族为例，介绍了 BR 参与在橡胶树基因组中鉴定 BR 受体与转录因子功能，有助于进一步阐明 BR 在橡胶树产量与品质形成过程中的调节作用。

第一节　油菜素内酯受体激酶与转录因子

受体激酶（RLKs）位于植物细胞表面，可传递调控信号（Walker & Zhang，1990）。BRI1 是 BR 的受体，是一种富含亮氨酸重复序列受体激酶（LRR–RLK）。BR受体 BRI1 及共受体 BAK1 位于细胞质膜上，通过一系列磷酸化和去磷酸化反应将 BR信号传递到细胞质中，然后再将信号转移至细胞核中，由转录因子 BES1 接收 BR 信号最终促进/抑制靶基因的表达。BRI1 和 BAK1 是感知和传递 BR 信号具有不同功能结构域的重要激酶。BRI1 的细胞外结构域由 25 个 LRR 组成，BR 识别域为第二十一个和第二十二个 LRR 之间的 70 个氨基酸形成的岛状结构域。同时，胞内激酶结构域被分为 12个保守结构域，胞外结构域和胞内结构域通过跨膜域连接在一起（Clouse & Sasse，1998；Li & Chory，1997；She et al.，2011）。BAK1 包含 N 端信号肽、5 个 LRR、跨膜域和位于细胞质的丝氨酸/苏氨酸激酶结构域（He et al.，2007）。此外，BRL1 和 BRL3作为是 BRI1 的同源蛋白参与 BR 信号传递。岛状结构域和激酶结构域在 BR 信号转导过程中起非常重要的作用（Noguchi et al.，1999），当岛域结构发生突变时，BRI1 对 BR信号的感知能力减弱甚至丧失（Hothorn et al.，2011；She et al.，2011），但是过表达

BAK1 可部分恢复 BRI1 突变体表型（Russinova et al., 2004）。BRI1 和 BAK1 的激酶活性在 BR 信号从细胞膜传递到细胞核的过程中起着至关重要的作用。在 BR 信号转导过程中，BRI1 与 BAK1 结合形成受体激酶复合体，并相互磷酸化以触发后续反应。BRI1 和 BAK1 的结合依赖于 BRI1 的激酶活性（Yang et al., 2011），如果在激酶的结构域发生突变，会表现出 BR 不敏感并阻止 BR 信号的向下传递。BRI1 和 BAK1 将信号传递给 BES1/BZR1，结合下游基因启动子，调控 BR 靶基因表达，进而调控各种生长发育进程。另一方面，BES1 和 BZR1 在细胞核内与 CPD 等 BR 合成基因的启动子结合，抑制 BR 的合成，调控激素水平的动态调控（Vert & Chory, 2006）。在 BRs 缺失或低水平时，BRI1 的 C 端和 BSK1 结合抑制 BRI1 与 BAK1 的相互作用，BIN 通过 14-3-3 蛋白保留在细胞质中，从而抑制 BR 信号转导和感知（Bai et al., 2007）。因此，BRs 及其受体蛋白的数量受到严格的动态平衡机制的调节。

转录因子（Transcription factors, TFs）通过激活或抑制靶基因的转录，在植物生长、发育和胁迫反应的调控中发挥重要作用（Farrel & Guo, 2017）。TFs 还可以激活植物在生物和非生物胁迫下的各种防御机制（Century et al., 2008）。BES1 是参与调控 BR 信号的植物特异性转录因子。由于 BES1 是 BZR1 的同源蛋白，其氨基酸序列高度相似（88%），N 端保守结构域高度相似（97%）（Wang et al., 2012），有研究将其称为 BES1/BZR1（Yu et al., 2018）。BES1 转录因子是 BR 信号转导的核心参与者（Moreno-Risueno et al., 2007），在植物生长发育和抗胁迫中起决定性作用（Ryu et al., 2010）。BES1 通过磷酸化激活 BR 信号通路，调控 BR 靶基因的表达，最终调控植物的生长发育和抗逆性（Ryu et al., 2010）。BES1/BZR1 在细胞核内积累响应 BR 信号，激活硫代葡萄糖苷的生物合成，调控 BR 信号通路的基因表达，促进植物生长发育。研究表明，BES1 可调控拟南芥主根维管束初生组织 BRL3 的表达。BR 处理提高了 BES1/BZR1 基因表达水平以及在细胞核内的积累，BES1/BZR1 受 BIN2 激酶的负调控（Salazar-Henao et al., 2016）。BES1/BZR1 转录因子可在激素诱导下调控植物生长发育。在渗透胁迫下，外源表达转基因植株对脱落酸的敏感性降低，促进茎生长和根系发育，降低丙二醛含量和相对电解质外渗率，增强耐盐耐旱性（Sun et al., 2020）。最近的一项研究表明，BES1 介导的 ABI3 是开花和开花的负调控因子，ABI3 的异位特异表达导致野生型拟南芥和番茄出现严重的早花表型。这表明 BES1 介导的 ABI3 调控在植物生殖阶段转变中发挥重要作用，BES1 参与脱落酸信号通路，介导植物生长发育（Hong et al., 2019）。BR 通过上调 PIN7 和下调 SHY2 来调控根分生组织的大小，并且 BES1 可以直接结合 PIN7 和 SHY2 的启动子区域，这表明 PIN7 和 SHY2 作为 BES1 的直接靶点来介导 BR 诱导的根分生组织的生长（Li et al., 2020a）。此外，BES1 与乙烯响应因子 ERF72 相互作用, 调控下游基因的表达, 最终影响植物的生长发育 (Liu et al., 2018b; Liu et al., 2018c; Lv et al., 2018)。BZR1 结合 ACO1 启动子的 E-box 元件来抑制 ACO4 的表达, 进一步影响 ETH 的产生 (Moon et al., 2020)。在水稻中, OsBZR1 结合 OsMIR396d 启动子激活其转录调控植物结构建成 (Tang et al., 2017)。

第二节　橡胶树油菜素内酯受体成员结构分析

一、橡胶树油菜素内酯受体成员鉴定

从橡胶树中分别鉴定到 5 个以及 4 个 *HbBRI1* 和 *HbBAK1* 基因序列 (表 7-1), 并分别命名为 *HbBRI~HbBRL3* 和 *HbBAK1a/b/c/d*。在这些基因中, 只有 *HbBRI1* 和 *HbBAK1a* 位于前链, 其他基因位于反向链。开放阅读框 (ORF) 的全长为 1 206~3 688 bp, 氨基酸长度为 402~1 228 aa。预测等电点为 5.41~8.15。根据亲水性平均系数, 可以确定除了 HbBAK1a 之外, HbBRI1 和 HbBAK1 都是亲水性蛋白 (表 7-1)。

表 7-1　橡胶树 BRI1 和 BAK1 基因的理化性质

基因名称	位点	链	CDS (bp)	氨基酸长度 (aa)	分子量 (Da)	等电点	亲水性平均系数
HbBRI1-1	scaffold0057	−	3 679	1 225	133 394.55	6.18	−0.041
HbBRI1-2	scaffold0387	+	3 688	1 228	134 151.21	6.19	−0.076
HbBRI1-3	scaffold0406	−	3 409	1 135	124 018.58	5.94	−0.003
HbBRI1-4	scaffold0740	−	3 406	1 134	123 651.87	5.82	−0.002
HbBRI1-5	scaffold1656	−	3 667	1 221	132 827.64	5.48	−0.013
HbBAK1a	scaffold0043	+	1 206	402	43 793.59	8.15	0.117
HbBAK1b	scaffold0283	−	1 872	624	69 033.25	5.41	−0.135
HbBAK1c	scaffold0441	−	1 845	615	68 225.60	5.76	−0.218
HbBAK1d	scaffold0577	−	1 848	616	68 547.43	6.01	−0.199

(一) BRI1 和 BAK1 成员的系统发育分析

为了确定橡胶树 BRI1 和 BAK1 成员的系统发育关系, 人们总共筛选了来自橡胶树、拟南芥、水稻、杨树、柑橘、可可和榴莲中的 47 个基因进行聚类采用 NL 方法重新构建进化树 (图 7-1)。根据系统发生树的自举值和拓扑结构, 将 7 个物种的 BRI1s 和 BAK1s 分为两组: Ⅰ 家族和 Ⅱ 家族。Ⅱ 家族比 Ⅰ 家族更古老, Ⅰ 家族含有 HbBRI1, 可分为 3 个亚族，*HbBRI1* 是 *AtBRI1* 的同源基因。BAK1 分为两个亚族，其中 *HbBAK1c/d* 为 *AtBAK1* 的同源基因。

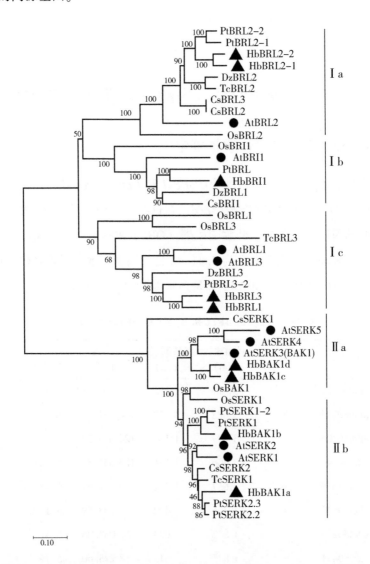

图 7-1　橡胶树、拟南芥、水稻、杨树、可可、柑橘和榴梿中 BRI1 和 BAK1 蛋白的系统发育树

　　注：使用 MEGA X（1 000个重复）对这 7 个物种中 47 种氨基酸序列创建 NL 系统发育树，并显示每个分支的引导值。At 为拟南芥，Os 为水稻，Dz 为榴梿，Pt 为杨树，Tc 为可可，Cs 为柑橘，Hb 为橡胶树。黑圈代表拟南芥的基因，黑色三角形代表橡胶树中的基因。比例尺显示每个位点有 0.1 个氨基酸位。

（二）HbBRI1 和 HbBAK1 成员序列特征

HbBRI1 和 HbBAK1 的氨基酸序列包含一些具有激酶功能的特征结构域（图 7-2 和

图 7-3）。在 HbBRI1 和 HbBAK1 蛋白序列中发现了 4 个主要结构域：信号肽、LRR 结构域、跨膜结构域和位于细胞质的激酶结构域。基因结构方面，只有 *HbBRL3* 含有 2 个内含子，其余均无内含子。而 *HbBAK1b/c/d* 中有 10 个内含子，仅 *HbBAK1a* 有 8 个内含子。此外，HbBRI1 和 HbBAK1 中的保守基序具有一致的分布模式。与 HbBRI1 相反，HbBAK1a 的氨基酸序列缺少 motif2/4/7/9（图 7-4）。保守的图案如图 7-4C 所示。这些结果表明橡胶树的 *BRI1* 和 *BAK1* 基因非常保守，但在进化过程中，*HbBAK1a* 在 C 端缺失了一个结构域。

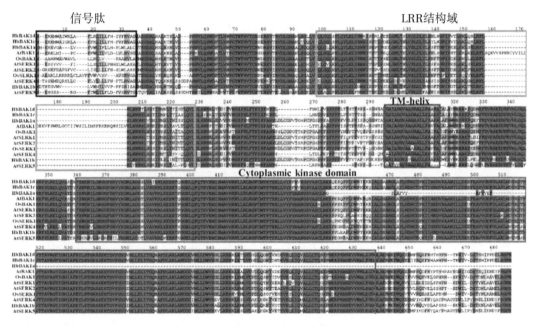

图 7-2　HbBAK1 结构域的多序列比对

注：HbBAK1 氨基酸序列的保守结构域用彩色矩形标记，信号肽为黑色，LRR 结构域为绿色，跨膜结构域（玫红）和丝氨酸/苏氨酸激酶结构域（棕色）。

（三）HbBRI1 和 HbBAK1 的结构域和顺式元件分析

基于 HMMER 软件，确定除了 HbBAK1a 以外，所有 HbBRI1 和 HbBAK1 均具有 LRR 结构域和激酶结构域，均具有活性位点（图 7-5A）。这些氨基酸序列均以 LRRNT-2 结构域开始，以激酶结构域结束，表明 HbBRI1 和 HbBAK1 是植物富含重复亮氨酸序列的受体蛋白激酶，在植物生长和激素信号转导中发挥重要作用。基于 HbBRI1 和 HbBAK1 的启动子序列，使用 PLACE 预测 HbBRI1 和 HbBAK1 中的顺式元件（图 7-5B）。这 5 个 HbBRI1 和 4 个 HbBAK1 启动子包括保守的核心元件 TATA-box 和增强元件 CAAT-box，其基本结构特征与真核基因启动子相似，包含许多光反应元件，

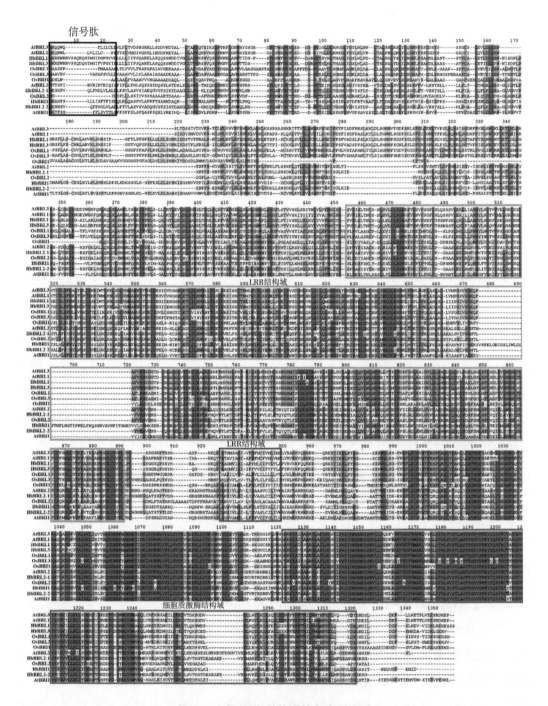

图 7-3　HbBRI1 结构域的多序列比对

注：HbBRI1 氨基酸序列的保守结构域用彩色矩形标记，信号肽为黑色，LRR 结构域为绿色，跨膜结构域为玫红色，丝氨酸/苏氨酸激酶结构域为棕色。

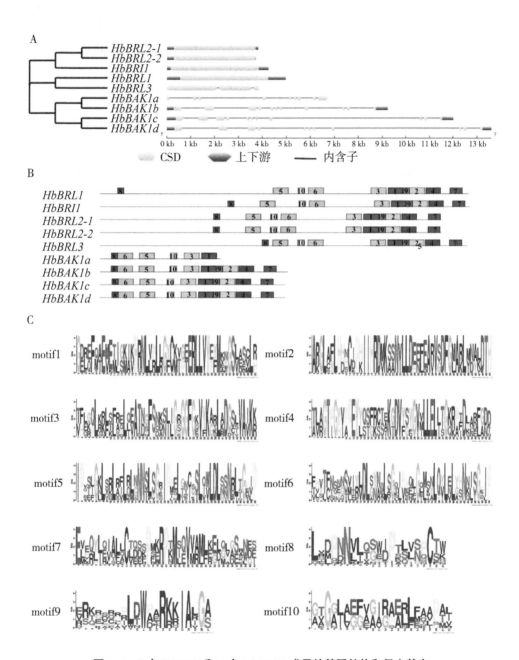

图7-4　5个 *HbBRI1* 和4个 *HbBAK1* 成员的基因结构和保守基序

注：A. 用 MEGA X 和 NL 方法比较了 *HbBRI1* 和 *HbBAK1* 的系统发育树，采用 GSDS 分析 *HbBRI1* 和 *HbBAK1* 基因的基因结构，黄条代表 CDS，黑线代表内含子，蓝条代表上下游；B. *HbBRI1* 和 *HbBAK1* 成员的基序分析，由 MEME 程序分析 *HbBRI1* 和 *HbBAK1* 中的保守基序，彩色的盒子代表不同的保守基序；C. 保守基序的序列标识，图案是由每个站点的字母堆叠显示的，字母的高度表示出现在位置上的字母乘以堆栈上的信息总量。

说明光可能对 *HbBRI1* 和 *HbBAK1* 基因有显著影响，如 3-AF1 结合位点、GT1、G-box、MRE、4cl-CMA2b、ATCT motif、ap-box 和 AT-rich。此外，HbBRI1 和 HbBAK1 含有一些激素响应的元素：GARE、P-box、TATC-box 和 CGTA-box 响应 GA；ABRE 和 AAGAA 基序对 ABA 有反应；SARE 和 TCA 元件响应 SA；TGACG 基序和 CGTCA 基序 响应 JA。这些反应表明 BRI1 和 BAK1 不仅受 BR 的调控，还受其他激素的调控。同时，HbBRI1 可以通过 DRE-core、LTR、MBS、MYB、MYC、GC-motif、WUN-motif 和 TC-rich repeat 顺式元件对一些非生物胁迫做出反应。O_2 site 元件参与次生代谢作用，ARE 参与维持细胞稳态的抗氧化反应，GCN4 motif 对 *HbBAK1* 中胚乳特异性基因表达至关重 要。可见，HbBRI1 和 HbBAK1 是光信号转导和激素信号转导之间的重要环节。

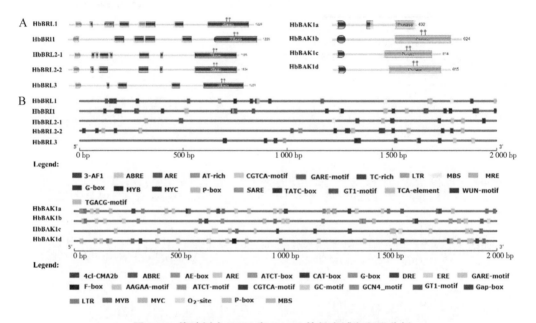

图 7-5　橡胶树中 BRI1 和 BAK1 的保守域和顺元分析

注：A. HbBRI1 和 HbBAK1 蛋白的保守结构域，所有激酶结构域之前的区域都是 LRR 结构域，激酶结构域向上的箭头表示活性位点；B. HbBRI1 和 HbBAK1 启动子中的顺式元件，上部分为分布 在 HbBRI1 和 HbBAK1 启动子序列中的顺式元件，下部分为不同颜色的块状代表不同元素对不同应 力的反应。

二、橡胶树 BR 转录因子成员鉴定

在橡胶树中鉴定了 9 个编码 BES1 蛋白的开放阅读框（ORF），人们根据其位点编 号将其命名为 HbBES1-1 至 HbBES1-9（表 7-2）。使用 HMMER 鉴定 *HbBES1* 基因， Pfam 和 SMART 鉴定 BES1 的保守结构域。HbBES1 家族成员的基本信息如位点、链、

基因组长度、编码序列、氨基酸数量、分子量、等电点、亲水性平均系数、亚细胞定位等生物物理性质如表7-2所示。CDS长度为865~2 113 bp，家族成员编码的氨基酸长度为287~703 aa。其中HbBES1-9序列最长，HbBES1-4序列最短。分子量范围为30 524.99~79 071.07 Da，理论等电点范围为5.76~9.16。所有HbBES1成员都编码为疏水蛋白。

表7-2　橡胶树BES1家族生理生化特性

基因名称	位点	链	编码序列长度（bp）	氨基酸长度（aa）	分子量（Da）	等电点	亲水性平均系数
HbBES1-1	scaffold0050	−	997	331	35 451.45	8.38	−0.618
HbBES1-2	scaffold0070	+	1 003	333	35 602.46	8.34	−0.595
HbBES1-3	scaffold0115	−	940	312	34 097.25	9.16	−0.599
HbBES1-4	scaffold0123	−	865	287	30 524.99	6.54	−0.518
HbBES1-5	scaffold0253	−	2 068	690	76 821.04	5.76	−0.434
HbBES1-6	scaffold0434	+	949	315	34 187.21	8.72	−0.608
HbBES1-7	scaffold0863	+	1 003	333	35 468.33	8.75	−0.592
HbBES1-8	scaffold0916	+	952	316	34 048.8	9.11	−0.648
HbBES1-9	scaffold1194	−	2 113	703	79 071.07	5.76	−0.475

（一）HbBES1蛋白序列的特征分析

利用Clustal Omega3和JavaView软件对橡胶树HbBES1家族成员序列进行比对分析，检测BES1结构域及氨基酸残基的保守性（图7-6）。人们发现在N端有一个高度保守的DNA结合域，属于一个非典型的碱基螺旋—环—螺旋DNA结合位点（bHLH）。人们将除HbBES1-4以外的其他序列的结构域归为Pfam中BES1转录因子的BES1_N结构域，该结构域可与许多BR诱导启动子中的E-box（CANNTG）和BRRE（CGTGT/CG）元件结合。许多BIN2磷酸化位点的S/TXXXS/T序列包含在HbBES1序列中不太保守的部分，这对调节BES1的活性至关重要，同时还有细胞核定位位点（NLS）。在HbBES1家族中，PEST结构域可被26S蛋白酶体识别和降解，以控制蛋白质稳定性。

（二）橡胶树中BES1家族的系统发育分析

为了探索BES1家族的系统发育关系，使用ClustalX将14个AtBES1s和OsBES1s与橡胶树基因组中所有9个已鉴定的BES1蛋白进行系统分析，并使用MEGA X软件重建ML系统发育树（图7-7）。根据系统发生树的拓扑结构、自举值和人们之前的研究，

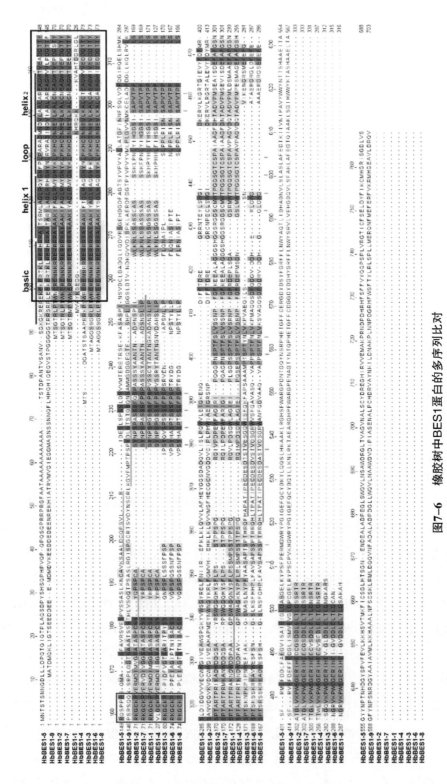

图7-6　橡胶树中BES1蛋白的多序列比对

注：氨基酸的颜色表示保守率。保守的氨基酸用不同的颜色表示。黑框表示N端DUF822，红线表示basic-helix1-loop-helix2结构域(bHLH)，黄线表示核定位位点(NLS)，绿表表示PEST结构域。棕色箭头代表9个HbBES1蛋白中的S/TXXXS/T位点。

来自3个物种的23个BES1蛋白自然分为两个家族（Ⅰ和Ⅱ），Ⅰ家族由18个BES1组成并包含7个HbBES1成员，Ⅱ家族由5个BES1转录因子组成并包含2个HbBES1。每个家族都含有拟南芥、水稻和橡胶树的基因，说明橡胶树中的BES1家族没有经历大规模的扩张，HbBES1是一个保守的家族。

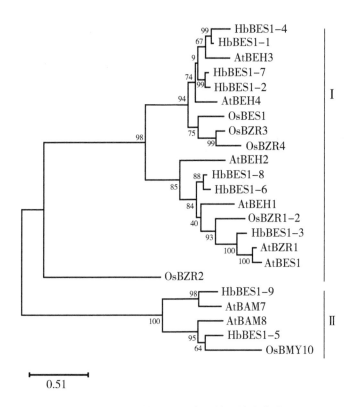

图7-7 BES1转录因子家族的系统发育关系

注：采用ML法构建了系统发育树，包括8个拟南芥BES1
成员、6个水稻BES1成员和9个橡胶树BES1成员。自检值在
每个分支上显示。标尺表示每个位点有0.5个氨基酸。

（三）HbBES1家族成员序列特征分析

对其基因结构和蛋白保守基序进行分析可以全面了解 *BES1* 基因的序列和结构特征。*HbBES1* 家族中的外显子—内含子组成进行分析（图7-8A）。基因结构显示，7个 *HbBES1* 基因成员中有2个外显子和1个内含子，而 *HbBES1-5* 和 *HbBES1-9* 基因中有10个外显子和9个内含子。此外，外显子和内含子长度的多样性显示了 *HbBES1* 家族基因结构的多样性。利用MEME软件对所有HbBES1家族蛋白序列进行分析，预测并确认其保守motif，共鉴定出7个基序（图7-8B）。motif1是基本的 helix-loop-helix 结构域，除了 HbBES1-4 外其余 HbBES1 成员都有 motif1。motif2 是 HbBES1 家族中Ⅰ家族的基本结构域。HbBES1-5 和 HbBES1-9 分别只有两个基序和一个基序。HbBES1 家族的不同 motif 与系统发育树一致。

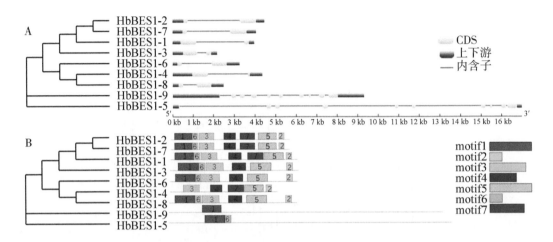

图7-8　9个 HbBES1 成员的序列分析

注：A. 左侧为 MEGA X ML 法构建的 *HbBES1* 基因家族系统发育分析，右侧为 GSDS 中 9 个 HbBES1 基因的结构分析，内含子和外显子分别用黑线和黄框表示，蓝色方框代表 HbBES1 家族中的 UTR；B. 左侧为 MEGA X ML 法构建的 *HbBES1* 基因家族系统发育分析，右侧为 HbBES1 家族成员的 motif 分析，使用 MEME 程序执行的图案显示在面板中，带数字的彩色盒子代表不同的 motif。

（四）参与 *BES1* 基因转录调控的顺式元件分析

启动子顺式元件在调控基因表达中起关键作用，在 HbBES1 启动子区域鉴定出 22 种顺式元件（图7-9）。顺式元件包括 3-AF1 结合位点、G-box、Sp1、GT1 和 MRE（MYB

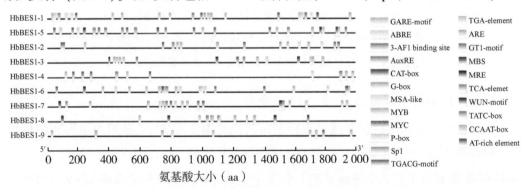

图7-9　HbBES1 启动子的顺式调控元件

注：左侧 HbBES1 启动子序列中顺式元件的分布。右侧不同颜色的方框代表不同的顺式元件对不同刺激的响应。

结合位点）涉及光响应性，GARE、P-box、TATC-box 与 GA 响应性有关，ABRE（ABA 响应性的一个元件）、AuxRE 和 TGA-box 与生长素响应性有关，TCA-box 与 SA 响应性有关，TGACG 参与 JA 响应性，ARE 元件参与厌氧诱导，MYB 结合位点（MBS）参与干旱诱导，CAT-box 参与分生组织表达，MSA 参与细胞周期调控，WUN-motif 作为损伤响应元件。此外，对 HbBES1 序列中的 MYB 和 MYC 进行了分析，发现它们参与了许多反应。这表明 *HbBES1* 家族基因可能参与了不同种类的胁迫和植物激素反应过程，因此 HbBES1 家族可能通过转录调控激素和胁迫反应参与植物的生长发育。

第三节　BR 受体和转录因子响应不同激素胁迫

一、*HbBRI1*、*HbBAK1* 和 *HbBES1* 的组织特异表达

根据橡胶树转录组数据（SRP069104），分析了 *HbBRI1* 和 *HbBAK1* 在橡胶树品种'热研 73397'不同组织中的表达模式（图 7-10）。

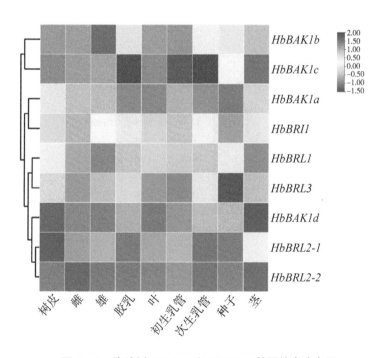

图 7-10　橡胶树 *HbBRI1* 和 *HbBAK1* 基因的表达水平

注：热图由 TBtools 基于 RPKM 数据创建。红色和蓝色分别表示
表达水平高和低。右侧显示了不同的 RPKM 值。

HbBRI1 和 *HbBAK1* 基因在不同组织中表现出空间特异性。*HbBRL2-1* 和 *HbBRL2-2*

在茎部表达较高, *HbBRL3* 在种子中表达量较高, *HbBRL1* 和 *HbBAK1d* 在次级乳管 (一种合成乳胶的组织) 中高度表达, *HbBRI1* 和 *HbBAK1c* 在苗期初生乳管中高度表达。基于这些发现, 可以得出 *HbBRI1* 和 *HbBAK1* 在乳胶合成中发挥重要作用。通过实时荧光定量, 人们利用橡胶树中的不同组织 (根、茎、叶、花、枝、乳胶), 人们发现除了 *HbBRL3* 和 *HbBAK1d*, 几乎所有基因在花中都有最高的表达, 除 *HbBRL3* 和 *HbBRL2-2* 外, 几乎所有基因在乳胶中的表达量都最低 (图 7-11)。值得注意的是, *HbBRL2-1* 的相对表达量达到对照的 575 倍。*HbBRL2-2/5* 和 *HbBAK1c* 表达水平比对照组高 300 倍以上。

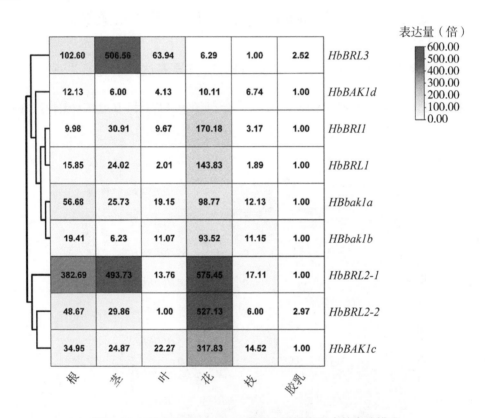

图 7-11　*HbBRI1* 和 *HbBAK1* 基因在不同组织中的表达模式

注: *HbActin* 为内参基因。各基因表达量最低的组织为对照, 设为 1。方框中的值表示相对表达量数值。表达数值显示在不同颜色的框中。白色和红色分别代表低表达量和高表达量。

采用 qRT-PCR 方法, 用等量 cDNA 模板测定了 *HbBES1* 基因在根、茎、叶、花、枝和乳胶中的特异性表达。*HbBES1-2*、*HbBES1-5* 和 *HbBES1-8* 在所有组织中广泛表达, 除 *HbBES1-1* 外, *HbBES1* 基因在花中均高表达 (图 7-12)。*HbBES1-1*、

HbBES1-2、*HbBES1-7* 和 *HbBES1-8* 在根中均高表达。*HbBES1-3* 和 *HbBES1-4* 仅在花中检出。*HbBES1-4*、*HbBES1-6* 和 *HbBES1-9* 在乳胶中的表达几乎检测不到。所有 *HbBES1* 基因在不同组织中均表现出不同的表达模式。

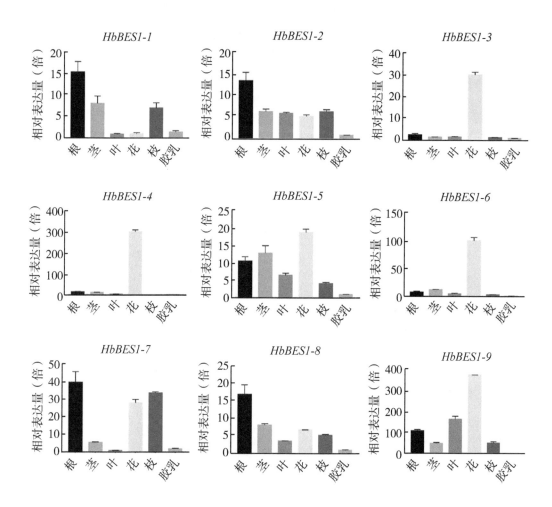

图7-12　9个 *HbBES1* 基因在根、茎、叶、花、枝和乳胶不同组织中的特异性表达

二、*HbBRI1* 和 *HbBAK1* 对激素应激反应的表达分析

BRI1 协调 BRs 和其他激素之间的联系。利用 qRT-PCR 分析了不同激素［如脱落酸（ABA）、油菜素内酯（BR）、乙烯利（ETH）、赤霉素（GA）、茉莉酸（JA）和水杨酸（SA）］诱导 *HbBRI1* 和 *HbBAK1* 基因的表达谱（图7-13），确定 *HbBRI1* 和 *Hb-BAK1* 基因在不同激素处理下的表达模式。ABA 处理橡胶树后，*HbBRL1*、*HbBRL2-1*、*HbBRL2-2*、*HbBAK1a* 和 *HbBAK1b* 在 10.0 h 后的表达量异常高，其中 HbBAK1b 的表达

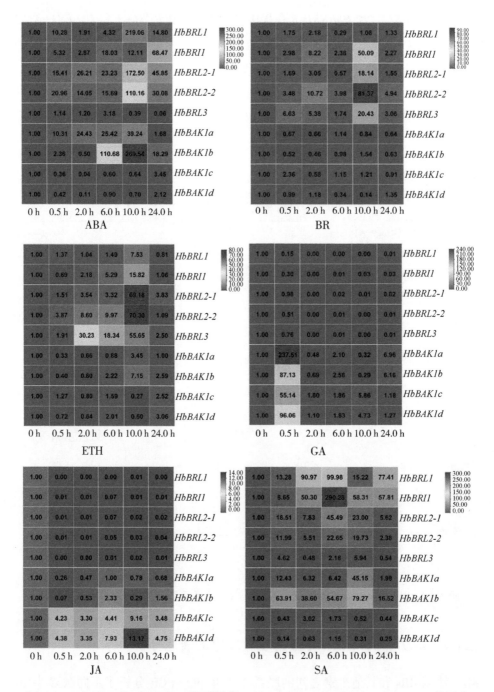

图7-13 *HbBRI1* 和 *HbBAK1* 对不同激素（ABA、BR、ETH、GA、JA、SA）的反应

注：ABA 为脱落酸，BR 为油菜素内酯，ETH 为乙烯，GA 为赤霉素，JA 为茉莉酸，SA 为水杨酸。*HbActin* 为内参基因。横轴为不同激素处理时间。表达数值显示在不同颜色的框中。蓝色和红色分别代表低表达水平和高表达水平。

量是对照的 269 倍。*HbBRI1*、*HbBAK1c* 和 *HbBAK1d* 的峰值时间为 24.0 h，*HbBRL3* 为 6.0 h。在 BR 处理下，*HbBRI1* 的表达量随时间有特异性的升高和降低。除 *HbBRL1* 外，所有 *HbBRI1* 基因在 10.0 h 后均呈现高表达水平。BR 处理 10.0 h 后 *HbBRL2-2* 表达量为对照的 81 倍以上，具有较强的诱导作用。

相对于 *HbBRI1*、*HbBAK1c* 和 *HbBAK1d* 表达量先升高后降低，最后升高，而 *HbBAK1a* 和 *HbBAK1b* 在不同 BR 处理下先降低，后升高，最后降低。ETH 处理下，所有 *HbBRI1* 在不同时间点均有表达上调，并在 10.0 h 内达到峰值。*HbBAK1a* 和 *HbBAK1b* 在 10.0 h 内上调，*HbBAK1c* 和 *HbBAK1d* 在 24.0 h 内上调。GA 和 JA 处理下，*HbBRI1* 的表达水平在所有时间点均有显著下调，而 JA 处理下除 *HbBAK1a* 外所有 *HbBAK1* 的表达水平均有上调。SA 处理后，5 个 *HbBRI1* 的表达水平均上调，并随时间呈变化趋势。SA 对 HbBRI1 的诱导程度极高，其峰值是对照的 290 倍以上。SA 处理后 *HbBAK1a* 和 *HbBAK1b* 在 10.0 h 内达到峰值，*HbBAK1c* 在 2.0 h 内达到峰值，而 *HbBAK1d* 下调。

三、不同激素胁迫下 HbBES1 家族的表达模式

BES1 转录因子是 BR 通路对不同应激源反应的重要组成部分。通过荧光定量分析 HbBES1 家族成员响应激素诱导的表达水平（图 7-14 至图 7-19）。整体而言，ABA、ETH、JA、SA 处理下 *HbBES1* 基因的表达量在 6.0 h 呈上升趋势，10.0 h 呈下降趋势，24.0 h 呈上升趋势，且随处理时间而波动。GA$_3$ 处理 0.5 h 后，所有 *HbBES1* 基因立即下降。在 ETH 处理下，*HbBES1-3* 和 *HbBES1-9* 的相对表达量发生剧烈变化。ABA、ETH 和 SA 在 6.0 h 内出现较强的诱导，JA 和 BR 在 10.0 h 和 2.0 h 内出现。这说明 *HbBES1* 基因对激素胁迫的响应方式不同。

近年来，关于 BR 的研究越来越多。BR 的功能包括细胞的增大和分裂、衰老调控、雄性育性、花粉发育和果实成熟等，几乎涵盖了植物生长发育的全部过程（Ali et al., 2013；Clouse, 2011；Dhaubhadel et al., 2002）。BR 信号转导途径始于膜受体 BRI1 和共受体 BAK1，最终以 BES1/BZR1 结束。BRI1 和 BAK1 作为感知和传递 BR 信号的 BR 受体已被广泛研究。BES1/BZR1 积极参与植物的生长发育、抗逆性和抗逆性均受 BR 的调控（Nolan et al., 2017）。激酶调控和转录调节是植物与动物许多激素生物效应的基础（Yin et al., 2005；Yu et al., 2011）。鉴定和探索橡胶树 BRI1、BAK1 和 BES1 的生理生化特性，为选育优质橡胶树品种提供理论依据。在本研究中，人们对橡胶树 *BRI1*、*BAK1* 和 *BES1* 基因进行了全基因组研究，并全面分析了其对激素胁迫的响应。

从橡胶树中鉴定出 5 个 *HbBRI1*、4 个 *HbBAK1* 和 9 个 *HbBES1* 基因，分析了它们的理化性质、系统发育特征、保守结构域和基序、基因结构、顺式元件以及对激素的响

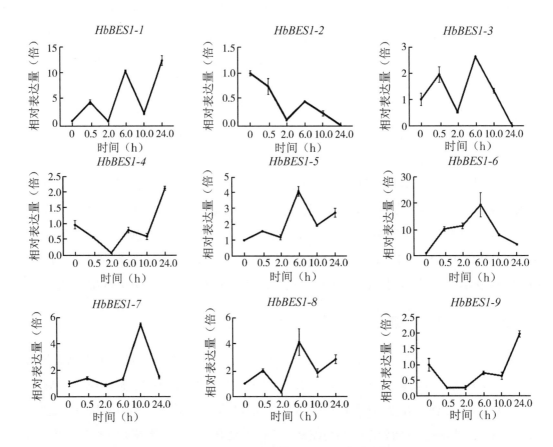

图7-14 ABA诱导的qRT-PCR表达分析

注：*HbBES1* 基因在 ABA 作用 0.5 h、2.0 h、6.0 h、10.0 h 和 24.0 h 后的表达模式。以 *HbActin* 作为内参基因。误差线为 3 个独立生物重复数的 ±SD。ABA 为脱落酸。

应。拟南芥中 4 个 *BRI1*、5 个 *BAK1* 和 8 个 *BES1*（Li & Chory, 1997），水稻中 5 个 *BRI1*、2 个 *BAK1* 和 6 个 *BES1*（Ito et al., 2005），与橡胶树中的 5 个 *BRI1*、4 个 *BAK1* 和 9 个 *BES1* 基因进行了比较。*BRI1*、*BAK1* 和 *BES1* 基因的数量在不同种间无显著差异，表明 *BRI1*、*BAK1* 和 *BES1* 在植物生长发育中具有进化保守性和古老性。除 HbBAK1a 外，所有 *HbBRI1* 和 *HbBAK1* 的等电点均不超过 7，而大多数 HbBES1 的等电点要大于 7。此外，所有 HbBRI1 和 HbBAK1 蛋白都存在一个跨膜结构域，位于质膜上，说明 *BRI1* 和 *BAK1* 向质膜传递 BR 信号，所有 HbBES1 都存在核定位结构域，被定位在细胞核中，说明 HbBES1 转录因子主要在细胞核中行使功能。

由于同源物具有相似的生物学特征，系统发育分析被用来预测它们在进化过程中的功能。25 个 *BRI1* 被分为 3 个亚族，22 个 *BAK1* 被分为 2 个亚族。本研究的结果与以往的研究结果一致。*AtBRI1* 和 *OsBRI1* 促进早熟开花，延缓衰老，促进叶片和叶柄伸长，

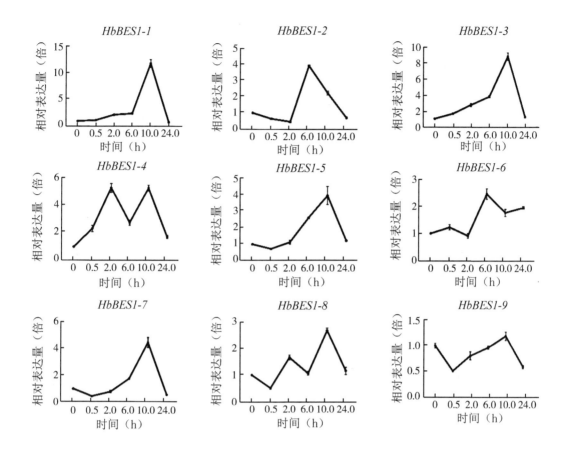

图 7-15　BR 诱导的 qRT-PCR 表达分析

注：*HbBES1* 基因在 BR 作用 0.5 h、2.0 h、6.0 h、10.0 h 和 24.0 h 后的表达模式。以 *HbActin* 作为内参基因。误差线为 3 个独立生物重复数的 ±SD。BR 为油菜素内酯。

增强对 BRs 的敏感性（Hong et al., 2008；Noguchi et al., 1999；Zhang et al., 2016a）。*HbBRI1* 与 *AtBRI1* 聚集在一起，因此可能与 Ⅰ b 亚族具有相同的功能。*BRL1* 和 *BRL3* 是不必要的受体，但可以与 BRs 结合。*AtBRL1*、*AtBRL3*、*OsBRL1* 和 *OsBRL3* 参与维管束分化、细胞伸长和细胞分裂（Cano et al., 2004）。*HbBRL1* 和 *HbBRL3* 与 *AtBRL1* 和 *At-BRL3* 聚类，因此可能表现出与 Ⅰ a 亚族相似的功能。*HbBRL2-1*、*HbBRL2-2*、*AtBRL2* 和 *OsBRL2* 属于 Ⅰ c 组，*BRL2* 是不必要的，不能与维管束特异性蛋白相互作用的 BR 结合直接影响叶脉发育（Ceserani et al., 2009）。这些结果为进一步研究 *BRI1* 基因在橡胶树中的功能奠定了基础。*BAK1* 过表达导致器官表型拉长，而 *BAK1* 缺失等位基因显示半矮化表型，并降低对 BR 的敏感性（Li et al., 2002）。*AtBAK1* 与 *AtBRI1* 共同传递 BR 信号，但单独作用于 BR 信号，调节免疫应答和细胞凋亡。BR 信号和免疫应答的协同

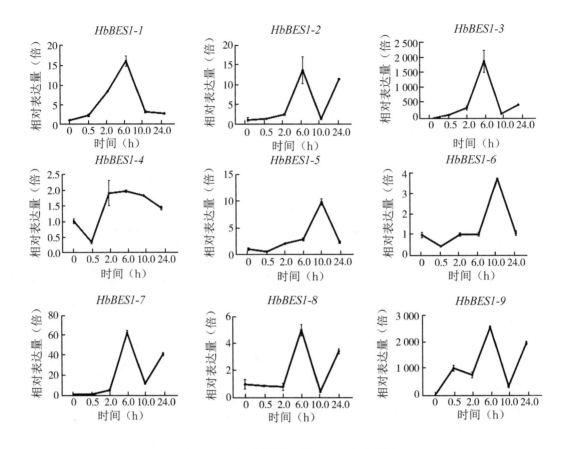

图 7-16　ETH 诱导的 qRT-PCR 表达分析

注：*HbBES1* 基因在 ETH 作用 0.5 h、2.0 h、6.0 h、10.0 h 和 24.0 h 后的表达模式。以 *HbActin* 作为内参基因。误差线为 3 个独立生物重复数的 ±SD。ETH 为乙烯利。

效应需要 *BAK1*，这表明 BR 信号和免疫应答之间存在复杂的交叉，其中涉及 *BAK1*（Albrecht et al.，2012）。*OsBAK1* 在幼苗叶片、茎和剑叶中均有表达，可被稻瘟病菌、宿主细胞死亡、防御信号分子（如 SA 和 JA）等胁迫信号激活。水稻过表达 *OsBAK1* 基因可提高水稻抗病性（Hu et al.，2005）。*HbBAK1* 是 *AtBAK1* 和 *OsBAK1* 的同源基因，可能具有相同或相似的功能。将拟南芥、水稻和橡胶树 BES1 重新构建系统发育树。根据前人研究结果，将其成员分为两个家族（Ⅰ，Ⅱ）（Yu et al.，2018）。Ⅰ 家族含有 7 个 *HbBES1* 基因，Ⅱ 家族含有 2 个 *HbBES1* 基因。*HbBES1-3* 是 *AtBES1*（AT1G19350.3）、*AtBZR1*（AT1G75080.1）、*OsBZR1-2*（LOC_Os07g39220）的同源基因。*AtBZR1* 冗余参与植物的生长、发育，介导 BR 诱导的生长，并反馈抑制 BR 生物合成（Li et al.，2009；Saito et al.，2018；Wang et al.，2002），*AtBES1* 通过 BR 参与硫代葡萄糖苷生物

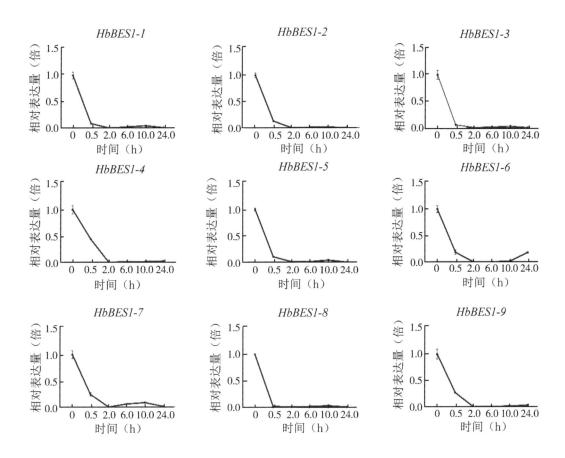

图 7-17　GA 诱导的 qRT-PCR 表达分析

注：*HbBES1* 基因在 GA 作用 0.5 h、2.0 h、6.0 h、10.0 h 和 24.0 h 后的表达模式。以 *HbActin* 作为内参基因。误差线为 3 个独立生物重复数的 ±SD。GA 为赤霉素。

合成。HbBES1-6 和 HbBES1-8 与可能参与相关调控的 AtBEHs 聚类在一起。*HbBES1-5* 与 *OsBMY10*、*HbBES1-9* 与 *AtBAM7* 为同源基因对。在冷胁迫处理下，*OsBMY10* 在 *OsMYB30* 过表达植株中下调，而在 *osmyb30* 突变体中上调（Lv et al.，2017）。*AtBAM8* 具有一个 BZR1 结构域，该结构域通过串扰起作用，并利用 BR 信号作为代谢传感器，通过激活基因表达来控制植物的生长发育（Soyk et al.，2014）。

此外，对橡胶树中的多个 BRI1 和 BAK1 氨基酸序列进行了比对，揭示了信号肽、LRR 结构域、跨膜结构域和细胞质激酶结构域 4 个结构域的结构。这 4 个结构域在 *BRI1* 和 *BAK1* 基因中保守且重要（Kinoshita et al.，2005；Liang & Zhou，2018；Shiu & Bleecker，2001；Sun et al.，2017；Wang et al.，2005）。通过 *HbBES1* 的氨基酸序列比对，人们发现在 n 端有一个高度保守的 bHLH 结构域和 BES1_N，这与人们通过体内/体

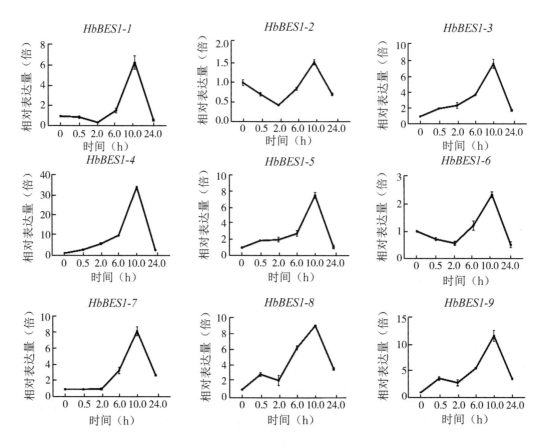

图 7-18　JA 诱导的 qRT-PCR 表达分析

注：*HbBES1* 基因在 JA 作用 0.5 h、2.0 h、6.0 h、10.0 h 和 24.0 h 后的表达模式。以 *HbActin* 作为内参基因。误差线为 3 个独立生物重复数的±SD。JA 为茉莉酸。

外试验证明的其他具有 DNA 结合活性的已知物种的 BES1 相似（Yu et al., 2018，Zhu et al., 2020）。磷酸化和去磷酸化对调节 BES1 的转录活性很重要。在 HbBES1 蛋白的后一部分序列中，存在一个被 GSK-3 激酶识别为去磷酸化的 S/TXXXS/T 结构域，该结构域以蛋白质空间形式影响相互作用（Wang et al., 2002；Yin et al., 2002）。基因结构多态性阐述了基因家族的结构演化。基于基因结构的预测，人们确定 *HbBRL1*、*HbBRI1*、*HbBRL2-1* 和 *HbBRL2-2* 不存在内含子，且表现出相似的基因结构，表明这些基因是古老的、保守的，并且能够快速响应外界因素。而 *HbBES1* 基因外显子和内含子的分布和位置存在显著差异。通过进化树，人们发现包含 *HbBES1-5* 和 *HbBES1-9* 的Ⅱ族是 HbBES1 家族中最早的分支，这两个基因拥有 9 个内含子，是内含子数量最多的，而其他 *HbBES1* 基因只有 1 个内含子。这一显著差异归因于 *HbBES1* 家族进化过程中发

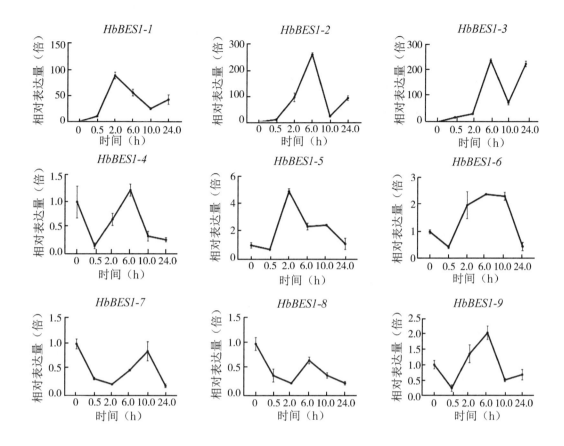

图 7-19　SA 诱导的 qRT-PCR 表达分析

注：*HbBES1* 基因在 SA 作用 0.5 h、2.0 h、6.0 h、10.0 h 和 24.0 h 后的表达模式。以 *HbActin* 作为内参基因。误差线为 3 个独立生物重复数的 ±SD。SA 为水杨酸。

生的大规模内含子损失。同时，在组内也观察了 motif 在族间的分配情况。第 Ⅱ 族相对于内含子数量最多有两个 motif，因此人们认为 *HbBES1* 基因的特定功能与橡胶树的生长发育有关，但这还需要进一步实验验证。上述结论与之前的研究一致，即同一组 *HbBES1* 基因具有相似的 motif 分布模式（Liu et al.，2018b；Liu et al.，2018c）。

更多的证据表明含有反应基因的基因与环境变化密切相关。BRI1 和 BAK1 作为受体 BR 信号通路参与多种应激反应。从结果来看，在顺式元素预测中，确定 HbBRI1 和 HbBAK1 成员包含许多响应激素和非生物胁迫的元素，包括 ABA、GA、SA、JA、光、机械损伤、干旱等。这些结果表明 BRI1 和 BAK1 是调节激素信号转导和非生物胁迫的 LRR 受体激酶。在 *HbBES1* 基因家族中，有 5 个顺式元件参与光响应，说明 BR 参与光形态反应，这一点已被前人证实（Li & He，2016；Li et al.，2018）。对 *HbBES1* 基因的顺式元件分析表明，*HbBES1* 家族与包括 GA3、ABA、SA、生长素和 JA 等激素的非生物和生物胁迫密切相关。同时，*HbBES1* 家族基因顺式元件对细胞周期和分生组织表达的响应不仅与植物生长发育有关，而且显著影响植物的抗逆性。

BR 有多种与其他激素相互作用时对植物的影响（Clouse et al.，1992；Oh & Clouse，1998）。BR 与其他激素（ABA、ETH、GA、JA 和 SA）在不同条件下相互促进和拮抗（Bai et al.，2012；Huang et al.，2010；Li et al.，1996；Peng et al.，2011；Singh et al.，2014a；Singh et al.，2014b）。ABA 和 BR 在正常条件下表现出拮抗作用，逆境条件下内源 ABA 和 BR 增加。此外，外源 BR 增加了内源性 ABA 的表达水平，以减轻不利环境造成的损害（Friedrichsen et al.，2002；Liu et al.，2011）。此外，BR 和 ETH 之间的大量串扰表明，BES1 与 E-box 元素 ACO4 结合抑制 ACO4 的表达，并进一步影响 ETH 的释放（Moon et al.，2020）。BES1 与 JA、GA、SA 和 BR 的转录因子之间相互联系有关（Bai et al.，2012；Bartwal et al.，2013；Xia et al.，2014）。BRI1 和 BAK1 可以作为 BR 信号的上游分子传递信号（Huang et al.，2019；Lozano-Elena & Cano-Delgado，2019；Wang et al.，2021），BES1 转录因子是 BR 途径中的重要调控因子，并与不同途径调控因子的启动子结合，从而在植物生长、激素生物合成和非生物胁迫中起到关键作用（Belkhadir & Jaillais，2015；Guo et al.，2013；Li et al.，2009；Wang et al.，2013；Wang et al.，2002）。BRI1 突变体对 BR 不敏感，而且也对其他激素不敏感（Chono et al.，2003）。番茄 BRI1 突变体对 GA 持续敏感 ABA（Koka et al.，2000）。大麦 BRI1 突变体 *uzu* 对 ABA 更敏感种子发芽率。在拟南芥中，BRI1-301 使 BRI1 的弱突变株对 ABA 更敏感（Chono et al.，2003）。BRI1-5 在细胞外结构域有一个氨基酸突变，过表达 BAK1 可以回补其突变表型但不能回补 BRI1-4 突变体的表型，后者的激酶结构域功能丧失，这表明 BAK1 和 BRI1 作为功能互补存在，但需要 BRI1 的激酶活性（Wang et al.，2005）。作为 BR 受体，BAK1 参与植物的先天免疫反应，非生物应激和细胞死亡。BAK1 与 AvrPto 和 AvrPtoB 相互作用，启动效应器触发的免疫（Chinchilla et al.，2007）。在苹果中，*MdBRI1/2/4*、*MdBAK1* 和 *MdBAK1* 被 BR 强烈诱导，*MdBAK1* 调控糖、BR、乙烯、木质素及逆境响应，促进苹果幼苗生长（Zheng et al.，2017）。橡胶树是重要的热带经济作物，乳胶是天然橡胶的重要来源，在工业、国防和医药领域具有很高的经济价值。当橡胶树受到机械损伤时，胶乳会从乳管中流出，研究证明激素会影响胶乳产量（Dusotoit-Coucaud et al.，2010，Osborne & Sargent，1974，Wang et al.，2002，Zhai et al.，2018）。在本章内容中，通过对橡胶树进行不同激素刺激检测其调节作用并对 *HbBRI1* 和 *HbBAK1* 的响应因子进行筛选。ABA、BR 和 ETH 均可上调 *HbBRI1* 的表达水平，GA 和 JA 则下调。结合微阵列分析和橡胶树 qRT-PCR 结果，人们发现

HbBRI1、*HbBAK1* 和 *HbBES1* 在不同组织和不同处理中的表达具有相似的差异功能，与在其他物种中发现的类似（Chono et al.，2003，Koka et al.，2000，Xu et al.，2014a）。ABA、BR 和 ETH 处理在 10 h 后，SA 处理 6.0 h 后，GA 处理 2.0 h 后，JA 处理 0.5 h 后出现强诱导调控机制。此外，*HbBRL1*、*HbBRL2-2*、*HbBRL2-1* 和 *HbBRI1* 受 ABA、BR、ETH 和 SA 激素诱导反应最强烈。*HbBAK1* 基因均在不同的时间出现不同的上调/下调反应。值得注意的是，*HbBAK1b* 对 ABA 的反应在 10.0 h 相比较对照而言增加了 269 倍。*HbBAK1* 的表达量经 GA 处理在 0.5 h 均上调，与 *HbBRI1* 不同的是，所有 *HbBAK1* 的表达模式在 GA 处理下的不规律。HbBAK1b/c/d 在 1.0 h 时被 JA 上调，而 *HbBAK1a* 被下调。除了 *HbBAK1d* 外，*HbBAK1* 基因都被 SA 诱导。此外，BR 对 *HbBRI1* 的诱导作用比 *HbBAK1* 更强，尤其是 *HbBRI14*。人们推测 *HbBRI1* 和 *HbBAK1* 有一个 BR 的反馈调节作用。乙烯能促进胶乳产量，BR 增加了 *BRI1* 和 *BAK1* 的表达促进 ETH 的合成。ETH 和 BR 处理下，所有 *HbBRI1* 和 *HbBAK1* 的表达量均提高。并且多数 *HbBES1* 基因表达水平受不同激素的诱导。相同处理下 *HbBES1* 基因的表达趋势相似，但是在 ETH 作用下 *HbBES1-3* 和 *HbBES1-9* 的表达量极高。ABA 处理下 *HbBES1* 基因表达量均升高，GA 处理下 *HbBES1* 基因表达量均降低，SA 处理下 *HbBES1-7* 和 *HbBES1-8* 基因表达量均降低。人们推测 ABA、ETH 和 SA 在 6.0 h 时，BR 在 10.0 h，GA 在 0.5 h，JA 在 10.0 h 时对 *HbBES1* 的调节作用最强。此外，人们发现 *HbBES1-6* 对 ABA 的反应、*HbBES1-9* 对 ETH 的反应、*HbBES1-4* 对 JA 的反应和 *HbBES1-3* 对 SA 的反应最强烈。综上所述，采用不同的处理方法来确认橡胶树对不同激素的反应，并筛选橡胶树中 *Hb-BRI1*、*HbBAK1* 和 *HbBES1* 基因的调控因子。人们推测 *HbBRI1*、*HbBAK1* 和 *HbBES1* 具有多种功能，在植物生长发育过程中受到不同激素的调控，对橡胶树产量和品质的调控具有潜在功能。

第八章 植物激素信号调控 HbHSP90 家族蛋白研究进展

刘明洋

（中国热带农业科学院橡胶研究所）

为研究 *HSP90* 基因家族成员结构及在橡胶树抗白粉病中的功能，利用生物信息学等技术鉴定橡胶树 *HbHSP90* 基因家族并对其结构及功能进行分析，采用 PCR 技术克隆 *HbHSP90* 基因家族，采用荧光定量分析 *HbHSP90* 基因家族成员在温度、干旱、橡胶树白粉菌侵染和不同植物激素等处理后基因表达模式，筛选得到橡胶树 *HSP90* 基因家族成员中抗性关键基因及其互作蛋白，并证明其在橡胶树白粉病抗性反应中的作用机制，将有助于推动橡胶树抗性基因工程育种和天然橡胶产业的可持续发展。

第一节 橡胶树白粉病的危害和防治研究进展

橡胶树（*Hevea brasiliensis* Müll. Arg.）是天然胶乳的主要来源，天然橡胶不仅在医疗卫生和交通运输中具有重要作用，而且在国防军工领域是不可或缺的战略资源（唐朝荣，2020）。天然橡胶不断增长的需求刺激了橡胶种植园在亚马孙地区传统栖息地之外的扩张，特别是在东南亚国家，这些国家生产了全球 90% 以上的天然橡胶（Warren-Thomas et al.，2018）。橡胶树在生长过程中经常受到病害的影响，橡胶树白粉病是我国橡胶林的重要病害之一（Guardiola-Claramonte et al.，2010）。橡胶树白粉病暴发严重时会导致胶乳减产，造成经济损失（Li et al.，2020c）。

一、橡胶树白粉菌生物学特性研究

橡胶树白粉菌（*Oidium heveae B. A. Steinmann*）是一种专性寄生和生物营养型的病原真菌，完全依赖于活体寄主，只有寄生在幼嫩橡胶叶、芽、花序和其他幼嫩组织上才能生存（Tu et al.，2012）。橡胶树白粉菌薄壁，具有有隔、透明的分枝菌丝，在寄主叶片表面产生放射状菌丝和不规则的斑块，通过吸器从植物细胞中获得营养（Limkaisang et al., 2005）。橡胶树白粉菌的分生孢子长（25~44）μm×（13~23）μm，长宽比为 1.4：2.5，初生分生孢子椭圆形，顶端为圆形，而次生分生孢子为椭圆形至圆柱形（Liyanage et al., 2016）。

二、橡胶树白粉病的发生与为害

橡胶树白粉病是一种典型的气候型病害，其发生流行与橡胶树抽叶期的长短、越冬菌量大小及冬春气候条件有密切的关系（Zhai et al., 2021）。橡胶树白粉病的流行主导因素是冬春气温，气温决定橡胶树冬季落叶是否彻底和春季抽叶的迟早，进而影响越冬菌量大小和春季抽叶物候期的长短。橡胶树白粉菌在每年 12 月至翌年 1 月开始以菌丝状态在老叶或新抽嫩梢上越冬，到春季回温后产生的分生孢子借助气流传播到新抽的嫩叶上。在低温和高湿度条件下，容易促进分生孢子的成熟和积累，而高温则不利于孢子萌发（Byrne et al., 2000）。橡胶树白粉菌侵染会引起橡胶树叶片卷曲、萎缩甚至落叶，从而可造成高达 45% 的胶乳产量损失，采收后的树皮更新缓慢（Liyanage et al., 2018）。橡胶树花序也特别容易受白粉菌影响，感染白粉菌后会出现花蕾凋零，破坏果实的生长，导致种子损失高达 90%~100%。橡胶树白粉病的暴发对农民的生计造成了两个方面的影响：一是减少胶乳产量和增加购买化学杀菌剂造成的经济损失，二是化学杀菌剂的使用和对环境造成的生态后果（Li et al., 2016）。

三、橡胶树白粉病的防治研究

目前尚未发现橡胶树白粉菌的有性世代，在防治上还是以化学防治为主，最常用于预防和控制橡胶树白粉病的化学药剂是硫黄粉，但由于硫黄粉的大量使用，会导致土壤 pH 值下降，改变土壤细菌组成和多样性，影响生物地球化学循环（Liu et al., 2002），因此，有必要寻找对环境友好的替代控制橡胶树白粉病的方法。使用生物防治和建立培育新的抗性无性系是被认为预防或抑制橡胶树白粉病绿色环保且有效的方法。白粉菌寄生孢（*Ampelomyces* spp.）是白粉菌上常见的重寄生菌，能够穿透白粉菌的菌丝并通过间隔孔从细胞外部生长到细胞内部，在一定程度上能抑制白粉病的发生（Kiss et al., 2004）。Liyanage 等(2018)通过形态分子特征和 ITS rDNA 区系统发育鉴定了橡胶树白粉菌的寄生孢，通过显微镜观察发现白粉寄生孢寄生于橡胶树白粉菌中，通过攻击白粉菌丝和繁殖结构来降低白粉病的发病率。为了减少橡胶树白粉病对橡胶种植业的影响，有必要培育具有抗白粉病的无性系。余卓桐等（1992）在早期鉴定的 48 个无性系中有 2 个高度抗病品系'RRIC52'和'红山 67 - 15'，'热研 11 - 9''RRIC102'和

'IAN873'等品系具有中度抗性。国外研究鉴定的抗白粉病品种有'RRIC130''RRISL201''RRISL203''RRISL223'和'RRISL2001',其中'RRISL223'落叶期早,叶片成熟早,早于白粉菌接种量高到具有感染潜力的时期(Liyanage et al., 2016)。

橡胶树白粉病的防治可以通过分子技术实现,通过分子生物学等新技术挖掘橡胶树抗病基因,并建立橡胶树遗传转化技术体系来开发橡胶树抗白粉病转基因无性系,有助于可持续种植橡胶树的长期选择。在拟南芥、小麦和水稻等物种中,白粉菌研究和抗病基因研究较多。edr1 拟南芥突变体植株上观察到白粉菌分生孢子梗的数量比野生型拟南芥多16%,表明 edr1 突变抑制了防御反应,使植株更容易被病原体侵染(Frye & Innes, 1998)。在位于 Pm21 位点上的一个属于苏氨酸蛋白激酶基因 Stpk-V 通过单细胞瞬时表达实验,结果显示 Stpk-V 能显著降低小麦白粉菌孢子吸器指数,表明 Stpk-V 基因正调控白粉病的抗性(Cao et al., 2011)。Mlo 被认为是细胞死亡的负调控因子,其功能的丧失可以使细胞对多重防御功能具有更高的响应能力。Wang 等(2014)发现小麦中转录激活因子效应物核酸酶诱导 3 个 MLO 同源基因的突变遗传可产生对白粉病的广谱抗性。大麦 Mlo 位点的隐性等位基因对白粉菌具有非小种特异性抗性(Elliott et al., 2002;Jarosch et al., 1999)。目前关于橡胶树白粉菌的分子机制研究相对较少。Luo 等(2013)研究表明苯并噻二唑(BTH)通过增加橡胶树敏感无性系叶片中相关防御基因的表达,有效诱导橡胶树对白粉菌的抗性。有研究发现橡胶树 HbMlo12 基因响应白粉菌侵染胁迫和植物激素信号转导过程(Qin et al., 2019)。柯宇航等(2021)发现 CNL 蛋白编码 HbRPM1-3 基因表达量在白粉菌侵染条件下显著上调。以上研究为进一步探索橡胶树抗白粉病机制奠定坚实的基础。

四、植物的抗病性先天免疫系统

植物在生长发育过程中经常遭受各种病原菌的侵染,为了应对病原菌的入侵,植物已经进化出先天的免疫系统来识别病原体并随后激活防御系统(Dangl et al., 2013)。植物病原体遇到的第一层屏障是植物细胞壁,潜在的病原体一旦突破这一屏障,就会遇到活跃的植物免疫系统,专门识别病原体并进行感染过程诱导性防御网络的后续调控,阻止病原体的增殖(Dodds & Rathjen, 2010)。植物免疫系统主要依赖模式识别受体(PRRs)、细胞内核苷酸结合域和亮氨酸重复序列受体(NLRs)。PRRs 识别病原体相关分子模式(PAMPs)并启动 PTI 触发免疫(Zipfel, 2014),而 NLRs 直接或间接拦截菌株特异性病原体效应因子(也称为无毒效应因子)和中介效应触发免疫(ETI),扩增PTI 基础转录程序和防御反应,导致局部细胞死亡,即超敏反应(Cui et al., 2015;Jones et al., 2016)。NLRs 的过度积累和自激活也会导致细胞死亡,不利植物生长发育（Cheng et al., 2011；Rodriguez et al., 2016）。因此，在没有病原体的情况下，植物必须严格控制 NLRs 的表达、稳定性和活性。NLRs 稳定性受 HSP90 和分子伴侣调控。HSP90 与特异性蛋白相互作用，形成复合物，调控靶蛋白的折叠、成熟、稳定和激活，在 NLR 稳定性和活性中发挥积极作用（Kadota & Shirasu, 2012）。许多研究中证明 HSP90 和分子伴侣在 NLR 蛋白介导的植物免疫中发挥作用。HSP90 与 SGT1 和 RAR1 互作维持 NLRs 的稳态水平，NLRs 可以形成同质复合体或异质复合体来检测 AVR 效应因子，从而触发 ETI 反应，HSP90 和 SGT1 也可调节 NLR 的转归，在 HSP90 伴侣活性高时通过结合 SCF 来降解复合体，并对 NLR 的稳定性起负作用（图 8-1）（Shen et al., 2019）。

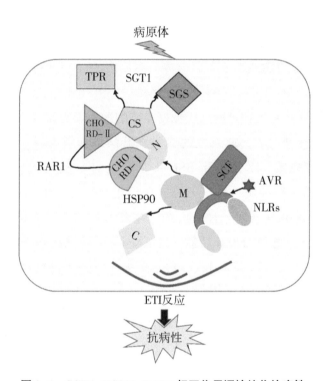

图 8-1 SGT1-HSP90-RAR1 相互作用调控植物抗病性

第二节 *HSP90* 基因结构与功能研究进展

植物在遇到逆境胁迫时，体内蛋白质在压力下可能会错误折叠和聚集，导致细胞产生诸多问题。因此，植物细胞体内都有专门的蛋白质组装来维持蛋白质稳定，并减轻蛋白质错误折叠威胁生命的压力（Taipale et al., 2010）。热激蛋白（Heat Shock Protein, HSP）广泛分布在原核生物和真核生物的各种生物体内（Milioni & Hatzopoulos, 1997）。

HSP 按分子量大小分为五大类，即小分子热激蛋白 sHSP、HSP60、HSP70、HSP90 和 HSP100（Wang et al.，2004）。HSP90 作为 HSP 重要家族成员之一，调控植物生长发育过程并保护植物在生长发育中免受真菌、细菌、干旱、高温、低温等各种生物和非生物胁迫。调控过程是通过它们在特定条件下与不同细胞室中的客户蛋白相互作用来完成的。在植物受到逆境胁迫时，HSP90 能帮助客户蛋白折叠，维持其功能及结构完整，从而保护植物免受逆境胁迫方面发挥重要作用（Krishna & Gloor，2001）。

一、HSP90 蛋白结构组成及功能发挥域

HSP90 是一个受 ATP 调节的二聚体分子伴侣，其主要参与激酶底物空间结构的形成、DNA 修复与底物激活、初始胁迫信号、转录因子空间结构的维持等（Pennisi et al.，2015；Zuehlke & Johnson，2010）。当 HSP90 伴侣活性较高时，生长素受体蛋白 TIR1 正确折叠形成功能性 SCF^{TIR1} 复合体，对促使 Aux/IAA 转录因子降解起关键作用（Watanabe et al.，2017）。HSP90 被蛋白激酶 HopBF1 磷酸化后会使 ATP 酶活性和伴侣功能失活，导致触发植物过敏反应免疫受体的激活受阻止（Lopez et al.，2019）。HSP90 具有 3 个结构域：ATPase 活性的 N 端核苷酸结合结构域、中间客户蛋白结合和 ATP 水解调节结构域，以及介导 HSP90 二聚化的 C 端结构域（Dal Piaz et al.，2015）。HSP90 的每个结构域与特定的协同伴侣相互作用。Hop/Sti 结合到 c 端结构域，抑制 Hsp90 的 ATPase 循环。HSP90 的 N 端和 C 端结构域能够调控下游蛋白或其他分子伴侣等底物多肽相结合发挥功能，且 ATPase 结构域能够调控 HSP90 参与分子伴侣复合物的装配。在拟南芥中 HSP90 的 N 端 ATPase 结构域与 SGT1 的 CS 域和 RAR1 的 CHORD Ⅱ域结合参与植物抗病（Takahashi et al.，2003）。HSP90 的 C 末端 EEVD 基序与 CC-TPR 蛋白 TPR 结构域结合在信号转导中起关键作用（Prasad et al.，2010）。

二、*HSP90* 基因在植物生长发育中的作用

HSP90 是一类能影响植物发育信号转导途径的蛋白，在信号传导途径中发挥着复杂且高度调节的功能。*HSP90* 的沉默或表达都会影响植物形态发育（Samakovli et al.，2014；Samakovli et al.，2007）。在拟南芥中抑制 *HSP90* 的表达后，拟南芥的 *tir1-1* 突变体导致拟南芥根部生长缺陷，表明 *HSP90* 通过抑制某些目标蛋白的突变来缓冲植物的表型变异（Watanabe et al.，2017）。*HSP90* 沉默会导致拟南芥下胚表现出相对较短的性状。*HSP90* 沉默降低拟南芥的发育稳定性，使表型特征出现其他变化，表明 *HSP90* 的沉默影响拟南芥遗传变异表达和发育稳定性（Sangster et al.，2008）。拟南芥中 *HSP90*

表达减少会导致幼苗表型多样性的增加，在 27℃下，有 3.5% 的 HSP90-RNAi 植物呈现出无分生芽，且随温度升高缺失第一片真叶的幼苗数量增加，表明 *HSP90* 的表达减弱会降低植物发育稳定性，并且 *HSP90* 的表达受温度的影响（Sangster et al., 2007）。在短暂的热休克处理中 *HSP90* 的 mRNA 水平增加，使拟南芥花朵停止发育的趋势减弱，表明 *HSP90* 在植物生殖过渡和花的发育过程中发挥重要的作用（Margaritopoulou et al., 2016）。拟南芥胞质中的 HSP90 能促进 F-box 蛋白 ZEITLUPE 的成熟，对稳定拟南芥昼夜节律的正常功能至关重要（Kim et al., 2011）。

三、*HSP90* 基因在植物生物和非生物胁迫中的功能

HSP90 作为多种蛋白的分子伴侣参与植物对生物胁迫的防御反应。在植物中，对病原菌最有效的特异性抗性来自抗病 *R* 基因，*R* 基因大多编码 NLR 蛋白，HSP90 通过调节植物 NLR 蛋白的活性来应对病原菌的侵染（Yuan et al., 2021）。缺失 HSP90 蛋白会降低拟南芥 RAR1 对 *R* 基因介导的免疫功能，同时也会降低免疫受体 MLA1 和 MLA6 的积累，表明 HSP90 分子伴侣对 NLR 的稳定性和免疫受体复合体的形成至关重要（Bieri et al., 2004; Muskett et al., 2002）。HSP90 的协同伴侣 SGT1 是维持 Rx 和 N 在内的 NLR 的稳态水平所必需的基因。SGT1 不仅能在调节植物 NLR 活性方面发挥积极作用，且在控制 NLR 蛋白（如 RPM1、RPS5 和 SNC1）的循环方面发挥消极作用（Li et al., 2010）。研究证明 HSP90 与分子伴侣等底物多肽相结合来调控植物抗病性功能（Liu et al., 2004; Piaz et al., 2012）。在大麦中 HSP90-RAR1-SGT1 相互作用提高对大麦条锈病的抗病性（Pei et al., 2015）。在番茄中 HSP90 与 SGT1 相互作用提高番茄抗性基因 $Tm-2^2$ 对 TMV 的抗病功能（Qian et al., 2018）。在 TMV 抗性基因 *N* 介导的超敏细胞死亡中，MAPK 激酶在 HSP90 下游起作用，将细胞死亡信号转导至线粒体，从而导致 *N* 基因依赖性细胞死亡（Takabatake et al., 2007）。*HSP90* 基因沉默还会引起泛素化蛋白积累和细胞死亡，对番茄黄化曲叶病毒有缓解作用（Moshe et al., 2016）。HSP90 除了在植物免疫应答中发挥积极作用外，HSP90 还参与了 NLRs 的周转控制，这种调控对于维持适当水平的 NLR 蛋白至关重要，可以避免导致自身免疫缺陷的免疫受体过度积累（Huang et al., 2014）。

HSP90 在植物遭受干旱、高温、低温和盐度等各种非生物胁迫过程中也起到重要作用（Zhang et al., 2013）。在拟南芥中，*AtHsp90.2*、*AtHsp90.5* 和 *AtHsp90.7* 的过表达增强了植物对盐和干旱胁迫的敏感性（Song et al., 2009）。二穗短柄草 *BdHSP90* 基因在干旱胁迫下表达时间点被延迟，表明 *HSP90* 参与了植物非生物胁迫响应（Zhang et al., 2017）。植物的生存需要具有适应热的能力。在高温情况下，番茄 *HSP90* 家族基因不同

时间段差异表达响应了对高温胁迫的应答（刘云飞等，2014）。植物受到热胁迫时 HSP90 保护细胞蛋白免受损伤和使受损蛋白重新折叠，还可以通过抑制 HSF 功能来负调控热诱导基因，从而使植物变得耐受高温（Yamada et al.，2007）。HSP90 对植物在盐逆境中的生存发挥着重要的作用，通过构建 *HSP90* 基因过表达载体转烟草，发现在 200 mmol/L NaCl 以及 2 mmol/L NaHCO₃的盐逆境下，转基因烟草的生长状态好于野生型烟草，说明 *HSP90* 参与了盐逆境胁迫过程，并且在大豆中 *HSP90* 基因也被盐胁迫诱导表达（Xu et al.，2013）。

第三节　*SGT1* 基因结构和功能研究进展

SGT1（Suppressor of G2 allele of skp1）是一种保守的真核蛋白，SGT1 有两个家族成员：SGT1a 和 SGT1b，在植物的生长发育和调控逆境胁迫中都发挥重要作用。

一、SGT1 蛋白结构与功能

SGT1 蛋白由 5 个不同的结构域组成：SGS（SGT1 特异性基序）、TPR（四肽重复结构域）、CS 基序（存在于 CHP 和 SGT1 蛋白）、VR1 和 VR2（两个保守性较低的可变区）（Taube et al.，2014）。其中 TPR、CS 区和 SGS 区对于 SGT1 蛋白发挥功能非常重要。SGT1a 和 SGT1b 都有各自 TPR 结构域，该域对控制蛋白质的积累和调节 SGT1 抗性反应是不可或缺的（Azevedo et al.，2006）。SGT1 的 CS 域和 SGS 域对植物抗病性至关重要，CS 域与 RAR1 的 CHORD Ⅱ域和 HSP90 的 N 端域相互作用参与植物抗病。SGT1b 是泛素介导蛋白水解酶的关键调控蛋白，其调节拟南芥的免疫反应需要 SGS 域，这是 SGT1b 参与植物的抗病性所必需的（Noël et al.，2007）。在大麦 SGT1 的 SGS 结构域框架内 Lys-Leu 缺失突变，会破坏大麦对白粉病的免疫防控（Chapman et al.，2021）。酵母双杂交实验也表明大麦 SGT1 通过 SGS 结构域与 MLA1 的 LRR 结构域相互作用（Zhou et al.，2001）。SGT1 蛋白由 5 个不同的结构域组成：SGT1 特异性基序 SGS（SGT1-specific motif）、四肽重复结构域 TPR（Tetratricopeptide repeat domain）、存在于 CHP 和 SGT1 蛋白 CS 基序、两个保守性较低的可变区 VR1 和 VR2（Variable regions）（Taube et al.，2014）。其中 TPR、CS 区和 SGS 区对于 SGT1 蛋白发挥功能非常重要。SGT1 的 TPR 结构域对控制蛋白质的积累和调节 SGT1 抗性反应中是不可或缺的（Azevedo et al.，2006）。SGT1 的 CS 域和 SGS 域对植物抗病性至关重要，CS 域与 RAR1 的富含半胱氨酸和组氨酸的结构域 CHORD Ⅱ结构域和 HSP90 的 N 端结构域相互作用调控 R 蛋白触发植物抗病性反应（图 8-2）。SGT1 的 SGS 结构域与 MLA1 富含亮氨酸重复的 LRR 结构域结合调控 MLA1 抗性蛋白的稳态水平（Bieri et al.，2004）。拟南芥中有两个 SGT1 的同源蛋白（SGT1a 和 SGT1b）在 TPR-CS-SGS 结构域上保守，蛋白序列相似度达 87%，但可能由于两基因的表达水平不一致导致功能上有差异。病原菌侵染会导致 AtSGT1a 和 AtSGT1b 在叶片中上调一定的表达水平从而发挥抗性作用，并且发现在未受侵染的叶片中 AtSGT1b 比 AtSGT1a 表达水平高出 4 倍（Azevedo et al.，2006）。AtSGT1b 突变导致对病原菌抗性的降低，而 AtSGT1a 突变则不会影响抗病性（Austin et al.，2002）。在番茄中用病毒诱导基因沉默（VIGS）方法沉默 SGT1b 会导致植株出现生长缺陷，SGT1b 在发育中的功能损失也不能由 SGT1a 补偿。所以，在植物的生长发育和抗病过程中可能 SGT1b 比 SGT1a 更为重要（图 8-2）。

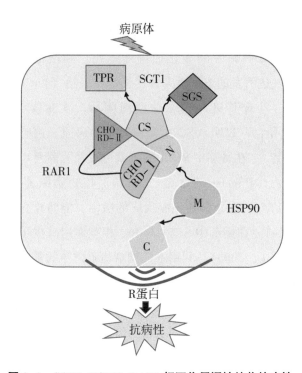

图 8-2　SGT1-HSP90-RAR1 相互作用调控植物抗病性

二、*SGT1* 基因介导植物的生长发育调控

在植物的生长和发育过程中需要各种激素的调节，*SGT1* 是一个与发育相关的基因，在植物激素信号传导途径中发挥重要作用。*SGT1* 参与茉莉酸和生长素介导的生长发育调控。*SGT1b* 通过稳定 COI 蛋白在激素信号传导中调节拟南芥根的生长，*SGT1b* 的突变会使茉莉酸产生反应，从而抑制根的发育（Zhang et al.，2015）。拟南芥中 SGT1b 通过

SCF-TIR1 复合体来调节生长素反应，*SGT1b* 的过表达会部分抑制 *tir1-1* 突变赋予的生长素应答缺陷，而且 *SGT1b* 突变会减少生长素的含量，从而使侧根数量减少（Gray et al.，2003）。*OsSGT1* 过表达株对生长素的敏感性较野生型降低，并表现出卷曲根的表型（Wang et al.，2008）。可见，分析 SGT1 在植物激素响应中的作用，将为进一步了解 SGT1 调控植物生长发育的机制提供依据。

三、*SGT1* 基因参与植物抗病反应过程

植物在生长发育过程中易受到病原菌的侵染，植物的抗病性通常是由植物中相应的基因和病原体介导，这些基因可以识别病原菌并激活植物的防御能力（Ito et al.，2015）。*SGT1* 是植物中 R 基因所介导抗病性的重要组成部分（Austin et al.，2002）。在大麦中的 HSP90-RAR1-SGT1 复合物相互作用提高大麦条锈病的抗性（Pei et al.，2015）。SGT1 在辣椒疫霉病菌中的表达加快细胞死亡和增加 H_2O_2 积累，同时上调 PcINF1/SRC2-1 共过表达引发的 HR 反应和相关基因表达（Liu et al.，2016）。通过染色体标记 AtSGT1 蛋白发现其进入白念珠菌细胞后，改变线粒体电位导致活性氧（ROS）的积累和细胞死亡，表明 AtSGT1 蛋白对植物病原真菌感染的抗性中起着关键作用（Park et al.，2017）。在番茄中 SGT1 的沉默可减轻冠毒素 COR 侵染产生的叶片褪绿表型和导致细胞死亡（Uppalapati et al.，2011）。植物病原菌青枯菌中 MAPK 介导 SGT1 磷酸化有助于 NLR RPS2 介导的免疫反应的激活，能防止青枯病菌对植物引起的病害（Yu et al.，2020a）。在烟草中 SGT1 与 Bs2 相互作用减少了黄单胞杆菌侵染产生的叶片病斑（Leister et al.，2005）。利用本氏烟草病毒诱导的基因沉默（VIGS）研究表明，NbSGT1 调控紫丁香假单胞菌诱导的细胞死亡过程（Wang et al.，2010）。SGT1 调节植物病毒病害的抗性。沉默大豆 *GmSGT1* 基因，会使 Rsv1 介导的大豆花叶病毒（SMV）抗性会减弱（Park et al.，2017）。利用病毒诱导的基因沉默（VIGS）方法沉默 *NbSGT1* 基因表达，可以强烈抑制番茄斑点枯萎病毒 TSWV 编码的 NSm 蛋白细胞间的运动，以及 TSWV 在本氏南芥植株上的局部和系统性感染（Qian et al.，2018）。由此可知，SGT1 参与包括真菌、细菌、病毒等多种病原的抗性反应，表明 SGT1 在植物抗病性中具有重要作用。

四、*SGT1* 基因在白粉病抗性过程的重要性

SGT1 是白粉病广谱抗性基因，调控多种植物对白粉病的抗性。SGT1/RAR1 在抗性信号传导中激活了大麦 MLA 对白粉菌抗性，并在下游发挥作用（Shen et al.，2003）。通过转录组测序和 RT-PCR 鉴定结果表明 *SGT1* 基因调节南瓜白粉病的抗性（Guo et al., 2018）。南瓜 *CmSGT1* 的过表达减轻了白粉菌侵染拟南芥叶片的症状，同时加速了细胞坏死的发生和增强了 H_2O_2 的积累，表明 *CmSGT1* 基因调控白粉病的抗性（Guo et al., 2019）。在拟南芥中也验证 *SGT1* 参与橡胶树白粉病的抗病反应。*sgt1b* 突变体上接种橡胶树白粉菌，通过考马斯亮蓝染色和 Trypan blue 染色液发现橡胶树白粉病在其细胞进入率、菌丝长度和细胞死亡数量方面都低于 *eds1* 突变体处理，表明了 *SGT1* 基因参与橡胶树白粉病在拟南芥上的抗病反应（戎伟等，2016）。

橡胶树在生长发育过程中一直面临白粉病和各种逆境胁迫的危害，橡胶白粉病的防治仍以化学防治为主，化学药剂的大量使用对人畜健康造成一定的毒害且对环境造成严重的污染，还会使病原菌产生抗药性。因此培育橡胶树白粉病抗病品种是有效且环保的手段。*HSP90* 基因在许多物种已广泛研究，但关于 *HSP90* 基因在橡胶树中的功能还鲜有报道，橡胶树 *HbHSP90* 基因家族成员尚未鉴定，这些成员中抗橡胶树白粉病的主效基因及其互作蛋白在橡胶树中的抗性功能尚未验证。

尽管众多学者在多种植物中已证明 SGT1 基因具有多样的功能，但在橡胶树白粉病中的抗病分子机制方面研究较少。有研究证明 SGT1 的伴侣蛋白 HSP90 被证明在橡胶树白粉病侵染胁迫中上调表达，并且响应植物激素 ABA、SA、JA 和 H_2O_2 处理，推测 SGT1 作为分子伴侣可能参与橡胶树白粉病的抗病反应（Liu et al., 2022）。戎伟等（2016）证明了在拟南芥 *sgt1b* 突变体上接种橡胶树白粉菌后发现橡胶树白粉菌在其细胞进入率、菌丝长度和细胞死亡数量都低于 *eds1* 突变体处理。

橡胶树作为典型的热带作物，具有极高的经济价值及应用前景。橡胶树白粉病在亚热带环境中发病率较高，必须把我国橡胶白粉病的防治提高到一个新的水平。结合前人对 *SGT1* 基因在模式植物和作物中的研究进展，对其在橡胶树白粉病研究中的应用前景进行展望。

在基因功能验证方面，将构建 SGT1 植物表达载体通过 Floral-dip 法（Wang et al., 2019）转化拟南芥，并将其转入 *hbsgt1* 突变体进行互补验证，筛选 *HbSGT1* 的转基因及其回复突变拟南芥 T_3 代进行表型分析和功能验证。目前，人们已获得 *HbSGT1* 的转基因及其突变体 T_1 代植株（图 8-3），为下一步接种橡胶树白粉菌侵染和激素处理试验奠定基础，这有助于揭示 *HbSGT1* 在植物生长发育和抗白粉病过程中的作用机制。

随着橡胶树遗传转化体系的建立，验证抗病转基因和橡胶树基因组测序成果的公布，为筛选抗病基因提供了平台。在鉴定互作靶蛋白方面，将采用转录组测序分析 Hb-SGT1 在橡胶树白粉菌处理下的相关调控基因，进而对 HbSGT1 与靶蛋白进行功能的验证。HbSGT1 与靶蛋白互补验证传统验证是采用酵母双杂交实验（Paiano et al., 2019），

| Col-0 | *sgt1a* | *sgt1b* | *HbSGT1a1*
Col-0 | *HbSGT1a1*
Col-0 | *HbSGT1a1*
sgt1a | *HbSGT1a1*
sgt1b |

图 8-3　野生型、转基因型和突变型 T₁ 代拟南芥的生长状况

为了进一步确定互作关系还可以增加萤火素酶互补（Zhou et al.，2018）、双分子荧光互补（Lai & Chiang，2013）两种实验进行验证。此外，可采用亚细胞定位实验确定 Hb-SGT1 与靶蛋白定位的亚细胞室。

总之，在橡胶树白粉病中明确 HbSGT1 及其互作蛋白的分子作用机制，对深入研究橡胶树 *HbSGT1* 基因的抗白粉病功能以及对橡胶树遗传改良均具有重要意义。

第四节　橡胶树 *HbHSP90* 基因家族鉴定和结构分析

一、*HbHSP90* 家族基因成员鉴定

为了鉴定橡胶树 *HbHSP90* 基因家族成员，本研究利用拟南芥 *AtHSP90* 基因序列在橡胶树基因组中进行同源比对搜索。去除冗余序列后，在橡胶树基因组中共鉴定出 7 个橡胶树 *HbHSP90* 基因。编码 HbHSP90 蛋白的氨基酸长度为 491（HbHSP90.2）~817（HbHSP90.8-1）aa，编码序列（CDS）长度为 1 476~2 454 bp，分子量为 56 968.74~93 526.92 Da。7 个 HbHSP90 蛋白的理论等电点（pI）为 4.86（HbHSP90.4）~5.24（HbHSP90.5），表明橡胶树 HbHSP90 蛋白均为酸性蛋白（pI<7.0）。亚细胞定位预测结果显示，HbHSP90.1、HbHSP90.2、HbHSP90.3 和 HbHSP90.6 存在于植物细胞的细胞质和细胞核中，HbHSP90.4 和 HbHSP90.8-1 存在于内质网中，HbHSP90.5 存在于线粒体和叶绿体中（表 8-1）。

表 8-1　橡胶树 *HbHSP90* 基因家族的信息

基因名	Locus	编码序列长度（bp）	氨基酸长度（aa）	等电点	分子量（Da）	亚细胞定位
HbHSP90.1	LOC110649771	2 106	701	4.96	80 153.00	细胞质（95.7%）细胞核（4.1%）
HbHSP90.2	LOC110664142	1 476	491	5.16	56 968.74	细胞质（86.9%）细胞核（12.7%）
HbHSP90.3	LOC110637428	2 097	698	5.01	80 145.08	细胞质（95.4%）细胞核（4.4%）
HbHSP90.4	LOC110673779	2 451	816	4.86	93 452.91	内质网（99.4%）
HbHSP90.5	LOC110644209	2 388	795	5.24	90 129.76	线粒体（84.4%）叶绿体（15.6%）
HbHSP90.6	LOC110658185	2 112	703	5.04	8 0774.85	细胞质（56.6%）细胞核（31.7%）
HbHSP90.8-1	LOC110655887	2 454	817	4.88	93 526.92	内质网（99.4%）

二、*HbHSP90* 家族基因保守结构分析

利用 DNAMAN 7 软件对 7 个橡胶树 *HbHSP90* 家族基因编码的氨基酸序列进行氨基酸多序列比对，发现蛋白之间同源性 63%，表明橡胶树 *HbHSP90* 基因家族在进化上是高度保守的。橡胶树 *HbHSP90* 基因家族包含 10 个保守基序。除 HbHSP90.2 缺失保守 motif2 和 motif10 外，橡胶树 HbHSP90 家族蛋白的保守 motif 在组成和顺序上保持高度一致（图 8-4A）。对 7 个橡胶树 HbHSP90 家族蛋白的功能域预测结果显示，HbHSP90 家族主要分为 A、B、C 三个组。A 组为 PTZOO272 超家族（HbHSP90.1、HbHSP90.2、HbHSP90.3 和 HbHSP90.6），B 组为 PRK05218 超家族（HbHSP90.5），C 组为 HSP90 超家族（HbHSP90.4 和 HbHSP90.8-1）（图 8-4B）。进一步的功能细化发现，7 个橡胶树 HbHSP90 家族蛋白均含有 HATPase_c 结构域和 HSP90 结构域。说明橡胶树 *HbHSP90* 基因家族的保守结构域具有高度的一致性。

为了深入了解 *HbHSP90* 基因的结构，人们分析了 *HbHSP90* 家族成员外显子—内含子结构的多态性，以探索 *HbHSP90* 基因在橡胶树中的结构演化。结果显示 A 组 *HbHSP90.2* 和 *HbHSP90.3* 具有相似的外显子内含子结构；*HbHSP90.1* 有 2 个内含子；*HbHSP90.6* 有 6 个内含子。B 组 *HbHSP90.5* 有 19 个内含子，结构更为复杂。C 组成员的长度和外显子—内含子结构相似（图 8-4C）。

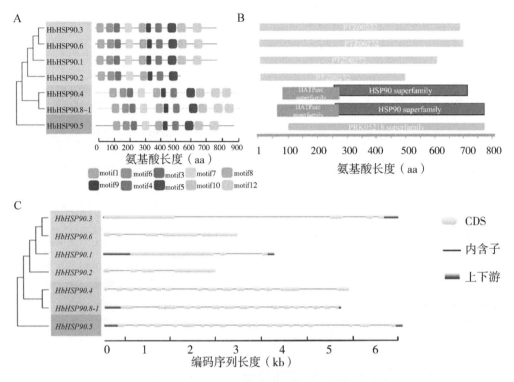

图 8-4　*HbHSP90* 基因家族的保守结构分析

注：A. HbHSP90 蛋白的基序分析；B. HSP90 家族蛋白的功能域；C. *HbHSP90* 基因结构分析。

三、*HbHSP90* 基因家族顺式元件分析

顺式元件是转录因子的结合位点，参与基因调控。本研究鉴定了 7 个 *HbHSP90* 基因上游 2 kb 的基因组序列区域。根据 Plant CARE 数据库的信息，发现 16 个与非生物胁迫和植物激素反应相关的顺式作用调控元件。7 个 *HbHSP90* 基因中，与光响应相关的顺式元件最多，如 LAMP-element、AT1-motif 和 Box 4。此外，多种顺式元件参与激素反应，如 MeJA 反应的 CGTCA-motif 元件、水杨酸反应的 TCA 元件、赤霉素反应的 P-box 元件。橡胶树 *HbHSP90* 也参与了胁迫反应，如 MBS 元件响应干旱。橡胶树 *HbHSP90* 基因启动子序列响应低温调控并具有蛋白结合位点（图 8-5）。不同 *HbHSP90* 基因启动子区存在不同的顺式元件，表明橡胶树 *HbHSP90* 基因在植物生长发育过程中具有多种功能。

四、HbHSP90 基因家族的系统发育进化树分析

系统发育树是研究蛋白质家族结构和功能以及推断功能关系的成熟方法（Sze et

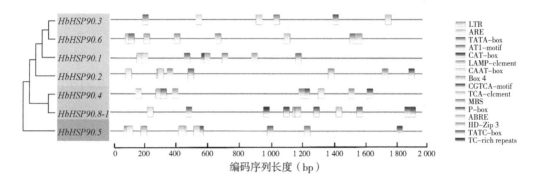

图 8-5　*HbHSP90* 基因启动子中顺式元件的分布

al., 2014)。为了确定橡胶树 HbHSP90 与其他物种的系统发育关系，将获得的 7 个橡胶树 HbHSP90 氨基酸序列与拟南芥、大豆和水稻的 HSP90 氨基酸序列一起构建系统发育树，结果显示可将拟南芥、大豆和水稻 HSP90 归类到橡胶树 HbHSP90 家族三大类（A、B、C）和五小类（a、b、c、d、e）中（图 8-6）。橡胶树 a 亚群 HbHSP90 蛋白与拟南芥 AtHSP90.2、AtHSP90.3、AtHSP90.4，大豆 GmHsp90-3、GmHsp90-6、GmHsp90-9、GmHsp90-13，水稻 OsHsp90-1、OsHsp90-2、OsHsp90-3、OsHsp90-4 相似度较高。橡胶树 b 亚群橡胶树 HbHSP90 蛋白与拟南芥 AtHSP90.6，大豆 GmHsp90-4、GmHsp90-8，水稻 OsHsp90-6 同源性较高。橡胶树 d 亚群 HbHSP90 蛋白与拟南芥 AtH-

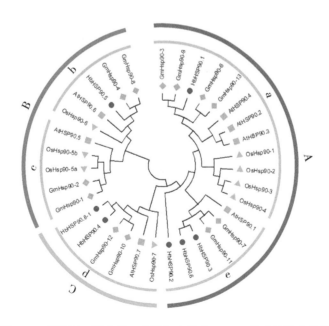

图 8-6　橡胶树、拟南芥、大豆和水稻中 HSP90 的系统发育分析

SP90.7，大豆 GmHsp90-10、GmHsp90-12 高度同源。橡胶树 e 亚群 HbHSP90 蛋白与拟南芥 AtHSP90.1，大豆 GmHsp90-7、GmHsp90-11 归为一类。

第五节　橡胶树 *HbHSP90* 家族基因的克隆与表达分析

一、*HbSP90* 基因家族成员克隆

以橡胶树'热研 73397'芽接苗健康叶片的 cDNA 为模板，采用 PCR 扩增 *HbHSP90* 基因家族成员，结果如图 8-7 所示，扩增出了与预期大小相符的特异性条带。测序验证后，将 cDNA 序列分别命名为 *HbHSP90.1*、*HbHSP90.2*、*HbHSP90.3*、*HbHSP90.4*、*HbHSP90.5*、*HbHSP90.6*、*HbHSP90.8-1*（GenBank: MW413357）。上述 7 个基因的 cDNA 全长序列分别为 2 836 bp、2 611 bp、2 405 bp、2 749 bp、2 779 bp、2 526 bp 和 2 844 bp；开放阅读框（ORF）分别为 2 106 bp、1 476 bp、2 097 bp、2 451 bp、2 388 bp、2 112 bp 和 2 454 bp，编码氨基酸分别为 701 aa、491 aa、698 aa、816 aa、795 aa、703 aa 和 817 aa。

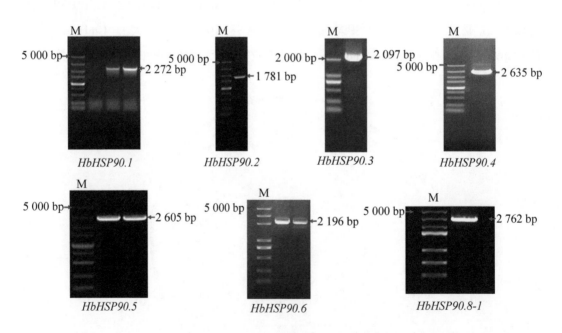

图 8-7　*HbHSP90* 基因家族扩增结果

二、HbHSP90 家族基因逆境响应

为了研究 *HbHSP90* 基因在非生物胁迫和生物胁迫的表达模式，本研究通过 qRT-PCR 分析橡胶树品种'热研 73397'芽接苗在热胁迫（45℃）、冷胁迫（4℃）、干旱胁迫和橡胶树白粉菌侵染胁迫下的 *HbHSP90* 基因表达水平，研究结果发现 *HbHSP90* 基因在不同处理下的表达存在显著差异。45℃高温和 4℃低温处理下不同程度地诱导橡胶树 *HbHSP90* 家族基因的表达，*HbHSP90.1* 基因表达量尤为明显，在热胁迫 12 h 和冷胁迫 6 h 处理时显著上调表达（图 8-8A 和图 8-8B）。干旱处理对 *HbHSP90* 家族基因的表达量均有显著影响，*HbHSP90* 基因家族成员在干旱处理 6 d 前均呈先上升后下降的趋势，尤其是 *HbHSP90.1* 基因在干旱处理 6 d 时表达水平显著升高，达到处理前的 93 倍左右（图 8-8C）。分析 *HbHSP90* 基因家族成员在橡胶树白粉菌侵染处理下的表达模式，发现 *HbHSP90.1*、*HbHSP90.3* 和 *HbHSP90.6* 基因均在侵染 6 h 时表达量显著升高，并且 *HbHSP90.3* 基因表达量升高最为明显，在侵染 6 h 时表达量达到处理前的 16 倍左右（图 8-8D）。以上研究结果表明 *HbHSP90.1* 和 *HbHSP90.3* 基因分别在非生物胁迫和生

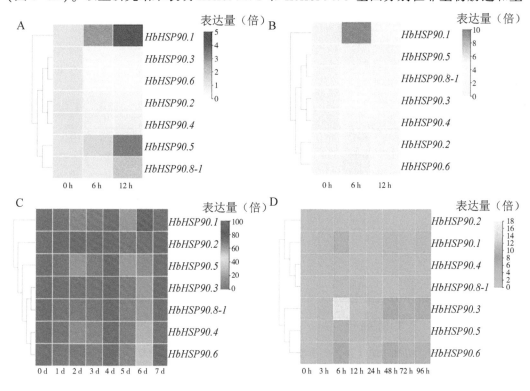

图 8-8　HbHSP90 基因家族在非生物和生物胁迫下的表达模式

注：A.45℃热胁迫；B.4℃冷胁迫；C. 干旱；D. 橡胶树白粉菌侵染。

物胁迫处理中表达水平均较高，因此，选择 *HbHSP90.1* 和 *HbHSP90.3* 基因进行后续的深入研究。

三、*HbHSP90.1* 基因受激素诱导表达

通过 qRT-PCR 分析 *HbHSP90.1* 基因在不同植物激素 SA、MeJA、ETH 和 ABA 中的表达模式，能初步了解 *HbHSP90.1* 基因与植物激素之间的调控关系。在 SA 处理后 0.5 h *HbHSP90.1* 表达量显著上调，达到处理前的 12 倍（图 8-9A）。MeJA 处理条件下，*HbHSP90.1* 基因表达量在 24.0 h 达到最高（图 8-9B）。ETH 的处理过程中，*HbHSP90.1* 基因表达量在处理后 10.0 h 达到最高值，是处理前的 23 倍，随后表达量持续下降（图 8-9C）。在 ABA 处理下，*HbHSP90.1* 基因表达量呈现先上升后下降的趋势，在 6 h 显著上调表达，达到处理前的 63 倍（图 8-9D）。结果表明，*HbHSP90.1* 基因受植物激素的诱导显著上调表达。

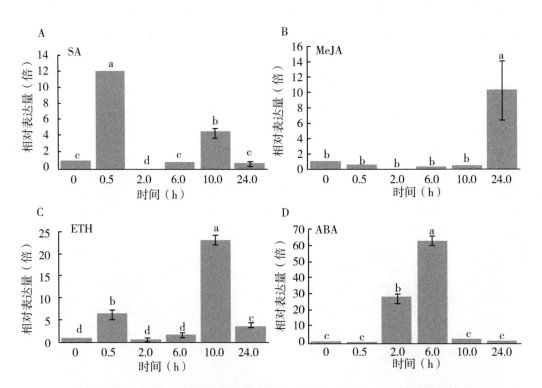

图 8-9 *HbHSP90.1* 基因在植物激素 SA、MeJA、ETH、ABA 下的表达模式

四、*HbHSP90.3* 基因受激素诱导表达

HbHSP90.3 基因在不同植物激素 SA、MeJA、ETH 和 ABA 处理下的表达模式如图

8-10 所示，SA 和 ETH 处理后，*HbHSP90.3* 在 0.5 h 显著上调表达，分别达到处理前的
9 倍和 4.7 倍（图 8-10A 和图 8-10B）。MeJA 和 ABA 处理后，*HbHSP90.3* 基因表达量
在 2.0 h 达到最高，分别达到处理前的 77 倍和 2.2 倍（图 8-10C 和图 8-10D）。说明
HbHSP90.3 基因与这些激素信号转导密切相关。

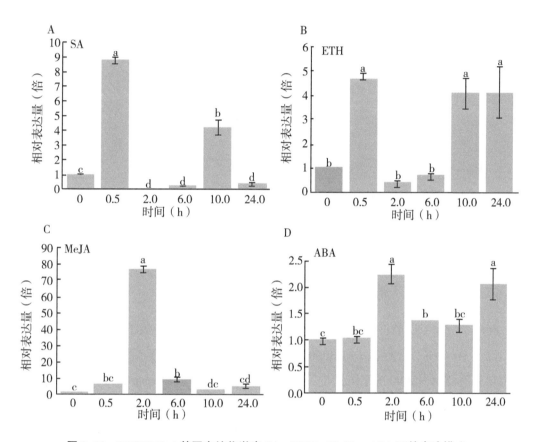

图 8-10　*HbHSP90.3* 基因在植物激素 SA、ETH、MeJA、ABA 下的表达模式

五、H_2O_2 上调 *HbHSP90.1* 和 *HbHSP90.3* 表达

在逆境条件下，植物进化出调节机制以适应各种环境胁迫。应激的后果之一是细胞
中活性氧浓度的增加，活性氧随后转化为 H_2O_2。H_2O_2 在逆境下产生抗病防御反应、调
控植物的生长发育、参与保卫细胞气孔运动等诸多生理过程（Saxena et al.，2016）。通
过 qRT-PCR 分析 *HbHSP90.1* 和 *HbHSP90.3* 基因在 H_2O_2 处理中的表达模式，发现
HbHSP90.1 和 *HbHSP90.3* 基因在处理 0.5 h 和 10.0 h 均显著上调表达（图 8-11），表
明 *HbHSP90.1* 和 *HbHSP90.3* 基因对 H_2O_2 处理反应敏感。

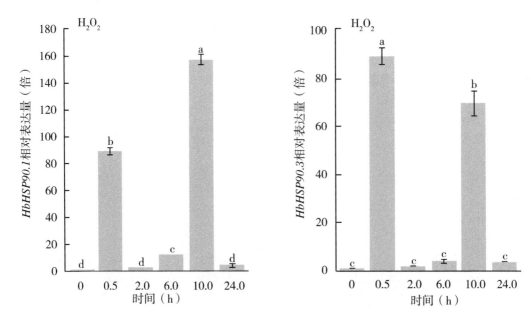

图 8-11　*HbHSP90.1* 和 *HbHSP90.3* 基因在 H₂O₂ 处理下的表达模式

六、*HbHSP90.4* 基因分析

利用 DNAMAN7 软件对来源于各种植物的 HSP90 相关氨基酸序列进行多序列比对，相似度为 90.29%，并标注 HbHSP90.4 保守结构域（图 8-12）。为了分析 HbHSP90.4 蛋白与其他植物 HSP90 的系统进化关系，以 HbHSP90.4 蛋白 smart Blast 获得的蛋白序列构建进化树，结果表明橡胶树 HbHSP90.4 与木薯（Manihot esculenta, XP_021601014.1）的亲缘关系最近，在分类上与麻风树（Jatropha curcas, KDP36908.1）和蓖麻（Ricinus communis, XP_002510550.1）聚为一类，这预示着它们的功能可能具有相似性（图 8-13）。通过 Pfam 保守结构域分析结果表明 HbHSP90.4 蛋白存在 HATPase-Hsp90-like 和 HSP90 超家族结构域，属于 HSP90 家族蛋白。利用 PSIPRED Workbench 预测 HbHSP90.4 蛋白二级结构富含 α 螺旋和无规卷曲结构；利用 SWISS-MODEL 分析 HbHSP90.4 的三级结构（图 8-14）与其二级结构相符合。采用 ExPASy 预测 HbHSP90.4 分子量为 93 452.91 Da，等电点 4.86，总平均亲水性为 -0.744，不稳定系数为 34.43，推测 HbHSP90.4 蛋白是一个稳定的亲水蛋白。采用 TMHMM Server v.2.0 分析预测表明 HbHSP90.4 蛋白无跨膜结构。采用 SignalP-5.0 Server 分析预测 HbHSP90.4 存在信号肽的概率为 99%。采用 DeepLoc1.0 预测分析 HbHSP90.4 蛋白定位于内质网上（图 8-15）。

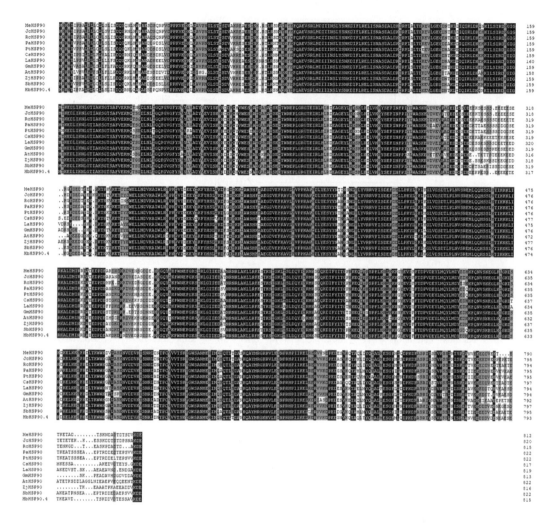

图 8-12 HbHSP90.4 与其他植物 HSP90 蛋白序列多重对比

通过 qRT-PCR 分析了 *HbHSP90.4* 基因在橡胶树不同组织中的表达模式（图 8-16），结果表明 *HbHSP90.4* 在橡胶树的根、花、枝、茎、叶、胶乳中均有表达，但表达量在不同组织中差异显著，其中，*HbHSP90.4* 在胶乳中的表达量较高，胶乳的表达量是根、花、叶的 95 倍左右，推测 *HbHSP90.4* 基因主要在胶乳中起作用。

橡胶树生长过程容易遭受各种非生物胁迫和生物胁迫，造成橡胶树胶乳产量的降低。从分子方面研究抗逆基因为培育橡胶树抗逆无性系奠定基础。本研究利用 qRT-PCR 分析 *HbHSP90.4* 基因在干旱、冷胁迫、橡胶树白粉菌和 H_2O_2 处理下的表达模式（图 8-17）。结果表明干旱胁迫下 *HbHSP90.4* 基因显著上调表达，在 6 d 时表达量达到最高，是处理前的 29 倍。在冷胁迫条件下，*HbHSP90.4* 基因表达量呈现上调趋势。橡胶树白粉菌侵染橡胶树叶片后，*HbHSP90.4* 基因上调的幅度较小。在 H_2O_2 处理下，

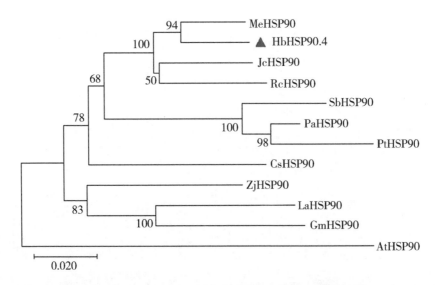

图 8-13　橡胶树 HbHSP90.4 蛋白与其他物种 HSP90 蛋白序列的系统进化树分析

注：MeHSP90（Manihot esculenta, XP_021601014.1）；JcHSP90（Jatropha curcas, KDP36908.1）；RcHSP90（Ricinus communis, XP_002510550.1）；SbHSP90（Salix brachista, KAB5557693.1）；PaHSP90（Populus alba, XP_034931576.1）；PtHSP90（Populus tomentosa, ALN96986.1）；CsHSP90（Citrus sinensis, KAH9693392.1）；ZjHSP90（Ziziphus jujuba, XP_015884861.1）；LaHSP90（Lupinus albus, KAE9617250.1）；GmHSP90（Glycine max, XP_003545030.1）；AtHSP90（Arabidopsis thaliana, NP_194150.1）。

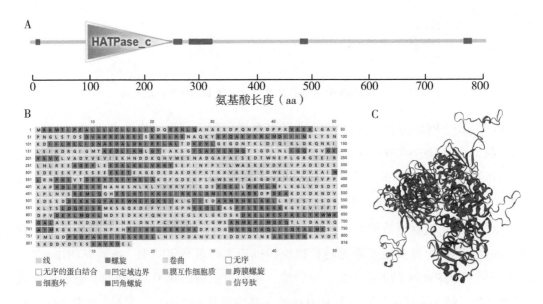

图 8-14　HbHSP90.4 结构分析

注：A. HbHSP90.4 保守结构域；B. HbHSP90.4 二级结构；C. HbHSP90.4 三级结构。

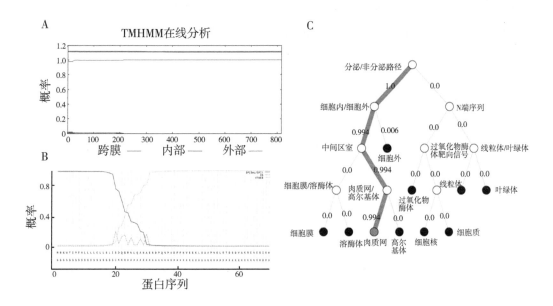

图 8-15　HbHSP90.4 定位分析

注：A. HbHSP90.4 跨膜结构分析；B. HbHSP90.4 信号肽预测分析；C. HbHSP90.4 亚细胞定位预测。

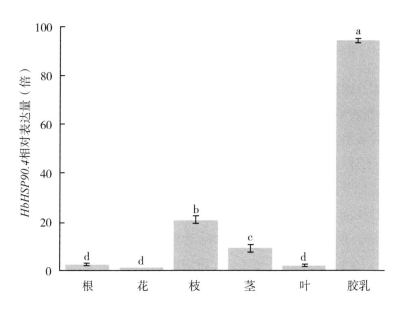

图 8-16　*HbHSP90.4* 基因在橡胶树不同组织中的表达模式

HbHSP90.4 基因表达量均显著上调，在 6 h 表达量达到处理前的 8.4 倍。以上结果表明橡胶树 *HbHSP90.4* 基因响应各种非生物和生物等胁迫。

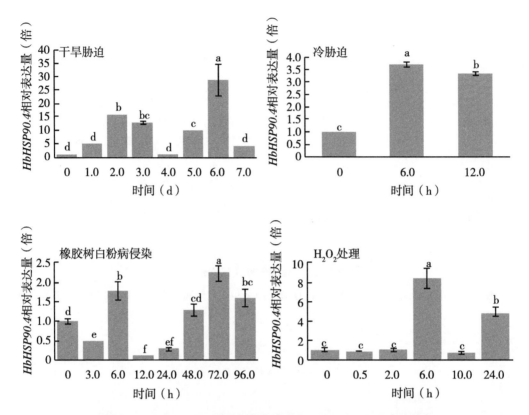

图 8-17 *HbHSP90.4* 基因在逆境胁迫和 H_2O_2 处理下的表达模式

植物激素在橡胶树胶乳代谢调控中发挥重要作用，特别是茉莉酸和乙烯利。利用 qRT-PCR 分析在茉莉酸甲酯、乙烯利、水杨酸和脱落酸处理下对 *HbHSP90.4* 基因的表达影响，结果表明 *HbHSP90.4* 基因受茉莉酸甲酯诱导 2.0 h 显著上调表达，其表达量达到 23 倍，在乙烯利处理下 2.0 h 显著下调表达（图 8-18B），水杨酸和脱落酸处理下 *HbHSP90.4* 基因分别在 6.0 h 和 10.0 h 显著下调表达（图 8-18）。以上结果表明 *HbHSP90.4* 基因受植物激素影响有正调控和负调控。

以'热研 73397'橡胶树胶乳的 cDNA 为模板，通过 PCR 扩增出与预期大小相符的特异性条带（图 8-19）。测序验证后，将 cDNA 序列命名为 *HbHSP90.4*。HbHSP90.4 基因的 cDNA 全长为 2 749 bp，包含 2 451 个开放阅读框（ORF），编码 816 个氨基酸。PCR 产物提质粒后与 mScarlet 表达载体同时进行双酶切（图 8-19），然后进行同源重组连接，菌落 PCR 鉴定阳性重组子，检测结果表明目的基因 *HbHSP90.4* 已经插入植物表达载体 mScarlet 中（图 8-19D）。通过电击转化法将 HbHSP90.4-mScarlet 导入农杆菌

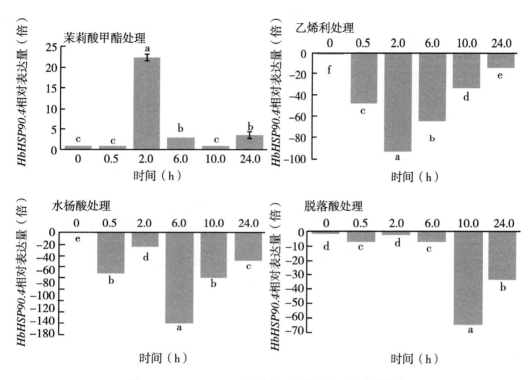

图 8-18 *HbHSP90.4* 基因在不同激素处理的表达模式

GV3101，获得农杆菌工程菌株，可用于后代遗传转化。

健康橡胶树排出的胶乳包括橡胶粒子、核糖体、蛋白和核酸等，它们在乳管细胞中及时组装合成与补充是胶乳再生的关键。然而橡胶树的生长总会遭受到环境中的各种威胁，使橡胶树生长受到影响，从而导致橡胶树胶乳减产。在许多研究中人们发现 HSP90 是一种高度保守和丰富的蛋白，在维持和调节细胞内蛋白质的构象和功能以及应对逆境胁迫方面起着重要的作用。本研究在橡胶树胶乳中克隆得到 *HbHSP90.4* 基因。橡胶树不同组织表达分析显示 *HbHSP90.4* 基因主要在胶乳中表达，推测 *HbHSP90.4* 基因可能参与胶乳代谢调控过程。HbHSP90.4 蛋白结构分析显示在 87~277 aa 存在 HATPase-Hsp90-like 结构域，在 259~799 aa 存在 HSP90 超家族结构域，这两个结构存在是其参与细胞间信号转导和多肽折叠的关键所在。通过亚细胞定位预测结果显示 *HbHSP90.4* 基因定位在内质网上，并且 *HbHSP90.4* 氨基酸序列 c 端包含 KDEL 基序，这与杨树 PtHsp90-7 蛋白序列 c 端 KDEL ER 保留基序定位的结果一致，推测 HSP90 保守的细胞器定位预示着它们可能在细胞器特异性发育或应激反应中发挥作用。

温度是影响橡胶树生长的重要环境因子，持续的极端温度都会诱导植物蛋白变性和聚集、质膜完整性的丧失和活性氧（ROS）的积累，从而扰乱细胞代谢和内稳态。本研究结

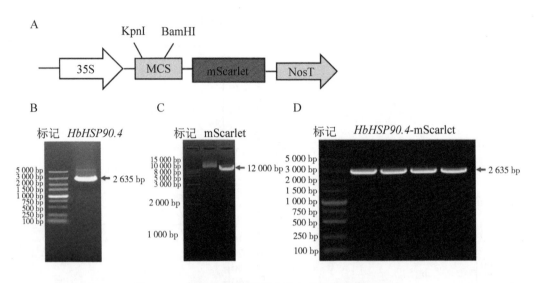

图 8-19　HbHSP90.4 基因克隆与植物表达载体构建

注：A. mScarlet 表达载体构建原理；B. *HbHSP90.4* 基因克隆；C. mScarlet 载体双酶切；
D. HbHSP90.4-mScarlet 连接阳性 PCR 检测。

果显示 *HbHSP90.4* 基因在冷胁迫处理中上调表达，这与黄瓜中的 *HSP90* 基因在低温胁迫处理中表达的研究结果一致。这为了解温度变化对橡胶树生产影响和减缓机制奠定基础。干旱会影响细胞的原生质膜的组成和叶绿体的超微结构变化，从而推迟橡胶树抽叶进程，缩短割胶时间，造成橡胶减产。活性氧（ROS）在调控干旱胁迫通路中发挥重要作用。前人研究表明 *OsHSP50.2* 基因调节 ROS 稳态对水稻的抗旱性具有正向调节作用，本研究结果显示 *HbHSP90.4* 基因在干旱胁迫和 H_2O_2 处理中呈现先上升后下调再上升表达趋势，表明 *HbHSP90.4* 基因对干旱胁迫和 H_2O_2 处理反应较为敏感。这与在二穗短柄草中 *HSP90* 基因对胁迫响应的研究结果相似。推测 *HbHSP90.4* 基因在橡胶树中通过调控 H_2O_2 水平应对干旱胁迫。橡胶树白粉菌侵染会引起橡胶树叶片卷曲、萎缩甚至落叶，从而可造成高达45%的胶乳产量损失。前人研究表明通过 VIGS 方法沉默 *HSP90* 基因后发现 Mla 介导的大麦白粉菌抗性减弱。在本研究中接种橡胶树白粉菌后发现，*HbHSP90.4* 基因表达水平稍稍上升，推测 *HbHSP90.4* 基因可能参与橡胶树白粉菌抗性过程。

　　植物激素交叉调控的信号网络是胁迫响应的监视者，参与胁迫修复的任何调节因子的协调，在植物的生长发育过程以及应对各种生物和非生物胁迫中发挥着重要作用。JA 和 SA 信号通路的相互作用有助于植物应对生物胁迫。在本研究结果显示 *HbHSP90.4* 基因受 MeJA 诱导上调表达，与 *HSP90* 在拟南芥中调控激素信号通路研究结果一致。相反的是，*HbHSP90.4* 基因在 ETH、SA 和 ABA 植物激素中显著下调表达，推测

HbHSP90.4 基因激活的植物信号通路可能是相互拮抗调控来触发对各种胁迫的有效防御反应。有研究已经证明 MeJA 和 ETH 处理可以触发橡胶树韧皮组织部的分子机制，包括 JA 和 ET 信号通路，这些信号通路的相互作用控制着胶乳细胞分化和橡胶生物合成。本研究通过成功构建 *HbHSP90.4* 基因的植物表达载体，为下一步通过遗传转化试验来探究橡胶树 *HbHSP90.4* 基因激活植物激素信号通路调控橡胶树逆境胁迫过程和橡胶生物合成奠定坚实基础。

七、*HbHSP90.6* 基因分析

序列分析表明 *HbHSP90.6* 的编码区（CDS）为 2 112 bp（GenBank 登录号：OP375588）。理化性质分析表明其分子量为 80 774.85 Da，等电点（pI）为 5.04，不稳定系数为 38.98，总平均亲水性为 −0.610，推测该蛋白是一个稳定的亲水蛋白。保守结构域分析和多序列比对结果显示，HbHSP90.6 含有 PTZ00272 的结构域，且包含高度保守的 MEEVD 基序（图 8-20）。

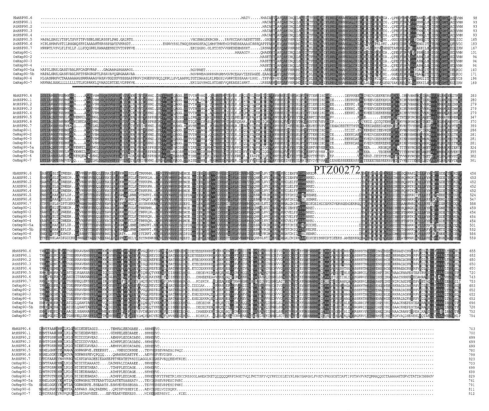

图 8-20　HbHSP90.6 与拟南芥和水稻 HSP90 蛋白的多序列比对

为揭示 HbHSP90.6 的进化特征，将已报道的拟南芥和水稻的 HSP90 蛋白构建进化

树（图 8-21）。结果表明 HSP90 蛋白被聚为 5 支，其中 HbHSP90.6 与拟南芥 AtHSP90.1（NM_124642.4）和水稻 OsHsp90-1（LOC_Os04g01740）聚在一起，相似度分别为 92.34% 和 86.44%。HbHSP90.6 亚细胞定位预测如图 8-22 所示。

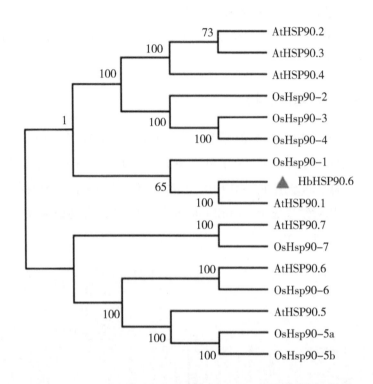

图 8-21　HbHSP90.6 与拟南芥和水稻 HSP90 蛋白的进化分析

以橡胶树'热研 73397'胶乳 cDNA 为模板进行 HbHSP90.6 基因全长克隆，获得单一条带，长度为 2 196 bp（图 8-23），经测序验证成功克隆 HbHSP90.6 基因。结合 pGREEN 表达载体图谱（图 8-24），以 HbHSP90.6 质粒为模板 PCR 扩增得到的产物与双酶切后的表达载体 pGREEN 进行连接，经菌落 PCR 验证和测序，结果表明成功构建 35S∷HbHSP90.6∷GFP 融合表达载体（图 8-25）。

采用实时荧光定量 PCR 对 HbHSP90.6 基因在橡胶树的根、花、枝、茎、叶和胶乳中进行基因表达分析。表达分析结果表明 HbHSP90.6 在橡胶树的不同组织中均有表达，但表达量差异显著，HbHSP90.6 在胶乳中的基因表达量显著高于根、花、枝、茎、叶。相对于花，HbHSP90.6 基因在胶乳中的表达量达到 283 倍，推测 HbHSP90.6 基因主要在胶乳中起作用（图 8-26）。

机械伤害会引起橡胶树胶乳细胞内氧化应激，严重时会导致胶乳停止流动。通过 qRT-PCR 分析机械伤害对 HbHSP90.6 基因在胶乳中表达的影响，结果表明伤害处理明显

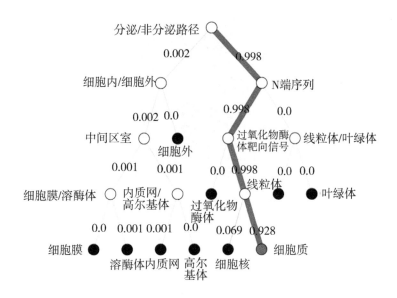

图 8-22 HbHSP90.6 亚细胞定位预测

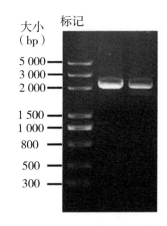

图 8-23 *HbHSP90.6* 基因克隆

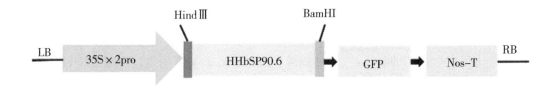

图 8-24 pGREEN 表达载体构建图谱

上调了 *HbHSP90.6* 基因的表达，在 12 h 上调最显著，是处理前的 19 倍左右（图 8-27）。

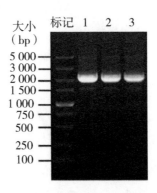

图 8-25　35S∶∶HbHSP90.6∶∶GFP 连接产物转化 DH5α 单克隆菌落 PCR

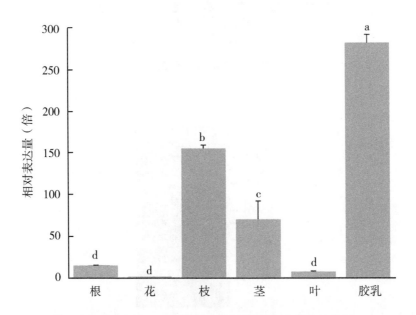

图 8-26　*HbHSP90.6* 基因在橡胶树不同组织中的表达分析

　　植物激素在橡胶树胶乳代谢调控中发挥重要作用。利用 qRT-PCR 分析 *HbHSP90.6* 基因在 ETH、JA、IAA 和 BR 处理下的表达模式（图 8-25）。结果表明 *HbHSP90.6* 基因的表达显著受乙烯利和茉莉酸调控，在 6 h 时表达量达到最高，分别是处理前的 45 倍和 17 倍（图 8-28）。吲哚-3-乙酸处理后，*HbHSP90.6* 基因的表达也显著上调。油菜素内酯处理后，*HbHSP90.6* 基因表达量在处理 12 h 时显著上调表达，是处理前的 50 倍。整体而言，4 种植物激素对 *HbHSP90.6* 基因表达都呈现显著上调趋势。

　　将构建成功的 35S∶∶HbHSP90.6∶∶GFP 融合表达载体侵染本氏烟草，在强启动子的驱动下 HbHSP90.6 与 GFP 融合在本氏烟草中瞬时表达。在激光共聚焦显微镜下观察

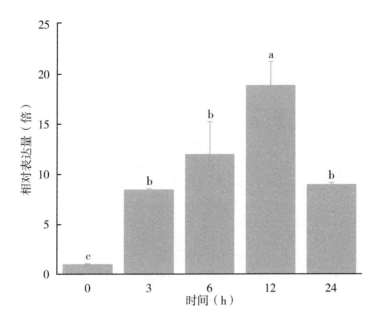

图 8-27　机械伤害处理对 *HbHSP90.6* 的表达调控分析

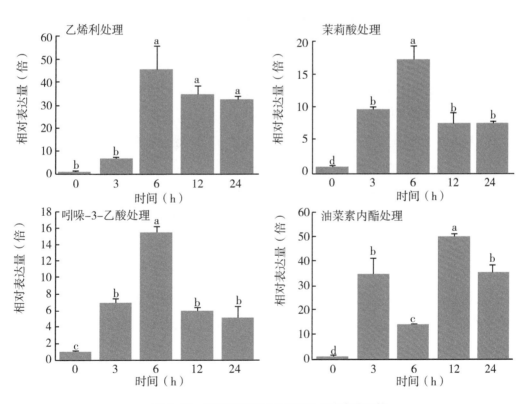

图 8-28　激素处理下 *HbHSP90.6* 的表达规律

烟草表皮细胞的绿色荧光信号并通过 DAPI 染色观察细胞核的位置。结果显示 488 nm 的激发光下可观察到绿色荧光信号在 HbHSP90.6 的细胞质和细胞核上均有分布，对照组 GFP 激发出的荧光信号在烟草细胞表皮中普遍存在（图 8-29）。

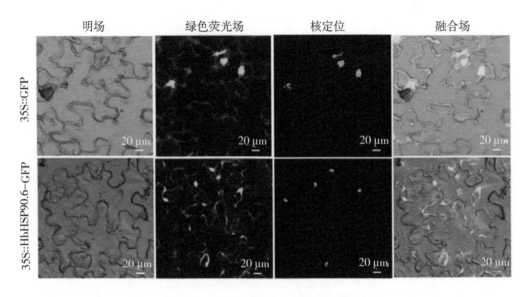

图 8-29   HbHSP90.6 亚细胞定位

巴西橡胶树是主要的天然橡胶生产植物，橡胶树的健康生长是获取胶乳的持续来源。然而，橡胶树生长环境错综复杂，面临着各种环境胁迫的威胁，影响着橡胶树的生理代谢过程，进而影响胶乳的产量。HSP90 是一种进化高度保守的多效性分子伴侣，对真核生物在生理和应激条件下的生存至关重要。HSP90 异构体在细胞总蛋白中占 1%~2%，在不同类型的应激下，这一比例可增加到 4%~6%。在植物中，HSP90 直接或间接地参与了从植物生长发育到非生物和生物胁迫反应以及激素信号传递。本研究从橡胶树胶乳中克隆 HbHSP90.6 基因，该基因含有 PTZ00272 的结构域和包含高度保守的 MEEVD 基序，属于 HSP90 家族。进化树分析表明 HbHSP90.6 基因的氨基酸序列与已报道的拟南芥 AtHSP90.1（NM_124642.4）和水稻 OsHsp90-1（LOC_Os04g01740）具有较高的同源性，推测同源性较高的基因可能执行相似的生物学功能。组织表达分析显示 HbHSP90.6 基因主要在胶乳中表达，推测 HbHSP90.6 基因可能参与乳管胞内运输和胶乳代谢调控。

胶乳开采是获得天然橡胶的唯一途径，采胶的方式为割胶。割胶对橡胶树是一种不可避免的机械伤害，机械伤害影响橡胶树乳管细胞的生长发育进而影响胶乳的再生能力。本研究结果显示 HbHSP90.6 基因响应机械伤害处理，推测 HbHSP90.6 基因参与机械伤害调控的橡胶树生理与代谢活动反应。植物激素在植物的生长发育过程中协调其他因子参与胁迫修复发挥了重要作用。乙烯利（ETH）和茉莉酸（JA）参与植物对病原菌攻击的防御反应，并且其是系统性损伤反应的主要因素。本研究结果显示，*HbHSP90.6* 基因在 ETH 和 JA 处理下呈现先上升后下调的趋势，与 HSP90 在拟南芥中调控激素信号通路研究结果一致。推测 *HbHSP90.6* 基因可能受 ETH 和 JA 信号通路调控参与植物抗病反应过程。有研究已表明 ETH 和 JA 的刺激会引起胶乳细胞的生理和代谢发生显著变化。在橡胶树的树干树皮上应用乙烯利可以显著提高橡胶树胶乳产量，而茉莉酸则是诱导橡胶树乳管细胞分化和橡胶生物合成的关键信号分子。所以，推测 *HbHSP90.6* 基因在橡胶树产胶过程中发挥重要作用。生长素在植物生命周期的几乎所有方面都发挥重要作用，尤其是在植物组织和器官中呈极性分布，在植物发育过程中具有类似的形态发生活性。本研究结果显示吲哚-3-乙酸（AA）处理后显著诱导 *HbHSP90.6* 基因上调表达，表明 *HbHSP90.6* 基因参与生长素诱导的信号通路。油菜素内酯（BR）是一种甾体植物激素，调节植物的各种发育过程以及生物和非生物胁迫反应。本研究结果显示 *HbHSP90.6* 基因在 BR 处理下呈现上调表达的趋势，这与前人在拟南芥中研究 *HSP90* 基因在 BR 信号传导中的作用结果一致。推测 *HbHSP90.6* 基因参与 BR 信号通路介导的基因转录调控。BR 信号是通过 HSP90 活性介导的，并且 HSP90/BES1 复合体在形成的亚细胞位点主动调节 BR 信号，结果显示活性 BR 信号降低了细胞核中的 BES1/HSP90 复合物，而在细胞质中 BES1/HSP90 复合物明显增多。为了确定 *HbHSP90.6* 基因编码蛋白的亚细胞室，通过构建植物瞬时表达载体转化烟草，激光共聚焦观察结果显示绿色荧光信号在 *HbHSP90.6* 的细胞质和细胞核上均有分布，与亚细胞定位预测结果一致。

综上所述，本研究完成了橡胶树胶乳 *HbHSP90.6* 基因的克隆、生物信息学分析、表达模式分析及亚细胞定位。这些结果为深入研究橡胶树 *HbHSP90.6* 基因在激素信号介导转录调控通路中的功能奠定坚实基础。

第六节　橡胶树 *HbHSP90* 基因与 *HbSGT1b* 基因互作验证

一、Y2H 验证 *HbHSP90.1* 与 *HbSGT1* 互作

HSP90 作为分子伴侣通常与多种客户蛋白结合参与多个生物学过程（Margaritopoulou et al., 2016）。为了对 *HbHSP90.1* 基因功能进一步的研究，通过双酶切和同源重组法成功构建酵母双杂载体 *HbHSP90.1-AD* 和 *HbSGT1-BD*（图 8-30 和图

8-31）。

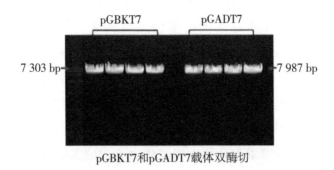

pGBKT7和pGADT7载体双酶切

图 8-30　酵母表达载体 pGADT7、pGBDKT7 双酶切

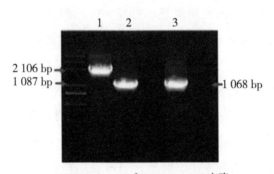

HbHSP90.1-BD和*Hb*SGT1-AD克隆

图 8-31　*HbHSP90. 1* 和 *HbSGT1* 带酶切位点克隆

　　将重组表达载体转化酵母感受态 AH109，在 SD/－Trp/－Leu 平板培养基上，实验组和所有对照组均能正常生长，说明所有表达载体均成功转化酵母菌株 AH109；在 SD/－Trp/－Leu/－His/－Ade 平板培养基上阳性对照组合 pAD-Gal4-T/pBD-Gal4-53 正常生长，阴性对照和空白均不能正常生长，实验验证组合 pAD-Gal4-HbHSP90. 1 和 pBD-Gal4-HbSGT1 正常生长，表明 Gal4 转录因子激活 UAS 下游启动子并激活下游报道基因表达，从而证明 *HbHSP90. 1-AD* 和 *HbSGT1-BD* 互作（图 8-32）。

二、LUC 验证 *HbHSP90s* 与 *HbSGT1b* 互作

　　酵母双杂试验已验证 *HbHSP90. 1* 与 *HbSGT1b* 相互作用，再通过萤火素酶互补试验进一步证明 *HbHSP90. 1* 与 *HbSGT1b* 相互作用，同时验证 *HbHSP90. 3* 与 *HbSGT1b* 是否相互作用。根据设计带有 KpnI－BamHI 酶切位点插入片段的同源重组引物，以 *HbHSP90. 1*、*HbHSP90. 3* 和 *HbSGT1b* 的质粒为模板扩增出带酶切位点的 ORF，通过同

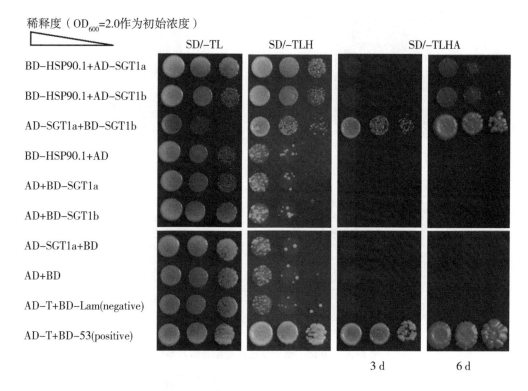

稀释度（OD$_{600}$=2.0作为初始浓度）

图 8-32　点对点酵母双杂交验证 *HbHSP90.1* 与 *HbSGT1* 互作

源重组法分别连接到表达载体 pCAMBIA 1300-cLUC 和 pCAMBIA 1300-nLUC，成功构建 *HbHSP90.1*-cLUC、*HbHSP90.3*-cLUC 和 *HbSGT1b*-nLUC 载体（图 8-33）。分别将试验组 *HbHSP90.1*-cLUC/*HbSGT1b*-nLUC、*HbHSP90.3*-cLUC/*HbSGT1b*-nLUC 和对照组 35S：nLUC/*HbHSP90.1*-cLUC、35S：cLUC/*HbSGT1b*-nLUC、35S：nLUC/35S：cLUC 表达载体分别转化侵染烟草，30~48 h 后向叶片背面每个区域再注射萤火素酶底物 D-Luciferin 反应液，使用植物活体分子影像系统（CDD imaging system）检测叶片发光情况。结果显示，对照组均不会发光，试验组 *HbHSP90.1*-cLUC/*HbSGT1b*-nLUC 和 *HbHSP90.3*-cLUC/*HbSGT1b*-nLUC 则会发光，从而证明 *HbHSP90.1* 和 *HbHSP90.3* 均能够与 *HbSGT1b* 相互作用（图 8-34）。

三、BiFC 验证 *HbHSP90s* 与 *HbSGT1b* 互作

酵母双杂试验和萤火素酶互补试验已证明 HbHSP90.1、HbHSP90.3 与 HbSGT1b 相互作用，再通过双分子互补试验进一步确认 HbHSP90.1、HbHSP90.3 与 HbSGT1b 相互作用的具体细胞亚室。根据设计带有 BamHI-KpnI 酶切位点插入片段的同源重组引物，

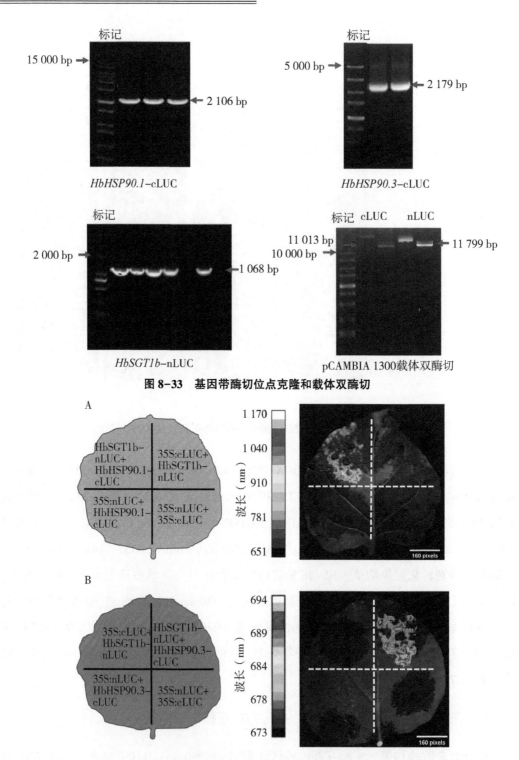

图 8-33　基因带酶切位点克隆和载体双酶切

图 8-34　萤火素酶互补试验证明互作 HbHSP90.1 与 HbSGT1b

（上图）、HbHSP90.3 与 HbSGT1b（下图）

将 HbHSP90.1、HbHSP90.3 和 HbSGT1b 分别扩增出来，通过同源重组法连入到表达载体 pSPYCE 和 pSPYNE 中，成功构建 HbHSP90.1-cYFP、HbHSP90.3-cYFP 和 Hb-SGT1b-nYFP 载体。将试验组 HbHSP90.1 和 HbHSP90.3-cYFP/HbSGT1b-nYFP。以及对照组 HbHSP90.1 和 HbHSP90.3-cYFP/pSPYNE、HbSGT1b-nYFP/pSPYCE 分别转化侵染烟草，在烟草注射后 30~48 h 观察，用蔡司 LSM 880 激光共聚焦显微镜在波长为 514 nm 的激发光下观察 YFP 荧光信号，在 514 nm 激发光下试验组 HbHSP90.1 和 HbHSP90.3-cYFP/HbSGT1b-nYFP 相互作用显现 YFP 荧光信号，再通过 DAPI 核染料确定是在细胞核中进行互作，而对照组则无 YFP 荧光信号（图 8-35 和图 8-36）。

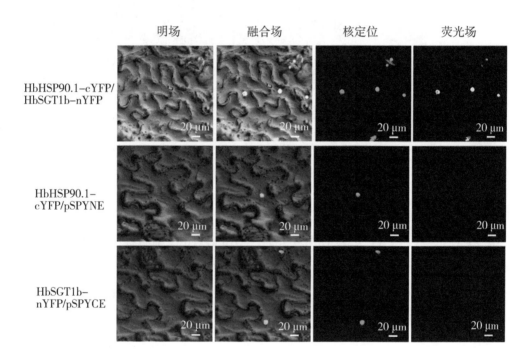

图 8-35　双分子荧光互补试验证明 HbHSP90.1 与 HbSGT1b 互作

四、*HbHSP90s* 与 *HbSGT1b* 亚细胞定位分析

利用蛋白质亚细胞定位软件预测 HbHSP90.1 和 HbHSP90.3 定位于细胞质或细胞核中。为了确认预测的位置，根据设计带有 HindIII 和 BamHI 酶切位点插入片段的同源重组引物，以 HbHSP90.1、HbHSP90.3 和 HbSGT1b 质粒为模板分别进行 PCR 扩增，纯化回收后用同源重组法进行连接，成功构建 35S∶∶HbHSP90.1∶∶GFP、35S∶∶HbHSP90.3∶∶GFP 和 35S∶∶HbSGT1b∶∶GFP 的融合表达载体转化烟草细胞

| 明场 | 融合场 | 核定位 | 荧光场 |

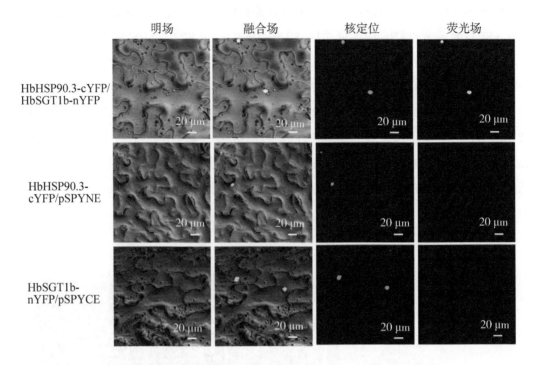

图 8-36 双分子荧光互补试验证明 HbHSP90.3 与 HbSGT1b 互作

中，在波长为 488 nm 的激发光下观察绿色荧光信号，结果显示 HbHSP90.1 和 Hb-SGT1b 绿色荧光只集中在细胞核中，而 HbHSP90.3 结果显示定位在细胞核和细胞质中（图 8-37）。这与 BIFC 试验 HbHSP90.1 与 HbSGT1b 在细胞核中相互作用的结果一致，表明 HbHSP90.1 和 HbSGT1b 主要在细胞核中发挥功能。与 HbHSP90.3 与 HbSGT1b 在细胞核中相互作用的结果不一致，表明 HbHSP90.3 和 HbSGT1b 在发挥功能时很可能迁移到细胞核中。

第七节 展 望

一、橡胶树 HbHSP90 基因家族功能研究

本研究通过生物信息学方法鉴定橡胶树中 7 个橡胶树 HbHSP90 基因，并完成了橡胶树 HbHSP90 基因家族成员的克隆。理化性质分析表明，橡胶树中 7 个 HbHSP90 蛋白均呈酸性。根据系统进化树将橡胶树 HbHSP90 家族成员分为 A、B 和 C 共 3 个组，这与拟南芥和水稻中的 HSP90 系统发育分析结果相似（Krishna & Gloor, 2001；Zhang et al., 2016b），表明不同物种间 HSP90 家族成员在进化过程中也高度保守。根据基因结

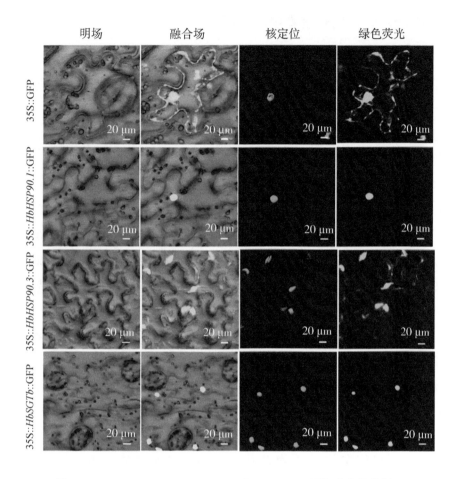

图 8-37　HbHSP90.1、HbHSP90.3 与 HbSGT1b 亚细胞定位分析

构分析表明，同一亚群中相似的基因结构和不同亚群之间 *HSP90* 基因结构存在显著差异，这表明进化可能不仅影响基因功能，还有基因结构。亚细胞定位预测橡胶树 *HbHSP90* 家族 A 组 *HbHSP90.1*、*HbHSP90.2*、*HbHSP90.3*、*HbHSP90.6* 基因均定位于细胞质或细胞核中，B 组 *HbHSP90.5* 基因定位于线粒体或叶绿体中，C 组 *HbHSP90.4* 和 *HbHSP90.8-1* 基因定位于内质网上，这与杨树中的亚细胞定位结果一致（Zhang et al.，2013），表明不同物种 *HSP90* 基因家族在进化过程中变异较少，且进化树分类到同一类蛋白结构域相近，可能其在不同植物上功能表达存在相似性。根据顺式作用元件分析，*HbHSP90* 家族成员含有数量不等的与响应非生物胁迫和植物激素等有关的顺式作用调控元件，如响应温度 LTR、干旱 MBS 和水杨酸 TCA 等元件。推测它们在植物的生长发育和响应胁迫过程中起着重要作用。

二、*HbHSP90* 在生长发育中的作用

HSP90 主要负责蛋白质的折叠、组装和降解，在逆境胁迫下维持细胞内稳态发挥至关作用（Frydman，2001；Pratt et al.，2001）。由于 HSP90 具有稳定调控蛋白结构的能力，因此可以将其视为一种缓冲系统，限制内外环境中微小变化的影响，从而稳定生长发育过程（Queitsch et al.，2002；Samakovli et al.，2007）。在高温和低温条件下都会诱导植物蛋白质变性与聚集、质膜完整性的丧失和活性氧（ROS）的积累，从而扰乱细胞代谢和内稳态（Li et al.，2021；Thirumalaikumar et al.，2021）。HSP90 可以使植物减少热胁迫造成的伤害，从而保护细胞。热胁迫条件下 *HSP90* 基因缺失会降低气孔的分化速率，表明 *HSP90* 基因响应环境温度变化（Samakovli et al.，2020）。大豆的 *GmHsp90* 过表达植株在极端温度处理下表现出更好的耐受性（Xu et al.，2013）。研究 *HbHSP90* 基因家族成员在热胁迫与冷胁迫下的表达情况，发现 *HbHSP90* 基因家族成员均响应热胁迫与冷胁迫处理，这与马铃薯和黄瓜 *HSP90* 基因在胁迫处理中的研究结果一致（Lin et al.，2019；Zhang et al.，2021）。这些研究结果为了解温度变化对橡胶树生长的影响及其减缓机制提供了基础。干旱会使橡胶树生长受阻、抽叶减慢、割胶时间缩短，甚至导致橡胶树干枯死亡（王立丰等，2017）。随着气候变化，干旱也成为橡胶园的主要灾害之一。水稻过表达 *OsHSP50.2* 植株在干旱胁迫下积累的脯氨酸能够调节渗透能力，从而减少干旱胁迫对植株的损害（Xiang et al.，2018）。本研究中干旱胁迫处理下，*HbHSP90* 基因家族成员均显著上调表达，尤其是 *HbHSP90.1* 基因，表明 *HbHSP90* 基因参与橡胶树干旱胁迫反应过程。干旱引起活性氧（ROS）介导信号转导功能的活性氧分子 H_2O_2 过度产生会导致氧化破裂和细胞死亡（Liu et al.，2017）。在干旱胁迫下 *MeHSP90.9* 基因沉默的木薯叶片比转基因的木薯叶片积累了更多的 H_2O_2。本研究中 *HbHSP90.1* 和 *HbHSP90.3* 基因在 H_2O_2 处理下进行表达分析，结果显示两基因的表达量均显著上调。推测 *HbHSP90* 基因可能会通过调控 H_2O_2 的水平来应对干旱胁迫，这在橡胶树抗旱性改良中具有重要的潜在应用价值（Xiang et al.，2018）。

三、*HbHSP90* 参与植物激素信号传导

HSP90 是一种众所周知的分子伴侣，它与下游功能蛋白即客户蛋白相互作用（Watanabe et al.，2016）。目前已经报道了 200 多个客户蛋白，赋予 HSP90 不同的生物学功能（Pratt et al.，2008）。HSP90 的功能依赖于各种客户蛋白的构象（Wang et al.，2016）。HSP90 与分子伴侣 SGT1 是底物蛋白折叠和激活的基础，在核苷酸结合域和富含亮氨酸的重复含（NB–LRR）蛋白中作为一种关键的免疫元件。已有研究证

明 HSP90 的分子伴侣 SGT1 参与橡胶树白粉病的抗病性。在橡胶树叶片上接种白粉菌后，通过观察菌丝生长状态，发现 *sgtlb* 突变体表现出稀疏的菌丝网络，并且 *sgtlb* 突变体上活性氧的产生也降低了，表明 *SGT1* 参与橡胶树白粉病的抗病反应（戎伟等，2016）。推测 HSP90 可能通过调控客户蛋白参与白粉病抗性过程。在大麦中 *MLA* 基因对白粉病的抗性是通过识别 SGT1-Rar1 复合体在通路的下游对白粉病起抗病作用（Shen et al.，2003）。通过 VIGS 方法沉默 *HSP90* 基因后发现 *MLA* 基因介导的大麦白粉菌抗性减弱，证明了 *HSP90* 基因通过调控 *MLA* 基因参与对白粉病的抗性过程（Hein et al.，2005）。在本研究结果中发现在橡胶树白粉菌侵染后，*HbHSP90* 的表达发生显著变化，尤其是 A 组基因 *HbHSP90.3* 显著上调表达，表达量在 6 h 达到了处理前的 16 倍，而 B 组和 C 组的基因表达量最高分别为 6 倍和 4 倍，这一结果表明 *HbHSP90* 基因家族参与橡胶树抗白粉病过程，与前人研究结果一致（肖化兴等，2019）。推测 *HbHSP90* 基因家族调控橡胶树白粉病抗性，但不同亚群之间 *HbHSP90* 基因对橡胶树白粉病的抗病力程度不同。本研究中通过酵母双杂、萤火素酶互补和双分子荧光互补实验分别证明了 HbHSP90.1 和 HbHSP90.3 都与 HbSGT1b 相互作用。推测 HbHSP90 与分子伴侣 HbSGT1 相互作用启动一个特异性信号级来参与抗白粉病反应过程。此外，通过亚细胞定位证明了 HbHSP90.1 与 HbSGT1b 主要定位在细胞核中，而 HbHSP90.3 定位在细胞核和细胞质中，推测 HbHSP90.3 在参与橡胶树抗白粉病时可能会迁移到细胞核中发挥作用。

植物激素在帮助植物适应不利环境条件方面起着重要作用。植物激素之间的复杂相互作用及其对多种生理过程的控制能力，是介导植物逆境响应的关键内源因子（Verma et al.，2016）。植物激素 SA、JA、ETH 和 ABA 在介导植物对病原菌的防御反应中发挥了重要作用。随着病原菌感染的增加，SA、JA 和 ET 的水平也随之升高（Bari & Jones，2009）。已有研究发现经 MeJA 和 ETH 处理显著上调了南瓜抗白粉病自交系中抗病基因的表达（Guo et al.，2019）。在 MeJA 和 ETH 处理下 *HbHSP90.1* 和 *HbHSP90.3* 基因的表达量均上调，*HbHSP90.1* 基因是在处理的后期表达，而 *HbHSP90.3* 基因是在处理的前期表达，推测 *HbHSP90.1* 和 *HbHSP90.3* 基因可能参与 MeJA、ETH 在植物体内的信号传导过程。在 SA 作用下，*HbHSP90.1* 和 *HbHSP90.3* 基因的表达水平均显著上调，在 0.5 h 表达量达到最高，这与南瓜 *CmHSP90* 基因对 SA 处理应答反应具有相同的规律（王彬等，2019）。推测两基因参与植物体内 SA 信号传导过程。ABA 在 EIN3-AB14-VTC2 级联蛋白在抗坏血酸 AsA（Ascorbic acid）生物光合过程中调控活性氧 ROS（Reactive Oxygen Species）积累以应对病原菌对植物的侵染（Yu et al.，2019）。ABA 在巴西黑莓中是对抗白粉病的植物免疫反应正调控因子。橡胶树白粉真菌的一种分泌效应蛋白 CSEP 通过抑制 ABA 的生物合成参与感染（Li et al., 2020b）。在 ABA 处理后发现，*HbHSP90.1* 和 *HbHSP90.3* 基因表达量上调表达，表明 *HbHSP90.1* 和 *HbHSP90.3* 基因响应 SA、JA、ETH 和 ABA 信号途径。推测 SA、JA、ETH 和 ABA 作为信号分子参与 *HbHSP90.1* 和 *HbHSP90.3* 基因的抗白粉病防御反应过程。

第九章 植物激素信号转导中的泛素蛋白酶体途径研究进展

覃 碧

（中国热带农业科学院橡胶研究所）

第一节 泛素蛋白酶体途径研究进展

植物生长发育的各个阶段，包括胚胎发生、种子萌发、营养生长、果实成熟、叶片衰老等都受到多种激素信号的控制。虽然植物激素的分子结构比较简单，但具有十分复杂的生理效应。目前，已知的植物激素有生长素、细胞分裂素、赤霉素、脱落酸、乙烯、茉莉酸、水杨酸、油菜素内酯、一氧化氮、独脚金内酯等。大量研究表明，泛素蛋白酶体途径（Ubiquitin-proteasome pathway，UPP）在植物生长发育，包括激素合成、感知和下游信号传导、自交不亲和、抗病、表观遗传、植物形态建成等过程都发挥重要作用。本章将综述 UPP 途径在植物激素合成及其信号转导调控研究方面取得的最新进展，并对今后该领域发展趋势进行展望。

一、UPP 途径及其成员

UPP 途径主要由泛素活化酶（Ubiquitin-activating enzyme，E1）、泛素结合酶（Ubiquitin-conjugating enzyme，E2）、泛素连接酶（Ubiquitin protein ligase，E3）和 26S 蛋白酶体组成。E1 负责激活泛素蛋白（Ub），并把激活的 Ub 连接到 E2 上，形成 E2-Ub 复合物。E3 负责识别底物蛋白，促进 E2 将 Ub 转移到靶蛋白上，最终将 1 个或多个 Ub 连接到靶蛋白上，被泛素化修饰的蛋白可被 26S 蛋白酶体识别并降解。泛素化过程如图 9-1 所示，ATP 被 E1 水解并结合 E1C 末端甘氨酸形成硫脂键，活化并转移泛素结合到 E2 半胱氨酸残基上，形成 E2-Ub 复合物，E2-Ub 复合物直接结合 E3 将泛素转移到底物蛋白或是通过 E6 类似同源物 C 端（HECT）形成 E3-泛素中间体，将泛素转移到底物蛋白，E3 在介导这两种底物特异性识别过程和蛋白质特异性降解过程中起关键作用。泛素化过程重复多次形成泛素链并连接到靶标蛋白上进行修饰，最后通过 26S 蛋白酶体识别和降解靶标蛋白（Smalle & Vierstra，2004）。随后，泛素链被去泛素化酶（DUB）识别并分解成单个泛素分子，重新进入下一个泛素-26S 蛋白酶体循环过程（Finley，2009）。

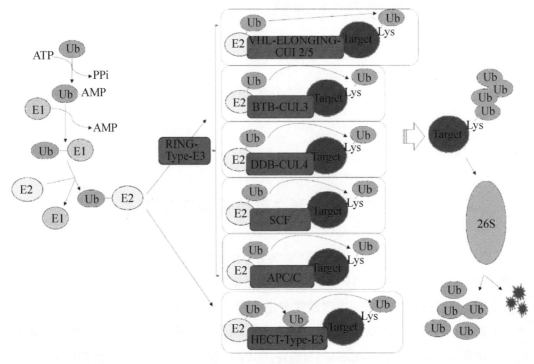

图 9-1　泛素化过程

泛素是 76 个保守氨基酸的蛋白质，通过泛素化途径与靶标蛋白质特异性结合（Hershko & Ciechanover，1998b；Smalle & Vierstra，2004）。26S 蛋白酶体由 1 个 20S 核心颗粒（CP）和 2 个 19S 调节颗粒（RP）组成（Finley，2009）。冷冻电子显微镜显示其中，CP 包含 18 个亚基，RP 包含 28 个亚基，并且在有底物或无底物（激活态或是抑制态）时呈现出 M1 和 M2 两个不同的构象状态（Luan et al.，2016）。CP 包含两个外环 α-亚基和两个 β-亚基蛋白水解环的蛋白酶活中心，外部相对较窄的开口，使得只有被泛素修饰后的蛋白可以进入活性蛋白酶活性中心接触水解位点。RP 与泛素化的底物识别，清除和回收泛素分子，改变底物结构，呈递底物到活性中心位点等多种功能相关（Elsasser et al.，2004；Rabl et al.，2008；Verma et al.，2002）。E1 在不同物种中非常保守且数量也非常少，人类基因组中有 2 个，而拟南芥中只有 1 个；E2 是一个多基因家族，拟南芥基因组中预测有 37 个 E2 和 4 个 E2-like；E3 则是一个庞大的蛋白家族，并决定泛素化底物的特异性，拟南芥基因组中有 1 300 多个基因编码 E3 蛋白，占整个基因组编码蛋白的 5% 以上，调控近 2 600 种靶蛋白，对 E3 的功能研究也最为深入。根据 E3 作用的机制和结构域的不同可将其分为三大亚族，分别是含有 HETC、RING 和 U-Box 结构域的 E3。多亚基的 E3 一般都含有 1 个支架蛋白 Cullin（或 Cullin-like）蛋白和一个 RING-finger 蛋白，也称为 CRLs（Cullin-RING ligases）类 E3。包括分别以 CUL1、CUL2、CUL3、CUL4 为支架蛋白的 SCF E3、VHL/ELO E3、CUL3-BTB E3、DDB1/X E3，以及以 Cullin 类似蛋白为支架蛋白的 APC（Anaphase-promoting complex）E3 等。E3 与 E2 及其底物蛋白（Substrate）的作用模式见图 9-2。

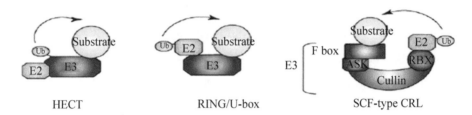

$$\text{HECT} \qquad \text{RING/U-box} \qquad \text{SCF-type CRL}$$

图 9-2　E3 与 E2 及其底物蛋白的作用模式

二、UPP 途径在植物激素合成及其信号转导中的作用

（一）UPP 途径与乙烯生物合成及其信号转导的调节

乙烯是一种气态植物激素，在植物生长发育、生物及非生物胁迫反应等过程发挥重要作用。通过对模式植物拟南芥各种乙烯突变体的分子遗传研究，已建立了乙烯生物合成及其信号转导调控的整体模型。ACC 合酶（ACS）是乙烯生物合成途径的关键酶和限速酶，对拟南芥中乙烯合成的遗传研究显示，ACS 酶活性受 UPP 途径调控。拟南芥中 ETO1 编码的一个 E3 泛素连接酶与 CUL3a 或者 CUL3b 结合形成 CUL3-BTB^{ETO1} 复合体，对二类 ACS 进行泛素化和降解。*eto1* 突变体增加了 ACS5 及 ACS9 蛋白的稳定性。过量表达 *ETO1* 可以抑制细胞分裂素诱导的乙烯产生并且通过 UPP 途径加快 ACS5 的降解。因此，ETO1 的功能是通过 UPP 途径对二类 ACS 进行泛素化和降解，抑制二类 ACS 酶活性从而调控乙烯合成。拟南芥中另一个 E3 连接酶 XBAT32 也通过 UPP 途径调控 ACS4 和 ACS7 的酶活性调控乙烯合成，表明 ACS 蛋白水平的调控对调控乙烯合成至关常重要。

拟南芥中乙烯信号的感知依赖于 5 个受体 ETR1（Constitutive triple response 1）、ETR2、ERS1（Ethylene response sensor 1）、ERS2 和 EIN4（Ethylene insensitive 4），其中，ETR1 与 Raf-like 蛋白激酶 CTR1（constitutive-triple-response 1）互作负调控乙烯

反应，EIN2（ethylene insensitive 2）、EIN3 和 EILs（EIN3-Like）位于 CTR1 下游正调控乙烯反应。EIN2 和 EIN3 蛋白的稳定性均受 UPP 途径所调控（图 9-3）。两个 F-box 蛋白 ETP1（EIN2 targeting protein 1）和 ETP2 通过 UPP 途径对 EIN2 蛋白进行泛素化和降解。在乙烯不存在的条件下，ETP1/2 促进 EIN2 蛋白的泛素化和降解。在乙烯的存在条件下，ETP1/2 的表达降低从而提高 EIN2 蛋白的积累量。EIN2 作为一个正调控因子，其抑制被解除后即可通过正调乙烯信号途径的主要转录因子 EIN3 和 EIL1 而将信号通过级联方式传递下去，使得下游乙烯应答基因的转录被活化而产生乙烯反应。另外两个 F-box 蛋白 EBF1/EBF2 通过 UPP 途径作用于 EIN3 蛋白，使其迅速降解。*EBF1/EBF2* 的任一基因缺失突变均可稳定 EIN3，增强乙烯反应，而过量表达 *EBF1* 或 *EBF2* 表现为乙烯不敏感；*ebf1/ebf2* 双突变体则出现组成型的乙烯反应表型，表明 EBF1 和 EBF2 负调控乙烯反应。乙烯信号通路的一个关键机制是通过某种依赖 EIN2 的方式维持 EIN3/EIL1 的蛋白稳定性。Li 等（2015）研究发现，EIN2 可以和 EBF1、EBF2 mRNA 的 3′UTR 相互作用并抑制 EBF1/2 的翻译过程进而激活乙烯反应，表明由 EBF1 和 EBF2 mRNA 的 3′UTR 介导的翻译水平调控是乙烯信号转导的关键步骤，而 EBF1 和 EBF2 mRNA 的 3′UTR 像一个"感受器"感知上游信号并向下传递（Li et al.，2015）。由此可见，UPP 途径从多个方面参与乙烯生物合成及其信号转导的调控。

（二）UPP 途径在生长素信号转导中的作用

生长素（Auxin）是最早发现的植物激素，参与植物各种发育过程，如细胞分裂、细胞增长、离子跨膜运输、早期胚胎发育、形态建成和分化等。TIR1（Transport inhibitor-response 1）是生长素受体，属于 F-box 蛋白，与 ASK1、CUL1 及 RBX1 相互作用形成有功能的 SCF^TIR1 复合体。SCF^TIR1 的泛素化底物是 Aux/IAA 蛋白，SCF^TIR1 复合体通过对 Aux/IAA 蛋白的泛素化修饰和降解，调控其蛋白稳定性。Aux/IAA 是一种短命核蛋白，其表达受生长素快速诱导，该蛋白的稳定性调节是生长素信号传导调控的一个重要环节。生长素响应因子 ARF（Auxin response factors）是一类转录因子，与生长素早期响应相关基因的启动子结合从而激活这些基因的表达。AUX/IAA 与生长素响应因子 ARF（Auxin response factors）互作从而改变生长素诱导相关基因的表达。在有生长素存在的条件下，SCF^TIR1 复合体对 AUX/IAA 进行泛素化和降解，ARF 激活生长素诱导的基因的表达；而在没有生长素存在的条件下，AUX/IAA 与 ARF 结合，从而抑制了受 ARF 激活的基因的转录。除此之外，在拟南芥中发现还存在 3 个与 TIR1 高度同源的 F-box 蛋白（AFB1、AFB2 和 AFB3），其突变体表现出对生长素敏感的表型，表明它们都参与了生长素的反应过程。生长素还可以通过另外一个 E3（具有 RING 结构域的 SINAT5

蛋白）介导转录因子 NAC1 的降解，NAC1 处于 TIR1 下游起作用，生长素信号通过 NAC1 调节侧根发育。

（三）UPP 途径与 JA 信号转导的调节

在模式植物拟南芥中，JA 信号途径的 3 个核心环节分别为 SCF^COI1 复合体，JAZ 阻遏蛋白和 MYC 转录因子。SCF 复合体被认为是 E3 泛素连接酶中最大的一个家族，一般由 4 个亚单位组成：F-box 蛋白、RBX1、CUL1 和 SKP1，其中，由 RBX1 和 CUL1 构成泛素连接酶的活性中心，F-box 蛋白通常被认为是 SCF 复合物底物结合的作用点，而 SKP1 在 CUL1 与 F-box 蛋白之间起连接作用。COI1 蛋白是一个含有 F-box 基序和 LRR 结构域的 F-box 蛋白。在 SCF^COI1 复合物中，CUL1 在 RUB 激酶的作用下被泛素相关蛋白 RUB1 共价修饰，并通过其 N 端的 F-box 结构域与 SKP1 蛋白相连。COI1 蛋白 C 末端的 LRR 结构域与 JAZ 蛋白（茉莉酸信号的阻遏蛋白）相连。COI1-JAZ-MYC2 作为 JA 信号途径的核心组件，主要通过 JAZ 蛋白家族和 MYC 转录因子这两个环节的调控来行使其复杂的生理功能。其中，JAZ 阻遏蛋白与 MYC2 转录因子结合，抑制其转录激活活性，这种结合不依赖 JA。COI1-JAZ 之间能发生物理结合，并依赖于 JA。外源 JA 处理后，SCF^COI1 复合体对 JAZ 阻遏蛋白进行泛素化修饰和降解，当 JAZ 蛋白被泛素化和降解后，*MYC2* 及其调控的下游基因被激活表达。

（四）UPP 途径与 GA 信号转导的调节

GA 在植物生长发育的诸多方面起重要作用，包括促进植物生长、打破种子休眠、促进其萌发以及长日植物和两年生植物开花等。与生长素和 JA 信号转导情况类似，GA 的信号转导同样也受 SCF E3 复合体的调控，但是 SCF 复合体的活性并不是由 GA 直接调控，而是通过 GID1（GA-insensitive dwarf 1）间接调控。DELLA 蛋白家族是 GA 信号转导的阻遏物，通过抑制 GA 响应相关基因的转录从而抑制 GA 信号转导。GID1 是 GA 的受体，在有生物活性的 GA 存在的情况下，GID1 蛋白接收 GA 信号并与其结合。GID1 与 GA 的结合促进了 SCF E3 复合体与两个 F-box 蛋白（拟南芥中是 SLEEPY1 和 SnEEZY，而水稻中是 SLEEPY1 和 GID2）组装进而对 DELLA 蛋白进行识别和泛素化降解，解除 DELLA 蛋白对 GA 信号响应的抑制作用。

（五）UPP 途径与 ABA 信号转导的调节

脱落酸（Abscisicacid，ABA）调控种子休眠、幼苗发育和干旱响应等过程。ABA 信号的感知和响应是很复杂的过程，涉及大量激酶、磷酸酶和转录因子的调控。已有研究表明，UPP 途径也参与了 ABA 信号转导过程的调控。两个 E3 泛素连接酶 AIP2（ABI3-interacting protein）和 KEG（Keep on going）通过调控 ABA 响应相关转录因子

ABI3（ABA-insensitive 3）和 ABI5（ABA-insensitive 5）的含量从而参与 ABA 信号转导的调控。研究表明 ABA 可以提高 AIP2 蛋白的表达水平从而提高其对 ABI3 的泛素化和降解。相反地，ABA 则通过抑制 KEG 对 ABI5 蛋白的识别或者泛素化，使 ABI5 转录水平和蛋白积累水平都增加。*keg* 突变体幼苗有严重的表型，这表明 KEG 在 ABA 信号转导中具有广泛的作用，可能还调控其他 ABA 响应相关转录因子。SDIR1（Salt-and drought-induced ring finger1）编码的一个 RING E3 泛素连接酶也参与了 ABA 信号转导的调控，过表达 SDIR1 会导致植株对 ABA 超敏感以及一系列 ABA 相关的表型，并改变已知 ABA 信号途径相关基因的表达。最近报道的另一个 RING E3 泛素连接酶 RHA2a 则在种子萌发和早期发育过程调控 ABA 信号转导，但不依赖于 ABI3、ABI4 和 ABI5 转录因子。

（六）UPP 途径与 SA 信号转导的调节

SA 是一种植物免疫信号，是植物天然免疫反应必需的植物激素。在拟南芥中，NPR1（Nonexpressor of pr genes 1）是 SA 介导的防御反应的关键正调控因子。尽管 SA 介导的植物防御反应机制尚未清楚，但有研究鉴定了 SA 的两个受体 NPR3（Npr1-like protein 3）和 NPR4。NPR3/4 是 NPR1 的同源蛋白，与 SA 直接结合。NPR3/4 与 CUL3 形成具有活性的 $CUL3^{NPR3/4}$ 泛素连接酶复合体，对 NPR1 转录因子进行泛素化和降解，这个过程受 SA 调控。NPR1 在细胞核中与其他转录因子互作调控植物对病原菌的抗性反应。拟南芥的 *npr3 npr4* 双突变体中，NPR1 的积累量提高，诱导的系统性获得抗性反应迟钝，而且丧失了病原菌效应蛋白激发产生细胞程序性死亡和免疫反应的功能。由此可见，UPP 途径在 SA 信号途径中扮演重要角色。

（七）UPP 途径与其他激素信号转导的调节

尽管目前对 UPP 途径在油菜素内酯、独脚金内酯和细胞分裂素信号转导中的作用机制尚未清楚，但是已有的研究发现，它们都涉及了 UPP 途径。油菜素内酯（BR）是一种甾醇类化合物。对 BR 信号转导的研究表明，UPP 途径在其中有重要作用。蛋白激酶 BIN2（Brassinosteroid-insensitive 2）是 BR 信号转导的负调控因子，在没有 BR 存在的条件下，BIN2 对 BR 响应蛋白 BZR1 和 BSE1 进行磷酸化，磷酸化的 BZR1 和 BSE1 蛋白可被 UPP 途径泛素化和降解。

独脚金内酯是一种类胡萝卜素衍生物，并抑制植物分枝发育。虽然独脚金内酯的信号转导途径尚未清楚，但是一个 F-box 蛋白 MAX2/RMS4 为独脚金内酯信号响应所必须，这表明 UPP 介导的蛋白质降解途径是独脚金内酯信号转导途径调控的一个重要环节。

尽管到目前为止还未分离出介导细胞分裂素反应的 E2 或者 E3 蛋白，但发现 26S 蛋白酶体亚基与细胞分裂素信号转导有关。RPN12 是 26S 蛋白酶体的一个亚基，拟南芥 *rpn12a - 1* 突变体出现叶片形成效率与根伸长降低、暗形态建成（Skotomorphogenesis）延迟以及对外源细胞分裂素处理不敏感的表型，这表明 RPN12a 可能作为 26S 蛋白酶体的一个亚基通过调控细胞分裂素响应相关因子的蛋白稳定性，从而参与细胞分裂素信号途径的调控。

三、展　望

近年来，在植物 UPP 途径的成员鉴定、分离及其功能研究方面取得了重大进展，该途径对植物激素合成及其信号转导、生物和非生物胁迫响应、细胞周期、形态建成等过程的调控机制也逐步地得到阐明。但植物基因组中，编码 UPP 途径的组分是一个庞大的基因家族，例如，拟南芥基因组中有 1 300 多个基因编码 E3 蛋白，但至今为止，只有一部分的基因功能被揭示，大量基因的功能仍未知。已报道的 E3 中也只有少数的底物蛋白得到了鉴定，大量 E3 蛋白具有什么功能，它们的泛素化底物是什么，它们又是如何识别底物蛋白的，以及 UPP 在油菜素内酯、独脚金内酯等新型植物激素信号转导中的作用机制等均尚未清楚。大量的研究表明，UPP 功能的多样性主要是由庞大的 *E3* 家族成员决定的，因此，通过大量地鉴定和克隆新的 *E3* 基因，并分析其功能，将有助于人们更全面地揭示 UPP 途径在植物生长发育中的重要调控作用。

第二节　泛素蛋白酶体途径参与天然橡胶合成调控的研究进展

泛素蛋白酶体途径（Ubiquitin-proteasome pathway，UPP）是一个高效、专一性和选择性强的蛋白降解途径，泛素化过程中，E1 负责激活泛素蛋白（Ub），并把激活的 Ub 连接到 E2 上，形成 E2-Ub 复合物。E3 负责识别目标蛋白，决定泛素化底物的特异性，促进 E2 将 Ub 转移到靶蛋白上，最终将 1 个或多个 Ub 连接到靶蛋白上（Pickart，2001）。泛素化修饰的蛋白可被 26S 蛋白酶体所识别，最终被降解成短肽和氨基酸释放到细胞中可供再次利用。

一、泛素蛋白酶体途径关键成员参与天然橡胶合成的调控

Wu 等（2000）研究发现，橡胶树乳管细胞中负责橡胶合成的细胞器橡胶粒子的膜蛋白上存在大量的泛素蛋白。Northern 分析表明 ET 和 JA 处理均能增强多聚泛素基因的表达（彭世清和陈守才，2004）。除泛素蛋白外，曾日中等（2011）利用酵母双杂交技

术筛选到一个泛素结合酶 E2 与橡胶延伸因子 REF 存在互作。JA 是调节乳管分化和发育的重要信号，既可以诱导乳管分化，又上调橡胶生物合成关键酶基因表达，与橡胶产量密切相关（Hao & Wu，2000；于俊红，2007）。在拟南芥中，JA 信号途径的核心组件为 COI1-JAZ-MYC2，E3 泛素连接酶 COI1 与 SCF 形成 SCFCOI1 复合体对 JAZ 阻遏蛋白进行泛素化修饰和降解，而 JAZ 蛋白与 MYC2 转录因子结合抑制其转录激活活性，当 JAZ 蛋白被泛素化和降解后，MYC2 及其调控的下游基因被激活表达（Santner & Estelle，2010）。橡胶树的 COI1 同源基因 HbCOI1 在胶乳中高丰度表达，受割胶和 JA 诱导上调表达（Peng et al.，2009）。橡胶树 JA 信号响应相关 MYC 转录因子与橡胶生物合成关键酶基因 REF 和 SRPP 存在互作，进一步证明了在乳管细胞中 JA 信号途径具有调控天然橡胶生物合成的作用（赵悦，2011；Zhao et al.，2011）。Deng 等（2018）的研究表明 HbCOI1-HbJAZ3-HbMYC2 模块通过调控天然橡胶合成关键酶基因 *HbSRPP1* 和 *HbFPS1* 的表达进而调控橡胶树天然橡胶的生物合成过程，*HbCOI1*、*HbJAZ3*、*HbMYC2* 的表达受茉莉酸甲酯诱导显著上调，其中，*HbMYC2* 能够与 *HbFPS1*、*HbSRPP1* 基因的启动子结合并转录激活二者的表达，而 *HbJAZ3* 则抑制 *HbMYC2* 对 *HbFPS1*、*HbSRPP1* 的转录激活作用（Deng et al.，2018）。

拟南芥中，E3 泛素连接酶调控 ET 的生物合成及其信号转导，例如，ETP1、ETP2、EBF1 和 EBF2 调控 ET 信号转导，ETO1、EOL1 和 EOL2 调控内源 ET 的生物合成（Santner & Estelle，2010）。乙烯利（ET，释放乙烯）是目前橡胶树生产上最有效的产量刺激剂，乙烯促进橡胶树增产的机制可能是通过增加能量合成（Amalou et al.，1992）、水分运输（Tungngoen et al.，2009；Tungngoen et al.，2011）、糖转运（Dusotoit-Coucaud et al.，2010）或延长排胶时间（Shi et al.，2016）来增加胶乳总产量。近年来，随着橡胶树基因组测序工作的完成（Tang et al.，2016），橡胶树中乙烯信号途径的重要成员相继被鉴定，如通过 RNA 测序鉴定了 115 个橡胶树乙烯信号响应因子（ERF）成员（Duan et al.，2013），并通过 Q-PCR 筛选获得一些乳管中特异表达的 ERF 成员（Chen et al.，2012）。有研究从橡胶树已有基因组数据库中鉴定了 4 个 *EIN3/EIL* 基因，它们均受 ET 诱导上调表达，且酵母单杂交实验证明 EIN3/EIL 能与天然橡胶生物合成关键酶基因 HRT 的启动子结合（Yang et al.，2015b）。尽管乙烯信号途径部分成员得到了克隆和鉴定，但橡胶树中乙烯信号途径如何调控天然橡胶生物合成的分子机制尚不明确，ET 作为橡胶生产上最重要的产量刺激剂，ET 刺激不上调橡胶合成关键基因（如 HMGR、FPS 等）的表达，其可能通过蛋白翻译后水平尤其是泛素蛋白酶体途径调控天然橡胶生物合成，从泛素蛋白酶体途径入手可能为解析乙烯调控天然橡胶生物合成的分子机制提供新的思路和见解。

二、橡胶树泛素连接酶 HbAPC10 与 HbPRS4 蛋白互作

APC10 是 APC/C 的核心亚基，并且是细胞程序性分裂过程中必不可少的一种酶。APC/C 通过对细胞保全素的泛素化促进姐妹染色体在细胞分裂后期分离，并对细胞周期蛋白依赖性激酶（CDK1）的活性亚基分裂周期 B 蛋白（CCNB1）泛素化，完成细胞分裂周期（Wendt et al.，2001）。APC/C 复合酶体是一种调控细胞有丝分裂和细胞分裂 G1 期的 E3 泛素连接酶，特异性结合靶标蛋白并将其泛素化降解：主要介导靶标蛋白赖氨酸残基 Lys-11、Lys-48、Lys-63 连接的多聚泛素链形成。

5-磷酸-d-核糖基-1-二磷酸（PRPP）合成酶（PRS）催化 PRPP 的生物合成，是大多数生物体内重要的代谢化合物。人们研究发现，橡胶树 HbAPC10 与 HbPRS4 蛋白互作调控糖代谢，参与橡胶树的能量代谢（余海洋，2017）。

三、HbAPC10 与 HbPRS4 蛋白的互作关系验证

（一）*HbPRS4* 克隆与分析

根据基因登录号设计出的引物，以胶乳 cDNA 为模板克隆得到 HbPRS4 的 ORF，通过分析其序列，*HbPRS4* 的 ORF 为 978 bp，编码 325 个氨基酸蛋白质，蛋白质分子量为 36.3 kD，等电点（pI）为 6.89；氨基酸组成：丙氨酸（Ala，A）24.8%，半胱氨酸（Cys，C）21.3%，甘氨酸（Gly，G）23.6%，苏氨酸（Thr，T）30.3%；其第 16~132 氨基酸为 Pribosyltran_N 结构域，第 154~297 氨基酸为 Pribosyltran 结构域。橡胶树 HbPRS4 基因的 PCR 扩增产物电泳检测结果见图 9-3。橡胶树 HbPRS4 基因的 ORF 核酸序列及氨基酸序列见图 9-4。

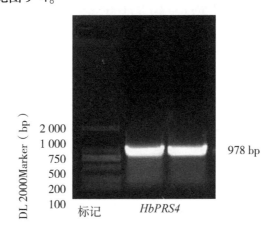

图 9-3　橡胶树 *HbPRS4* 基因的 PCR 扩增产物电泳检测

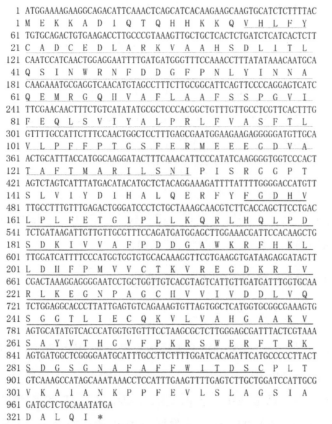

```
  1 ATGGAAAAGAAGGCAGACATTCAAACTCAGCATCACAAGAAGCAAGTGCATCTCTTTTAC
  1 M  E  K  K  A  D  I  Q  T  Q  H  H  K  K  Q  V  H  L  F  Y
 61 TGTGCAGACTGTGAAGACCTTGCCCGTAAAGTTGCTGCTCACTCTGATCTCATCACTCTT
 21 C  A  D  C  E  D  L  A  R  K  V  A  A  H  S  D  L  I  T  L
121 CAATCCATCAACTGGAGGAATTTTGATGATGGGTTTCCAAACCTTTATATAAACAATGCA
 41 Q  S  I  N  W  R  N  F  D  D  G  F  P  N  L  Y  I  N  N  A
181 CAAGAAATGCGAGGTCAACATGTAGCCTTTCTTGCGGCATTCAGTTCCCCAGGAGTCATC
 61 Q  E  M  R  G  Q  H  V  A  F  L  A  A  F  S  S  P  G  V  I
241 TTCGAACAACTTTCTGTCATATATGCGCTCCCACGGCTGTTTGTTGCCTCGTTCACTTTG
 81 F  E  Q  L  S  V  I  Y  A  L  P  R  L  F  V  A  S  F  T  L
301 GTTTTGCCATTCTTTCCAACTGGCTCCTTTGAGAGGATGGAAGAAGAGGGGGATGTTGCA
101 V  L  P  F  F  P  T  G  S  F  E  R  M  E  E  E  G  D  V  A
361 ACTGCATTTACCATGGCAAGGATACTTTCAAACATTCCCATATCAAGGGGTGGTCCCACT
121 T  A  F  T  M  A  R  I  L  S  N  I  P  I  S  R  G  G  P  T
421 AGTCTAGTCATTTATGACATACATGCTCTACAGGAAAGATTTTATTTTGGGGACCATGTT
141 S  L  V  I  Y  D  I  H  A  L  Q  E  R  F  Y  F  G  D  H  V
481 TTGCCTTTGTTTGAGACTGGGATCCCTCTGCTAAAGCAACGTCTTCACCAGCTTCCTGAC
161 L  P  L  F  E  T  G  I  P  L  L  K  Q  R  L  H  Q  L  P  D
541 TCTGATAAGATTGTTGTTGCGTTTCCAGATGGAGCTTGGAAACGATTCCACAAGCTG
181 S  D  K  I  V  V  A  F  P  D  D  G  A  W  K  R  F  H  K  L
601 TTGGATCATTTTCCCATGGTGGTGTGCACAAAGGTTCGTGAAGGTGATAAGAGGATAGTT
201 L  D  H  F  P  M  V  V  C  T  K  V  R  E  G  D  K  R  I  V
661 CGACTAAAGGAGGGGAATCCTGCTGGTTGTCACGTAGTCATTGTTGATGATTTGGTGCAA
221 R  L  K  E  G  N  P  A  G  C  H  V  V  I  V  D  D  L  V  Q
721 TCTGGAGGCACCCTTATTGAGTGTCAGAAAGTGTTAGTGGCTCATGGTGCGGCGAAAGTG
241 S  G  G  T  L  I  E  C  Q  K  V  L  V  A  H  G  A  A  K  V
781 AGTGCATATGTCACCCATGGTGTTTCCAAGCGCTCTTGGGAGCGCGATTTACTCGTAAA
261 S  A  Y  V  T  H  G  V  F  P  K  R  S  W  E  R  F  T  R  K
841 AGTGATGGCTCGGGGAATGCATTTGCCTTCTTTTGGATCACAGATTCATGCCCCCTTACT
281 S  D  G  S  G  N  A  F  A  F  F  W  I  T  D  S  C  P  L  T
901 GTCAAAGCCATAGCAAATAAACCTCCATTTGAAGTTTTGAGTCTTGCTGGATCCATTGCG
301 V  K  A  I  A  N  K  P  P  F  E  V  L  S  L  A  G  S  I  A
961 GATGCTCTGCAAATATGA
321 D  A  L  Q  I  *
```

普利博西基群N端

普利博西基群

蛋白分类: 普利博西基群N端蛋白

查询序列
特异性位点
超家族
多结构域

图9-4 橡胶树 *HbPRS4* 基因的 ORF 核苷酸序列及氨基酸序列

注: *为终止密码子。

(二) HbPRS4 同源性分析及进化树分析

通过 ClustalW2 以及 MEGA 6.0 (用 Neighbor-Joing 法, Bootstrap 值设为 1 000) 软件构建 HbPRS4 与其他植物 PRS4 蛋白的系统进化树。系统进化树中与 HbPRS4 对比的 24 个 PRS4 氨基酸序列均来源于 NCBI 数据库。结果表明, HbPRS4 与木薯 (*Manihot esculenta*, OAY57281.1) 亲缘关系最近, 其次是麻风树 (*Jatropha curcas* L., XP_012082646.1) 和蓖麻 (*Ricinus communis* L., XP_015582650.1) (图9-5)。

(三) 酵母双杂交载体构建

根据设计引物 *HbPRS4-EcoR I-F1* 和 *HbPRS4-Xho I-R1*, 以 *HbPRS4-T* 为模板克

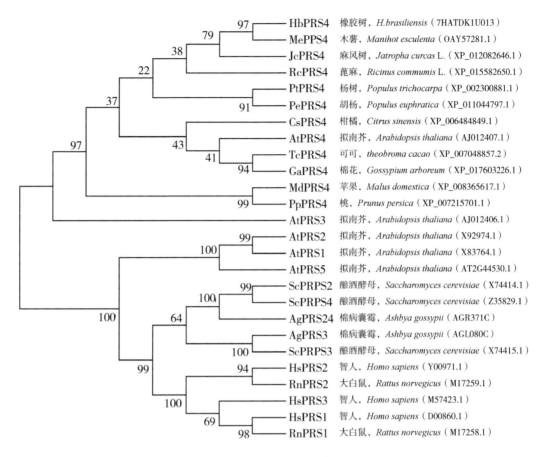

图 9-5　橡胶树 HbPRS4 与其他植物 PRS4 系统进化树分析

注：框中标示为本实验橡胶树 HbPRS4；左边线上数字表示 Bootstrap 值；括号内为各物种基因登录号。

隆出带酶切位点的 *ORF*，连接到 *pMD*18T，再经过双酶切技术和连接技术构建出酵母重组表达载体 pAD-Gal4-HbPRS4（图 9-6）。

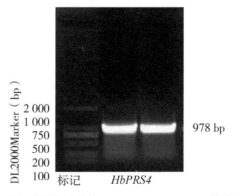

图 9-6　重组酵母表达载体 pAD-Gal4-HbPRS4 的酶切鉴定

将 2 μg pAD-Gal4-HbAPC10 和 pBD-Gal4-HbPRS4 转化到酵母菌株 AH109，同时转化阳性对照组合 pAD-Gal4-T/pBD-Gal4-53，阴性对照组合 pAD-Gal4-T/ pBD-Gal4-Lam，空白对照组合 pAD-Gal4/pBD-Gal4-HbPRS4、pAD-Gal4-HbAPC10/pBD-Gal4。取转化后的重组菌株 6 μL 依次对应在 SD/-Trp/-Leu 和 SD/-Trp/-Leu/-His/-Ade 平板培养基上点板，倒置平板，30℃培育箱孵育 2~4 d。

在 SD/-Trp/-Leu 平板培养基上，所有对照组和试验组均能正常生长，说明所有表达载体均成功转化入酵母菌株 AH109；在 SD/-Trp/-Leu/-His/-Ade 平板培养基上阳性对照组合 pAD-Gal4-T/pBD-Gal4-53 正常生长，阴性对照和空白均不能正常生长，试验验证组合 pAD-Gal4-HbAPC10 和 pBD-Gal4-HbPRS4 正常生长，说明 Gal4 激活上游 GUS 并激活下游报道因子 Lac Z 表达，从而证明 HbAPC10 与 HbPRS4 互作（图 9-7）。

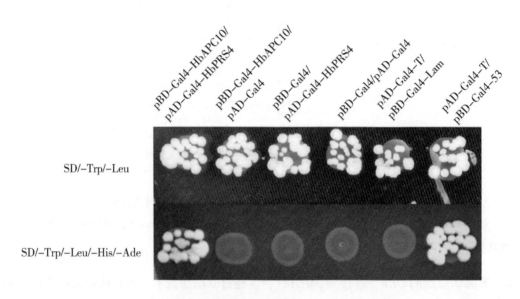

图 9-7　酵母双杂交验证 HbAPC10 与 HbPRS4 互作

（四）橡胶树 *HbPRS4* 基因的表达特征分析

选取未处理的 10 年割龄的巴西橡胶树，同一时间点取其胶乳、叶片、树皮、根、花于液氮中保存，分别提取 RNA，并反转录为 cDNA 作为模板进行实时荧光定量检测，分析 *HbPRS4* 在不同组织中的表达特异性。结果表明，*HbPRS4* 在橡胶树不同组织中均有表达，但表达量存在显著差异，其中在胶乳中的相对表达量最低，在树皮中的相对表达量最高，其次是花和叶片，分别是胶乳中的 26.5 倍、5 倍和 3.1 倍（图 9-8）。

以上酵母双杂交实验表明，HbPRS4 可以与 HbAPC10 相互作用，而 APC10 是一种 E3 泛素连接酶，通过泛素/26S 蛋白酶体途径调节蛋白质降解。因此，选用 26S 蛋白酶

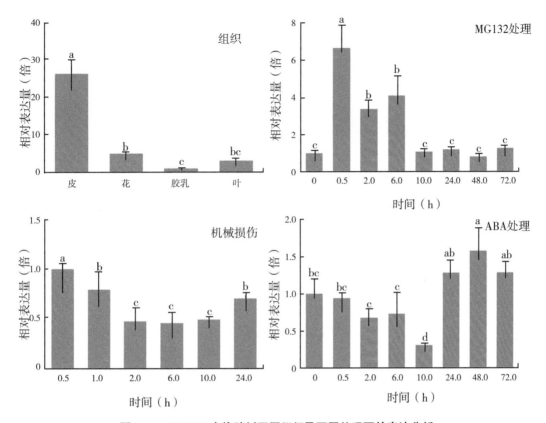

图 9-8　*HbPRS4* 在橡胶树不同组织及不同处理下的表达分析

体抑制剂 MG132 对橡胶树 CATAS 7-33-97 的幼苗进行处理分析其相应模式。结果发现，MG132 快速诱导 HbPRS4 转录本。在 0.5 h 达到最大，与对照（0 h）相比增加了 6.7 倍。这表明 HbPRS4 受泛素/26S 蛋白酶体途径的调控。为了系统研究 *HbPRS4* 的表达谱，人们进一步采用不同植物激素和机械损伤分析橡胶树 *HbPRS4* 的相应模式。机械损伤处理后，HbPRS4 转录水平持续减少，与 0 h 的表达量相比，6.0 h 的表达量下降了 55%。ABA 处理后，*HbPRS4* 转录水平也明显下降，在 10.0 h 时比 0 h 减少了 70%，但从 24.0 h 后开始略有增加（图 9-9）。采用乙烯利（ET）和茉莉酸甲酯（MeJA）处理开割树，处理后提取乳胶，进行 *HbPRS4* 的表达分析，结果表明，外源 ET 和 MeJA 可以显著提高 *HbPRS4* 的表达，在 ET 处理后，第一刀的基因表达量最高，第二刀后略有下降；MeJA 处理后，*HbPRS4* 的表达量在第一刀至第三刀之间增加了 2 倍以上，然后在第四刀时恢复到未处理的对照水平（图 9-9）。

（五）HbAPC10、HbPRS4 与天然橡胶合成有关

磷酸核糖焦磷酸激酶（PRS）促进核酸核糖和 ATP 分别生成 5'-磷酸-D-核糖焦磷

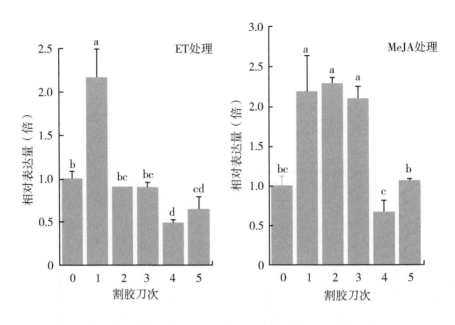

图 9-9　*HbPRS4* 在乙烯利和茉莉酸甲酯处理下的表达模式

酸（PRPP）和 AMP，PRPP 是大多数生物体的新陈代谢的一个重要组成部分，是嘌呤、嘧啶、色氨酸和组氨酸的合成前体物质（Hove-Jensen，1988）。PRS 分为 3 类：Ⅰ类存在于所有组织，需要 Mg^{2+}、ATP 或 dATP 磷酸基团激活；Ⅱ类是植物所特有的，具有相对广泛的磷酸基团依赖性（Krath & Hove-Jensen，2001）；Ⅲ类在詹氏甲烷球菌（*Methanococcus janaschii*）中发现，与Ⅰ类同源。拟南芥（*Arabidopsis thaliana*）中有 5 个 PRS，其中，AtPRS1 和 AtPRS2 属于Ⅰ类 PRS，AtPRS3 和 AtPRS4 属于Ⅱ类 PRS（Krath et al.，1999）；菠菜（*Spinacia oleracea*）中有 4 个 PRS，其中，SoPRS1 和 SoAtPRS2 属于Ⅰ类 PRS，SoPRS3 和 SoPRS4 属于Ⅱ类 PRS（Krath & Hove-Jensen，1999）。PRS 与生物质能提供、腺嘌呤核苷酸含量以及割胶造成的乳管修复相关（d'Auzac & Jacob，1989）。处理时最先诱导总腺嘌呤（AMP、ADP 和 ATP）的含量变化（Amalou et al.，1992）。纯化的 PRS 酶制剂能引起胶乳生理生化的变化。在拟南芥和烟草中过表达棉囊霉菌（*Ashbya gossypii*）*AgPRS2* 和 *AgPRS4* 能够提高 PRS 酶活性，糖代谢和其他相关代谢也相应提高（Koslowsky et al.，2008）。研究表明，橡胶树 PRS 酶需要 Mg^{2+} 和 ATP 提供磷酸基团激活，属于Ⅰ类 PRS（Gallois et al.，1997）。

　　以 HbAPC10 为诱饵，与 cDNA 文库杂交，筛选出与 HbAPC10 互作蛋白 HbPRS4，并且第一次在橡胶树中克隆出 PRS，经过同源聚类分析发现它与菠菜 SoPRS4 和拟南芥 AtPRS4 高度同源，命名为 HbPRS4，属于Ⅱ类 PRS。进一步研究表明，HbPRS4 在树皮中特异性表达，表明其功能主要和树皮相关。外源 ET、MeJA 处理能够诱导 HbPRS4 表达。通过酵母双杂进一步确定 HbPRS4 与 HbAPC10 互作关系，证明 HbPRS4 是 HbAPC10 的底物，可能共同参与外源激素刺激调控胶乳合成。ET 能够延长胶乳凝结而增加胶乳产量（Coupé & Chrestin，1989），并且在处理后 13～21 h 胶乳的总腺嘌呤（AMP、ADP 和 ATP）明显增加，特别是 ADP 和 ATP（Amalou et al., 1992），谷氨酰胺酶的活性和转录水平也明显影响（Pujade-Renaud et al., 1994）。PRS 与嘌呤、嘧啶、氨基酸的合成相关，因此，人们推测 HbAPC10 与 HbPRS4 互作可能通过能量代谢参与天然橡胶合成过程。

第十章 新型生长调节剂对橡胶树增产效应的研究进展

王立丰

（中国热带农业科学院橡胶研究所）

第一节 福美钠对'热研73397'和'热研917'的作用分析

从图10-1和10-2可以看出，用0.08%（m/V）壳聚糖和0.5%（m/V）福美钠溶

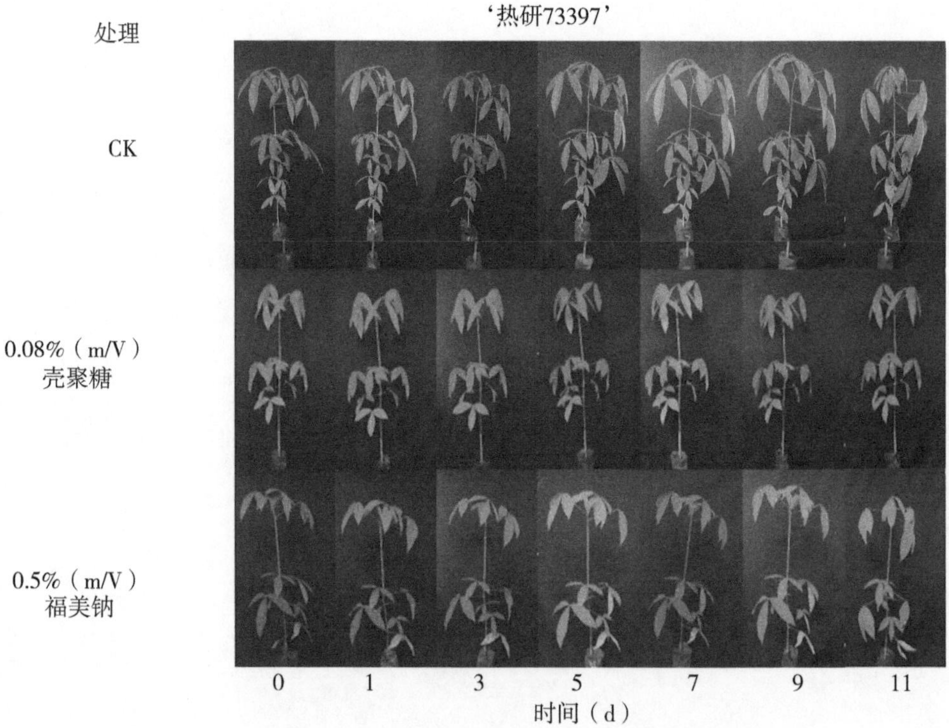

图10-1 福美钠和壳聚糖处理'热研73397'组培苗后的表型

液分别喷施处理'热研73397'和'热研917'一年生组培苗后，经过连续 11 d 的观测，发现其对橡胶树表型没有显著影响，说明壳聚糖和福美钠对橡胶树幼苗不会产生生长抑制作用。

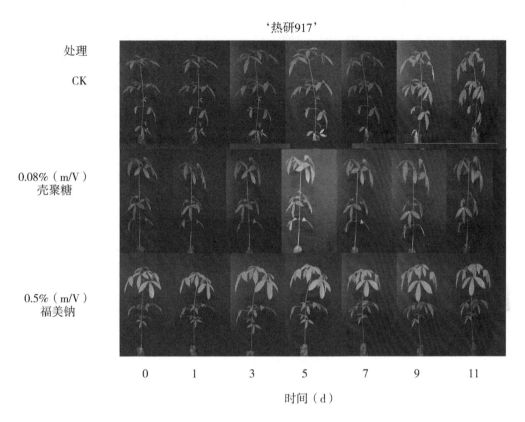

图 10-2　福美钠和壳聚糖处理'热研 917'组培苗后的表型

一、福美钠处理两品种的基因表达分析

酰基—辅酶 a 还原酶基因（*HbCOA*）、乙酰辅酶 a 乙酰转移酶类蛋白基因（*Hb-COAL*）、细胞色素 c 氧化酶亚基Ⅰ（*HbCOXI*）和 β-氰基丙氨酸合酶（*HbCAS*）均与天然橡胶生物合成相关。结果显示，'热研 73397'和'热研 917'两个品种的基因表达水平差异极显著（$P < 0.01$）。福美钠处理后，'热研 917'叶片中 *HbCOA*、*HbCOAL* 和 *HbCAS* 基因呈现先上升后下降的规律，在 6 h 达到最高峰，分别比 0 h 上调 30.51 倍、22.41 倍和 17.02 倍，随后下降。'热研 73397'品种 *HbCOA*、*HbCOAL* 和 *HbCAS* 在 6.0 h 分别上调 1.90 倍、2.41 倍和 1.77 倍。*HbCOXI* 表达量在两个品种内差异在 1 倍以内（图 10-3）。

核酮糖-1,5-二磷酸羧化酶小亚基（*HbRbsS*）、柠檬酸结合蛋白（*HbCBP*）、脱落酸、胁迫与成熟诱导类蛋白（*HbASRLP1*）和 ATP 合酶（*HbATP*）基因均与能量合成有关。结果显示，'热研 917'中 4 个基因的本底表达水平（0 h）显著高于其在'热研73397'叶片中的表达量。福美钠处理显著提高了这 4 个基因的表达量，呈现先上升后下降的规律。'热研 917'叶片中，*HbCBP*、*HbASRLP1*、*HbATP* 和 *HbRbsS* 基因表达在6.0 h 达到峰值，分别为 0 h 的 106.71 倍、148.61 倍、27.69 倍、55.51 倍，随后呈现下降的规律。'热研 73397'叶片中，*HbCBP*、*HbASRLP1*、*HbATP* 和 *HbRbsS* 基因表达在 6.0 h 达到峰值，分别为 0 h 的 1.60 倍、1.49 倍、2.35 倍和 1.87 倍，随后下降（图10-4）。

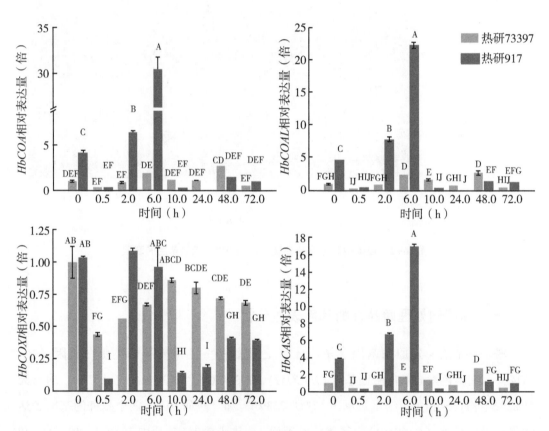

图 10-3 福美钠处理'热研 73397'和'热研 917'叶片

***HbCOA*、*HbCOAL*、*HbCOXI* 和 *HbCAS* 基因表达**

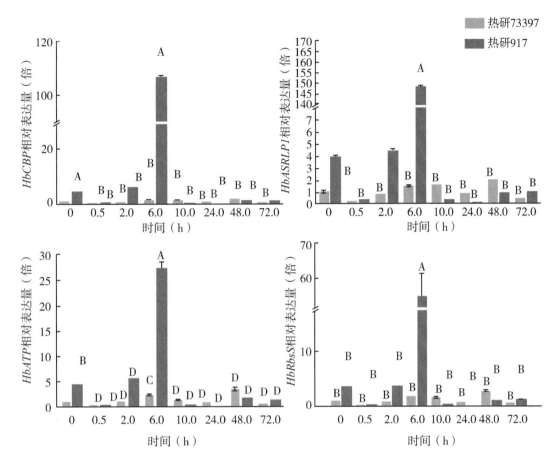

图 10-4　福美钠处理'热研 73397'和'热研 917'叶片
HbCBP、_HbASRLP1_、_HbATP_ 和 _HbRbsS_ 基因表达

　　抗坏血酸过氧化物酶（_HbAPX_）、过氧化氢酶（_HbCAT_）、铜锌超氧化物歧化酶
（_HbCuZnSOD_）和锰超氧化物歧化酶（_HbMnSOD_）均为橡胶树中的活性氧淬灭酶基因。
结果显示，'热研 917' 4 个基因的表达量均显著高于'热研 73397'。福美钠处理显著
提高'热研 917' 4 个基因的表达量，在 6.0 h 达到高峰，分别为 0 h 的 56.73 倍、
50.77 倍、38.59 倍和 3.99 倍，随后下调。'热研 73397'中，4 个基因的表达量分别上
调 1.44 倍、1.85 倍、1.96 倍和 0.96 倍（图 9-5）。

二、福美钠处理两个品种基因表达的主成分分析

　　为了进一步研究两个品种对福美钠处理后响应的差异，采用相关分析和主成分分析

研究'热研917'生长发育相关基因表达量。分析表明,'热研917'除 *HbCOXI* 之外均呈显著正相关关系（$P<0.01$）,相关系数为 $0.530\sim1.000$（表 10-1）。主成分分析表明'热研917'有 2 个主成分,解释了 99.516% 的变异（表 10-2）。得分矩阵分析表明主成分 1 主要由 *HbAPX* 等 11 个基因构成,主成分 2 主要由 *HbCOXI* 构成（表 10-3）。分析表明, '热研73397' 12 个基因呈显著正相关关系（$P<0.05$）,相关系数为 $0.505\sim0.996$（表 10-4）。主成分分析表明'热研73397'有 2 个主成分,解释了 96.733% 的变异（表 10-5）。得分矩阵分析表明主成分 1 主要由 *HbAPX* 等 11 个基因构成,主成分 2 主要由 *HbCOXI* 构成（表 10-6）。

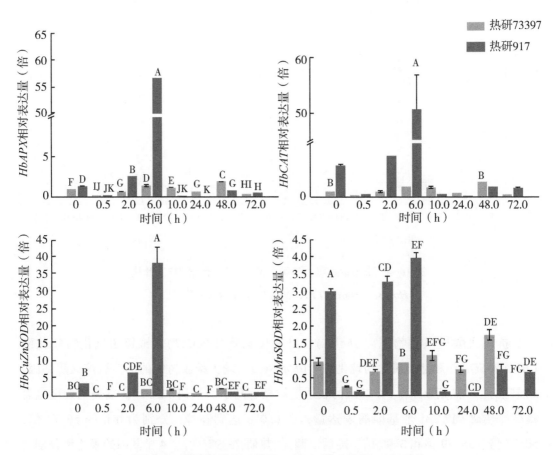

图 10-5 福美钠处理'热研73397'和'热研917'叶片

HbAPX、*HbCAT*、*HbCuZnSOD* 和 *HbMnSOD* 基因表达

表 10-1　福美钠处理后'热研 917'橡胶树生长发育基因表达相关分析

基因	相关系数											
	HbAPX	HbCAT	HbCuZn-SOD	HbMn-SOD	HbRbsS	HbCOA	HbCOAL	HbCOXI	HbCAX	HbCBP	HbASRLP1	HbATP
HbAPX	1.000	0.988**	0.987**	0.643**	0.995**	0.984**	0.949**	0.441	0.934**	1.000**	1.000**	0.983**
HbCAT	0.988**	1.000	0.980**	0.722**	0.978**	0.996**	0.975**	0.530*	0.965**	0.990**	0.987**	0.996**
HbCuZnSOD	0.987**	0.980**	1.000	0.731**	0.994**	0.990**	0.976**	0.551*	0.966**	0.989**	0.985**	0.98⁹**
HbMnSOD	0.643**	0.722**	0.731**	1.000	0.669**	0.761**	0.842**	0.964**	0.861**	0.658**	0.637**	0.767**
HbRbsS	0.995**	0.978**	0.994**	0.669**	1.000	0.982**	0.953**	0.478	0.939**	0.996**	0.995**	0.981**
HbCOA	0.984**	0.996**	0.990**	0.761**	0.982**	1.000	0.989**	0.579*	0.981**	0.987**	0.982**	0.999**
HbCOAL	0.949**	0.975**	0.976**	0.842**	0.953**	0.989**	1.000	0.685**	0.999**	0.955**	0.946**	0.989**
HbCOXI	0.441	0.530*	0.551*	0.964**	0.478	0.579*	0.685**	1.000	0.710**	0.459	0.434	0.588*
HbCAX	0.934**	0.965**	0.966**	0.861**	0.939**	0.981**	0.999**	0.710**	1.000	0.940**	0.930**	0.981**
HbCBP	1.000**	0.990**	0.989**	0.658**	0.996**	0.987**	0.955**	0.459	0.940**	1.000	1.000**	0.986**
HbASRLP1	1.000**	0.987**	0.985**	0.637**	0.995**	0.982**	0.946**	0.434	0.930**	1.000**	1.000	0.981**
HbATP	0.983**	0.996**	0.989**	0.767**	0.981**	0.999**	0.989**	0.588*	0.981**	0.986**	0.981**	1.000

注：** 表示相关系数达到极显著水平（$P<0.01$），* 表示相关系数达到显著水平（$P<0.05$），下同。

表 10-2 福美钠处理'热研 917'橡胶树生长发育基因表达主成分分析

成分	特征值		
	总和	变异（%）	累计（%）
1	11.742	90.320	90.320
2	1.195	9.196	99.516
3	0.038	0.292	99.807
4	0.020	0.154	99.962
5	0.004	0.034	99.996
6	0.000	0.002	99.998
7	0.000	0.001	99.999
8	9.382×10^{-5}	0.001	100.000
9	1.948×10^{-5}	0.000	100.000
10	7.575×10^{-6}	5.827×10^{-5}	100.000
11	3.447×10^{-6}	2.652×10^{-5}	100.000
12	2.190×10^{-7}	1.685×10^{-6}	100.000

表 10-3 福美钠处理'热研 917'橡胶树生长发育基因表达主成分得分

基因	成分得分	
	成分 1	成分 2
HbAPX	0.083	−0.197
HbCAT	0.084	−0.105
HbCuZnSOD	0.084	−0.090
HbMnSOD	0.069	0.494
HbRbsS	0.083	−0.163
HbCOA	0.085	−0.059
HbCOAL	0.085	0.059
HbCOXI	0.054	0.641
HbCAX	0.084	0.091
HbCBP	0.083	−0.181
HbASRLP1	0.083	−0.204
HbATP	0.085	−0.051

表 10—4　福美钠处理'热研 73397'橡胶树生长发育基因表达相关分析

相关系数

基因	HbAPX	HbCAT	HbCuZnSOD	HbMnSOD	HbRbsS	HbCOA	HbCOAL	HbCOXI	HbCAX	HbCBP	HbASRLP1	HbATP
HbAPX	1.000	0.975**	0.950**	0.932**	0.980**	0.965**	0.967**	0.375	0.981**	0.982**	0.973**	0.948**
HbCAT	0.975**	1.000	0.955**	0.927**	0.989**	0.943**	0.969**	0.262	0.985**	0.970**	0.977**	0.954**
HbCuZnSOD	0.950**	0.955**	1.000	0.863**	0.946**	0.898**	0.968**	0.341	0.927**	0.983**	0.971**	0.884**
HbMnSOD	0.932**	0.927**	0.863**	1.000	0.922**	0.889**	0.849**	0.505*	0.927**	0.906**	0.938**	0.858**
HbRbsS	0.980**	0.989**	0.946**	0.922**	1.000	0.973**	0.977**	0.264	0.996**	0.961**	0.964**	0.977**
HbCOA	0.965**	0.943**	0.898**	0.889**	0.973**	1.000	0.954**	0.236	0.979**	0.932**	0.919**	0.979**
HbCOAL	0.967**	0.969**	0.968**	0.849**	0.977**	0.954**	1.000	0.222	0.966**	0.971**	0.953**	0.961**
HbCOXI	0.375	0.262	0.341	0.505*	0.264	0.236	0.222	1.000	0.244	0.370	0.418	0.121
HbCAX	0.981**	0.985**	0.927**	0.927**	0.996**	0.979**	0.966**	0.244	1.000	0.953**	0.953**	0.981**
HbCBP	0.982**	0.970**	0.983**	0.906**	0.961**	0.932**	0.971**	0.370	0.953**	1.000	0.988**	0.910**
HbASRLP1	0.973**	0.977**	0.971**	0.938**	0.964**	0.919**	0.953**	0.418	0.953**	0.988**	1.000	0.900**
HbATP	0.948**	0.954**	0.884**	0.858**	0.977**	0.979**	0.961**	0.121	0.981**	0.910**	0.900**	1.000

表 10-5　福美钠处理'热研73397'橡胶树生长发育基因表达主成分分析

成分	特征值		
	总和	变异（%）	累计（%）
1	11.520	88.616	88.616
2	1.055	8.116	96.733
3	0.233	1.793	98.526
4	0.110	0.849	99.375
5	0.031	0.239	99.614
6	0.018	0.141	99.755
7	0.016	0.123	99.877
8	0.009	0.069	99.946
9	0.004	0.029	99.975
10	0.002	0.014	99.989
11	0.001	0.008	99.997
12	0.000	0.003	100.000
13	$5.602×10^{-5}$	0.000	100.000

表 10-6　福美钠处理'热研73397'橡胶树生长发育基因表达主成分得分

基因	成分得分	
	成分1	成分2
HbAPX	0.086	0.044
HbCAT	0.086	-0.053
HbCuZnSOD	0.084	0.024
HbMnSOD	0.081	0.219
HbRbsS	0.086	-0.063
HbCOA	0.084	-0.096
HbCOAL	0.085	-0.113
HbCOXI	0.029	0.889
HbCAX	0.086	-0.081
HbCBP	0.086	0.049

（续表）

基因	成分得分	
	成分 1	成分 2
HbASRLP1	0.085	0.105
HbATP	0.083	−0.207

第二节　壳聚糖处理'热研 73397'和'热研 917'组培苗分析

一、壳聚糖处理'热研 73397'和'热研 917'后表达分析

从图 10-6 可以看出，'热研 73397'和'热研 917'两个品种的基因本底水平差异极显著（$P<0.01$）。壳聚糖处理后，'热研 73397'叶片中 *HbCOA*、*HbCOAL*、*HbCOXI*

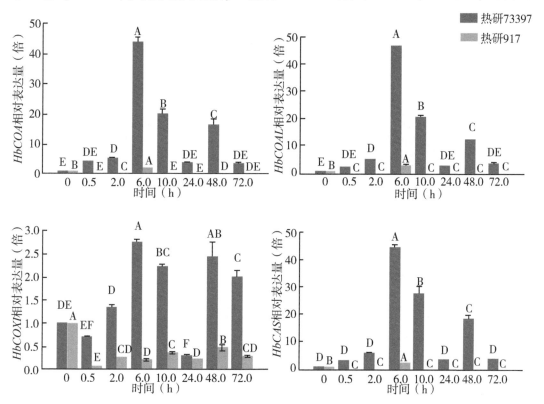

图 10-6　壳聚糖处理'热研 73397'和'热研 917'叶片
***HbCOA*、*HbCOAL*、*HbCOXI* 和 *HbCAS* 基因表达**

和 *HbCAS* 基因呈现先上升后下降的规律，在 6.0 h 达到最高峰，分别比 0 h 上调 44.02 倍、46.94 倍、2.76 倍和 44.95 倍，随后下降。'热研 917' 品种 *HbCOA*、*HbCOAL* 和 *HbCAS* 在 6.0 h 分别上调 1.97 倍、3.18 倍和 2.52 倍，*HbCOXI* 下调 0.20 倍。

从图 10-7 可以看出，'热研 917' 中 4 个基因的本底表达水平（0 h）显著高于其在 '热研 73397' 叶片中的表达量。壳聚糖处理显著提高了这 4 个基因的表达量，呈现先上升后下降的规律。'热研 73397' 叶片中，*HbCBP*、*HbASRLP1*、*HbATP* 和 *HbRbsS* 基因表达在 6.0 h 达到峰值，分别为 0 h 的 37.87 倍、34.39 倍、14.21 倍、40.99 倍，随后呈现下降的规律。'热研 917' 叶片中，*HbCBP*、*HbASRLP1*、*HbATP* 和 *HbRbsS* 基因表达在 6.0 h 达到峰值，分别为 0 h 的 1.45 倍、13.65 倍、3.65 倍和 8.53 倍，随后下降。

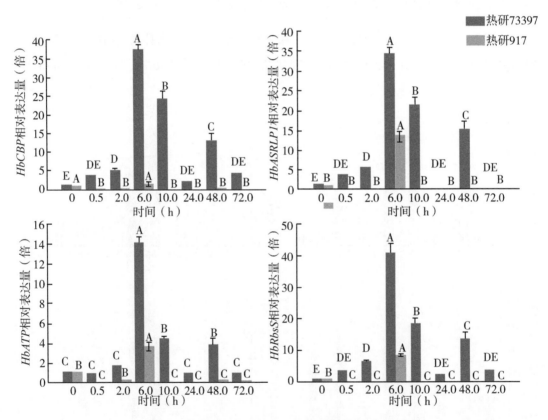

图 10-7　壳聚糖处理 '热研 73397' 和 '热研 917' 叶片
***HbCBP*，*HbASRLP1*，*HbATP* 和 *HbRbsS* 基因表达**

从图 10-8 可以看出，除 *HbCAT* 本底表达差异不显著之外，'热研 917' 其余 3 个基因的表达量均显著高于 '热研 73397'。壳聚糖处理显著提高 '热研 73397' 4 个基因的表达量，在 6.0 h 达到高峰，分别为 0 h 的 54.92 倍、48.80 倍、32.12 倍和 14.08

倍，随后下调。'热研917'中，4个基因的表达量分别上调19.78倍、5.34倍、2.33倍和下调0.18倍。

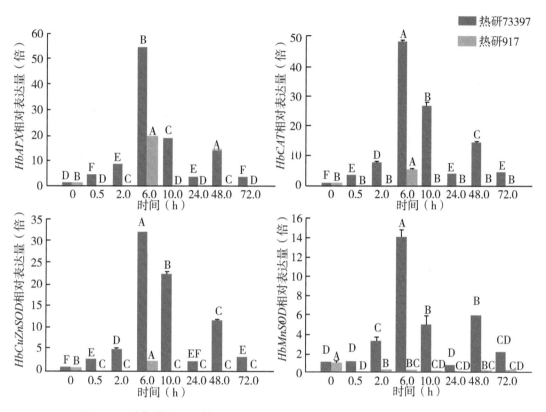

图10-8　壳聚糖处理'热研73397'和'热研917'叶片 *HbAPX*、*HbCAT*、
HbCuZnSOD 和 *HbMnSOD* 基因表达

二、壳聚糖处理基因表达量相关分析和主成分分析

为了进一步研究两个品种对壳聚糖处理后响应的差异，采用相关分析和主成分分析测定'热研73397'和'热研917'生长发育相关基因表达量。从表10-7可以看出，'热研73397'的12个生长发育相关基因均呈现显著正相关关系（$P<0.01$），相关系数为0.698~0.998。主成分分析表明'热研73397'只有1个主成分，解释了94.808%的变异（表10-8）。'热研917'除 *HbMnSOD* 和 *HbCOXI* 之外均呈显著正相关关系（$P<0.01$），相关系数为0.528~0.999（表10-9）。主成分分析表明有两个主成分，分别解释了81.646%和16.719%的变异（表10-10）。

表 10-7 壳聚糖处理'热研 73397'橡胶树生长发育基因表达相关分析

相关系数

基因	HbAPX	HbCAT	HbCuZn-SOD	HbMn-SOD	HbRbsS	HbCOA	HbCOAL	HbCOXI	HbCAS	HbCBP	HbASRLP1	HbATP	HbACAT
HbAPX	1.000												
HbCAT	0.976**	1.000											
HbCuZnSOD	0.937**	0.990**	1.000										
HbMnSOD	0.979**	0.955**	0.920**	1.000									
HbRbsS	0.989**	0.991**	0.971**	0.975**	1.000								
HbCOA	0.983**	0.988**	0.968**	0.977**	0.993**	1.000							
HbCOAL	0.990**	0.992**	0.969**	0.970**	0.995**	0.994**	1.000						
HbCOXI	0.696**	0.748**	0.775**	0.789**	0.761**	0.757**	0.737**	1.000					
HbCAS	0.952**	0.991**	0.992**	0.947**	0.982**	0.986**	0.979**	0.785**	1.000				
HbCBP	0.950**	0.993**	0.997**	0.934**	0.981**	0.978**	0.979**	0.783**	0.995**	1.000			
HbASRLP1	0.945**	0.985**	0.988**	0.944**	0.977**	0.985**	0.974**	0.776**	0.998**	0.990**	1.000		
HbATP	0.994**	0.964**	0.923**	0.980**	0.980**	0.982**	0.987**	0.698**	0.945**	0.939**	0.940**	1.000	
HbACAT	0.992**	0.991**	0.965**	0.967**	0.992**	0.990**	0.998**	0.714**	0.974**	0.975**	0.966**	0.987**	1.000

表 10-8　壳聚糖处理'热研 73397'橡胶树生长发育基因表达主成分分析

| 成分 | 特征值 | | | 被提取的载荷平方和 | | |
	总和	变异（%）	累计（%）	总和	变异（%）	累计（%）
1	12.325	94.808	94.808	12.325	94.808	94.808
2	0.440	3.385	98.193			
3	0.179	1.375	99.569			
4	0.032	0.243	99.811			
5	0.011	0.087	99.898			
6	0.007	0.052	99.950			
7	0.003	0.020	99.971			
8	0.002	0.014	99.985			
9	0.001	0.009	99.994			
10	0.001	0.004	99.999			
11	0.000	0.001	100.000			
12	2.887×10^{-5}	0.000	100.000			

表10-9　壳聚糖处理'热研917'橡胶树生长发育基因表达相关分析

基因	相关系数												
	HbAPX	HbCAT	HbCuZn-SOD	HbMn-SOD	HbRbsS	HbCOA	HbCOAL	HbCOXI	HbCAS	HbCBP	HbASRLP1	HbATP	HbACAT
HbAPX	1.000												
HbCAT	0.976**	1.000											
HbCuZnSOD	0.927**	0.963**	1.000										
HbMnSOD	-0.004	0.128	0.357	1.000									
HbRbsS	0.998**	0.977**	0.946**	0.058	1.000								
HbCOA	0.905**	0.935**	0.991**	0.420	0.930**	1.000							
HbCOAL	0.965**	0.987**	0.991**	0.248	0.977**	0.979**	1.000						
HbCOXI	-0.182	-0.061	0.142	0.903**	-0.124	0.218	0.048	1.000					
HbCAX	0.943**	0.970**	0.996**	0.325	0.961**	0.993**	0.996**	0.125	1.000				
HbCBP	0.800**	0.804**	0.918**	0.528*	0.839**	0.957**	0.888**	0.346	0.921**	1.000			
HbASRLP1	0.996**	0.990**	0.938**	0.020	0.993**	0.909**	0.973**	-0.164	0.950**	0.785**	1.000		
HbATP	0.974**	0.992**	0.985**	0.211	0.983**	0.971**	0.999**	0.017	0.992**	0.873**	0.981**	1.000	
HbACAT	0.954**	0.974**	0.994**	0.294	0.970**	0.990**	0.998**	0.095	0.999**	0.917**	0.959**	0.995**	1.000

表 10-10　壳聚糖处理'热研 917'橡胶树生长发育基因表达主成分分析

成分	特征值			被提取的载荷平方和		
	总和	变异（％）	累计（％）	总和	变异（％）	累计（％）
1	10.614	81.646	81.646	10.614	81.646	81.646
2	2.173	16.719	98.365	2.173	16.719	98.365
3	0.120	0.924	99.289			
4	0.086	0.663	99.952			
5	0.004	0.033	99.985			
6	0.001	0.010	99.996			
7	0.000	0.003	99.998			
8	0.000	0.001	99.999			
9	$5.807×10^{-5}$	0.000	100.000			
10	$1.759×10^{-5}$	0.000	100.000			
11	$3.311×10^{-6}$	$2.547×10^{-5}$	100.000			
12	$1.315×10^{-6}$	$1.011×10^{-5}$	100.000			

第三节　乙烯处理'湛试 327-13'后活性氧相关酶基因表达规律

橡胶树中存在 LOX、PPO、GST 和 POD 等活性氧清除系统，能够消除活性氧对植物产生的毒害。如图 10-9 所示，在 4 个活性氧相关基因中，有 4 个基因在橡胶树'湛试 327-13'树皮中上调表达，分别是 HbCAT、HbGST1、HbPPO、HbLOX1；有 3 个基因在橡胶树'湛试 327-13'胶乳中上调表达，分别是 HbGST1、HbPOD1、HbLOX1，其中，HbPPO 在胶乳中表达量变化不大。活性氧基因 HbLOX1 在橡胶树树皮中高表达，表现趋势为持续上调，明显高于在胶乳中的表达量，第五刀时升至顶峰，峰值对应的表达量约为 23 倍左右；活性氧基因 HbPOD1，在树皮中的表达趋势为先上调后下降，第五刀时升至顶峰，峰值对应的相对表达量为 32 倍；HbPOD1 基因在胶乳中的表达量表现趋势为较为稳定的增长；HbGST 基因在橡胶树树皮和胶乳的表现趋势基本相同，都表现为随处理时间的增长而上调；HbPPO 基因在橡胶树树皮中的表现趋势为先上调后下降。由此可见，经过乙烯处理的'湛试 327-13'，活性氧暴发明显增强（$P<0.05$）。

高等植物中的蔗糖转运蛋白（Sucrose transporter，SUT）主要负责蔗糖跨膜运输，

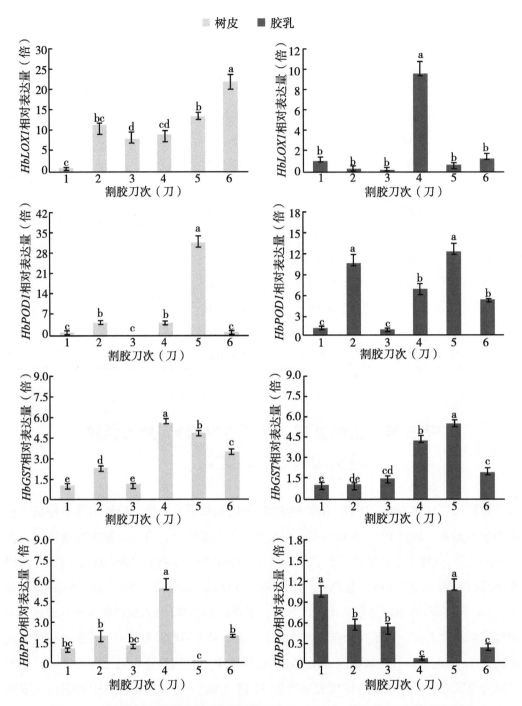

图10-9 不同割胶刀次橡胶树树皮和胶乳 *LOX1*、*POD1*、*GST* 和 *PPO* 基因的表达

作为一种与细胞壁紧密连接的膜蛋白质，广泛存在于多种植物的不同部位，在蔗糖的运输、蔗糖的储存及运输等过程中发挥着关键的功能。只要能够保证橡胶树乳管蔗糖的有

效、及时供应，就可以保证天然橡胶的高效率、长时间的生产（阳江华等，2007）。为了研究乙烯处理后，橡胶树'湛试 327 - 13'能量相关基因 *HbSUT1*、*HbSUT2a*、*HbSUT2b* 和 *HbSUT5* 的表达规律，利用 qRT-PCR 技术分析在不同割次、树皮和胶乳中的表达量变化情况。如图 10-10 所示，4 个蔗糖转运蛋白基因表达情况 *HbSUT1* 在树皮

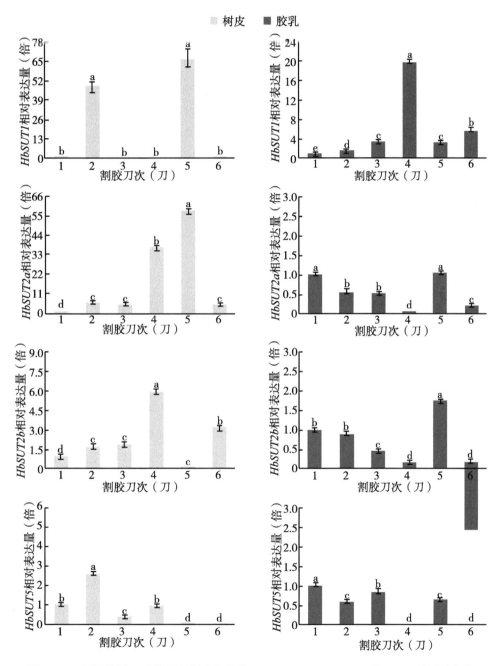

图 10-10　不同割胶刀次橡胶树树皮和胶乳 *SUT1*、*SUT2a*、*SUT2b* 和 *SUT5* 基因的表达

中第二刀和第五刀表达量显著上调，第五刀时升至顶峰，峰值对应的表达量为 70 倍左右，其余几刀没有多大变化，*HbSUT1* 在胶乳中表达趋势为先上调后下降，第四刀升至顶峰，第五刀和第六刀基因表达量开始下降；*HbSUT2a* 基因在橡胶树树皮中表达为先上调后下降，第五刀升至顶峰，而在胶乳中基因表达量有下降的趋势，但是趋势不明显；*HbSUT2b* 在树皮中的表达情况为先缓慢上调再下降，第四刀升至顶峰，在胶乳中相对表达量变化不明显；*HbSUT5* 基因在橡胶树树皮中的趋势表现为先上调后下降，而在胶乳中变化相对不明显。

橡胶树胶乳产量主要由排胶时间和排胶速度来决定的，经乙烯处理后的橡胶树能够明显增加排胶时间，从而增加胶乳产量。与排胶相关基因 *HbEC*、*HbGLU*、*HbHEV* 和 *HbERF3* 等在橡胶树排胶中的有着极其重要的作用。如图 10-11 所示，橡胶树'湛试 327-13'树皮中排胶相关基因的表达情况：*HbHIC*、*HbGLU*、*HbHEV* 和 *HbERF3* 基因在树皮中表现趋势都为先上调后下降。其中，*HbHIC* 在树皮中第二刀和第五刀相对表达量增加值最多，呈现先上调后下降的趋势，*HbHIC* 在胶乳中相对表达量不显著；*HbGLU* 在树皮中第二刀和第五刀相对表达量显著上调，在第二刀时升至顶峰，峰值对应的表达量约为 8 倍，整体呈现先上调后下降的趋势，*HbGLU* 在胶乳中相对表达量不显著；*HbHEV* 在树皮中的第五刀相对表达量增加值最多，约为 11 倍，呈现先上调后下降的趋势，*HbHEV* 在胶乳中相对表达量呈现下降趋势；*HbERF3* 在树皮中表达量趋势为先上调后下降，在第四刀时升至顶峰，峰值对应的表达量约为 9 倍，在胶乳中也是先上调后下降的趋势，第二刀升至顶峰，峰值对应的表达量约为 3 倍。

橡胶分子的生物合成途径是典型的异戊二烯代谢途径，橡胶分子是从橡胶转移酶复合体中解离出来并储藏于橡胶粒子内部（杨起航等，2021）。天然橡胶生物合成主要通过是甲羟戊酸（MVA）途径和 2-C-甲基-D-赤藓糖醇-4-磷酸（MEP）途径实现的，这两条途径相关基因的表达与橡胶树产量正相关（杨超等，2021）。如图 10-12 所示，*HbHRT1* 基因在橡胶树湛试 327-13 树皮和胶乳中的表达趋势基本一致，都是先上调在第五刀达到最大之后开始下降；*HbREF3* 基因在橡胶树树皮中的表达情况是先上调，在第五刀达到最大，之后开始下降，但是在胶乳中随着时间的增加，变化趋势较为平稳，增加的量不多，第四刀的相对表达量没有超过 2 倍；*HbSRPP* 基因在树皮和胶乳中表达趋势基本一致，都是先上调再下降，在第五刀到达顶峰；*HbGGPPS* 基因的表达在第二刀有一个剧烈的上调，然后就开始下降，而其在胶乳中的相对表达量基本趋势为下调；*HbHMGS1* 基因在橡胶树树皮中的第一刀至第三刀相对表达量变化不大，第四刀开始上调，第五刀至顶峰，峰值对应的表达量约为 16 倍，第六刀时下调；*HbHMGS1* 基因在橡胶树胶乳中相对表达量变化不大，趋于平稳，只有第五刀时上调至 3 倍左右；*HbFPS* 基

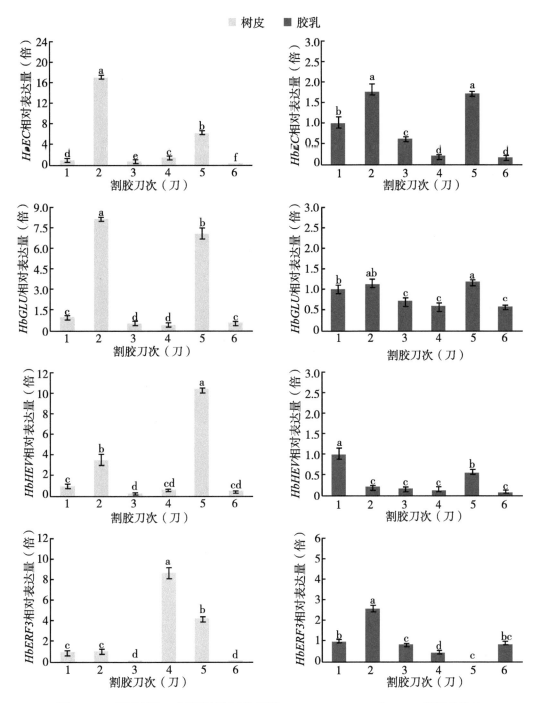

图 10-11　不同割胶刀次橡胶树树皮和胶乳 *HIC*、*GLU*、*HEV* 和 *ERF3* 基因的表达

因在树皮中的相对表达量表现为先小幅度上调（约 4 倍）再下降，至第六刀时又小幅度上调，而其在胶乳中相对表达量变化不大，趋于平稳，只有第五刀时上调至 3 倍左右。

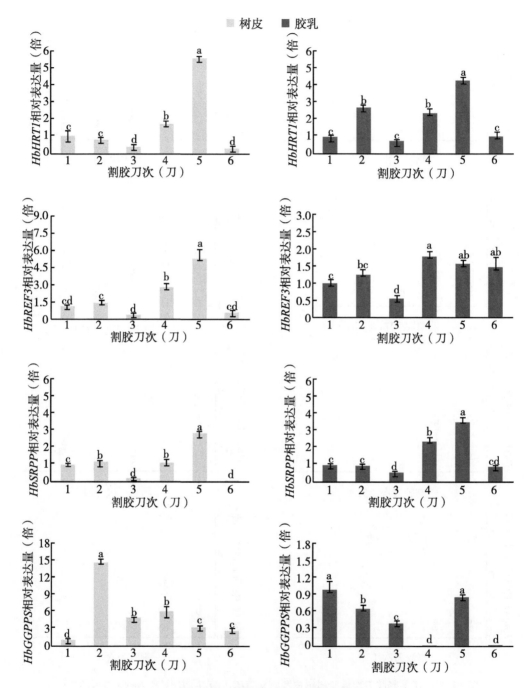

图 10-12 不同割胶刀次橡胶树树皮和胶乳 *REF3*、*HRT1*、

GGPPS、*FPS*、*HMGS1* 和 *SRPP* 基因的表达

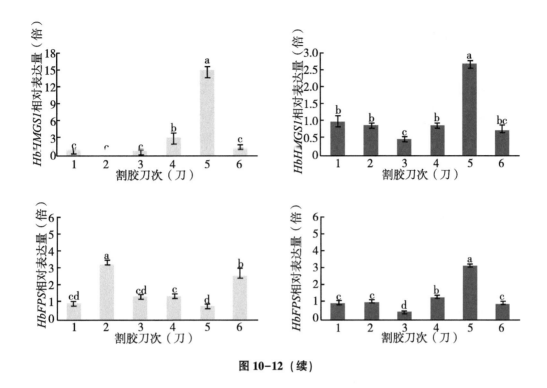

图 10-12（续）

第四节　橡胶树品种对壳聚糖和福美钠处理具有特异性

可降解的壳聚糖是丰富的自然多糖，具有多种多样的生理功能（Guan & Feng，2022）。随着改性技术进展，可利用壳聚糖的吸附特性，应用到植物病虫害防控和重金属处理等多个领域（Hoang et al.，2022；Hamza et al.，2022）。例如，采用壳聚糖提前处理可有效提高杧果果实品质并增加保鲜（黄玉咪等，2022）。橡胶树主要的叶部病害是白粉病（X. Li et al.，2022；Zhai et al.，2020）和炭疽病（Song et al.，2022），影响橡胶树叶绿体和线粒体功能，严重时迟滞橡胶树生长发育（Wang et al.，2014）。前期研究表明，壳聚糖对胶乳性质具有明显作用（Boonrasri et al.，2020；Suteewong et al.，2019），还对橡胶树具有抗菌防寒效果（杨子明等，2013）。因此，揭示壳聚糖对橡胶树生长发育的作用为在更深更广的范围应用壳聚糖具有重要意义。乙酰辅酶 A 是辅酶 A 的乙酰化形式，在许多代谢过程中起着关键的作用。它和 *HbCOAL* 均是天然橡胶生物合成路径甲羟戊酸的合成前体（Nurfazilah et al.，2019）。在'热研 73397'叶片中，壳聚糖处理显著提高 *HbCOA*、*HbCOAL*、*HbCOXI* 和 *HbCAS* 这 4 个基因的表达量。在'热研 917'中，除了 *HbCOXI* 下调外，其余 3 个基因 *HbCOA*、*HbCOAL*、*HbCAS* 也显著上调表达。这说明壳聚糖具有提高橡胶树胶乳合成前体的重要作用。橡胶树胶乳合成需要叶绿体和线粒体提供所需的糖和 ATP 等（Chye & Tan，1992）。壳聚糖能够显著的上调核酮糖-1,5-二磷酸羧化酶小亚基（*HbRbsS*）、柠檬酸结合蛋白（*HbCBP*）、脱落酸、胁迫和成熟诱导类蛋白（*HbASRLP1*）和 ATP 合酶（*HbATP*）基因表达，说明壳聚糖对橡胶树生长和抗逆均有促进作用。活性氧淬灭酶与植物抗逆性和抗病性均密切相关。例如，橡胶树胶乳中的 *APX* 受乙烯刺激下调，进而影响氧化还原平衡（Chao et al.，2015）。白粉菌效应子 CSEP0027 通过与 *CAT* 互作调控寄主免疫性（Yuan et al.，2021）。橡胶树中过表达 *CuZnSOD* 基因可显著提高转基因植株抗旱性（Leclercq et al.，2012）。*MnSOD* 在抗寒（X. Zhang et al.，2022）和抗氧化中均具有重要作用（Gaidamakova et al.，2022）。壳聚糖处理'热研 73397'叶片可显著上调 *HbAPX*、*HbCAT*、*HbCuZnSOD* 和 *HbMnSOD* 这 4 个活性氧淬灭酶基因表达，'热研 917'中除了 *HbMnSOD* 之外均上调表达。说明壳聚糖对橡胶树品种具有差异性。与之相对应的是福美钠处理两个品种的结果正好与壳聚糖处理结果相反。

橡胶树品种间抗逆、抗病等生理特性存在显著性差异（魏芳等，2008）。'热研 7-33-97'是一个较耐刺激且高产的品种。'热研 917'是新审定的具有抗性的品种。前人采用植物激素脱落酸处理后证明两个品种具有显著差异（樊松乐等，2021）。为了更加深入地解析品种间的差异，人们采用相关分析和主成分分析解析二者的差异。可以看出，壳聚糖对'热研 73397'的促进作用具有全面和高表达的特点。壳聚糖处理'热研917'叶片则呈现上调倍数低和具有差异性的特点。*HbMnSOD* 和 *HbCOXI* 呈现下调表达的规律。前人研究表明，南美叶疫病病原菌侵染不同抗性的品种 FX2784、MDF180 和PB314，*HbMnSOD* 与 *HbCuZnSOD* 的表达规律并不一致（Koop et al.，2016），说明二者的响应逆境机制具有差异性。在研究萼花臂尾轮虫衰老时也发现，*MnSOD* 基因呈现下调显著表达，而 *CuZnSOD* 呈现上调表达的规律（Yang et al.，2013）。可见，品种间和不同基因类型之间均存在差异性的响应机制。

本研究结果表明，福美钠和壳聚糖对橡胶树生长发育和抗性具有显著的促进作用，可作为载体用于新型橡胶树抗病试剂和增产试剂的研发。但由于橡胶树品种间具有显著的差异性，最好针对不同品种确定差异化的剂量，从而达到经济高效的使用效果。福美钠更加适用于'热研 917'，壳聚糖适用于'热研 73397'。

第五节 '湛试 327-13'对乙烯处理的生理响应机制

橡胶树胶乳具有防御病虫害和散热等多种功能。割胶带来的机械伤害会导致橡胶树树皮和胶乳中活性氧（Reactive oxygen species，ROS）的产生。活性氧清除系统的主要功能就是维持氧化还原的稳态，主要取决于抗氧化酶的活性和抗氧化分子的浓度（Baxter et al.，2014）。脂肪氧化酶（Lipoxygenase，LOX）是广泛存在于动植物中的非血红素含铁的蛋白质，通过催化分子氧和不饱和脂肪酸，生成不饱和脂肪酸过氧化氢（Porta & Rocha-Sosa，2002）。LOX 主要功能是参与光合作用与呼吸作用、调控植物的生长发育与衰老等。过氧化物酶（Peroxidase，POD）是一类非常经典的氧化还原酶，具有抗病解毒、调节氧气浓度、参与脂肪酸氧化等功能（史学群等，2002）。当受到胁迫时，大量的活性氧在植物体细胞内累积（Choudhary et al.，2020）。以前研究采用0.008% JA 和 1.5%乙烯利处理'热研 73397'和'RRIM600'萌条，发现次生乳管分化与树皮组织的 LOX 有关，与过氧化物酶无关（曾日中等，2001）。采用不同激素浓度处理橡胶树叶片，发现胶乳 H_2O_2 含量、树叶 H_2O_2 含量与树叶 POD 活性呈一定负相关（杨萍等，2021）。本研究中，经过乙烯利处理的'湛试327-13'树皮中 HbLOX1 和 HbPOD1 的表达趋势呈现为持续上调，并且非常显著，说明'湛试327-13'树皮和胶乳中抗氧化酶均在起着重要的抗氧化作用。大量的分子和生理研究表明乙烯利是通过提高能量 ATP 与蔗糖供应（Dusotoit-Coucaud et al.，2010）以及延长排胶时间来增加胶乳的产量（Tungngoen et al.，2009）。蔗糖是大多数高等植物光合作用的主要产物，蔗糖也是橡胶树合成橡胶的前体。在乳管代谢之前，蔗糖会以特定方式形成蔗糖转运体穿过细胞质膜（Dusotoit-Coucaud et al.，2009）。当橡胶树品种'PB217'受到外源乙烯利刺激，HbSUT1 和 HbSUT2a 在树皮中显著表达，而在胶乳中表达量相对较低（Dusotoit-Coucaud et al.，2009）。橡胶树品种'热研 73397'树皮中 HbSUT5 是高表达的蔗糖转运蛋白（Long et al.，2019）。本研究结果发现 HbSUT1 在乙烯刺激后的树皮和胶乳中均高表达，HbSUT2a、HbSUT2b 和 HbSUT5 均在胶乳中表达量低，说明存在品种差异性。

植物通过在细胞内的几丁质酶来降解病原菌细胞壁中的几丁质，以此抵御外界胁迫或病原菌侵染（相启森等，2015）。正常情况下，多数高等植物的几丁质基因表达量很低，当受到外界胁迫时，其表达量提高，胶乳中的几丁质酶除了能够酶解病原菌，还起到抑制胶乳凝固的作用（黄瑾等，2004）。有研究表明割胶之后，橡胶树胶乳黄色体中含有较高水平的几丁质酶和橡胶素（高政权等，2007）。乙烯响应因子（Ethylene response factor，ERF）是乙烯信号途径和茉莉酸信号途径中非常重要的一环，涉及植物防御的大量基因。当植物受到非生物胁迫（如寒冷、缺水等），乙烯响应分子过表达能够极大地促进植物生长发育（Lestari et al.，2018）。前人研究表明，几丁质酶基因具有品种表达差异性，施用乙烯利后，几丁质酶基因表达强度顺序为 PR107＞GT1＞RRIM600（黄瑾等，2004），且与排胶特性相关。天然橡胶生物合成主要通过两个路径合成：甲羟戊酸（Mevalonic acid，MVA）途径和甲基赤藓糖醇（2 – C – Methyl – D – erythritol 4–phosphate，MEP）途径（Yamashita & Takahashi，2020）。法尼基焦磷酸盐（Farnesyl pyrophosphate，FPP）、牻牛儿基焦磷酸盐（Geranyl pyrophosphate，GPP）和双牻牛儿基焦磷酸盐（Geranylgeranyl pyrophosphate，GGPP）不但是橡胶的合成前体，也是 ABA 等激素的合成前体（Chiang et al.，2011）。橡胶生物合成由橡胶转移酶（Hevea rubber transferase，HRT）催化，橡胶转移酶主要在橡胶胶乳中表达（Asawatreratanakul et al.，2003），主要参与橡胶生物合成、与橡胶颗粒结合、降低胶乳蛋白活性等（Post et al.，2012）。橡胶延伸因子（Rubber elongation factor，REF）和小橡胶颗粒蛋白（Small rubber particle protein，SRPP）是胶乳蛋白中的主要过敏原，彼此之间相互作用（Berthelot et al.，2014），对于橡胶颗粒的稳定和凝聚起到了很大的作用（Berthelot et al.，2014）。Priya 等（2007）研究表明 *SRPP* 和 *REF* 基因表达与胶乳产量呈正相关。本研究结果表明'湛试32–713'与其他品种相比，其防卫基因、抗氧化基因表达和天然橡胶生物合成酶基因表达均显著提高。这说明，乙烯利刺激后一方面促进了甲羟戊酸等次生代谢产物的合成，另一方面促进天然橡胶生物合成酶的合成，从而既能提高抗氧化活性，又能促进产量提高。综上所述，采用分子生物学技术证明，抗寒性和产量抗氧化酶、防卫基因和产量形成基因共同作用的结果，是由其品种特性决定的，可为橡胶树种质资源评价指标用于分子辅助育种。因此，在广东植胶区选育兼具抗寒性和耐乙烯刺激品种是扩大橡胶树种植面积和产量的核心问题。在此基础上，为进一步证明'湛试327–13'成龄开割树对乙烯利刺激的分子响应机制，选取代表性的活性氧淬灭酶、蔗糖转运蛋白、胶乳防卫蛋白、乙烯信号转录因子和天然橡胶生物合成酶等基因，系统分析其在乙烯利刺激并持续割胶 6 刀后橡胶树胶乳和树皮的表达规律，为揭示其品种特性提供理论依据，也为持续筛选鉴定橡胶树抗寒、高产种质提供技术支撑。

第十一章　橡胶树中植物激素的研究方法

王立丰

（中国热带农业科学院橡胶研究所）

第一节　材料与方法

一、植物材料

'PR107'是由印度尼西亚橡胶试验站培育的第一代无性系，因其具有抗寒、抗风和耐乙烯利刺激的特性，在中国植胶区广泛种植（黎国伟等，1983；林绍龙，1987）。它还是我国主推品种'热研73397''热研917''云研77-2'和'云研77-4'的亲本（Tang et al.，2016）。在生产实践中发现'PR107'具有耐乙烯利刺激的特性（王丹等，2022）。

'热研73397'和'热研917'均为中国热带农业科学院橡胶研究所选育的，其亲本是'RRIM600'דPR107'。'热研73397'目前已累计推广300万亩以上，在海南省植胶区大规模推广种植，在广东植胶区阳坡推广种植，在云南Ⅰ类植胶区推荐种植。'热研73397'生产特性是产量高，在高级对照试验中，1~12割年平均单株产胶量为4.58 kg，平均干胶产量为1 983 kg/hm²，广东植胶区的'热研73397'产量较对照提高了44.2%，而云南Ⅰ类植胶区的'热研73397'较对照提高了49.0%。研究结果表明，该品种整齐率高，林相整齐性好，生长速度快，开割前茎围平均增长7.51 cm，是对照品种的1.18倍；割后茎围年均增加1.94 cm，明显高于对照'RRIM600'（1.46 cm）。'热研73397'抗风能力强，白粉病发病率较低（华南热带作物科学研究院橡胶栽培研究所新品种培育课题组，1992；李维国，2008）。

'热研917'在海南植胶区推广种植，在广东植胶区试验性种植。其生产特性是产量高，高级比较试验区1~9割年平均株产干胶3.95 kg，平均干胶产量1 467 kg/hm²，分别比对照'RRIM600'增产78.7%和68.6%。'热研917'植株生长较快，具有较强的抗风和恢复生长能力。

本研究中供试巴西橡胶树品种为'热研73397'，定植在中国热带农业科学院试验场三队。所选橡胶树为健康开割树，于2002年定植，2010年开割。剪取树干上部枝条和叶片，放在液氮中保存用于下一步提取。从健康开割橡胶树的根、茎、叶、枝、乳胶和花等不同组织中采集样本，用于组织特异性表达分析。

'热研73397'组培苗种植在海南天然橡胶新型种植材料创新基地。

二、植物材料处理

从18年生橡胶树上收集叶片、根、茎、树皮、乳胶和花材料，用于荧光定量组织分析，以检测不同组织的转录水平。

激素处理胶乳方法：依据Yu（2017）的研究，采用5年生未开割橡胶树萌条，分别用以下激素处理：2%（体积百分浓度）乙烯利（ETH）、200 μmol/L茉莉酸甲酯（MeJA）和200 μmol/L ABA，溶解于含有0.05%（体积百分浓度）乙醇和0.1%（体积百分浓度）吐温-20的溶液中。用含有0.05%（体积百分浓度）乙醇和0.1%（体积百分浓度）Tween-20的蒸馏水喷雾对照植物。

激素及药剂处理叶片方法：试验组采用200 μmol/L草甘膦、200 μmol/L茉莉酸甲酯、200 μmol/L ABA和2%（体积百分浓度）ETH处理橡胶树芽接苗，对照组喷蒸馏水。分别在处理0 h、0.5 h、2.0 h、6.0 h、12.0 h、24.0 h和48.0 h时取试验组和对照组的叶片。

干旱处理方法：在培养箱中饱和浇水两组橡胶树芽接苗，10 d后，一组作为对照正常供水，另一组停止供水。在停止浇水第0 d、1 d、3 d、6 d和9 d时分别采集两组苗的叶片。

白粉菌侵染处理方法：选取两组两蓬叶橡胶树芽接苗作为试验组和对照组，每组3棵。撒硫黄粉1周后，将硫黄粉洗净，树叶擦干。试验组接种白粉菌，对照组不做处理并严格隔离。在白粉菌处理0 h、0.5 h、2.0 h、6.0 h、12.0 h、24.0 h和48.0 h时分别取两组的叶片。

高温处理方法：将两组橡胶树芽接苗置于培养箱中，试验组温度40℃，对照组温度25℃，分别在处理0 h、3 h、6 h和12 h取叶片材料。

以上材料均用于提取RNA反转录后的qRT-PCR定量试验。每个样品包括3个独立的生物学重复，所有收获的样品立即在液氮中冷冻并储存在-80℃。

另外，取3组相同生长状态的橡胶树芽接苗，每组4棵苗。其中一组不做处理作为阴性对照，另外两组喷施 200 μmol/L 草甘膦。喷施草甘膦后，一组不做处理为阳性对照，另一组在喷施草甘膦后 1 d、3 d、5 d 和 7 d 分别喷施 200 μmol/L ABA，以验证 ABA 对橡胶树草甘膦药害的效果。

三、激素测定

激素测定样品的前处理方法：将采集好并用液氮保存的叶片或枝条样品在避光条件下带回实验室，取叶片或枝条材料 0.5 g，在液氮中碾磨后，加入 5 mL 80%色谱纯甲醇和 0.1% BHT，避光条件下 4℃提取过夜。提取液在 15 000 r/min、4℃条件下离心 10 min。取出上清液，残渣加入 5 mL 80%色谱纯甲醇和 0.1% BHT，避光条件下 4℃再次提取并再次离心。合并两次上清液，滤纸过滤，加 50 μL 氨水，在 40℃下用旋转蒸发仪减压蒸发至水相。水相用 0.1 mol/L HCl 盐酸调 pH 值至 3.0 样品过 SPE 小柱。

SPE 小柱使用方法如下：首先采用 10 mL 甲醇活化，随后用 10 mL 超纯水平衡。将处理好的样品注入 SPE 小柱，分别用 10 mL 的 0.1 mol/L HCl 和 10 mL 甲醇洗脱。洗脱液在 40℃下减压蒸发至近干，用 1 mL 的色谱纯甲醇溶解，用 0.22 μm 有机相针式滤器过滤，−80℃保存待测或上液相色谱仪检测。

四、烟草种植

用于瞬时基因表达试验的烟草按以下方法种植：将春化后的烟草种子在 2%植物组培抗菌剂（PPM）中避光振荡杀菌 8 h 后，撒于 1/2 MS 培养基上，置于培养箱中萌发。培养条件为 26℃光照 16 h/d，23℃黑暗 8 h/d，相对湿度 70%。种子萌发后，将幼苗移栽到草炭土与蛭石体积比为 2：1 的基质上继续生长。

五、仪器和试剂

所用仪器见表 11−1，药品及试剂见表 11−2。

表 11−1　使用的主要仪器

仪器	品牌或来源
紫外—可见分光光度计	Amersham Bioscienees
电泳仪	Bio-Rad
PCR 仪	Biometra
荧光定量 PCR 仪	Bio-Rad
离心机	HeTTich

（续表）

仪器	品牌或来源
超低温（-80℃）冰箱	Thermo Scientific
多功能凝胶成像系统	Bio-Rad
恒温培养摇床	SHEL LAB
超微量核酸蛋白分析仪	ThermoFisher
高效液相色谱仪	Agilent1260 Ⅱ
旋转蒸发仪	上海亚荣生化仪器厂
激光共聚焦显微镜	Zeisse

表 11-2 使用的主要药品和试剂

药品和试剂	品牌或来源
ABA、ETH、MeJA	Solarbio
琼脂糖	Biowest
琼脂粉	BioSHARP
荧光定量试剂盒（SYBR® Premix EX TaqTM Ⅱ）	TaKaRa
植物总 RNA 提取试剂盒	天根
RevertAid™第一链 cDNA 合成试剂盒	Thermo
E. Z. N. A. TM Gel Extraction Kit 胶回收试剂盒	OMEGA
Premixtaq	TaKaRa
氨苄西林（Amp）	Solarbio
T4 连接酶	TaKaRa
草甘膦	Sigma
抗氧化剂二丁基羟基甲苯	Sigma
色谱纯甲醇	MERCK
色谱纯乙腈	MERCK
ZT（Z0876）	Sigma
IAA（H8876）	Sigma
GA$_3$（48880）	Sigma
ABA（A1049）	Sigma
BR	源叶
ChamQ Universal SYBR qPCR Master Mix	Vazyme
Sooso	Tsingke

第二节　实验方法

一、植物激素测定方法

（一）色谱检测

色谱柱为美国 Waters 公司生产的 CNWSIL C18 液相色谱柱（4.6 mm×150 mm，5 μm），柱温 30℃；流动相为甲醇：乙腈：磷酸＝15：15：70（体积比，pH 值＝3.5）等度洗脱；流速为 1 mL/min；进样量为 10 μL；检测波长为 254 nm。以标样出峰时间和峰高叠加定性，外标法峰面积定量。

（二）植物激素标准液和混合标准液的配制

分别称取 4 种植物激素 ZT、IAA，GA₃和 ABA（精确至 0.001 mg）用色谱纯甲醇溶解，至终浓度为 0.1 μg/mL，转移到 1.5 mL 离心管中避光保存，置于 4℃的冰箱中备用。混合标准液的配制：准确吸取各组分适量的标准液，混合，用色谱甲醇定容，转移到棕色试剂瓶中，置于 4℃的冰箱中保存备用。

（三）标准曲线和检出限

配置曲线浓度范围为 0.001 mg/L、0.01 mg/L、0.1 mg/L、0.5 mg/L、1 mg/L、2 mg/L 和 10 mg/L 的标准浓度系列，经液相色谱仪检测后，以标准系列对应的峰面积为纵坐标，标准系列质量浓度为横坐标，建立坐标系进行线性分析，得到 4 种激素的标准曲线方程。以 3 倍基线噪声得到的检测量作为检出限 LOD，10 倍基线噪声得到的检测量作为定量下限 LOQ。将估算的 LOQ 值作为样品的添加浓度，做 7 次重复，计算出其标准偏差，根据公式计算出本方法 LOD 和 LOQ 的值。

$$LOD = 0.99t×S　（0.99t = 3.143）$$

$$LOQ = 3×LOD$$

（四）回收率实验

取橡胶树叶片经粉碎混匀后称量 0.1 g 的小份，加入 10 μg 激素标准样品，静置 30 min，按样品前处理方法提取后，进行回收率试验。每个添加水平重复 3 个样本，每个样本重复测定 6 次，计算平均回收率。

二、生物信息学分析

从 NCBI 蛋白数据库、拟南芥数据库和水稻数据库下载玉米、拟南芥、水稻等模式植物序列。利用拟南芥 cDNA 序列搜索橡胶树基因组数据库，采用 BLAST 默认设置分析比对得到的序列，手动删除冗余序列。用 NCBI ORF finder 分析基因的开放阅读框（ORF），用 NCBI Conserved Domain Search 预测候选基因氨基酸序列。采用 ExPASy Prot-Param 预测分子量（MW）和等电点（PI）等理化信息。利用 DNAMAN 工具软件进行多序列比对。利用在线工具 SignalP-5.0 Server 分析信号肽，TMHMM Server v.2.0 预测跨膜结构，DeepLoc-1.0 预测亚细胞定位，PSIPRED V4.0 预测二级结构，SWISS-MODEL 预测三级结构，SMART：Main page 分析保守结构域，并利用 ProtParam 工具对其理化性质进行生物信息学预测分析。使用 MEME 在线分析软件进行 motif 预测分析。采用 Program SCANPROSITE 分析保守结构域，采用 SignalP 4.1 Server 进行信号肽分析，采用 Clustal W 进行核酸与蛋白质序列分析。使用 DNAMAN9 软件进行多序列对比及同源相似性。使用 MEGAX 软件并使用邻接法（Neighbor-joining）进行系统发育分析（bootstrap 值设为 1000）。利用 NCBI Conserved Domains 和 Pfam database 分析基因保守结构域，WolFPSORT Prediction 预测基因亚细胞定位。分析启动子区域的顺式作用元件，从基因组序列中获取起始密码子上游 1 kb 序列，用 plantCARE 软件搜索顺式作用原件，确定启动子区域包含顺式作用元件。NCBI 在线 BLAST 比对分析基因相似序列。通过编码序列与基因组序列比对确定基因外显子—内含子结构，用 Gene Structure Display Server（GSDS）绘制外显子—内含子结构图。所使用分析软件的网址见表 11-3。

表 11-3　生物信息学分析所使用软件的名称、功能以及网址

名称	功能	网址
NCBI ORF Finder	预测蛋白序列	http://www.ncbi.nlm.nih.gov/gorf/gorf.html
ExPASy ProtParam	蛋白理化性质分析	http://web.expasy.org/protparam/
NCBI Conserved Domains Search	保守结构域分析	http://www.ncbi.nlm.nih.gov/Structure/cdd/wrpsb.cgi
Program SCANPROSITE	保守结构域分析	http://prosite.expasy.org/scanprosite/
SWISS-MODEL	蛋白结构预测	https://www.swissmodel.expasy.org/
TMHMM Server v.2.0	跨膜结构域分析	http://www.cbs.dtu.dk/services/TMHMM/
SignalP 4.1 Server	信号肽分析	http://www.cbs.dtu.dk/services/SignalP/
MEME	motif 分析	http://meme-suite.org/tools/meme
WolFPSORT Prediction	亚细胞定位分析	http://psort.hgc.jp/form.html
PlantCARE	顺式作用元件分析	http://bioinformatics.psb.ugent.be/
Clustal W	核酸与蛋白质序列分析	http://www.clustal.org/

（续表）

名称	功能	网址
GSDS	外显子—内含子结构分析	http://gsds.cbi.pku.edu.ch
NCBI 蛋白数据库		http://www.ncbi.nlm.nih.gov/guide/
拟南芥数据库 tair		http://www.arabidopsis.org/
水稻数据库 Rice Genome Annotation Project		http://rice.plantbiology.msu.edu/analyses_search_locus.shtml

三、总 RNA 提取和 cDNA 合成

（一）RNA 提取

使用植物总 RNA 提取试剂盒（离心柱型）提取干旱、白粉菌侵染、草甘膦、高温、不同激素和对照处理下采集的橡胶芽接苗叶片总 RNA，步骤如下。

提前配置 DNase I 储备液，将 DNase I 干粉 1 500 U 溶于 550 μL RNase-Free ddH$_2$O 中，置于 -20℃ 冰箱保存。取样品于通风橱中加入 475 μL SL 溶液和 25 μL β-巯基乙醇，涡旋震荡 20 min，12 000 r/min 离心 2 min。

过滤柱 CS 套收集管，抽离心管中 350 μL 上清液于过滤柱 CS 中，12 000 r/min 离心 2 min。

离心后抽收集管内上清液（约 250 μL），注入新的离心管中。将收集管中的沉淀倒空后，吸附柱套在收集管上。在新的离心管中加入无水乙醇（上清液体积的 0.4 倍，约 100 μL），与上清液混匀后加入吸附柱 CR3，12 000 r/min 离心 15 s。

取出吸附柱，倒掉收集管中废液，加 350 μL 去蛋白液 RW1 于 CR3 吸附柱，12 000 r/min 离心 15 s，倒废液。

取 10 μL DNaseI 储备液，加 70 μL RDD 溶液，将 80 μL 混合液加入 CR3 吸附柱，室温放置 15 min。

加 350 μL 去蛋白液 RW1 于 CR3 吸附柱，12 000 r/min 离心 15 s，倒掉废液。

加 500 μL 漂洗液 RW 于 CR3 中，12 000 r/min 离心 15 s，倒废液。重复此步骤。

12 000 r/min 离心 2 min，室温放置 10 min，加 30 μL ddH$_2$O，12 000 r/min 离心 1 min。检测 RNA 检验浓度和纯度后置于 -80℃ 保存。RNA 浓度与纯度检验方法：超微量核酸蛋白分析仪或紫外分光光度计测定 RNA 的 OD$_{230}$、OD$_{260}$、OD$_{280}$ 吸收值检测纯度。

（二）cDNA 第一链合成

反转录（cDNA 第一链合成）操作步骤：将 RNA（0.1 ng 至 5 μg）、Oligo（dT）$_{18}$ Primer（1 μL）加入无核酸纯水至 12 μL，65℃孵育 5 min；5×Reaction Buffer（4 μL）、Ribolock Rnase Inhibitor（1 μL）、10 mmol/L dNTP Mix（2 μL）、RevertAid M-MuL V RT（1 μL），42℃孵育 60 min，70℃孵育 5 min。

四、cDNA 全长序列的克隆

根据橡胶树基因组数据库的序列通过 Primer Premier 5 软件设计特异性引物（表 11-4），以反转录得到的'热研 7-33-97'叶片 cDNA 为模板，用高保真性聚合酶 Phanta© Max Super-Fidelity DNA Polymerase（Vazyme，中国南京）进行扩增，反应体系：cDNA 模板 2 μL（约 60 ng），2 × Phanta Max Buffer 25 μL，dNTP Mix（10 mmol/L each）1 μL，上下游引物（10 μmol/L）各 2 μL，Phanta Max Super-Fidelity DNA 聚合酶 1μL，ddH$_2$O 补足 50 μL；扩增程序为 95℃预变性 3 min，95℃变性 15 s，56℃退火 15 s，72℃延伸 2 min，共 33 个循环；72℃延伸 5 min，最后 4℃保存。通过 PCR 扩增得到目的条带，使用凝胶回收试剂盒（Vazyme，中国南京）参考说明书对 PCR 产物进行回收，回收产物连接载体后用热击法转入大肠杆菌 DH5α 感受态细胞中，在含相应抗性的培养基上培养，菌落 PCR 检测后挑选阳性单克隆进行测序验证。验证正确的单克隆后再与所需载体进行重组，用于后续实验。

表 11-4 引物明细

引物名称	引物序列	功能
HbRGL1-F	GAAAGATGAAAAGAGATCACCAAGAAA	基因克隆
HbRGL1-R	ACTGACTCGCTAACATTAACTCACC	
HbRGL1-QF	CAAGCGAGTATGTTACTAGCAC	荧光定量
HbRGL1-QR	CTATTCCGAACCACCGAGTTT	
HbACTIN-F	GATGTGGATATCAGGAAGGA	
HbACTIN-R	CATACTGCTTGGAGCAAGA	
HbRGA1-F	GAAAGATGAAAAGAGATCACCAAGA	基因克隆
HbRGA1-R	ACTGACTCGCTAACATTAACTCACC	
HbRGA1-QF	CCTCTCTTAGCTGATGCTT	荧光定量
HbRGA1-QR	GCGAGTCAATTAAGACAACC	

（续表）

引物名称	引物序列	功能
HnSnRK2.2-F	TGTGGGAAAAGATGGAGGAG	基因克隆
HnSnRK2.2-R	TTTCGCCACATGGTGGTAT	
HnSnRK2.3a-F	CCGTGCCTTTGTTTCTTGTT	
HnSnRK2.3a-R	AGAACCACCCCTCTCTTGT	
HnSnRK2.3b-F	GAAACGTTTGCTGCCTCTTC	
HnSnRK2.3b-R	GCTGTTTTTCTATGCTAACCTACCA	
HnSnRK2.4-F	CGGATTGATTAGCGGGTTTA	
HnSnRK2.4-R	ACTCTTTCTGCCCAATACGC	
HnSnRK2.6-F	TTGTTCTAGCTCTTGTGCTACATTG	
HnSnRK2.6-R	AGAAATCTGATGCTCTTAATCATGG	
HnSnRK2.7-F	TCACTGAATCTACCAGCACTG	
HnSnRK2.7-R	GAAACTCTCAACATCACCCTG	
HbbZIP29-F	GGTGATACTGAAGAGGCTAAT	荧光定量
HbbZIP29-R	AGGCATTGATGAAGACGATT	
HbbZIP9-F	CCTCAACCACTCAATAACCA	
HbbZIP9-R	TTCCAACTCCAACAGCATAC	
HbbZIP13-F	CAGAAGCAGAGGAGAATGAT	
HbbZIP13-R	AAGTTGTGTCACCAAGGATT	
HbbZIP66-F	TCTATGGAAGTGGTCTCTGT	
HbbZIP66-R	CCTGATGCTGTTGTATCTGA	
HbbZIP51-F	CAACAACCAGACTCTCAATG	
HbbZIP51-R	AACACTCACAACCTTCAACT	
HbbZIP64-F	CCTCTACTGCTATTCCTAATAC	
HbbZIP64-R	TAATCTCTTGAGCCTTCTGT	
HbbZIP13a-F	TCATCATCATCGTCATCAGT	
HbbZIP13a-R	AGCGGAAGGAGTGGAATA	
HbbZIP68-F	AGGCTTCTGTTATTGCTGTT	

（续表）

引物名称	引物序列	功能
HbbZIP68-R	GTGTGCTATGTATGGAGGAG	
HbbZIP4-F	CCAAGATGCGGTTCAACT	
HbbZIP4-R	TGTTAAGCGGTCATTCTCC	
HbbZIP16-F	TACTCTCCTATACCTCCACAT	
HbbZIP16-R	GCATCACTTCCTTCACTTG	
HbbZIP47-F	CTGATGTCTGGAATGTGGAA	
HbbZIP47-R	GCTCGTAGTCGTTGGAAG	
HbbZIP50-F	GCTCGTATCACTGACATAGA	
HbbZIP50-R	ATCTGCTGGAGTTCATCAAT	
HbbZIP41-F	GGAATGGACTTATGGAATG	
HbbZIP41-R	AGAGACTGAACTACTGAA	
HbbZIP36-F	GCAACAACAGCAACAACA	
HbbZIP36-R	ACCTCCTAATCCAACCATTC	
HbbZIP11-F	AGGAAGAGGAAGAGGATGAT	
HbbZIP11-R	TGCTGAGTGGTGATATTGAT	
HbbZIP61-F	TGCCAAGTCTTCAACATCA	
HbbZIP61-R	CTCGTAGCCTTCCAATCTC	
HbbZIP38-F	TGTTGGTGTTGTAGAAGGAA	
HbbZIP38-R	TGAGGTAGTGGCTGAGAG	
HbbZIP25-F	CTTCCTCCTCCTGCTTCT	
HbbZIP25-R	GTTCATTGGTTCCTGTATCTC	
HbbZIP11a-F	GCACAGATGATGGAACTTAG	
HbbZIP11a-R	AGCAGCAACAGCACTTAT	
HbbZIP69-F	CGATGAGACTGAGGAAGATT	
HbbZIP69-R	ATTGACTGGCTGTGTTGAT	
HbbZIP20-F	AAGAACACAACAGGCAGATA	
HbbZIP20-R	CAGAAGAACCAGATGAACCA	

（续表）

引物名称	引物序列	功能
HbbZIP21-F	AGATTCCAACCAACACCAA	
HbbZIP21-R	ACCACTACAGCCACCTAA	
HbbZIP53-F	TATCAACGACAACACTCAAC	
HbbZIP53-R	GAAGCCACTAACCTCCTC	
HbbZIP45-F	AGTTGGTAGGCATAGGTAATC	
HbbZIP45-R	CGTAGTCTGGAGAAGTAGTC	
HbbZIP52-F	TTCAGACAGAAGCAACTACA	
HbbZIP52-R	GCAGTATCTCCAGCAAGG	
HbbZIP60-F	TCTAACGCTTCACCTCCT	
HbbZIP60-R	TCCATCATCAACCACCTTC	
HbbZIP11b-F	GCATCATCATCACCTCTCA	
HbbZIP11b-R	GCCATTGCTCAACTTCAC	
HbbZIP56-F	CTTCTCTGTGCCGTTCTC	
HbbZIP56-R	GTCGCTCTCCATTCCTTC	
HbbZIP42-F	CGTTACAGGACTCCATTATCT	
HbbZIP42-R	TTGTTGCTCATCTGCTTCA	
HbbZIP39-F	GCAGAGCTGAACCAACTA	
HbbZIP39-R	TTCCTTCTCATCATCCTCAA	
HbbZIP5-F	AACGGAGGCGGATGATAT	
HbbZIP5-R	TTGTCGGAGAATACTGTGTT	
HbbZIP55-F	CTGCTGTTGCTTCTGCTA	
HbbZIP55-R	CTGCTCGTTACTGCTGTT	
HbbZIP23-F	GCAGTCCGCAAGTATAGG	
HbbZIP23-R	AAGTCCACAGCCAACAAG	
HbbZIP17-F	TTCCTCATCCACCACCAT	
HbbZIP17-R	CGACTCAAGCCAATCAGA	
HbbZIP58-F	GTCTCAGCAACAACTCAAC	

（续表）

引物名称	引物序列	功能
HbbZIP58-R	TCTCTTCCAGGTCTCGTAA	
HbPP2C2-F	GTAGGAGTTGATAGACCAGAA	
HbPP2C2-R	GTCAGCAGTAATTCCAAGAA	
HbPP2C3-F	AAGACGAAGAATCCACCATT	
HbPP2C3-R	CAGCCGCCACTACTATTG	
HbPP2C3a-F	CTCTACTACTGTTGCTTCCT	
HbPP2C3a-R	GACCAAGATTCCACTACTGA	
HbPP2C5-F	GACTGTAACTGTTGCTTCTG	
HbPP2C5-R	CATTCTCTTCTAACCTGTGATC	
HbPP2C7-F	CATCTTCCATCTCAGGTCTC	
HbPP2C7-R	TATTGCTAATGCCACCGATT	
HbPP2C7a-F	GCATAGGCTTCATCATTCTT	
HbPP2C7a-R	GGCTGTTACTGGTGACTTA	
HbPP2C8-F	ATCCAGGCAATAGTCATTCA	
HbPP2C8-R	TTCTTCACTCACTTCATCCA	
HbPP2C9-F	CTCTGCTGCTAGTTGCTT	
HbPP2C9-R	GTGATGGTCTATGGAAGGTAA	
HbPP2C10-F	GACATACAAGACACCATCATAG	
HbPP2C10-R	GACACCAGGATAACGATAGT	
HbPP2C11-F	AACCTCCAGCATCTTCAATC	
HbPP2C11-R	CTAGAGTGGTAGCCAGTAGA	
HbPP2C12-F	GTCATTATCATTCGCACACT	
HbPP2C12-R	TACTTCTCCTCCTGTAATCAC	
HbPP2C14-F	GCCATCAACTGTCTGCTT	
HbPP2C14-R	CTGTGTCAATGTAAGTCCTTC	
HbPP2C15-F	GCTGTAGGTATAGTGGAAGAA	
HbPP2C15-R	GTGAATAGACCAGATGTTGAG	

（续表）

引物名称	引物序列	功能
HbPP2C16-F	GATGCTGAAGTTGGAGGAA	
HbPP2C16-R	CACAGTTCGCCACTATAATG	
HbPP2C16a-F	TCCACCACTATCACTGAGA	
HbPP2C16a-R	ACACATCACCAATCCCTTAT	
HbPP2C20-F	CTTCTCTTCCTCTTCCTCTG	
HbPP2C20-R	GCCTACTCATAGTATTGTCTTC	
HbPP2C24-F	CGTGAACAGAGTCGGTAG	
HbPP2C24-R	TCGGTGGAATGAATCAACT	
HbPP2C29-F	GTAAGTGGAAGGTGGTTATTG	
HbPP2C29-R	GGTATGCTAGTTCAGTCATCT	
HbPP2C30-F	GATGCCAACGGAGATTCTAA	
HbPP2C30-R	CTCTGTCTGTGGTCAAGTAG	
HbPP2C31-F	AACTTGCCATTTAACCTGTC	
HbPP2C31-R	TTGCTAATGTTGGTGATTGC	
HbPP2C37-F	CATTGTCCATCTTCGCATAG	
HbPP2C37-R	CGGCTACACGAGATTATGAA	
HbPP2C38-F	GACACTAGAACCAAGATTAGC	
HbPP2C38-R	CCAGTAACATCTCCATCTCTAT	
HbPP2C39-F	ATAGAAGACCAGAGCTACCA	
HbPP2C39-R	AGAGGCACTTAATAGGAAGAG	
HbPP2C39a-F	CCAGAATCTCGTCGTCAG	
HbPP2C39a-R	TCGCAGAGGCATTAGTTG	
HbPP2C40-F	TTGTGTCTTGGTTGTTCTTC	
HbPP2C40-R	AGGATGGTCATTCAATAGCA	
HbPP2C42-F	CTCTTGTGTCTGAGTTATGGA	
HbPP2C42-R	CTGAATAGCAGCAATGTCTC	
HbPP2C44-F	CATTAGAGATGGAGGCAAGA	

（续表）

引物名称	引物序列	功能
HbPP2C44-R	AATTGAGTTGGAGTCCGAAT	
HbPP2C46-F	CCTCTACATTGCTAACCTTG	
HbPP2C46-R	GCCACATTATGCTCTGATG	
HbPP2C51a-F	AATGCTGTTGCCGATAGAT	
HbPP2C51a-R	CACTGCCACTGTTGTTCT	
HbPP2C51-F	GAAGAAGTTCGTCTCGTAGT	
HbPP2C51-R	GGCTGTGATTCCATCTGATA	
HbPP2C56-F	CAAGGACTGATGAGGATGAA	
HbPP2C56-R	TCGGACACCATTGTTCTG	
HbPP2C58-F	CTTGCCAGAATGATGAACTC	
HbPP2C58-R	GGCTGTCATATCCAAGAATG	
HbPP2C59-F	CAGGAGGCATACCAGAGA	
HbPP2C59-R	ACAGAAGTAACACCGACAG	
HbPP2C63a-F	GGCTGATACTGACTTCTTGA	
HbPP2C63a-R	CAATCCTCATCCATCTATCCA	
HbPP2C63-F	GATGCCACAGAAGAGGAAT	
HbPP2C63-R	GTTCAGCCACTACACTACTT	
HbPP2C64-F	ACTGTGATTGTTGTGTTCCT	
HbPP2C64-R	GTGCCTCCTCTATCTCTTCT	
HbPP2C68-F	ATCCACCGCTATCTCACTA	
HbPP2C68-R	CACGCCATTGCTATCCTT	
HbPP2C70-F	TATTCATCGAGCAAGTAGCA	
HbPP2C70-R	TTGTCCTCAGTGTTCTAACC	
HbPP2C75-F	AGGTGAGCAACTTGAATACT	
HbPP2C75-R	AAGCAGAACTATGGAAGACA	
HbPP2C76-F	GTCGCAGTTGAGCAATATC	
HbPP2C76-R	TCCACTAACATATCCACCATC	

（续表）

引物名称	引物序列	功能
HbHSP90.1-F	GATTTTCCGTCTCTTACCC	基因克隆
HbHSP90.1-R	AAGTCCAAACCATCTAAATAAG	
HbHSP90.2-F	ATCAGAACCAGAAAGAATCA	
HbHSP90.2-R	TTCTCCTCCTCTGATTCTTC	
HbHSP90.3-F	TGTGTTGGTGTGGAGTAGTGTT	
HbHSP90.3-R	ACGCAATTGACATGCACCCCTT	
HbHSP90.4-F	ATCTATTGAACGGGAGA	
HbHSP90.4-R	GCACTAAGGGCCAAG	
HbHSP90.5-F	CTTGCTATTCACAGAGTTCA	
HbHSP90.5-R	ATTTTTCCCGAGTGTTATGC	
HbHSP90.6-F	GCGCTCTTTGCTTCG	
HbHSP90.6-R	CCCTGAAATCGGGTA	
HbHSP90.8-1-F	AGAAGCTGCTAGAAACCG	
HbHSP90.8-1-R	TTCCTGTCATACGCTGAAC	
HbHSP90.1-QF	CCGTGAGCTTATCAGTAATGCC	荧光定量
HbHSP90.1-QR	ACCTGGCGATGGTACCAAGATT	
HbHSP90.2-QF	TTGGGTTTTACTCGGCTTATCT	
HbHSP90.2-QR	TGGTTCTCCCTCAACATCCTTA	
HbHSP90.3-QF	CTTGACCAACGACTGGGAGG	
HbHSP90.3-QR	GCTCATTTTCTTGCGGGTGT	
HbHSP90.4-QF	GGACGGGAATGTAAAGCAAAC	
HbHSP90.4-QR	GCTGTAGATACGGGAAGCAAAA	
HbHSP90.5-QF	TGGCATCGGTATGACTCGC	
HbHSP90.5-QR	CAACCACCCTATCTGAAACCAG	
HbHSP90.6-QF	GGTATCGGCATGACCAAGG	
HbHSP90.6-QR	TCCGCTACAAGGTAAGCAGAGT	
HbHSP90.8-1-QF	GACGTCACAACCACACAAGG	
HbHSP90.8-1-QR	GGGCCTAAAACTTGGGAAAG	

（续表）

引物名称	引物序列	功能
HbHSP90.1-F	tacgcgtcccggggcggtaccATGGCGGATACAGAGACGTTTG	LAC
HbHSP90.1-R	tgtagtccatttgttggatccTTAATCAACTTCCTCCATCTTGGA	
HbHSP90.3-F	tacgcgtcccggggcggtaccATGGCTGATGCTGAGACCTTCG	
HbHSP90.3-R	tgtagtccatttgttggatccTTAGTCGACTTCCTCCATCTTGC	
HbSGT1b-F	acgggggacgagctcggtaccATGGCGTCTGATCTCGAAAGG	
HbSGT1b-R	tgtagtccatttgttggatccATACTCCCATTTCTTCACCTCCAT	
HbHSP90.1-F	tggcgcgccactagtggatccATGGCGGATACAGAGACGTTTG	BiFC
HbHSP90.1-R	gtacatcccgggagcggtaccATCAACTTCCTCCATCTTGGAACC	
HbHSP90.3-F	tggcgcgccactagtggatccATGGCTGATGCTGAGACCTTCG	
HbHSP90.3-R	gtacatcccgggagcggtaccGTCGACTTCCTCCATCTTGCTC	
HbSGT1b-F	cccaggcctactagtggatccATGGCGTCTGATCTCGAAAGG	
HbSGT1b-R	ctcctacccgggagcggtaccTCAATACTCCCATTTCTTCACCTCC	
HbHSP90.1-F	gtcgacggtatcgataagcttATGGCGGATACAGAGACGTTTG	亚细胞定位
HbHSP90.1-R	tttactcatactagtggatccATCAACTTCCTCCATCTTGGAACC	
HbHSP90.3-F	gtcgacggtatcgataagcttATGGCTGATGCTGAGACCTTCG	
HbHSP90.3-R	tttactcatactagtggatccGTCGACTTCCTCCATCTTGCTC	
HbSGT1b-F	gtcgacggtatcgataagcttATGGCGTCTGATCTCGAAAGG	
HbSGT1b-R	tttactcatactagtggatccATACTCCCATTTCTTCACCTCCAT	
HbHSP90.1-F	atggccatggaggccgaattcATGGCGGATACAGAGACGTTTG	Y2H
HbHSP90.1-R	ccgctgcaggtcgacggatccTTAATCAACTTCCTCCATCTTGGA	
HbSGT1b-F	gccatggaggccagtgaattcATGGCCAGCGAGTTGGCT	
HbSGT1b-R	cagctcgagctcgatggatccTCAATATTCCCATTTGTTCATTACCA	

五、实时荧光定量

（一）设计引物

以 *HbACTIN* 为内参基因，使用 Primer6.0 设计每个基因用于实时荧光定量 PCR 的特异性引物，特异性引物见表 11-4。

（二）荧光定量

荧光定量参照 ChamQ Universal SYBR qPCR Master Mix（诺唯赞，南京）说明书进

行 qRT-PCR 扩增：引物 1（0.4μL）、引物 2（0.4 μL）、SYBR（10 μL）、cDNA 模板（1 μL）、ddH₂O（8.2 μL）分 3 步进行定量扩增。第一步：95℃，3 min；第二步：95℃，10 s→60℃，20 s→72℃，30 s，进行 44 个循环；第三步：每秒降温 0.2℃，降温至 60°。基因表达量为 3 次生物学重复和 3 次技术重复的平均值±标准误差。基因相对表达结果在 Excel 2016 软件用 $2^{-\triangle\triangle Ct}$ 法进行计算，采用 SPSS 25 软件进行差异显著性分析，采用 Origin Pro2016 软件作图。

六、点对点酵母双杂

（一）酵母双杂表达载体构建

结合表达载体图谱（图 11-1）用 CE Design 在线软件（https://crm.vazyme.com/cetool/multifragment.html）设计带有相应酶切位点插入片段的同源重组引物，将扩增得到的 CDS 序列与已进行双酶切的载体进行同源重组：线性化载体（X μL）、插入片段（Y μL）、5×CE II Buffer（4 μL）、ExnaseⅡ（2 μL）、dd H₂O（至 20 μL）。

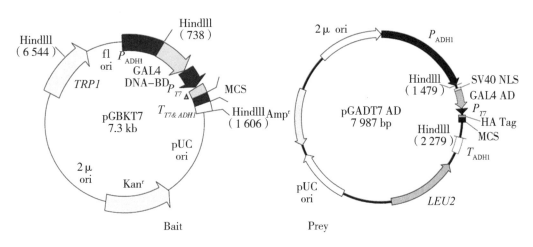

图 11-1　酵母表达载体构建原理

（二）重组表达载体转化酵母感受态 AH109

按照唯地生物公司的重组表达载体说明书进行酵母感受态 AH109 转化，取 pAD-Gal4-gene 1 和 pBD-Gal4-gene 2 各 2 μg 进行转化，同时转化阳性对照组合 pAD-Gal4-T/pBD-Gal4-53，阴性对照组合 pAD-Gal4-T/pBD-Gal4-Lam 和空白对照组合 pBD-Gal4/pAD-Gal4、pBD-Gal4/pAD-Gal4-gene 1、pBD-Gal4-gene 2/pAD-Gal4。取转化后的重组菌株 5 μL 依次对应在 SD/-Trp/-Leu 和 SD/-Trp/-Leu/-His/-Ade 平板培养基上打 5~6 个板点，静置等无明显水迹后封口倒置平板，30℃ 培育箱孵育 2~4 d。直至菌

落出现，拍照记录实验结果。

七、萤火素酶互补法

（一）表达载体构建

设计带有相对应酶切位点插入片段的同源重组引物，将所选基因的 CDS 序列进行扩增纯化回收，将表达载体 pCAMBIA 1300-nLUC 和 pCAMBIA 1300-cLUC 用相应内切酶进行双酶切。回收产物通过酶切反应体系连入到表达载体 pCAMBIA1300-cLUC 和 pCAMBIA1300-nLUC 中。

（二）重组表达载体转化侵染烟草

挑取 PCR 鉴定正确后的农杆菌单菌落加入含有 50 mg/L 利福平、100 mg/L 卡那霉素的 5 mL LB 液体培养基，28℃振荡培养 24 h，同时将携带病毒 PTGS 抑制子 P19 的农杆菌加入含有 50 mg/L 利福平的 LB 液体培养基进行摇培。

吸取 100 μL 基因菌液到装有 50mL LB 培养基（50 mg/L Rif + 100 mg/L Kana + 10 mmol/L MES+40 μmol/L 乙酰丁香酮的三角瓶中；吸取 100 μL P19 农杆菌菌液到装有 50 mL LB 培养基（50 mg/L Rif+10 mmol/L MES+40 μmol/L 乙酰丁香酮）的三角瓶中，28℃振荡培养 8 h。

3 200 r/min 离心 10 min 弃上清收集菌体，用 10mmol/L $MgCl_2$ 清洗菌体一次，离心，弃上清，再用 10mmol/L $MgCl_2$ 调整菌液 OD_{600}＝1.5，注射所用的携带病毒 PTGS 抑制子的 P19 菌液 OD_{600} = 1.0，所有重悬菌液中加入一定量的 AS 使其终浓度为 200 μmol/L，室温静置 3 h；各组合及对照组的农杆菌菌液与 P19 菌液按 1∶1 比例混合至 10 mL 离心管中。

选择长势一致的 5~6 周龄本氏烟草提前浇足水暗培养 1 d，用 1 mL 无菌注射器吸取菌液从烟草叶片背面注射，正常光照培养 24~48 h。

在烟草注射 30~48 h 时进行观察，观察时向叶片背面每个区域再注射萤火素酶底物 D-Luciferin 反应液，使用植物活体分子影像系统（CDD imaging system）检测叶片发光情况，为了保证实验的准确性和一致性，同一株烟草选取 3 个重复进行荧光检测。

八、双分子荧光互补法

（一）双分子荧光互补表达载体构建

结合表达载体图谱（图 11-2）设计带有相应酶切位点插入片段的同源重组引物（表 11-4），将所选基因的 CDS 序列进行扩增回收，通过同源重组法连入表达载体

pSPYCE 和 pSPYNE 中并转化农杆菌 GV3101V。烟草侵染法同萤火素酶互补法。

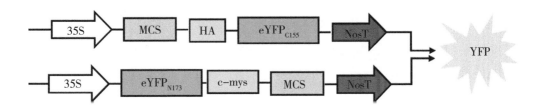

图 11-2　双分子荧光互补表达载体构建原理

（二）重组表达载体转化侵染烟草

烟草注射后 30~48 h 观察，观察时撕取叶片表皮用 4′,6-二脒基-2-苯基吲哚（DAPI）染色，用 0.9%生理盐水洗涤 3 次后用盖玻片盖好；用蔡司 LSM 880 激光共聚焦显微镜在波长为 514 nm 的激发光下观察 YFP 荧光信号。

九、亚细胞定位

（一）融合表达载体构建

将去除终止密码子后基因的核酸序列，通过 CD designV1.04 软件设计带有酶切位点插入片段的同源重组引物（表 11-4），进行 PCR 扩增回收。将表达载体 pGREEN 进行双酶切。回收产物通过酶切反应体系连入表达载体 pGREEN 中，以空载 pGREEN-GFP 为阴性对照，转化农杆菌菌株 GV3101。

（二）融合表达载体转化侵染烟草

将 PCR 检测为阳性的农杆菌单菌落加入 5 mL LB 液体培养基（50 mg/L Rif+100 mg/L Kana），28℃振荡培养至 $OD_{600}=0.8$ 后收集菌体。

吸取 100 μL 基因菌液到装有 50 mL LB 培养基（50 mg/L Rif+100 mg/L Kana）的三角瓶中，28℃振荡培养 8 h。

3 200 r/min 离心 10 min，弃上清收集菌体，用重悬液（1/2 MS，pH 值=5.7）重悬菌体，静置 2 min，弃上清，用侵染液（10 mmol/L MES、10 mmol/L $MgCl_2$、150 μmol/L乙酰丁香酮）重悬菌体至 $OD_{600}=0.6$，避光静置 2 h。

烟草处理和染色。

用蔡司 LSM 880 激光共聚焦显微镜在波长为 488 nm 的激发光下观察绿色荧光信号，拍照保存试验结果。

十、橡胶树胶乳均一化酵母双杂交 cDNA 文库构建

（一）橡胶树胶乳总 RNA 提取与检测

胶乳总 RNA 参照 Tang 等（2007）的方法进行提取。用微量分光光度计（Thermo Scientific NanoDrop 2000）测定 RNA 的纯度及浓度，用 1% 的琼脂糖凝胶电泳检测其完整性。

（二）cDNA 第一链合成

利用 Make Your Own "Mate & Plate™" Library System（Clontech）中的 cDNA 合成组分合成第一链 cDNA，引物为 CDS Ⅲ Primer［5′-ATTCTAGAGGCCGAGGCGGCCGACA-TG-d（T）$_{30}$VN-3′］，然后采用 Advantage® 2 Polymerase Mix（Clontech）试剂盒进行两轮 LD-PCR 扩增获得 ds-cDNA，具体步骤参照试剂盒说明书，所用扩增引物为 5′ PCR Primer（5′-TTCCACCCAAGCAGTGGTATCAACGCAGAGTGG-3′）和 3′ PCR Primer（5′-GTATCGATGCCCACCCTCTAGAGGCCGAGGCGGCCGACA-3′）。获得的 ds-cDNA 经 E. Z. N. A.® Gel Extraction Kit（OMEGA Bio-tek Inc.）试剂盒进行纯化，步骤参照试剂盒说明书进行操作，最后用无菌的去离子水（ddH$_2$O）进行洗脱回收 ds-cDNA。

（三）cDNA 均一化及其效果检测

利用 Duplex-specific nuclease（Evrogen JSC）试剂盒进行 cDNA 均一化处理。2 μL ds-cDNA（约 200 ng）加入 2 μL 杂交缓冲液［200 mmol/L HEPES-HCl（pH 值 7.5），2 mol/L NaCl，0.8 mmol/L EDTA］，并用 ddH$_2$O 补至 8 μL，98℃ 变性 3 min，68℃ 杂交 5 h；之后加入 2 μL 经 68℃ 预热的 10×DSN master buffer、9 μL ddH$_2$O 和 1 μL DSN solution，混匀后 68℃ 反应 20 min；然后加入 10 μL 2×DSN stop buffer 和 10 μL ddH$_2$O，混匀后 68℃ 反应 5 min 以终止反应，获得均一化处理后的 cDNA。

取 DSN 均一化后的 cDNA 再经两轮 LD-PCR 扩增放大后，用 CHROMA SPIN+TE-400 柱（Clontech）纯化。过柱回收的产物与均一化之前的 LD-PCR 扩增产物各取 5 μL 以 1.0% 琼脂糖凝胶电泳进行检测，同时取过柱回收的产物与均一化之前的 LD-PCR 扩增产物各 1 μL 作为模板，以 2 个管家基因 *18S rRNA*（正向引物：5′-GCTCGAAGACG-ATCAGATACC-3′；反向引物：5′-TTCAGCCTTGCGACCATAC-3′；146 bp）和 *β-actin*（正向引物：5′-GATGTGGATATCAGGAAGGA-3′；反向引物：5′-CATACTGCTTGGAG-CAAGA-3′；120 bp）（Qin 等，2015）进行 RT-PCR 扩增，在 20 个、25 个和 30 个循环后各取 20 μL 扩增产物，用 1.2% 琼脂糖凝胶电泳检测均一化效果。

（四）cDNA 文库构建

取过柱纯化后的 20 μL ds-cDNA（约 7 μg）和 6 μL pGADT7-Rec（0.5 μg/μL）共转化 Y187 感受态细胞，感受态细胞制备和转化方法参照 Yeastmaker Yeast Transformation System 2（Clontech）试剂盒说明书进行操作，在直径 150 mm 的 SD/-Leu 培养皿上涂抹 150 μL 转化液（共 100 个培养皿）。在直径 100 mm 的 SD/-Leu 培养皿上分别涂抹 1/10 倍和 1/100 倍的稀释转化液，以检测转化的效率。培养皿在 30℃条件下倒置培养 3~4 d 至菌落出现，然后在每个平板中各加入 5 mL 冷冻培养基（YPDA/25%甘油），将菌落从平板上刮下来全部收集在无菌的三角瓶中，共 300 mL，按每管 1 mL 分装至 1.5 mL 的微量离心管中，保存于-80℃冰箱。

（五）文库库容和 cDNA 插入片段检测

取 100 μL 菌液分别按 1 000 倍、10 000 倍和 100 000 倍稀释后，取 100 μL 涂布 100 mm SD/-Leu 平板，30℃培养 3~4 d，待菌落长出来以后计算文库的滴度，文库滴度=（平板上克隆数×稀释倍数/涂板体积）×菌液总体积。然后随机挑取平板上生长的单菌落，以 pGADT7 载体通用引物 T7（5′-TAATACGACTCACTATAGGG-3′）和 3′AD（5′-AGATGGTGCACGATGCACAG-3′）对其进行 PCR 扩增。扩增程序为：94℃预变性 3 min；94℃变性 30 s，55℃退火 30 s，72℃延伸 3 min，30 个循环；72℃延伸 10 min。用 1.2%的琼脂糖凝胶电泳检测 cDNA 插入片段的大小。

（六）实验结果

以巴西橡胶树'热研 7-33-97'的胶乳为材料，提取总 RNA，经 1%琼脂糖凝胶电泳检测，结果如图 11-3 所示，可观察到总 RNA 有 18S rRNA 和 28S rRNA 两条带，且 28S rRNA 的量约为 18S rRNA 的 2 倍，表明总 RNA 没有降解，质量较好。进一步采用分光光度计测定其含量与质量，结果显示，$OD_{260}/OD_{280}=2.069$，总 RNA 的浓度为 1 506 ng/μL，表明总 RNA 的质量和纯度满足建库的要求。

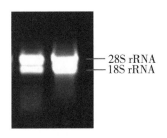

图 11-3　橡胶树胶乳总 RNA 电泳图

以 2.0 μL 总 RNA 反转录合成第一链，然后经两轮 LD-PCR 扩增后，经电泳检测结果显示 ds-cDNA 呈弥散状，片段分布较广，丰度不均匀，中间有若干较亮条带代表高丰度表达基因（图 11-4）。以上结果表明不同大小和丰度的 mRNA 都得到了有效的反转录和扩增。

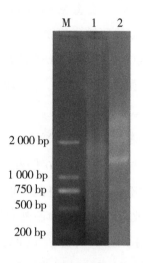

图 11-4　均一化之后和均一化之前的 cDNA 检测结果

注：M—DL2000 DNA Marker，下同；1—均一化后 cD-

NA；2—未均一化 cDNA。

ds-cDNA 经 DSN 均一化处理后，再次采用两轮 LD-PCR 进行扩增放大，所得产物用 CHROMA SPIN+TE-400 柱纯化以去除小片段 cDNA。过柱后最终回收的产物经检测显示，小于 500 bp 的片段基本被去除，如图 11-5 所示，其中 DSN 均一化处理前的 ds-cDNA 中代表高丰度基因的亮带消失，呈现出一条均匀的弥散条带，且分布在 500 bp 以上，表明高丰度基因的丰度明显下降。分光光度计检测过柱后最终回收的产物浓度为 384 ng/μL。为了进一步检测 ds-cDNA 经 DSN 均一化后对高丰度基因的均一化效果，采用两个管家基因 *18S rRNA* 和 *β-actin* 分别对 DSN 均一化前以及均一化并过柱纯化后的 cDNA 进行扩增检测，经扩增 30 个循环后，DSN 均一化处理后的 cDNA 中，*18S rRNA* 和 *β-actin* 两个基因的表达丰度均明显低于均一化之前。以上结果表明，均一化处理有效地降低了高丰度基因的水平，过柱纯化后的 cDNA 质量良好，cDNA 的量足够构建一次文库，可进一步用于文库构建。

过柱纯化后的 ds-cDNA 和线性化质粒 pGADT7-Rec 共转化 Y187 感受态细胞，转化后的菌落生长情况如图 11-6 所示，经统计和计算，初始文库独立克隆为 1.26×10^6 CFU，取收集后的文库菌液 100 μL，按 1 000 倍、10 000 倍和 100 000 倍稀释后，分

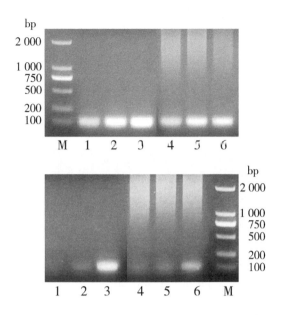

图 11-5　均一化前后 *18S rRNA*（上图）和 *β-actin*（下图）表达丰度变化检测

　　注：分别以均一化之前（1~3）和均一化之后并过柱纯化（4~6）的 cDNA 为模板扩增 *18S rRNA*（上图）和 *β-actin*（下图），1 和 4 扩增 20 个循环，2 和 5 扩增 25 个循环，3 和 6 扩增 30 个循环。

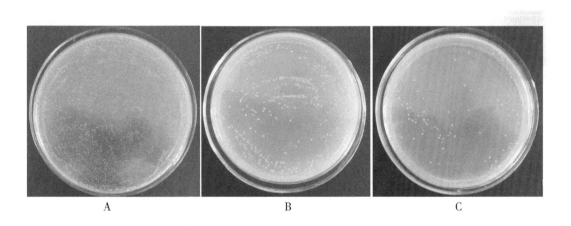

图 11-6　均一化文库的菌落生长情况

　　注：A. 取 150 μL 转化悬浮液涂布 150 mm SD/-Leu 平板的生长情况；B. 取 100 μL 的 1/10 倍转化悬浮液涂布 100 mm SD/-Leu 平板的生长情况；C. 取 100 μL 1/100 转化悬浮液涂布 100 mm SD/-Leu 平板的生长情况。

别涂布 100 μL 稀释液于 100 mm SD/-Leu 平板，统计单克隆数并计算文库滴度。结果显示，所构建文库的滴度为 $3.23×10^7$ CFU/mL。从文库中随机挑取 23 个阳性克隆，以

pGADT7 载体通用引物 T7 和 3′AD 进行 PCR 扩增检测插入片段大小，结果如图 11-7 所示，有插入片段的阳性克隆为 20 个，插入片段两端的载体序列大约为 200 bp，去除载体序列后，其中插入片段不小于 1.0 kb 的单克隆为 14 个，插入片段不小于 0.7 kb 的单克隆为 6 个，平均插入片段大于 1.0 kb，重组率的计算方法为：重组率（%）= 有插入片段的反应个数/反应总数×100。所得文库的重组率为 87%。

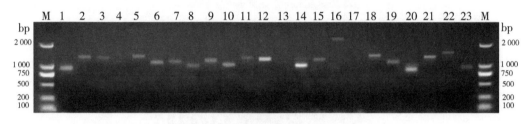

图 11-7　均一化文库插入片段大小检测

注：1~23 为随机挑选的 23 个文库单克隆 PCR 产物。

高质量的酵母双杂交 cDNA 文库是筛选互作蛋白的重要基础，文库的质量对后续实验的成败起关键作用。评价文库质量的参数主要有文库的滴度、重组率、插入片段大小以及均一化效果。在 cDNA 的合成过程中，LD-PCR 的循环次数影响所合成 cDNA 的大小以及基因在文库中的丰度（崔红军等，2008；张爱香等，2005）。本研究经过柱纯化后的 cDNA 片段经电泳检测，其范围在 500 bp 以上均匀分布，而且两个管家基因 *18S rRNA* 和 *β-actin* 的扩增检测结果显示，管家基因的表达水平明显低于均一化之前，表明 LD-PCR 反应条件是适合的。均一化之前进行了两轮 LD-PCR 放大，均一化之后再经过两轮 LD-PCR 放大，一方面减少起始总 RNA 的使用量，并保证了过柱纯化后有足够量的 ds-cDNA 用于文库构建，另一方面使低丰度基因得到扩大，提高筛库获得低丰度基因的概率。根据试剂盒说明书，所构建的酵母双杂交 cDNA 文库的滴度应该大于 1×10⁷ CFU/mL，以保证文库的完整性与覆盖度。本研究采用 Make Your Own "Mate & Plate™" Library System 与 DSN 均一化技术相结合构建的均一化酵母双杂交 cDNA 文库，高丰度基因在均一化处理后明显降低，文库的滴度为 3.23×10⁷ cfu/mL，重组率为 87%，平均插入片段大于 1.0 kb。从文库的鉴定结果来看，本研究所构建的文库质量良好，可为橡胶树胶乳特异表达基因的克隆和功能研究以及研究天然橡胶生物合成的调控机制提供参考。

（七）利用酵母双杂交技术筛选 HbAPC10 的互作蛋白

根据设计引物 *HbAPC10-EcoRⅠ-F1* 和 *HbAPC10-BamHⅠ-R1*，以 *HbAPC10-T* 为模板克隆出带酶切位点的 ORF，连接到 pMD18T，再经过双酶切技术和连接技术构建出酵母重组表达载体 pBD-Gal4-HbAPC10。

将重组酵母表达载体 pBD-Gal4-HbAPC10 转化到酵母菌株 Y2H Gold，并进行 PCR 检测阳性菌落。挑取阳性克隆，依次在 SD/-Trp、SD/-Trp/-His/-Ade、SD/-Trp/-His/-Ade/X-a-Gal 平板培养基上划线，30℃培育箱孵育 4 d。如图 11-8 所示，阴性对照酵母 Y2H Gold，空白对照酵母 Gal4-Y2H Gold，阳性对照 Gal4-NAC2-Y2H Gold，鉴定组为 Gal4-HbAPC10-Y2H Gold。在 SD/-Trp 培养基上，Y2H Gold 不能生长，Gal4-Y2H Gold、Gal4-NAC2-Y2H Gold、Gal4-HbAPC10-Y2H Gold 均能正常生长；在 SD/-Trp/-His/-Ade 培养基上，只有阳性对照组 Gal4-NAC2-Y2H Gold 能正常生长，其余均不能正常生长，说明重组菌株 Gal4-HbAPC10-Y2H Gold 没有激活下游报道基因的功能，所以重组菌株 Gal4-HbAPC10-Y2H Gold 能作为正常诱饵用于下一步酵母 cDNA 文库双杂交筛选与 HbAPC10 互作蛋白。

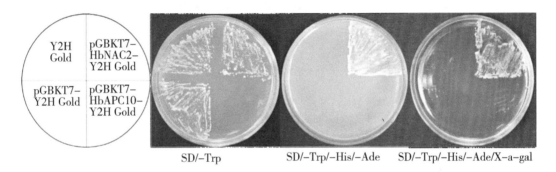

图 11-8　HbAPC10 诱饵菌株毒性检测

挑取上述 SD/-Trp 培养基上的重组菌株 Gal4-HbAPC10-Y2H Gold，30℃，220 r/min 培养过夜至 $OD_{600} = 0.8$ 左右，离心收集菌块，用 SD/-Trp 培养基稀释至浓度大于 1×10^8 CFU/mL，取 5 mL 与 1 mL cDNA 文库菌株 Y187 杂交，杂交效率为 3.1%。如图 11-9 所示，在 SD/-Trp/-Leu/X/AbA 平板培养基上蓝色菌斑 37 个，SD/-Trp/-Leu/-His/X/AbA 平板培养基上菌斑 33 个，SD/-Trp/-Leu/-His/-Ade/X/AbA 平板培养基上菌斑 30 个。经过菌落 PCR 鉴定 SD/-Trp/-Leu/-His/-Ade/X/AbA 平板培养基上蓝色菌斑，挑取 PCR 条带大小大于 500 bp 的菌落，提取质粒，测序，并对测序结果进行分析。

十一、数据处理和作图

Excel365 进行数据整理分析，采用 IBM SPSS Statistics26.0 进行单因素 ANOVA 检验分析差异显著性，采用 Origin Pro2018（Origin Lab Corporation，Massachusetts，USA）软件作图。

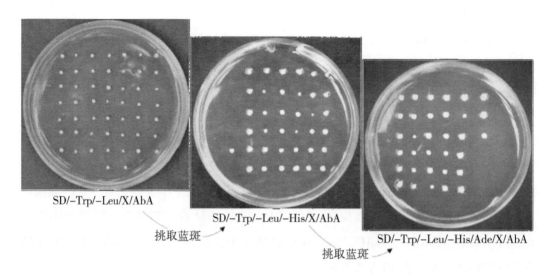

SD/–Trp/–Leu/X/AbA

挑取蓝斑

SD/–Trp/–Leu/–His/X/AbA

挑取蓝斑

SD/–Trp/–Leu/–His/Ade/X/AbA

图 11-9　筛选 HbAPC10 互作蛋白过程

参考文献

敖硕昌，赵淑娟，何长贵，1994. 橡胶树高产生理基础研究 Ⅰ. 胶乳生理和排胶特性的研究 [J]. 云南热作科技，17：6-10.

白云赫，朱旭东，樊秀彩，等，2019. 植物 DELLA 蛋白及其应答赤霉素信号调控植物生长发育的研究进展 [J]. 分子植物育种，17：2509-2516.

蔡甫格，2011. 乙烯促进橡胶树排胶与 C-乳清 Hevb7 的关系 [D]. 海口：海南大学.

蔡磊，校现周，蔡世英，1999. 乙烯利与橡胶树排胶及死皮关系 [J]. 云南热作科技，22：20-23.

曹柳青，2012. 赤霉素的生物学功能在果树中的应用 [J]. 现代园艺，16：34.

陈春柳，闫洁，邓治，等，2010. 橡胶树死皮橡胶粒子膜蛋白差异分析与初步鉴定 [J]. 中国农学通报，26：304-308.

陈华峰，郭冰冰，代龙军，等，2021. 应用高效液相色谱技术建立检测巴西橡胶树叶片和枝条中 4 种植物激素的方法 [J]. 东北林业大学学报，49：40-44.

陈相，2017. 巴西橡胶树 snoRNA 的发掘鉴定及其在胶乳再生中的作用研究 [M]. 海口：海南大学.

陈宇杰，刘飞，梁菲菲，等，2017. 蓖麻 DELLA 蛋白家族 GAI 基因克隆、表达及生物信息学分析 [J]. 内蒙古民族大学学报（自然科学版），32：320-327.

代龙军，项秋兰，黎瑜，等，2012. 巴西橡胶树橡胶粒子蛋白质的 16-BAC/SDS-PAGE 双向电泳及质谱分析 [J]. 中国农业科学，45：2328-2338.

邓军，曹建华，林位夫，等，2008a. 橡胶树死皮研究进展 [J]. 中国农学通报，27：456-461.

邓军，林位夫，林秀琴，2008b. 橡胶树高产高效栽培影响因素与关键技术 [J]. 耕作与栽培，3：51-54.

邓军，林秀琴，韦焕琦，等，2009. 毛细管柱气相色谱法测定橡胶树胶乳中的乙烯

含量及其变化 [J]. 福建农林大学学报（自然科学版），38：600-602.

邓文红，赵欣蕊，张俊琦，等，2019. UPLC-MS/MS 测定植物组织中植物激素的含量 [J]. 北京林业大学学报，41：154-160.

邓治，刘辉，杨洪，等，2018. 巴西橡胶树 ADF6 基因的克隆与表达分析 [J]. 热带作物学报，39：900-905.

邓治，刘向红，李德军，2016. 橡胶树肌动蛋白解聚因子的表达和功能鉴定 [J]. 湖南农业大学学报，42：129-135.

樊松乐，王纪坤，安锋，等，2021. 脱落酸喷施差异调控橡胶树热研 73397 和热研 917 生长和抗逆基因响应机制，热带农业科学，41（2）：1-9.

方分分，杨文凤，2008. 割胶（伤害）对橡胶树胶乳生理及产胶排胶的影响研究 [J]. 安徽农学通报，14：122-124.

冯淑芬，刘秀娟，王绍春，等，1998. 橡胶树炭疽病流行规律研究 [J]. 热带作物学报，19：39-45.

冯伟强，仝征，靳翔，等，2016. 巴西橡胶树 REF/SRPP 家族基因的克隆及表达分析 [J]. 分子植物育种，14（11）：3024-3032.

高新生，李维国，黄华孙，等，2008a. 巴西橡胶树 DUS 测试指南研制初探 [J]. 中国农学通报，24：439-442.

高新生，李维国，黄华孙，等，2008b. 海南中西部橡胶主栽品种寒害适应性调查 [J]. 广东农业科学，35：14-16.

高秀华，傅向东，2018. 赤霉素信号转导及其调控植物生长发育的研究进展 [J]. 生物技术通报，34：1-13.

郝秉中，吴继林，2004. 巴西橡胶树乳管生物学与胶乳生产 [J]. 热带作物学报，25：1-7.

郝秉中，吴继林，2007. 橡胶树死皮研究进展：树干韧皮部坏死病 [J]. 热带农业科学，27：47-51.

郝慧，2017. 巴西橡胶树 HbMYCs 转录因子的靶基因鉴定 [D]. 海口：海南大学.

何斌，2015. 橡胶树胶乳再生过程中糖代谢相关基因的表达与胶乳生理生化参数分析 [M]. 海口：海南大学.

何长辉，莫业勇，刘锐金，2020. 中国天然橡胶生产能力预测分析（2019—2025 年）[J]. 林业经济问题，40：320-327.

何川生，邱德勃，谢石文，1998. 橡胶树不同抗风品系木材比较解剖研究 [J]. 热带作物学报，19：25-33.

何康，黄忠道，1987. 热带北缘橡胶树栽培［M］. 广州：广东科技出版社.

胡晓丽，李德全，2007. 植物蛋白磷酸酶2C（PP2C）及其在信号转导中的作用［J］. 植物生理学通讯（3）：407-412.

胡义钰，冯成天，刘辉，等，2019. 海藻酸钠/壳聚糖基橡胶树死皮康复营养剂微胶囊的制备工艺优化［J］. 热带作物学报，40（7）：1379-1386.

胡义钰，孙亮，袁坤，等，2016. 壳聚糖载体橡胶树死皮防治药剂的防效研究［J］. 西南农业学报，29（3）：562-565.

胡义钰，张华林，冯成天，等，2021. 死皮康复组合制剂在橡胶树品种'93-114'上的应用［J］. 热带作物学报，42：1409-1413.

黄德宝，秦云霞，唐朝荣，2010. 橡胶树三个品系（热研8-79、热研7-33-97和PR107）胶乳生理参数的比较研究［J］. 热带亚热带植物学报，18：170-175.

黄昊，宫铭，殳晓强，等，2016. 珍珠黄杨 BsGAI1 基因的克隆及实时定量表达分析［J］. 分子植物育种，14：3033-3040.

黄瑾，校现周，2003. 乙烯利和乙烯刺激对橡胶树胶乳中几丁质酶活性和胶乳产量的影响［J］. 热带作物学报，24：1-5.

黄瑾，校现周，金志强，2004. 橡胶树胶乳几丁质酶基因表达的品种差异［J］. 热带作物学报，25：1-5.

黄玉咪，杨文慧，徐超，等，2022. 自修复多层液膜和壳聚糖采前处理对杧果果实品质及保鲜的效应［J］. 中国南方果树，51（1）：95-101.

黄珍珠，李寅，陈慧华，等，2018. 基于气象关键因子的广东省橡胶产量预报［J］. 热带农业科学，38：107-112.

及雪良，刘玉莹，张喜春，等，2016. 气相色谱法速测叶用莴苣的乙烯释放量［J］. 中国农学通报，32：63-67.

贾双珠，李长安，刘品祯，等，2022. 壳聚糖的应用研究进展［J］. 精细与专用化学品，30（1）：25-30.

蒋桂芝，苏海鹏，2014. 橡胶树死皮病病因的思考和实践［J］. 热带农业科技，37：1-5.

康桂娟，黎瑜，曾日中，2016. 巴西橡胶树 HbNAM 基因克隆和表达分析［J］. 南京林业大学学报（自然科学版），40（1）：59-64.

柯宇航，刘明洋，王燕，等，2021. 橡胶树HbRPM1-3基因克隆及其应答白粉菌侵染的功能分析［J］. 植物生理学报，57（11）：2167-2178.

黎家，李传友，2019. 新中国成立70年来植物激素研究进展［J］. 中国科学：生命科学，49：1227-1281.

黎瑜，白先权，曾日中，等，2004. 割胶和水杨酸刺激对胶乳中蛋白质代谢及β-1,3-葡聚糖酶活性的影响 [J]. 热带农业科学，24：1-4.

李东晓，李存东，孙传范，等，2010. 干旱对棉花主茎叶片内源激素含量与平衡的影响 [J]. 棉花学报，22 (3)：231-235.

李国尧，王权宝，李玉英，等，2014. 橡胶树产胶量影响因素 [J]. 生态学杂志，33：510-517.

李和平，2010. 巴西橡胶树蔗糖转运蛋白基因 *HbSUT5* 的表达特性研究 [D]. 海口：海南大学.

李明，2010. 乙烯刺激橡胶树胶乳多肽差异表达研究 [M]. 海口：海南大学.

李明谦，穆红军，刘洪平，等，2019. 橡胶树气刺微割高效割胶技术对比试验 [J]. 热带农业科技，42：9-14.

李强，吴建明，梁和，等，2014. 高等植物赤霉素生物合成及其信号转导途径 [J]. 生物技术通报，10：16-22.

李天雪，胡玉涛，韦笑，等，2019. 超高效液相色谱—串联质谱同时测定盐碱胁迫金银花中 3 种内源激素 [J]. 江苏农业科学，47：229-233.

李晓晨，李国瑞，丛安琪，等，2018. 蓖麻 RcDella (GAI) 基因克隆及生物信息学分析 [J]. 分子植物育种，16：6598-6603.

李晓娟，魏芳，罗世巧，等，2021. 橡胶树胶乳紫色酸性磷酸酶基因克隆及表达分析 [J]. 分子植物育种，19：7729-7736.

李晓娜，肖厚贞，万三连，等，2017. 巴西橡胶树生长素响应 *HbJAR1* 基因克隆与表达分析 [J]. 热带作物学报，38：1478-1484.

李馨园，杨晔，张丽芳，等，2017. 外源 ABA 对低温胁迫下玉米幼苗内源激素含量及 Asr1 基因表达的调节 [J]. 作物学报，43 (1)：141-148.

李志康，严冬，薛张逸，等，2018. 细胞分裂素对植物生长发育的调控机理研究进展及其在水稻生产中的应用探讨 [J]. 中国水稻科学，32：311-324.

刘惠芳，吴继林，郝秉中，2001. 茉莉酸和其他激素对巴西橡胶树乳管分化的协同作用 [J]. 热带作物学报，22 (3)：6-16.

刘静，2010. 橡胶树白粉病的研究进展 [J]. 热带农业科技，33：1-5.

刘少军，佟金鹤，张京红，等，2020. 基于气候数据的橡胶树产胶能力评估模型 [J]. 中国农业气象，41：113-120.

刘云飞，万红建，杨悦俭，等，2014. 番茄热激蛋白 90 的全基因组鉴定及分析［J］. 遗传，36：1043-1052.

刘志勇，沈春章，董元彦，2006. 气相色谱法速测油菜中的乙烯释放量［J］. 化学与生物工程，23：55-56.

卢艳芬，卜芋芬，郝素晓，等，2016. 海棠'比利时垂枝'*McRGL1a*基因的克隆与分析［J］. 北京农学院学报，31：1-5.

罗立津，徐福乐，翁华钦，等，2011. 脱落酸对甜椒幼苗抗寒性的诱导效应及其机理研究［J］. 西北植物学报（1）：94-100.

麻楠，刘静，陈琦，等，2018. 苹果砧木'SH6'中*RGLs*基因的克隆及生物信息学分析［J］. 北京农学院学报，33：1-6.

蒙平，2012. 海南橡胶树主要病虫害及防控技术初探［J］. 农业灾害研究，2：20-22.

孟依，2019. 橡胶白粉病防治策略［J］. 乡村科技，30：101-102.

闵东红，薛飞洋，马亚男，等，2013. 谷子PP2C基因家族的特性［J］. 作物学报，39（12）：2135-2144.

牛静明，校现周，杨文凤，等，2011. 巴西橡胶树气刺割胶中不同刺激位置的生理效应［J］. 热带作物学报，32：1191-1195.

潘敏，王萌，李晓娜，等，2016. 草甘膦对巴西橡胶树芽接苗叶片形态和生理指标的影响［J］. 热带作物学报，37（1）：59-64.

仇键，杨文凤，吴明，等，2014. 橡胶树PR107不同乙烯浓度气刺微割的产量和生理效应［J］. 广东农业科学，41：74-77.

史敏晶，陈月异，田维敏，2009. pH值对巴西橡胶树胶乳 β-1,3-葡聚糖酶结合黄色体膜的影响［J］. 热带作物学报，30：891-896.

史敏晶，程成，田维敏，2015a. 低温促进巴西橡胶树排胶的生理基础［J］. 热带作物学报，36：92-96.

史敏晶，程成，田维敏，2015b. 乙烯利刺激对橡胶树无性系RY8-79和PR107排胶生理参数的影响［J］. 热带作物学报，36：926-932.

史敏晶，郝秉中，吴继林，等，2010. 巴西橡胶树乳管伤口堵塞物形成调节的研究进展［J］. 热带作物学报，31：2043-2050.

司贺龙，刘玉卫，张金林，等，2019. 生长素和赤霉素对刺果瓜幼苗生长发育的影响［J］. 中国农学通报，35：65-71.

苏少泉，2008. 草甘膦与抗草甘膦作物［J］. 农药，47（9）：631-636.

孙哲，范维娟，刘桂玲，等，2017. 干旱胁迫下外源ABA对甘薯苗期叶片光合特性及相关生理指标的影响［J］. 植物生理学报，53（5）：873-880.

覃碧，刘长仁，杜磊，2013. 橡胶树死皮（TPD）发生过程中胶乳蛋白质的泛素化［J］. 植物生理学报，49（3）：273-276.

谭德冠，姚庆收，张伟算，等，2004. 10个橡胶树新品系幼龄试割期间生理参数的分析与比较［J］. 热带农业科学，24：1-6.

王斌，褚君强，史发猛，等，2012. 橡胶树胶乳中几种植物激素的提取及其高效液相色谱测定法［J］. 热带作物学报，33：148-152.

王冬冬，史敏晶，杨署光，等，2016. 乙烯利对橡胶树乳管伤口堵塞相关蛋白基因表达和含量的影响［J］. 热带作物学报，37：1122-1127.

王三根，梁颖，1995. 6-BA对低温下水稻幼苗细胞膜系统保护作用的研究［J］. 中国水稻科学，9：223-229.

王树明，钱云，兰明，等，2008. 滇东南植胶区2007/2008年冬春橡胶树寒害初步调查研究［J］. 热带农业科技，31：4-8.

王学臣，任海云，娄成后，1992. 干旱胁迫下植物根与地上部间的信息传递［J］. 植物生理学通讯，28（6）：397-402.

王岳坤，阳江华，秦云霞，等，2013. 橡胶树3个品系产排胶特性季节变化的比较［J］. 热带作物学报，34：81-86.

威彻利，席与烈，1975. 橡胶树的排胶与抗风育种的关系［J］. 热带作物译丛，6：2-5.

位明明，李维国，高新生，等，2016. 巴西橡胶树响应乙烯利刺激的生理及其分子调控机制研究进展［J］. 生物技术通报，32（3）：1-11.

魏灵珠，程建徽，李琳，等，2012. 赤霉素生物合成与信号传递对植物株高的调控［J］. 生物工程学报，28：144-153.

文衍堂，李锐，吴雄伟，等，2018. 短评：警惕橡胶条溃疡病再次流行［J］. 热带农业科学，38：1-2.

吴明，刘实忠，杨文凤，等，2013. 橡胶树热研7-20-59、PR107、RRIM600品种生理特性比较［J］. 安徽农业科学，41：3465-3467.

吴绍华，张世鑫，陈月昇，等，2015. 橡胶树DELLA蛋白编码基因 *HbGAI* 的克隆与表达分析［J］. 西北植物学报，35：2157-2163.

吴绍华，张世鑫，邓小敏，等，2019. 橡胶树 *COP9* 家族基因的克隆及表达分析［J］. 热带作物学报，40：281-288.

席吉龙，张建诚，席凯鹏，等，2014. 外源ABA对小麦抗旱性和产量性状的影

响 [J]. 作物杂志, 125（3）：105-108.

肖桂秀, 2001. 云南省热区 1999/2000 年冬橡胶品种与寒害专题调研报告 [J]. 云南热作科技, 24：31-34.

肖小虎, 林显祖, 龙翔宇, 等, 2021. 橡胶树 *KT/HAK/KUP* 基因的鉴定与表达分析 [J]. 热带作物学报, 43：1-11.

肖再云, 校现周, 2009. 巴西橡胶树胶乳生理诊断的研究与应用 [J]. 热带农业科技, 32：46-50.

许闻献, 魏小弟, 许惠君, 等, 1987. 乙烯和乙炔刺激橡胶树排胶的某些生理特性 [J]. 热带作物研究, 1：8-15.

许智宏, 李家洋, 2006. 中国植物激素研究：过去、现在和未来 [J]. 植物学通报, 23：433-442.

严文文, 李艳芳, 贺立红, 等, 2003. 咖啡酸和氯化钴对茉莉酸甲酯诱导抗病相关酶活性的影响 [J]. 植物学通报, 20：67-74.

岩利, 张桂梅, 姜士宽, 等, 2021. 5 个橡胶树品系天然橡胶性能的研究 [J]. 橡胶工业, 68：276-279.

阳江华, 黄德宝, 刘术金, 等, 2007. 巴西橡胶树 6 个蔗糖转运蛋白基因的克隆与序列分析 [J]. 热带作物学报, 28：32-38.

杨东清, 王振林, 倪英丽, 等, 2014. 高温和外源 ABA 对不同持绿型小麦品种籽粒发育及内源激素含量的影响 [J]. 中国农业科学, 46（11）：2109-2125.

杨洪, 王立丰, 代龙军, 等, 2021. 巴西橡胶树 *RALF* 基因家族的鉴定及其表达分析 [J]. 分子植物育种, 19：6348-6355.

杨少琼, 何宝玲, 1989. 橡胶树乳管系统功能的胶乳诊断——Ⅰ. 硫醇含量的测定 [J]. 热带作物研究, 1：65-68.

杨少琼, 莫业勇, 范思伟, 1995. 台风对橡胶树的影响———级风害树的生理学和排胶不正常现象 [J]. 热带作物学报, 16：17-28.

杨署光, 赵悦, 陈月异, 等, 2019. 橡胶树茉莉酸信号途径相关基因表达与橡胶产量的相关性 [J]. 广西植物, 39：641-649.

杨湉, 邱彦芬, 赵祺, 等, 2021. 橡胶树无性系不同季节胶乳生理参数的变化研究 [J]. 西南林业大学学报, 41：49-55.

姚继芳, 2019. 苹果细胞分裂素氧化、脱氢酶 MdCKX7.2 的基因克隆机功能鉴定 [D]. 泰安：山东农业大学.

余海洋, 张宇, 王萌, 等, 2016. 巴西橡胶树胶乳均一化酵母双杂交 cDNA 文库构

建 [J]. 植物生理学报, 52 (3)：312-316.

喻时举, 林位夫, 2008. 橡胶树死皮发生机理研究现状及展望 [J]. 安徽农业科学, 36：7299-7300.

袁坤, 王真辉, 喻修道, 等, 2011. 橡胶树死皮病的分子生物学研究进展 [J]. 热带农业科学, 31：66-68.

曾日中, 1998. 巴西橡胶树胶乳黄色体中的病原相关蛋白 [J]. 热带农业科学, 18：43-48.

曾日中, 段翠芳, 黎瑜, 等, 2003. 茉莉酸刺激的橡胶树胶乳 cDNA 消减文库的构建及其序列分析 [J]. 热带作物学报, 24 (3)：1-6.

曾日中, 段翠芳, 聂智毅, 等, 2011. 橡胶树胶乳均一化全长 cDNA 文库的构建与 EST 测序分析 [J]. 中国农业科学, 44：683-690.

曾宪海, 林位夫, 谢贵水, 2003. 橡胶树旱害与其抗旱栽培技术 [J]. 热带农业科学, 23：52-59.

张冬, 李晓娜, 肖厚贞, 等, 2018. 巴西橡胶树 HbbZIP40 转录因子基因的克隆与分析 [J]. 基因组学与应用生物学, 37：3926-3932.

张计育, 渠慎春, 郭忠仁, 等, 2011. 植物 bZIP 转录因子的生物学功能 [J]. 西北植物学报, 31 (5)：1066-1075.

张继红, 陶能国, 2015. 植物 PP2C 蛋白磷酸酶 ABA 信号转导及逆境胁迫调控机制研究进展 [J]. 广西植物, (6)：935-941.

张晓飞, 黄肖, 李琛, 等, 2021. 6 个国外引进橡胶树品种产排胶特性研究 [J]. 广东农业科学, 48：23-28.

张欣, 史学群, 2001. 橡胶树炭疽病病原菌变异的初步研究 [J]. 热带农业科学, 21：1-4.

张欣, 史学群, 2002. 橡胶树炭疽病菌的 RAPD 指纹分析 [J]. 热带作物学报, 23：43-46.

张运强, 张辉强, 1998. 橡胶树红根病的蔓延速度及预测预报 [J]. 热带作物学报, 19：7-12.

赵悦, 2011. 巴西橡胶树乳管细胞茉莉酸信号途径对橡胶生物合成调节的研究 [D]. 海口：海南大学.

郑学勤, 刘志昕, 2002. 橡胶树死皮病的发生机理和假说 [J]. 生命科学研究, S1：82-85.

周洮生, 杨明祥, 陈正福, 等, 1989. 施用 5406 对玉米、水稻、高粱等作物抗性

和产量的影响 [J]. 耕作与栽培 (3)：45-47.

周玲，魏小春，郑群，等，2010. 脱落酸与赤霉素对瓜尔豆叶片光合作用及内源激素的影响 [J]. 作物杂志 (1)：15-20.

周敏，胡义钰，李芹，等，2019. 死皮康复营养剂对橡胶树死皮的应用效果 [J]. 热带农业科学，39：56-60.

朱家红，徐靖，畅文军，等，2014. 巴西橡胶树 HbHEV3 基因的克隆和表达分析 [J]. 西北植物学报，34：1529-1533.

朱莉莉，陈雅雯，王棚涛，等，2020. HPLC-MS/MS 同时测定植物 6 种内源激素含量方法的优化 [J]. 河南大学学报（自然科学版），50：298-304.

庄海燕，2010. 巴西橡胶树水通道蛋白基因 cDNA 的克隆及其在乙烯利刺激下表达的初步分析 [D]. 杨凌：西北农林科技大学.

庄海燕，安锋，何哲，等，2010. 巴西橡胶树水通道蛋白基因 cDNA 的克隆及序列分析 [J]. 西北植物学报，30：861-868.

ABDEL MAKSOUD M I A, BEKHIT M, EL-SHERIF D M, et al., 2022. Gamma radiation-induced synthesis of a novel chitosan/silver/Mn-Mg ferrite nanocomposite and its impact on cadmium accumulation and translocation in brassica plant growth [J]. Int. J. Biol. Macromol., 194：306-316.

ABDUL RAHMAN S N, BAKAR M F A, SINGHAM G V, et al., 2019. Single-nucleotide polymorphism markers within MVA and MEP pathways among *Hevea brasiliensis* clones through transcriptomic analysis [J]. Biotech, 9 (11)：388.

ABRAMOVITCH R B, JANJUSEVIC R, STEBBINS C E, et al., 2006. Type Ⅲ effector AvrPtoB requires intrinsic E3 ubiquitin ligase activity to suppress plant cell death and immunity [J]. Proc. Natl. Acad. Sci. USA, 103：2851-2856.

ABUALIA R, BENKOVA E, LACOMBE B, 2018. Transporters and mechanisms of hormone transport in arabidopsis [J]. Membrane Transport in Plants, 87：115-138.

ACHARD P, GONG F, CHEMINANT S, et al., 2008. The cold-inducible CBF1 factor-dependent signaling pathway modulates the accumulation of the growth-repressing DELLA proteins via its effect on gibberellin metabolism [J]. Plant Cell, 20：2117-2129.

ACHARD P, VRIEZEN W H, VAN DER STRAETEN D, et al., 2003. Ethylene regulates arabidopsis development via the modulation of DELLA protein growth repressor function [J]. Plant Cell, 15：2816-2825.

ADAMOWSKI M, FRIML J, 2015. PIN-dependent auxin transport: action, regulation, and evolution [J]. Plant Cell, 27: 20-32.

ADAMOWSKI M, NARASIMHAN M, KANIA U, et al., 2018. A Functional Study of AUXILIN - LIKE1 and 2, Two Putative Clathrin Uncoating Factors in Arabidopsis [J]. Plant Cell, 30: 700-716.

ADIE B A T, PÉREZ-PÉREZ J, PÉREZ-PÉREZ M M, et al., 2007. ABA Is an Essential Signal for Plant Resistance to Pathogens Affecting JA Biosynthesis and the Activation of Defenses in Arabidopsis [J]. Plant Cell, 19 (5): 1665.

ADIWILAGA K, KUSH A, 1996. Cloning and characterization of cDNA encoding farnesyl diphosphate synthase from rubber tree (*Hevea brasiliensis*) [J]. Plant Mol. Biol., 30: 935-946.

AHMAD P, RASOOL S, GUL A, et al., 2016. Jasmonates: multifunctional roles in stress tolerance [J]. Frontiers in Plant Science, 7 (5): 813.

AHMED S, NAWATA E, SAKURATANI T, 2006. Changes of endogenous ABA and ACC, and their correlations to photosynthesis and water relations in mungbean [*Vigna radiata* (L.) Wilczak cv. KPS1] during waterlogging [J]. Environmental and Experimental Botany, 57: 278-284.

ALBRECHT C, BOUTROT F, SEGONZAC C, et al., 2012. Brassinosteroidsinhibit pathogen-associated molecular pattern-triggered immune signaling independent of the receptor kinase BAK1 [J]. Proc. Natl. Acad. Sci. USA, 109: 303-308.

ALEMAN F, YAZAKI J, LEE M, et al., 2016. An ABA-increased interaction of the PYL6 ABA receptor with MYC2 Transcription Factor: A putative link of ABA and JA signaling [J]. Sci. Rep., 6: 28941.

ALI S S, KUMAR G B, KHAN M, et al., 2013. Brassinosteroid enhances resistance to fusarium diseases of barley [J]. Phytopathology, 103: 1260-1267.

AMALOU Z, BANGRATZ J, CHRESTIN H, 1992. Ethrel (ethylene releaser) -induced increased in the adenylate pool and transtonoplast pH within *Hevea latex* cells [J]. Plant Physiol, 98: 1270-1276.

AN F, ZHAO Q, JI Y, et al., 2010. Ethylene-induced stabilization of ETHYLENE IN-SENSITIVE3 and EIN3-LIKE1 is mediated by proteasomal degradation of EIN3 binding F-box 1 and 2 that requires EIN2 in Arabidopsis [J]. Plant Cell, 22: 2384-2401.

AND W J D, ZHANG J, 1991. Root Signals and the regulation of growth and development of plants in drying soil [J]. Annual Review of Plant Biology, 42 (1): 55-76.

ANTONI R, GONZALEZ-GUZMAN M, RODRIGUEZ L, et al., 2012. Selective inhibition of clade A phosphatases type 2C by PYR/PYL/RCAR abscisic acid receptors [J]. Plant Physiol, 158: 970-980.

ARAKI M, YU H, ASANO M, 2005. A novel motif governs APC - dependent degradation of Drosophila ORC1 in vivo [J]. Genes Dev., 19: 2458-2465.

ARIIZUMI T, HAUVERMALE A L, NELSON S K, et al., 2013. Lifting della repression of *Arabidopsis* seed germination by nonproteolytic gibberellin signaling [J]. Plant Physiol., 162: 2125-2139.

ARIIZUMI T, MURASE K, SUN T P, et al., 2008. Proteolysis-independent downregulation of DELLA repression in Arabidopsis by the gibberellin receptor Gibberellin Insensitive Dwarf1 [J]. Plant Cell, 20: 2447-2459.

ARMBRUSTER D A, TILLMAN M D, HUBBS L M, 1994. Limit of detection (LOD) limit of quantitation (LOQ) comparison of the empirical and the statistical methods exemplified with GC-MS assays of abused drugs [J]. Clin. Chem., 40: 1233-1238.

ASANO K, HIRANO K, UEGUCHI-TANAKA M, et al., 2009. Isolation and characterization of dominant dwarf mutants, Slr1 - d, in rice [J]. Mol. GenetGenomics, 281: 223-231.

ASAWATRERATANAKUL K, ZHANG Y W, WITITSUWANNAKUL D, et al., 2003. Molecular cloning, expression and characterization of cDNA encoding cis-prenyltransferases from *Hevea brasiliensis*. A key factor participating in natural rubber biosynthesis [J]. Eur J Biochem, 270: 4671-4680.

ASSMANN S M, JEGLA T, 2016. Guard cell sensory systems: recent insights on stomatal responses to light, abscisic acid, and CO_2 [J]. Curr. Opin. Plant Biol., 33: 157-167.

ASTOT C, DOLEZAL K, NORDSTROM A, et al., 2000. An alternative cytokinin biosynthesis pathway [J]. Proc. Natl. Acad. Sci. USA, 97: 14778-14783.

AU S W, LENG X, HARPER J W, et al., 2002. Implications for the ubiquitination reaction of the anaphase - promoting complex from the crystal structure of the Doc1/Apc10 subunit [J]. J. Mol. Biol., 316: 955-968.

AUSTIN M J, MUSKETT P, KAHN K, et al., 2002. Regulatory role of SGT1 in early R gene-mediated plant defenses [J]. Science, 295: 2077-2080.

AYAD N G, RANKIN S, MURAKAMI M, et al., 2003. Tome-1, a trigger of mitotic entry, is degraded during G1 via the APC [J]. Cell, 113: 101-113.

AZAMI Y, HATTORI A, NISHIMURA H, et al., 2014. (R) -mevalonate 3-phosphate is an intermediate of the mevalonate pathway in *Thermoplasma acidophilum* [J]. J. Biol. Chem., 289: 15957-15967.

AZEVEDO C, BETSUYAKU S, PEART J, et al., 2006. Role of SGT1 in resistance protein accumulation in plant immunity [J]. EMBO J., 25: 2007-2016.

BAI J, MAO J, YANG H, et al., 2017. Sucrose non-ferment 1 related protein kinase 2 (SnRK 2) genes could mediate the stress responses in potato (*Solanum tuberosum* L.) [J]. Bmc Genetics, 18 (1): 41.

BAI M Y, SHANG J X, OH E, et al., 2012. Brassinosteroid, gibberellin and phytochrome impinge on a common transcription module in *Arabidopsis* [J]. Nat. Cell. Biol., 14: 810-817.

BAI M Y, ZHANG L Y, GAMPALA S S, et al., 2007. Functions of OsBZR1 and 14-3-3 proteins in brassinosteroid signaling in rice [J]. Proc. Natl. Acad. Sci. USA, 104: 13839-13844.

BAI Y, ZHU W, HU X, et al., 2016. Genome-wide analysis of the bZIP gene family identifies two ABI5-like bZIP transcription factors, BrABI5a and BrABI5b, as positive modulators of ABA signalling in Chinese cabbage [J]. Plos One, 11 (7): e158966.

BALOGLU M C, ELDEM V, HAJYZADEH M, et al., 2014. Genome-wide analysis of the bZIP transcription factors in cucumber [J]. PLoS Onea, 9 (4): e96014.

BANCOS S, NOMURA T, SATO T, et al., 2002. Regulation of transcript levels of the Arabidopsis cytochrome p450 genes involved in brassinosteroid biosynthesis [J]. Plant Physiol., 130: 504-513.

BANFIELD M J, 2015. Perturbation of host ubiquitin systems by plant pathogen/pest effector proteins [J]. Cellular Microbiology, 17: 18-25.

BARFORD D, 2011a. Structural insights into anaphase-promoting complex function and mechanism [J]. Philos. Trans. R. Soc. Lond. B. Biol. Sci., 366: 3605-3624.

BARFORD D, 2011b. Structure, function and mechanism of the anaphase promoting complex （APC/C） ［J］. Q. Rev. Biophys., 44: 153-190.

BARI R, JONES J D, 2009. Role of plant hormones in plant defence responses ［J］. Plant Mol. Biol., 69: 473-488.

BARTWAL A, MALL R, LOHANI P, et al., 2013. Role of secondary metabolites and brassinosteroids in plant defense against environmental stresses ［J］. Journal of Plant Growth Regulation, 32: 216-232.

BAUER H, ACHE P, LAUTNER S, et al., 2013. The stomatal response to reduced relative humidity requires guard cell-autonomous ABA synthesis ［J］. Curr. Biol., 23: 53-57.

BEEMSTER G T, BASKIN T I, 2000. Stunted plant 1 mediates effects of cytokinin, but not of auxin, on cell division and expansion in the root of Arabidopsis ［J］. Plant Physiol., 124: 1718-1727.

BELKHADIR Y, JAILLAIS Y, 2015. The molecular circuitry of brassinosteroid signaling ［J］. New Phytologist, 206: 522-540.

BENNETT M J, MARCHANT A, GREEN H G, et al., 1996. Arabidopsis AUX1 gene: a permease-like regulator of root gravitropism ［J］. Science, 273: 948-950.

BERTHELOT K, LECOMTE S, ESTEVEZ Y, et al., 2012. Rubber elongation factor （REF）, a major allergen component in Hevea brasiliensis latex has amyloid properties ［J］. PLoS One, 7: e48065.

BERTHELOT K, LECOMTE S, ESTEVEZ Y, et al., 2014. Homologous *Hevea brasiliensis* REF （Hevb1） and SRPP （Hevb3） present different auto-assembling ［J］. Biochim. Biophys. Acta., 1844: 473-485.

BETTS M J, GUIGÓ R, AGARWAL P, et al., 2001. Exon structure conservation despite low sequence similarity: a relic of dramatic events in evolution? ［J］. Embo Journal, 20 （19）: 5354-5360.

BIERI S, MAUCH S, SHEN Q H, et al., 2004. RAR1 positively controls steady state levels of barley MLA resistance proteins and enables sufficient MLA6 accumulation for effective resistance ［J］. Plant Cell, 16: 3480-3495.

BINDER B M, RODRIGUEZ F I, BLEECKER A B, 2010. The copper transporter RAN1 is essential for biogenesis of ethylene receptors in arabidopsis ［J］. Journal of Biological Chemistry, 285: 37263-37270.

BLACKWELL J R, HORGAN R, 1994. Cytokinin biosynthesis by extracts of Zea mays [J]. Phytochemistry, 35: 339-342.

BLANCO M A, PELLOQUIN L, MORENO S, 2001. Fission yeast mfr1 activates APC and coordinates meiotic nuclear division with sporulation [J]. J. Cell. Sci., 114: 2135-2143.

BLANCO-TOURINAN N, SERRANO-MISLATA A, ALABADI D, 2020. Regulation of DELLA proteins by post-translational modifications [J]. Plant Cell Physiol, 61: 1891-1901.

BOKMA E, SPIERING M, CHOW K S, et al., 2001. Determination of cDNA and genomic DNA sequences of hevamine, a chitinase from the rubber tree *Hevea brasiliensis* [J]. Plant Physiology and Biochemistry, 39: 367-376.

BOONRASRI S, SAE-OUI P, AND RACHTANAPUN P, 2020. Chitosan and natural rubber latex biocomposite prepared by incorporating negatively charged chitosan dispersion [J]. Molecules, 25 (12): 2777.

BORK P, BROWN N P, HEGYI H, et al., 1996. The protein phosphatase 2C (PP2C) superfamily: Detection of bacterial homologues [J]. Protein Science, 5 (7): 1421-1425.

BOUDSOCQ M, BARBIERBRYGOO H, LAURIÈRE C, 2004. Identification of nine sucrose nonfermenting 1-related protein kinases 2 activated by hyperosmotic and saline stresses in Arabidopsis thaliana [J]. Journal of Biological Chemistry, 279 (40): 41758-41766.

BOUDSOCQ M, DROILLARD M J, BARBIER-BRYGOO H, et al., 2007. Different phosphorylation mechanisms are involved in the activation of sucrose non-fermenting 1 related protein kinases 2 by osmotic stresses and abscisic acid [J]. Plant Molecular Biology, 63 (4): 491-503.

BOWMAN J L, BRIGINSHAW L N, FISHER T J, et al., 2019. Something ancient and something neofunctionalized - evolution of land plant hormone signaling pathways [J]. Curr. Opin. Plant Biol., 47: 64-72.

BOYER G L, ZEEVAART J A, 1982. Isolation and quantitation of beta-d-glucopyranosyl abscisate from leaves of xanthium and spinach [J]. Plant Physiol, 70: 227-231.

BRANDT B, BRODSKY D E, XUE S, et al., 2012. Reconstitution of abscisic acidactivation of SLAC1 anion channel by CPK6 and OST1 kinases and branched ABI1 PP2C phosphatase action [J]. Proc. Natl. Acad. Sci. USA, 109: 10593-10598.

BROEKAERT I, LEE H I, KUSH A, et al., 1990. Wound - induced accumulation of mRNA containing a hevein sequence in laticifers of rubber tree (*Hevea brasiliensis*) [J]. Proc. Natl. Acad. Sci. USA, 87: 7633-7637.

BROWN N G, VANDERLINDEN R, WATSON E R, et al., 2016. Dual RING E3 Architectures Regulate Multiubiquitination and Ubiquitin Chain Elongation by APC/C [J]. Cell, 165: 1440-1453.

BUSCHHORN B A, PETZOLD G, GALOVA M, et al., 2011. Substrate binding on the APC/C occurs between the coactivator Cdh1 and the processivity factor Doc1 [J]. Nat. Struct. Mol. Biol., 18: 6-13.

BUTTERY B R, BOATMAN S G, 1964. Turgor pressure in phloem: measurements in Hevea latex [J]. Science, 145: 285-286.

BYRNE J M, HAUSBECK M K, SHAW B D, 2000. Factors affecting concentrations of airborne conidia of *Oidium* sp. among poinsettias in a greenhouse [J]. Plant Dis, 84: 1089-1095.

CALDERON VILLALOBOS L I, LEE S, DE OLIVEIRA C, et al., 2012. A combinatorial TIR1/AFB - Aux/IAA co - receptor system for differential sensing of auxin [J]. Nat. Chem. Biol., 8: 477-485.

CANO D A, YI N Y, YU C, et al., 2004. BRL1 and BRL3 are novel brassinosteroid receptors that function in vascular differentiation in *Arabidopsis* [J]. Developemnt, 131: 5341-5351.

CAO A, XING L, WANG X, et al., 2011. Serine/threonine kinase gene Stpk - V, a key member of powdery mildew resistance gene Pm21, confers powdery mildew resistance in wheat [J]. Proc. Natl. Acad. Sci. USA, 108: 7727-7732.

CAO J, JIANG M, LI P, et al., 2016. Genome-wide identification and evolutionary analyses of the PP2C gene family with their expression profiling in response to multiple stresses in Brachypodium distachyon [J]. BMC Genomics, 17 (1): 175-182.

CARDOSA M J, HAMID S, SUNDERASAN E, et al., 1994. B-serum is highly immunogenic when compared to C-serum using enzyme immunoassays [J]. Journal of Natural Rubber Research, 9: 205-211.

CARLOS O MILLER, FOLKE SKOOG, MALCOLM H VON SALTZA, et al., 1955. Kinetin, a cell division factor from deoxyribonucleic acid [J]. Journal of the American Chemical Society, 77: 1392-1392.

CARROLL C W, ENQUIST-NEWMAN M, MORGAN D O, 2005. The APC subunit Doc1 promotes recognition of the substrate destruction box [J]. Curr. Biol., 15: 11-18.

CASTRO A, ARLOT-BONNEMAINS Y, VIGNERON S, et al., 2002. APC/Fizzy-Related targets Aurora-A kinase for proteolysis [J]. EMBO Rep., 3: 457-462.

CASTRO A, VIGNERON S, BERNIS C, et al., 2003. Xkid is degraded in a D-box, KEN-box, and A-box-independent pathway [J]. Mol. Cell Biol., 23: 4126-4138.

CENTURY K, REUBER T L, RATCLIFFE O J, 2008. Regulating the regulators: the future prospects for transcription - factor - based agricultural biotechnology products [J]. Plant Physiol., 147: 20-29.

CESERANI T, TROFKA A, GANDOTRA N, et al., 2009. VH1/BRL2 receptor-likekinase interacts with vascular-specific adaptor proteins VIT and VIK to influence leaf venation [J]. Plant Journal, 57: 1000-1014.

CHANG L, RAMIREDDY E, SCHMULLING T, 2013. Lateral root formation and growth of *Arabidopsis* is redundantly regulated by cytokinin metabolism and signalling genes [J]. J. Exp. Bot., 64: 5021-5032.

CHANG L, ZHANG Z, YANG J, et al., 2014. Molecular architecture and mechanism of the anaphase-promoting complex [J]. Nature, 513: 388-393.

CHANG L, ZHANG Z, YANG J, et al., 2015. Atomic structure of the APC/C and its mechanism of protein ubiquitination [J]. Nature, 522: 450-454.

CHAO J, CHEN Y, WU S, TIAN W M, 2015. Comparative transcriptome analysis of latex from rubber tree clone CATAS8-79 and PR107 reveals new cues for the regulation of latex regeneration and duration of latex flow [J]. BMC Plant Biol., 15: 104.

CHAO J, HUANG Z, YANG S, et al., 2020. Genome - wide identification and expression analysis of the phosphatase 2A family in rubber tree (*Hevea brasiliensis*) [J]. PLoS One, 15: e0228219.

CHAO J, YANG S, CHEN Y, et al., 2016. Evaluation of reference genes for quantitative real-time PCR analysis of the gene expression in laticifers on the basis of latex flow in rubber tree (*Hevea brasiliensis* Muell. Arg.) [J]. Frontiers in plant science, 7: 1149.

CHAO J, ZHAO Y, JIN J, et al., 2019. Genome-wide identification and characterization of the JAZ gene family in rubber tree (*Hevea brasiliensis*) [J]. Front Genet, 10: 372.

CHAPMAN A V E, HUNT M, SURANA P, et al., 2021. Disruption of barley immunity to powdery mildew by an in－frame Lys－Leu deletion in the essential protein SGT1 [J]. Genetics, 217.

CHAPPELL J, 1995. The biochemistry and molecular biology of isoprenoid metabolism [J]. Plant Physiol, 107: 1-6.

CHEN J, YANG H, MA S, et al., 2020a. HbCOI1 perceives jasmonate to trigger signal transduction in *Hevea brasiliensis* [J]. Tree Physiol, 41: 460-471.

CHEN J, ZHANG D, ZHANG C, et al., 2015. A putative PP2C－encoding gene negatively regulates ABA signaling in populus euphratica [J]. PLoS One, 10 (10): e139466.

CHEN L, XIANG S, CHEN Y, et al., 2017. Arabidopsis WRKY45 interacts with the DELLA protein RGL1 to positively regulate age－triggered leaf senescence [J]. Mol. Plant, 10: 1174-1189.

CHEN R F, FAN Y G, YAN H F, et al., 2020b. Enhanced activity of genes associated with photosynthesis, phytohormone metabolism and cell wall synthesis is involved in gibberellin－mediated sugarcane internode growth [J]. Frontiers in Genetics, 11.

CHEN W J, WANG X, YAN S, et al., 2019. The ICE－like transcription factor HbICE2 is involved in jasmonate－regulated cold tolerance in the rubber tree (*Hevea brasiliensis*) [J]. Plant Cell Rep., 38: 699-714.

CHENG Y T, LI Y, HUANG S, et al., 2011. Stability of plant immune－receptor resistance proteins is controlled by SKP1－CULLIN1－F－box (SCF) －mediated protein degradation [J]. Proc. Natl. Acad. Sci. USA, 108: 14694-14699.

CHENG Y, DAI X, ZHAO Y, 2006. Auxin biosynthesis by the YUCCA flavin monooxygenases controls the formation of floral organs and vascular tissues in *Arabidopsis* [J]. Genes Dev., 20: 1790-1799.

CHERIAN S, RYU S B, CORNISH K, 2019. Natural rubber biosynthesis in plants, the rubber transferase complex, and metabolic engineering progress and prospects [J]. Plant Biotechnol J., 17: 2041-2061.

CHINCHILLA D, ZIPFEL C, ROBATZEK S, et al., 2007. A flagellin－induced complex of the receptor FLS2 and BAK1 initiates plant defence [J]. Nature, 448:

497-500.

CHOI Y, LEE Y, HWANG J U, 2014. Arabidopsis ROP9 and ROP10 GTPases differentially regulate auxin and ABA responses [J]. Journal of Plant Biology, 57: 245-254.

CHONO M, HONDA I, ZENIYA H, et al., 2003. A semidwarf phenotype of barley uzu results from a nucleotide substitution in the gene encoding a putative brassinosteroid receptor [J]. Plant Physiol, 133: 1209-1219.

CHOUDHURY S R, ROY S, SENGUPTA D N, 2008. Characterization of transcriptional profiles of MA - ACS1 and MA - ACO1 genes in response to ethylene, auxin, wounding, cold and different photoperiods during ripening in banana fruit [J]. J. Plant Physiol., 165: 1865-1878.

CHOW K S, MAT-ISA M N, BAHARI A, et al., 2012. Metabolic routes affecting rubber biosynthesis in *Hevea brasiliensis* latex [J]. J. Exp. Bot., 63: 1863-1871.

CHOW K S, WAN K L, ISA M N, et al., 2007. Insights into rubber biosynthesis from transcriptome analysis of *Hevea brasiliensis* latex [J]. Journal of experimental botany, 58: 2429-2440.

CHRESTIN H, GIDROL X, KUSH A, 1997. Towards a latex molecular diagnostic of yield potential and the genetic engineering of the rubber tree [J]. Euphytica: Netherlands Journal of Plant Breeding, 96: 77-82.

CHYE M L, TAN C T, CHAU N H, 1992. Three genes encode 3-hydroxy-3-methylglutaryl-coenzyme A reductase in *Hevea brasiliensis*: *hmg1* and *hmg3* aredifferen-tially expressed [J]. Plant Mol. Biol., 19: 473-484.

CHYE M L, TAN S A, TAN C T, et al., 1991. Nucleotide sequence of a cDNA clone encoding the precursor of ribulose-1, 5-bisphosphate carboxylase small subunit from *Hevea brasiliensis* (rubber tree) [J]. Plant Mol. Biol., 16: 1077-1078.

CHÉREL I, MICHARD E, PLATET N, et al., 2002. Physical and functional interaction of the Arabidopsis K (+) channel AKT2 and phosphatase AtPP2CA [J].Plant Cell, 14 (5): 1133-1146.

CLOUSE S D, 1996. Molecular genetic studies confirm the role of brassinosteroids in plant growth and development [J]. Plant Journal, 10: 1-8.

CLOUSE S D, 2011. Brassinosteroid signal transduction: from receptor kinase activation to transcriptional networks regulating plant development [J]. Plant Cell,

23: 1219-1230.

CLOUSE S D, SASSE J M, 1998. Brassinosteroids: Essential regulators of plant growth and development [J]. Annu. Rev. Plant Physiol. Plant Mol. Biol., 49: 427-451.

CLOUSE S D, ZUREK D M, MCMORRIS T C, et al., 1992. Effect of brassinolide on gene expression in elongating soybean epicotyls [J]. Plant Physiol., 100: 1377-1383.

COELLO P, HIRANO E, HEY S J, et al., 2012. Evidence that abscisic acid promotes degradation of SNF1-related protein kinase (SnRK) 1 in wheat and activation of a putative calcium-dependent SnRK2 [J]. Journal of Experimental Botany, 63 (2): 913-924.

COHEN S., FLESCHER E, 2009. Methyl jasmonate: a plant stress hormone as an anti-cancer drug [J]. Phytochemistry, 70: 1600-1609.

COOPER K F, STRICH R, 2011. Meiotic control of the APC/C: similarities & differences from mitosis [J]. Cell Div., 6: 16.

CORNISH K, 1993. The separate roles of plant cis and trans prenyl transferases in cis-1, 4-polyisoprene biosynthesis [J]. Eur. J. Biochem., 218: 267-271.

CORNISH K, 2001. Biochemistry of natural rubber, a vital raw material, empha-sizing biosynthetic rate, molecular weight and compartmen-talization, in evolutionarily divergent plant species [J]. Natural Product Reports, 18: 182-189.

CORNISH K, 2017. Alternative natural rubber crops: Why should we care? [J]. Technology and Innovation, 18: 244-255.

CORRÊA L G, RIAÑO-PACHÓN D M, SCHRAGO C G, et al., 2008. The role of bZIP transcription factors in green plant evolution: adaptive features emerging from four founder genes [J]. Plos One, 3 (8): 281-283.

COUPLAND D, CASELEY J C, 2010. Presence of 14C activity in root exudates and guttation fluid from agropyron repens treated with 14C-labelled glyphosate [J]. New Phytologist, 83 (1): 17-22.

COUPé M, CHRESTIN H, 1989. Physico-chemical and biochemical mechanisms of hormonal (ethylene) stimulation [M] //D' AUZAC J, JACOB J L, CHRESTIN H. Physiology of the Rubber Latex Tree. Boca Raton, Florida: CRC Press, Inc.: 295-319.

CUI H, TSUDA K, PARKER J E, 2015. Effector-triggered immunity: from pathogen perception to robust defense [J]. Annu. Rev. Plant Biol., 66: 487-511.

CUI M H, YOO K S, HYOUNG S, et al., 2013. An Arabidopsis R2R3-MYB transcription factor, AtMYB20, negatively regulates type 2C serine/threonine protein phosphatases to enhance salt tolerance [J]. FEBS Lett., 587 (12): 1773-1778.

CUTLER A J, KROCHKO J E, 1999. Formation and breakdown of ABA [J]. Trends-Plant Sci., 4: 472-478.

CUTLER S R, RODRIGUEZ P L, FINKELSTEIN R R, et al., 2010. Abscisic acid: emergence of a core signaling network [J]. Annu. Rev. Plant Biol., 61: 651-679.

CZUPPON A B, CHEN Z, RENNERT S, et al., 1993. The rubber elongation factor of rubber trees (Hevea brasiliensis) is the major allergen in latexet al. [J]. J. Allergy Clin. Immunol., 92: 690-697.

DA FONSECA P C, KONG E H, ZHANG Z, et al., 2011. Structures of APC/C (Cdh1) with substrates identify Cdh1 and Apc10 as the D-box co-receptor [J]. Nature, 470: 274-278.

DAL PIAZ F, TERRACCIANO S, DE TOMMASI N, et al., 2015. Hsp90 Activity Modulation by Plant Secondary Metabolites [J]. Planta Med., 81: 1223-1239.

DANGL J L, HORVATH D M, STASKAWICZ B J, 2013. Pivoting the plant immune system from dissection to deployment [J]. Science, 341: 746-751.

DARWIN C, 1880. The power of movement in plants [M]. London: Cambridge University Press.

DASZKOWSKA-GOLEC A, SZAREJKO I, 2013. Open or close the gate-stomata action under the control of phytohormones in drought stress conditions [J]. Front Plant Sci., 4: 138.

DAVIERE J M, DE LUCAS M, PRAT S, 2008. Transcriptional factor interaction: a central step in DELLA function [J]. Curr. Opin. Genet. Dev., 18: 295-303.

DE GIOVANNI C, LANDUZZI L, NICOLETTI G, et al., 2004. Apc10.1: an Apc-Min/+ intestinal cell line with retention of heterozygosity [J]. Int. J. Cancer., 109: 200-206.

DE RYBEL B, ADIBI M, BREDA A S, et al., 2014. Plant development. Integration of growth and patterning during vascular tissue formation in Arabidopsis [J]. Science, 345: 1255215.

DE WULF P, VISINTIN R, 2008. Cdc14B and APC/C tackle DNA damage. Cell, 134:

210-212.

DEL-POZO J C, SARA DIAZ-TRIVINO, NEREA CISNEROS, et al., 2006. The balance between cell division and endoreplication depends on E2FC-DPB, transcription factors regulated by the ubiquitin-SCFSKP2A pathway in *Arabidopsis* [J]. The Plant Cell, 18: 2224-2235.

DELLAS N, THOMAS S T, MANNING G, et al., 2013. Discovery of a metabolic alternative to the classical mevalonate pathway [J]. Elife., 2: e00672.

DENG X D, FEI X W, HUANG J S, et al., 2002. Isolation and analysis of rubber hevein gene and its promoter sequence [J]. Journal of Integrative Plant Biology, 8: 936-940.

DENG X, GUO D, YANG S, et al., 2018. Jasmonate signalling in the regulation of rubber biosynthesis in laticifer cells of rubber tree, *Hevea brasiliensis* [J]. J. Exp. Bot., 69: 3559-3571.

DENNIS M S, HENZEL W J, BELL J, et al., 1989. Amino acid sequence of rubber elongation factor protein as-sociated with rubber particles in *Hevea latex* [J]. The Journal of biological chemistry, 264: 18618-18626.

DENNIS M S, LIGHT D R, 1989. Rubber elongation factor from *Hevea brasiliensis*. Identification, characterization, and role in rubber biosynthesis [J]. The Journal of biological chemistry, 264: 18608-18617.

DHARMASIRI N, DHARMASIRI S, ESTELLE M, 2005a. The F-box protein TIR1 is an auxin receptor [J]. Nature, 435: 441-445.

DHARMASIRI N, DHARMASIRI S, WEIJERS D, et al., 2005b. Plant development is regulated by a family of auxin receptor F box proteins [J]. Dev. Cell, 9: 109-119.

DHAUBHADEL S, BROWNING K S, GALLIE D R, et al., 2002. Brassinosteroid functions to protect the translational machinery and heat-shock protein synthesis following thermal stress [J]. Plant Journal, 29: 681-691.

DILL A, JUNG HS, TP S, 2001. The DELLA motif is essential for gibberellin-induced degradation of RGA [J]. Proceedings of the National Academy of Sciences of the United States of America, 98: 14162-14167.

DILL A, THOMAS S G, HU J, et al., 2004. The Arabidopsis F-box protein SLEEPY1 targets gibberellin signaling repressors for gibberellin-induced degradation [J]. Plant Cell, 16: 1392-1405.

DODDS P N, RATHJEN J P, 2010. Plant immunity: towards an integrated view of plant-pathogen interactions [J]. Nat. Rev. Genet., 11: 539-548.

DONG C H, RIVAROLA M, RESNICK J S, et al., 2008. Subcellular co-localization of *Arabidopsis* RTE1 and ETR1 supports a regulatory role for RTE1 in ETR1 ethylene signaling [J]. Plant Journal, 53: 275-286.

DU L, JIAO F, CHU J, et al., 2007. The two-component signal system in rice (*Oryza sativa* L.): a genome - wide study of cytokinin signal perception and transduction [J]. Genomics, 89: 697-707.

DUAN C, ARGOUT X, GEBELIN V, et al., 2013. Identification of the *Hevea brasiliensis* AP2/ERF superfamily by RNA sequencing [J]. BMC Genomics, 14: 30.

DUSOTOIT - COUCAUD A, BRUNEL N, KONGSAWADWORAKUL P, et al., 2009. Sucrose importation into laticifers of *Hevea brasiliensis*, in relation to ethylene stimulation of latex production [J]. Annals of Botany, 104: 635-647.

DUSOTOIT-COUCAUD A, KONGSAWADWORAKUL P, MAUROUSSET L, et al., 2010. Ethylene stimulation of latex yield depends on the expression of a sucrose transporter (HbSUT1B) in rubber tree (*Hevea brasiliensis*) [J]. Tree Physiol., 30: 1586-1598.

D'AUZAC J, 1989. Tapping systems and area of drained bark [M]. Boca Raton: Chemical Rubber Company Press.

D'AUZAC J, JACOB J L, 1989. The composition of latex from Hevea brasiliensis as a laticiferous cytoplasm [M] //D'AUZAC J L, JACOB H, CHRESTIN. Physiology of the Rubber Tree Latex. Boca Raton, Florida: CRC Press, Inc.: 59-96.

EISENREICH W, BACHER A, ARIGONI D, et al., 2004. Biosynthesis of isoprenoids via thenon-mevalonate pathway [J]. Cell Mol. Life Sci., 61: 1401-1426.

ELLENBERGER T E, BRANDL C J, STRUHL K, et al., 1992. The GCN4 basic region leucine zipper binds DNA as a dimer of uninterrupted alpha helices: crystal structure of the protein-DNA complex [J]. Cell, 71 (7): 1223-1237.

ELLIOTT C, ZHOU F, SPIELMEYER W, et al., 2002. Functional conservation of wheat and rice Mlo orthologs in defense modulation to the powdery mildew fungus [J]. Mol. Plant Microbe. Interact., 15: 1069-1077.

ELOY N B, DE FREITAS LIMA M, VAN DAMME D, et al., 2011. The APC/C subunit 10 plays an essential role in cell proliferation during leaf development［J］.Plant J., 68: 351-363.

ELSASSER S, CHANDLER-MILITELLO D, MULLER B, et al., 2004. Rad23 and Rpn10 serve as alternative ubiquitin receptors for the proteasome［J］. Journal of Biological Chemistry, 279: 26817-26822.

ESCHBACH J M, ROUSSEL D, VAN D S H, et al., 1984. Relationship between yield and clonal physio-logical characteristics of latex from Hevea brasiliensis［J］. Physiologie Vegetale, 22: 294-304.

ETIENNE H, SOTTA B, MONTORO P, et al., 1993. Comparison of endogenous ABA and IAA contents in somatic and zygotic embryos of *Hevea brasiliensis* (Müll. Arg.) during ontogenesis［J］. Plant Science, 92: 111-119.

FAISS M, ZALUBILOVA J, STRNAD M, et al., 1997. Conditional transgenic expression of the ipt gene indicates a function for cytokinins in paracrine signaling in whole tobacco plants［J］. Plant Journal, 12: 401-415.

FANG G, YU H, KIRSCHNER M W, 1998. The checkpoint protein MAD2 and the mitotic regulator CDC20 form a ternary complex with the anaphase-promoting complex to control anaphase initiation［J］. Genes Dev., 12: 1871-1883.

FANG G, YU H, KIRSCHNER M W, 1999. Control of mitotic transitions by the anaphase-promoting complex［J］. Philos. Trans. R. Soc. Lond. B. Biol. Sci., 354: 1583-1590.

FARREL A, GUO J T, 2017. An efficient algorithm for improving structure-based prediction of transcription factor binding sites［J］. BMC Bioinformatics, 18: 342.

FINLEY D, 2009. Recognition and processing of ubiquitin-protein conjugates by the proteasome［J］. Annu. Rev. Biochem., 78: 477-513.

FOSTER R, IZAWA T, CHUA N H, 1994. Plant bZIP proteins gather at ACGT elements［J］. Faseb Journal Official Publication of the Federation of American Societies for Experimental Biology［J］. 8 (2): 192-200.

FRANCO-ZORRILLA J M, LOPEZ-VIDRIERO I, CARRASCO J L, et al., 2014. DNA-binding specificities of plant transcription factors and their potential to define target genes［J］. Proceedings of the National Academy of Sciences of theUnited States of America, 111: 2367-2372.

FRICKE J, HILLEBRAND A, TWYMAN R M, et al., 2013. Abscisic acid-dependent regulation of small rubber particle protein gene expression in *Taraxacum brevicornicula-*

tum is mediated by TbbZIP1 [J]. Plant & Cell Physiology, 54 (4): 448.

FRIEDRICHSEN D M, NEMHAUSER J, MURAMITSU T, et al., 2002. Three redundant brassinosteroid early response genes encode putative bHLH transcription factors required for normal growth [J]. Genetics, 162: 1445-1456.

FRIML J, 2022. Fourteen Stations of Auxin [J]. Cold Spring Harb Perspect Biol., 14: a039859.

FRYDMAN J, 2001. Folding of newly translated proteins in vivo: the role of molecular chaperones [J]. Annu. Rev. Biochem., 70: 603-647.

FRYE C A, INNES R W, 1998. An arabidopsis mutant with enhanced resistance to powdery mildew [J]. The Plant Cell, 10: 947-956.

FU X, RICHARDS D E, AIT-ALI T, et al., 2002. Gibberellin-mediated proteasome-dependent degradation of the barley DELLA protein SLN1 repressor [J]. Plant Cell, 14: 3191-3200.

FU Z Q, YAN S, SALEH A, et al., 2012. NPR3 and NPR4 are receptors for the immune signal salicylic acid in plants [J]. Nature, 486: 228-232.

FUCHS S, GRILL E, MESKIENE I, et al., 2013. Type 2C protein phosphatases in plants [J]. FEBS J, 280 (2): 681-693.

FUJII H, CHINNUSAMY V, RODRIGUES A, et al., 2009. In vitro reconstitution of an abscisic acid signalling pathway [J]. Nature, 462 (7273): 660-664.

FUJII H, VERSLUES P E, ZHU J K, 2007. Identification of two protein kinases required for abscisic acid regulation of seed germination, root growth, and gene expression in *Arabidopsis* [J]. Plant Cell, 19 (2): 485-494.

FUJII H, ZHU J K, 2009. *Arabidopsis* mutant deficient in 3 abscisic acid-activated protein kinases reveals critical roles in growth, reproduction, and stress [J]. Proceedings of the National Academy of Sciences of the United States of America, 106 (20): 8380-8385.

FUJIOKA S, TAKATSUTO S, YOSHIDA S, 2002. An early C-22 oxidation branch in the brassinosteroid biosynthetic pathway [J]. Plant Physiol., 130: 930-939.

FUJITA Y, FUJITA M, SHINOZAKI K, et al., 2011. ABA-mediated transcriptional regulation in response to osmotic stress in plants [J]. Journal of Plant Research, 124 (4): 509-525.

FUJITA Y, NAKASHIMA K, YOSHIDA T, et al., 2009. Three SnRK2 protein kinases are the main positive regulators of abscisic acid signaling in response to water stress in *Arabidopsis* [J]. *Plant & Cell Physiology*, 50 (12): 2123-2132.

FUJITA Y, YOSHIDA T, YAMAGUCHISHINOZAKI K, 2013. Pivotal role of the AREB/ABF-SnRK2 pathway in ABRE-mediated transcription in response to osmotic stress in plants [J]. Physiologia Plantarum, 147 (1): 15-27.

FUNABIKI H, YAMANO H, KUMADA K, et al., 1996. Cut2 proteolysis required for sister-chromatid seperation in fission yeast [J]. Nature, 381: 438-441.

FURIHATA T, MARUYAMA K, FUJITA Y, et al., 2006. Abscisic acid - dependent multisite phosphorylation regulates the activity of a transcription activator AREB1 [J]. Proceedings of the National Academy of Sciences of the United States of America, 103 (6): 1988-1993.

FURUNO N, NISHIZAWA M, OKAZAKI K, et al., 1994. Suppression of DNA replication via Mos function during meiotic divisions in Xenopus oocytes [J]. EMBO J., 13: 2399-2410.

GAIDAMAKOVA E K, SHARMA A, MATROSOVA V Y, et al., 2022. Small - molecule Mn antioxidants in Caenorhabditis elegans and deinococcus radiodurans supplant MnSOD enzymes during aging and irradiation [J]. mBio, 13 (1): e0339421.

GALLOIS R, PREVOT J C, CLEMENT A, et al., 1997. Purification and characterization of phosphoribosylpyrophosphate synthetase from rubber tree latex [J]. Plant Physiol, 115: 847-852.

GALUSZKA P, POPELKOVá H, WERNER T, et al., 2007. Biochemical characterization of cytokinin oxidases/dehydrogenases from *Arabidopsis thaliana* expressed in *Nicotiana tabacum* L. [J]. Journal of Plant Growth Regulation, 59: 255-267.

GARCIARRUBIO A, LEGARIA J P, COVARRUBIAS A A, 1997. Abscisic acid inhibits germination of mature *Arabidopsis* seeds by limiting the availability of energy and nutrients [J]. Planta, 203: 182-187.

GEIGER D, MAIERHOFER T, AL-RASHEID K A, et al., 2011. Stomatal closure by fast abscisic acid signaling is mediated by the guard cell anion channel SLAH3 and the receptor RCAR1 [J]. Sci. Signal., 4: ra32.

GEIGER D, SCHERZER S, MUMM P, et al., 2009. Activity of guard cell anion channel SLAC1 is controlled by drought - stress signaling kinase - phosphatase pair [J]. Proc. Natl. Acad. Sci. USA, 106: 21425-21430.

GENDRON J M, LIU J S, FAN M, et al., 2012. Brassinosteroids regulate organ boundary formation in the shoot apical meristem of *Arabidopsis* [J]. Proc. Natl. Acad. Sci. USA, 109: 21152-21157.

GENG Y, WU R, WEE C W, et al., 2013. A spatio-temporal understanding of growth regulation during the salt stress response in *Arabidopsis* [J]. Plant Cell, 25: 2132-2154.

GIDGOL X, CHRESTIN H, TAN H L, et al., 1994. A lectin-like protein from *Hevea brasiliensis* (rubber tree) is involved in the coagulation of latex [J]. Journal of Biological Chemistry, 269: 9278-9283.

GIDROL X, CHRESTIN H, MOUNOURY G, et al., 1988. Early activation by ethylene of the tonoplast H-pumping ATPase in the latex from Hevea brasiliensis [J]. Plant Physiol, 86: 899-903.

GIDROL X, LIN W S, DEGOUSEE N, et al., 1994. Accumulation of reactive oxygen species and oxidation of cytokinin in germinating soybean seeds [J]. Eur. J. Biochem., 224: 21-28.

GILLISSEN B, BURKLE L, ANDRE B, et al., 2000. A new family of high-affinity transporters for adenine, cytosine, and purine derivatives in *Arabidopsis* [J]. Plant Cell, 12: 291-300.

GIRAUDAT J, PARCY F, BERTAUCHE N, et al., 1994. Current advances in abscisic acid action and signalling [J]. Plant Molecular Biology, 26 (5): 1557-1577.

GOHRE V, SPALLEK T, HAWEKER H, et al., 2008. Plant pattern-recognition receptor FLS2 is directed for degradation by the bacterial ubiquitin ligase AvrPtoB [J]. Curr. Biol., 18: 1824-1832.

GOMEZ J B, 1976. Comparative ultracytology of young and mature latex vessels in *Hevea brasiliensis* [M]//Proceedings of the International Rubber Conference. Kuala Lumpur: 143-164.

GORKA B, WIECZOREK P P, 2017. Simultaneous determination of nine phytohormones in seaweed and algae extracts by HPLC - PDA [J]. J. Chromatogr. B. Analyt. Technol. Biomed. Life Sci., 1057: 32-39.

GOSTI F, BEAUDOIN N, SERIZET C, et al., 1999. ABI1 Protein Phosphatase 2C Is a Negative Regulator of Abscisic Acid Signaling [J]. The Plant Cell, 11: 1897-1909.

GRASSMANN R, ABOUD M, JEANG K T, 2005. Molecular mechanisms of cellular transformation by HTLV-1 Tax [J]. Oncogene, 24: 5976-5985.

GRAY W M, KEPINSKI S, ROUSE D, et al., 2001. Auxin regulates SCF (TIR1) - dependent degradation of AUX/IAA proteins [J]. Nature, 414: 271-276.

GRAY W M, MUSKETT P R, CHUANG H W, et al., 2003. *Arabidopsis* SGT1b is required for SCF (TIR1) -mediated auxin response [J]. Plant Cell, 15: 1310-1319.

GRISHCHUK E L, FROLOV D, SAVCHENKO G V, 2000. Overexpression of the apc10+ gene in the fission yeast Schizosaccharomyces pombe can suppress temperature sensitivity of the nuc2-663 mutant, but not its sterility [J]. Mol. Biol. (Mosk), 34: 809-815.

GROLL M, SCHELLENBERG B, BACHMANN A S, et al., 2008. A plant pathogen virulence factor inhibits the eukaryotic proteasome by a novel mechanism [J]. Nature, 452: 755-758.

GROSSBERGER R, GIEFFERS C, ZACHARIAE W, et al., 1999. Characterization of the DOC1/APC10 subunit of theyeast and the human anaphase-promoting complex [J]. J. Biol. Chem., 274: 14500-14507.

GROVE M D, SPENCER G F, K W, et al., 1979. Brassinolide, a plant growth-promoting steroid isolated from Brassica napus pollen [J]. Nature, 281: 216-217.

GUAN Z W, AND FENG Q, 2022. Chitosan andchitooligosaccharide: the promising non-plant-derived prebiotics with multiple biological activities [J]. Int. J. Mol. Sci., 23 (12): 6761.

GUARDIOLA-CLARAMONTE M, TROCH P A, ZIEGLER A D, et al., 2010. Hydrologic effects of the expansion of rubber (*Hevea brasiliensis*) in a tropical catchment [J]. Ecohydrology, 3: 306-314.

GUENOT B, BAYER E, KIERZKOWSKI D, et al., 2012. Pin1-independent leaf initiation in *Arabidopsis* [J]. Plant Physiol, 159: 1501-1510.

GUILFOYLE T J, HAGEN G, 2007. Auxin response factors [J]. Curr. Opin. Plant Biol., 10: 453-460.

GUO B, YANG H, DAI L, et al., 2022. Genome-wide identification and response stress expression analysis of the BES1 family in rubber tree (*Hevea brasiliensis* Muell. Arg.) [J]. Peer J., 10: e13189.

GUO D, LI H L, ZHU J H, et al., 2017. Genome-wide identification, characterization, and expression analysis of SnRK2 family in *Hevea brasiliensis* [J]. Tree Genetics & Genomes, 13 (4): 86.

GUO D, ZHOU Y, LI H L, et al., 2017. Identification and characterization of the abscisic acid (ABA) receptor gene family and its expression in response to hormones in the rubber tree [J]. Sci. Rep., 7: 45157.

GUO H Q, LI L, ALURU M, et al., 2013. Mechanisms and networks for brassinosteroid regulated gene expression [J]. Current Opinion in Plant Biology, 16: 545-553.

GUO J, YANG X, WESTON D J, et al., 2011. Abscisic acid receptors: past, present and future [J]. J. Integr. Plant Biol., 53: 469-479.

GUO W L, CHEN B H, CHEN X J, et al., 2018. Transcriptome profiling ofpumpkin (*Cucurbita moschata* Duch.) leaves infected with powdery mildew [J]. PLoS One, 13: e0190175.

GUO W L, CHEN B H, GUO Y Y, et al., 2019. Improved powdery mildew resistance of transgenic *Nicotiana benthamiana* overexpressing the *Cucurbita moschata* CmSGT1 Gene [J]. Front Plant Sci., 10: 955.

HALFORD N G, HEY S J, 2009. Snf1-related protein kinases (SnRKs) act within an intricate network that links metabolic and stress signalling in plants [J]. Biochemical Journal, 419 (2): 247-259.

HAMMES U Z, MURPHY A S, SCHWECHHEIMER C, 2022. Auxin transporters-A biochemical view [J]. Cold Spring Harb. Perspect Biol., 14.

HAMZA M F, ABDEL-RAHMAN A A, NEGM A S, et al., 2022. Grafting of thiazole derivative on chitosan magnetite nanoparticles for cadmium removal - application for groundwater treatment [J]. Polymers (Basel), 14 (6): 1240.

HAN X F, CHEN J, SHI Y P, 2018. N-doped carbon nanotubes-reinforced hollow fiber solid-phase microextraction coupled with high performance liquid chromatography for the determination of phytohormones in tomatoes [J]. Talanta, 185: 132-140.

HAO B Z, JI-LIN W U, 2000. Laticifer Differentiation in *Hevea brasiliensis*: induction by Exogenous Jasmonic Acid and Linolenic Acid [J]. Annals of Botany, 85 (1): 37-43.

HARRISON B R, MASSON P H, 2008. ARL2, ARG1 and PIN3 define a gravity signal transduction pathway in root statocytes [J]. Plant Journal, 53: 380-392.

HAUSER F, WAADT R, SCHROEDER J, 2011. Evolution of abscisic acid synthesis and signaling mechanisms [J]. Current Biology Cb, 21 (9): R346.

HAYASHI K, 2012. The interaction and integration of auxin signaling components [J]. Plant Cell Physiol., 53: 965-975.

HE K, GOU X, YUAN T, et al., 2007. BAK1 and BKK1 regulate brassinosteroid-dependent growth and brassinosteroid – independent cell – death pathways [J]. Curr. Biol., 17: 1109-1115.

HE W B, WANG Z W, LI Y, et al., 2010. Sequence characterization and promoter identification of porcine APC10 gene [J]. Mol. Biol. Rep., 37: 3841-3849.

HEDDEN P, THOMAS S G, 2012. Gibberellin biosynthesis and its regulation [J]. Biochemical Journal, 444: 11-25.

HEIN I, BARCISZEWSKA – PACAK M, HRUBIKOVA K, et al., 2005. Virus – induced gene silencing-based functional characterization of genes associated with powdery mildew resistance in barley [J]. Plant Physiology, 138: 2155-2164.

HEINEKAMP T, STRATHMANN A, KUHLMANN M, et al., 2004. The tobacco bZIP transcription factor BZI-1 binds the GH3 promoter in vivo and modulates auxin-induced transcription [J]. Plant J., 38 (2): 298-309.

HERSHKO A, CIECHANOVER A, 1998a. The ubiquitin system [M] //Annu Rev Biochem, vol 67. Haifa 31096. Israel: Unit of Biochemistry, Faculty of Medicine and the Rappaport Institute for Research in the Medical Sciences, Technion-Israel Institute of Technology.: 425-479.

HERSHKO A, CIECHANOVER A, 1998b. The ubiquitin system [M] //Hershko A., Ciechanover A. The ubiquitin system, vol 67. Annual Review of Biochemistry: 425-479.

HERTEL R, THOMSON K S, RUSSO V E, 1972. In-vitro auxin binding to particulate cell fractions from corn coleoptiles [J]. Planta, 107: 325-340.

HIRANO K, ASANO K, TSUJI H, et al., 2010. Characterization of the molecular mechanism underlying gibberellin perception complex formation in rice [J]. PlantCell, 22: 2680-2696.

HIRAYAMA T, ALONSO J M, 2000. Ethylene captures a metal! Metal ions are involved in ethylene perception and signal transduction [J]. Plant Cell Physiol, 41: 548-555.

HIRAYAMA T, SHINOZAKI K, 2007. Perception and transduction of abscisic acid signals: keys to the function of the versatile plant hormone ABA [J]. Trends in Plant Science, 12 (8): 343-351.

HIROSE N, MAKITA N, KOJIMA M, et al., 2007. Overexpression of a type – A response regulator alters rice morphology and cytokinin metabolism [J]. Plant Cell Physiol, 48: 523-539.

HIROSE N, MAKITA N, YAMAYA T, et al., 2005. Functional characterization and expression analysis of a gene, OsENT2, encoding an equilibrative nucleoside transporter in rice suggest a function in cytokinin transport [J]. Plant Physiol, 138: 196-206.

HOANG N H, LE THANH T, SANGPUEAK R, et al., 2022. Chitosan nanoparticles–based ionic gelation method: a promising candidate for plant disease management [J]. Polymers (Basel), 14 (4): 662.

HONG J, LEE H, LEE J, et al., 2019. Abscisic acid–insensitive 3 is involved in brassinosteroid–mediated regulation of flowering in plants [J]. Plant Physiology and Biochemistry, 139: 207-214.

HONG Z, JIN H, TZFIRA T, et al., 2008. Multiple mechanism–mediated retention of a defective brassinosteroid receptor in the endoplasmic reticulum of *Arabidopsis* [J]. Plant Cell, 20: 3418-3429.

HOSODA K, IMAMURA A, KATOH E, et al., 2002. Molecular structure of the GARP family of plant Myb – related DNA binding motifs of the *Arabidopsis* response regulators [J]. Plant Cell, 14: 2015-2029.

HOTHORN M, BELKHADIR Y, DREUX M, et al., 2011. Structural basis of steroid hormone perception by the receptor kinase BRI1 [J]. Nature, 474: 467-471.

HOU X, LEE L Y, XIA K, et al., 2010. DELLAs modulate jasmonate signaling via competitive binding to JAZs [J]. Dev. Cell, 19: 884-894.

HOVE–JENSEN B, 1988. Mutation in the phosphoribosylpyrophosphate synthetase gene (prs) that results in simultaneous requirements for purine and pyrimidine nucleosides, nicotinamide nucleotide, histidine, and tryptophan in *Escherichia coli* [J]. Journal of Bacteriology, 170: 1148-1152.

HRABAK E M, CHAN C W M, GRIBSKOV M, et al., 2003. The *Arabidopsis* CDPK–SnRK superfamily of protein kinases [J]. Plant Physiology, 132 (2): 666-680.

HU H, XIONG L, YANG Y, 2005. Rice SERK1 gene positively regulates somaticembryogenesis of cultured cell and host defense response against fungal infection [J]. Planta, 222: 107-117.

HU W, WANG L, TIE W, et al., 2016. Genome-wide analyses of the bZIP family reveal their involvement in the development, ripening and abiotic stress response in banana [J]. Sci. Rep., 6: 30203.

HU W, YANG H, YAN Y, et al., 2016. Genome-wide characterization and analysis of bZIP transcription factor gene family related to abiotic stress in cassava [J]. Sci. Rep., 6 (6): 22783.

HUAI J, WANG M, HE J, et al., 2008. Hcloning and characterization of the SnRK2 gene family from Zea mays [J]. Plant Cell Reports, 27 (12): 1861-1868.

HUANG G, SUN J, BAI J, et al., 2019. Identification of critical cysteine sites in brassinosteroid-insensitive 1 and novel signaling regulators using a transient expression system [J]. New Phytol., 222: 1405-1419.

HUANG H, GONG Y, LIU B, et al., 2020. The DELLA proteins interact with MYB21 and MYB24 to regulate filament elongation in *Arabidopsis* [J]. BMC Plant Biol., 20: 64.

HUANG S, MONAGHAN J, ZHONG X, et al., 2014. HSP90s are required for NLR immune receptor accumulation in *Arabidopsis* [J]. Plant Journal, 79: 427-439.

HUANG Y, HAN C, PENG W, et al., 2010. Brassinosteroid negatively regulates jasmonate inhibition of root growth in *Arabidopsis* [J]. Plant Signal Behav., 5: 140-142.

HUANG Y, LI H, CLAIRE E, et al., 2003. Biochemical and functional analysis of CTR1, a protein kinase that negatively regulates ethylene signaling in *Arabidopsis* [J]. The Plant Journal, 33: 221-233.

HUANG Z, TANG J, DUAN W, et al., 2015. Molecular evolution, characterization, and expression analysis of SnRK2 gene family in Pak-choi (*Brassica rapa* ssp. chinensis) [J]. Frontiers in Plant Science, 6: 879.

HURST H C, 1994. Transcription factors. 1: bZIP proteins [J]. Protein Profile, 1 (2): 123-168.

HUYNH M A, STEGMULLER J, LITTERMAN N, et al., 2009. Regulation of Cdh1-APC function in axon growth by Cdh1 phosphorylation [J]. J. Neurosci., 29: 4322-4327.

HWANG I, MANOHARAN R K, KANG J G, et al., 2016. Genome-wide identification and characterization of bZIP transcription factors in *Brassica oleracea* under cold stress [J]. Biomed. Res. Int., 2016: 4376598.

HWANG L H, MURRAY A W, 1997. A novel yeast screen for mitotic arrest mutants i-dentifies DOC1, a new gene involved in cyclin proteolysis [J]. Mol. Biol. Cell, 8: 1877-1887.

HWANG S G, CHEN H C, HUANG W Y, et al., 2010. Ectopic expression of rice *Os-NCED3* in *Arabidopsis* increases ABA level and alters leaf morphology [J]. Plant Science, 178: 12-22.

IMAMURA A, HANAKI N, NAKAMURA A, et al., 1999. Compilation and character-ization of Arabidopsis thaliana response regulators implicated in His-Asp phosphore-lay signal transduction [J]. Plant Cell Physiol, 40: 733-742.

ISRAELSSON M, MELLEROWICZ E, CHONO M, et al., 2004. Cloning and overpro-duction of gibberellin 3-oxidase in hybrid aspen trees. Effects on gibberellin homeostasis and development [J]. Plant Physiol., 135: 221-230.

ITO M, OHNISHI K, HIKICHI Y, et al., 2015. Molecular chaperons and co-chaperons, Hsp90, RAR1, and SGT1 negatively regulate bacterial wilt disease caused by Ralstonia solanacearum in *Nicotiana benthamiana* [J]. Plant Signal Behav., 10: e970410.

ITO Y, TAKAYA K, KURATA N, 2005. Expression of SERK family receptor-like pro-tein kinase genes in rice [J]. Biochim. Biophys. Acta., 1730: 253-258.

ITOH H, SHIMADA A, UEGUCHI-TANAKA M, et al., 2005. Overexpression of a GRAS protein lacking the DELLA domain confers altered gibberellin responses in rice [J]. Plant Journal, 44: 669-679.

IWAI T, MIYASAKA A, SEO S, et al., 2006. Contribution of ethylene biosynthesis for resistance to blast fungus infection in young rice plants [J]. Plant Physiol., 142: 1202-1215.

IZAWA D., PINES J, 2011. How APC/C-Cdc20 changes its substrate specificity in mi-tosis [J]. Nat Cell Biol., 13: 223-233.

IZAWA T, FOSTER R, CHUA N H, 1993. Plant bZIP protein DNA binding specificity [J]. Journal of Molecular Biology, 230 (4): 1131-1144.

JAKOBY M, WEISSHAAR B, DROGE-LASER W, et al., 2002. bZIP transcription factors in Arabidopsis [J]. Trends Plant Sci., 7 (3): 106-111.

JAROSCH B, KOGEL K-H, SCHAFFRATH U, 1999. The Ambivalence of the barley Mlo locus: mutations conferring resistance against powdery mildew (*Blumeria graminis* f. sp. hordei) enhance susceptibility to the rice blast fungus magnaporthe grisea [J]. Molecular Plant-Microbe Interactions, 12: 508-514.

JAYASHREE R, NAZEEM P A, REKHA K, et al., 2018. Over-expression of 3-hydroxy-3-methylglutaryl-coenzyme A reductase 1 (hmgr1) gene under super-promoter for enhanced latex biosynthesis in rubber tree (*Hevea brasiliensis* Muell. Arg.) [J]. Plant Physiology and Biochemistry, 127: 414-424.

JESSE D, WOODSON M S J, ANDREW B S, et al., 2015. FITZPATRICK, AND JOANNE CHORY. Ubiquitin facilitates a quality-control pathway that removes damaged chloroplasts [J]. Science, 350: 450-454.

JIANG C, DAI J, HAN H, et al., 2020. Determination of thirteen acidic phytohormones and their analogues in tea (*Camellia sinensis*) leaves using ultra high performance liquid chromatography tandem mass spectrometry [J]. J. Chromatogr. B. Analyt. Technol. Biomed. Life Sci., 1149: 122144.

JIN L, WILLIAMSON A, BANERJEE S, et al., 2008. Mechanism of ubiquitin-chain formation by the human anaphase-promoting complex [J]. Cell, 133: 653-665.

JIN Z, XU W, LIU A, 2014. Genomic surveys and expression analysis of bZIP gene family in castor bean (*Ricinus communis* L.) [J]. Planta, 239 (2): 299-312.

JIZHOU, WANG, JUNXIA, et al., 2011. Genome-wide expansion and expression divergence of the basic leucine zipper transcription factors in higher plants with an emphasis on sorghum [J]. J Integr. Plant Biol., 53 (3): 212-231.

JONES J D, VANCE R E, DANGL J L, 2016. Intracellular innate immune surveillance devices in plants and animals [J]. Science, 354: aaf6395.

JORGENSEN P M, GRASLUND S, BETZ R, et al., 2001. Characterisation of the human APC1, the largest subunit of the anaphase-promoting complex [J]. Gene, 262: 51-59.

JUNG C R, HWANG K S, YOO J, et al., 2006. E2-EPF UCP targets pVHL for degradation and associates with tumor growth and metastasis [J]. Nat. Med., 12: 809-816.

JURADO S, SARA D-T, ABRAHAM Z, et al., 2008. SKP2A, an F-box protein that regulates cell division, is degraded via the ubiquitin pathway [J]. The Plant Journal, 53: 828-841.

KADOTA Y, SHIRASU K, 2012. The HSP90 complex of plants [J]. Biochim. Biophys. Acta., 1823: 689-697.

KAKIMOTO T, 2001. Identification of plant cytokinin biosynthetic enzymes as dimethylallyl diphosphate: ATP/ADP isopentenyltransferases [J]. Plant and Cell Physiology, 42: 677-685.

KALVE S, FOTSCHKI J, BEECKMAN T, et al., 2014. Three-dimensional patterns of cell division and expansion throughout the development of *Arabidopsis thaliana* leaves [J]. J. Exp. Bot., 65: 6385-6397.

KAMIMOTO Y T K, HAMAMOTO M, TAKANASHI K, et al., 2012. *Arabidopsis* AB-CB21 is a facultative auxin importer/exporter regulated by cytoplasmic auxin concentration [J]. Plant Cell Physiology, 53: 2090-2100.

KATAGIRI F, 2004. A global view of defense gene expression regulation—a highly interconnected signaling network [J]. Curr. Opin. Plant Biol., 7: 506-511.

KATSIR L, SCHILMILLER A L, STASWICK P E, et al., 2008. COI1 is a critical component of a receptor for jasmonate and the bacterial virulence factor coronatine [J]. Proc. Natl. Acad. Sci. USA, 105: 7100-7105.

KAZAN K, MANNERS J M, 2011. The interplay between light and jasmonate signalling during defence and development [J]. Journal of experimental botany, 62: 4087-4100.

KEMPEL A, SCHADLER M, CHROBOCK T, et al., 2011. Tradeoffs associated with constitutive and induced plant resistance against herbivory [J]. Proc. Natl. Acad. Sci. USA, 108: 5685-5689.

KEPINSKI S L O, 2005. The *Arabidopsis* F-box protein TIR1 is an auxin receptor [J]. Nature, 435: 446-451.

KIEBER J J, ROTHENBERG M, ROMAN G, et al., 1993. CTR1, a negative regulator of the ethylene response pathway in *Arabidopsis*, encodes a member of the raf family of protein kinases [J]. Cell, 72: 427-441.

KIEBER J J, SCHALLER G E, 2018. Cytokinin signaling in plant development [J]. Development, 145: dev149344.

KIM E H, PARK S H, KIM J K, 2009. Methyl jasmonate triggers loss of grain yield under drought stress [J]. Plant Signal Behav., 4: 348-349.

KIM H S, DESVEAUX D, SINGER A U, et al., 2005. The Pseudomonas syringae effector AvrRpt2 cleaves its C-terminally acylated target, RIN4, from Arabidopsis membranes to block RPM1 activation [J]. Proc. Natl. Acad. Sci. USA, 102: 6496-6501.

KIM H S, VASSILOPOULOS A, WANG R H, et al., 2011. SIRT2 maintains genome integrity and suppresses tumorigenesis through regulating APC/C activity [J]. Cancer Cell, 20: 487-499.

KIM T S, KIM W Y, FUJIWARA S, et al., 2011. HSP90 functions in the circadian clock through stabilization of the client F-box protein ZEITLUPE [J]. Proceedings of the National Academy of Sciences of the United States of America, 108: 16843-16848.

KIM T W, WANG Z Y, 2010. Brassinosteroid signal transduction from receptor kinases to transcription factors [J]. Annu. Rev. Plant Biol., 61: 681-704.

KIMATA Y, BAXTER J E, FRY A M, et al., 2008. A role for the Fizzy/Cdc20 family of proteins in activation of the APC/C distinct from substrate recruitment [J]. Mol. Cell, 32: 576-583.

KINOSHITA T, CANO-DELGADO A, SETO H, et al., 2005. Binding of brassinosteroids to the extracellular domain of plant receptor kinase BRI1 [J]. Nature, 433: 167-171.

KISS L, RUSSELL J C, SZENTIVáNYI O, et al., 2004. Biology and biocontrol potential ofAmpelomyces mycoparasites, natural antagonists of powdery mildew fungi [J]. Biocontrol Science and Technology, 14: 635-651.

KLEIN F, MAHR P, GALOVA M, et al., 1999. A central role for cohesins in sister chromatid cohesion, formation of axial elements, and recombination during yeast meiosis [J]. Cell, 98: 91-103.

KNIGHT H, KNIGHT M R, 2001. Abiotic stress signalling pathways: specificity and cross-talk [J]. Trends in Plant Science, 6 (6): 262-267.

KO J H, CHOW K S, HAN K H, et al., 2003. Transcriptome analysis reveals novel features of the molecular events occurring in the laticifers of *Hevea brasiliensis* (para rubber tree) [J]. Plant Molecular Biology, 53: 479-492.

KO J H, YANG S H, HAN K H, 2006. Upregulation of an Arabidopsis RING-H2 gene, XERICO, confers drought tolerance through increased abscisic acid biosynthesis [J]. Plant J., 47: 343-355.

KOBAYASHI Y, YAMAMOTO S, MINAMI H, et al., 2004. Differential activation of the rice sucrose nonfermenting1-related protein kinase2 family by hyperosmotic stress and abscisic acid [J]. Plant Cell, 16 (5): 1163-1177.

KOKA C V, CERNY R E, GARDNER R G, et al., 2000. A putative role for the tomato genes DUMPY and CURL-3 in brassinosteroid biosynthesis and response [J]. Plant Physiol., 122: 85-98.

KOMATSU S, ZANG X, TANAKA N, 2006. Comparison of two proteomics techniques used to identify proteins regulated by gibberellin in rice [J]. J. Proteome Res., 5: 270-276.

KOMINAMI K, SETH-SMITH H, TODA T, et al., 1998. Apc10 and Ste9/Srw1, two regulators of the APC-cyclosome, as well as the CDK inhibitor Rum1 are required for G1 cell-cycle arrest in fission yeast [J]. EMBO J, 17: 5388-5399.

KONISHI Y, STEGMULLER J, MATSUDA T, et al., 2004. Cdh1-APC controls axonal growth and patterning in the mammalian brain [J]. Science, 303: 1026-1030.

KOOP D M, RIO M, SABAU X, et al., 2016. Expression analysis of ROS producing and scavenging enzyme-encoding genes in rubber tree infected by Pseudocercospora ulei [J]. Plant Physiol. Biochem., 104: 188-199.

KOSLOWSKY S, RIEGLER H, BERGMULLER E, et al., 2008. Higher biomass accumulation by increasing phosphoribosylpyrophosphate synthetase activity in *Arabidopsis thaliana* and *Nicotiana tabacum* [J]. Plant Biotechnology Journal, 6: 281-294.

KRAFT C, VODERMAIER H C, MAURER-STROH S, et al., 2005. The WD40 propeller domain of Cdh1 functions as a destruction box receptor for APC/C substrates [J]. Mol. Cell, 18: 543-553.

KRATH B N, ERIKSEN T A, POULSEN T S, et al., 1999. Cloning and sequencing of cDNAs specifying a novel class of phosphoribosyl diphosphate synthase in Arabidopsis thaliana [J]. Biochim. Biophys. Acta., 1430: 403-408.

KRATH B N, ERIKSEN T A, POULSEN T S, et al., 1999. Cloning and sequencing of cDNAs specifying a novel class of phosphoribosyl diphosphate synthase in Arabidopsis thaliana [J]. Biochim. Biophys. Acta., 1430: 403-408.

KRATH B N, HOVE-JENSEN B, 1999. Organellar and cytosolic localization of four phosphoribosyl diphosphate synthase isozymes in spinach [J]. Plant Physiol., 119:

497-506.

KRATH B N, HOVE-JENSEN B, 2001. Class Ⅱ recombinant phosphoribosyl diphosphate synthase from spinach. Phosphate independence and diphosphoryl donor specificity [J]. Journal of Biological Chemistry, 276: 17851-17856.

KRISHNA P, GLOOR G, 2001. The Hsp90 Family of Proteins in *Arabidopsis thaliana* [J]. Cell Stress & Chaperones, 6: 238-246.

KUBES M, YANG H, RICHTER G L, et al., 2012. The Arabidopsis concentration—dependent influx/efflux transporter ABCB4 regulates cellular auxin levels in the root epidermis [J]. Plant Journal, 69: 640-654.

KULIK A, WAWER I, KRZYWIŃSKA E, et al., 2011. SnRK2 protein kinases—key regulators of plant response to abiotic stresses [J]. Omics A Journal of Integrative Biology, 15 (12): 859-872.

KURASAWA Y, TODOKORO K, 1999. Identification of human APC10/Doc1 as a subunit of anaphase promoting complex [J]. Oncogene, 18: 5131-5137.

KUROMORI T, SUGIMOTO E, SHINOZAKI K, 2011. *Arabidopsis* mutants of AtABCG22, an ABC transporter gene, increase water transpiration and droughtsusceptibility [J]. Plant Journal, 67: 885-894.

KUSH A, GOYVAERTS E, CHYE M L, et al., 1990. Laticifer-specific gene expression in *Hevea brasiliensis* [J]. Proc. Natl. Acad., 87: 1787-1790.

LABIT H, FUJIMITSU K, BAYIN N S, et al., 2012. Dephosphorylation of Cdc20 is required for its C-box-dependent activation of the APC/C [J]. EMBO J., 31: 3351-3362.

LACKMAN P, GOOSSENS A, 2011. Jasmonate signaling involves the abscisic acid receptor PYL4 to regulate metabolic reprogramming in Arabidopsis and tobacco [J]. Proceedings of the National Academy of Sciences of the United States of America, 108 (14): 5891-5896.

LANDSCHULZ W H, JOHNSON P F, MCKNIGHT S L, 1988. The leucine zipper: a hypothetical structure common to a new class of DNA binding proteins [J]. Science, 240 (4860): 1759-1764.

LAU N S, MAKITA Y, KAWASHIMA M, et al., 2016. The rubber tree genome shows expansion of gene family associated with rubber biosynthesis [J]. Scientific Reports, 6.

LAU O S, DENG X W, 2012. The photomorphogenic repressors COP1 and DET1: 20 years later [J]. Trends Plant Sci., 17: 584-593.

LECLERCQ J, MARTIN F, SANIER C, et al., 2012. Over-expression of a cytosolic isoform of the HbCuZnSOD gene in Hevea brasiliensis changes its response to a water deficit [J]. Plant Mol. Biol., 80 (3): 255-272.

LEE H J, PARK Y J, SEO P J, et al., 2015. Systemic Immunity Requires SnRK2. 8-Mediated Nuclear Import of NPR1 in *Arabidopsis* [J]. Plant Cell, 27 (12): 3425-3438.

LEE J H, YOON H J, TERZAGHI W, et al., 2010. DWA1 and DWA2, Two Arabidopsis DWD Protein Components of CUL4-Based E3 Ligases, Act Together as Negative Regulators in ABA Signal Transduction [J]. Plant Cell, 22: 1716-1732.

LEE K H, PIAO H L, KIM H Y, et al., 2006. Activation of glucosidase via stress-induced polymerization rapidly increases active pools of abscisic acid [J]. Cell, 126: 1109-1120.

LEE S C, LAN W, BUCHANAN B B, et al., 2009. A protein kinase-phosphatase pair interacts with an ion channel to regulate ABA signaling in plant guard cells [J]. Proc. Natl. Acad. Sci. USA, 106: 21419-21424.

LEE S, CHENG H, KING K E, et al., 2002. Gibberellin regulates *Arabidopsis* seed germination via RGL2, a GAI/RGA-like gene whose expression is up-regulated following imbibition [J]. Genes Dev., 16: 646-658.

LEHMANN T, HOFFMANN M, HENTRICH M, et al., 2010. Indole-3-acetamide-dependent auxin biosynthesis: a widely distributed way of indole-3-acetic acid production? [J]. Eur. J. Cell Biol., 89: 895-905.

LEISTER R T, DAHLBECK D, DAY B, et al., 2005. Molecular genetic evidence for the role of SGT1 in the intramolecular complementation of Bs2 protein activity in *Nicotiana benthamiana* [J]. The Plant Cell, 17: 1268-1278.

LEUNG J, MERLOT S, GIRAUDAT J, 1997. The *Arabidopsis* ABSCISIC ACID-INSENSITIVE2 (ABI2) and ABI1 genes encode homologous protein phosphatases 2C involved in abscisic acid signal transduction [J]. Plant Cell, 9 (5): 759-771.

LEVERSON J D, JOAZEIRO C A, PAGE A M, et al., 2000. The APC11 RING-H2 finger mediates E2-dependent ubiquitination [J]. Mol. Biol. Cell, 11: 2315-2325.

LI D, FU F, ZHANG H, et al., 2015. Genome-wide systematic characterization of the bZIP transcriptional factor family in tomato (*Solanum* lycopersicum L.) [J]. Bmc Genomics, 16 (1): 771.

LI D, WANG M, ZHANG T, et al., 2021. Glycinebetaine mitigated the photoinhibition of photosystem II at high temperature in transgenic tomato plants [J]. Photosynth Res., 147: 301-315.

LI G, LU S, WU H, et al., 2015. Determination of multiple phytohormones in fruits by high-performance liquid chromatography with fluorescence detection using dispersive liquid - liquid microextraction followed by precolumn fluorescent labeling [J]. J. Sep. Sci., 38: 187-196.

LI J, 2010. Regulation of the nuclear activities of brassinosteroid signaling [J]. CurrOpin Plant Biol., 13: 540-547.

LI J, CHORY J, 1997. A putative leucine-rich repeat receptor kinase involved in brassinosteroid signal transduction [J]. Cell, 90: 929-938.

LI J, NAGPAL P, VITART V, et al., 1996. A role for brassinosteroids in light-dependent development of *Arabidopsis* [J]. Science, 272: 398-401.

LI J, WEN J, LEASE K A, et al., 2002. BAK1, an *Arabidopsis* LRR receptor-like protein kinase, interacts with BRI1 and modulates brassinosteroid signaling [J]. Cell, 110: 213-222.

LI L, YU X F, THOMPSON A, et al., 2009. Arabidopsis MYB30 is a direct target of BES1 and cooperates with BES1 to regulate brassinosteroid - induced gene expression [J]. Plant Journal, 58: 275-286.

LI Q F, HE J X, 2016. BZR1 interacts with HY5 to mediate brassinosteroid-and light-regulated cotyledon opening in *Arabidopsis* in darkness [J]. Molecular Plant, 9: 113-125.

LI Q F, LU J, YU J W, et al., 2018. The brassinosteroid-regulated transcription factors BZR1/BES1 function as a coordinator in multisignal-regulated plant growth [J]. Biochimica Et Biophysica Acta-Gene Regulatory Mechanisms, 1861: 561-571.

LI Q, CHANG L, AIBARA S, et al., 2016. WD40 domain of Apc1 is critical for the coactivator - induced allosteric transition that stimulates APC/C catalytic activity [J]. Proc. Natl. Acad. Sci. USA, 113: 10547-10552.

LI T T, KANG X K, LEI W, et al., 2020a. SHY2 as a node in the regulation of root meristem development by auxin, brassinosteroids, and cytokinin [J]. Journal of Integrative

Plant Biology, 62: 1500-1517.

LI W, CUI X, MENG Z, et al., 2012. Transcriptional regulation of *Arabidopsis* MIR168a and argonaute1 homeostasis in abscisic acid and abiotic stress responses [J]. Plant Physiology, 158 (3): 1279-1292.

LI X, LIU Y, HE Q, et al., 2020b. A candidate secreted effector protein of rubber tree powdery mildew fungus contributes to infection by regulating plant ABA biosynthesis [J]. Front Microbiol, 11: 591387.

LI X, LIU M Y, LIU Y H, et al., 2022. A putative effector of the rubber-tree powdery mildew fungus has elicitor activity that can trigger plant immunity [J]. Planta, 255 (2): 33.

LI Y, AN Q, ZHANG C, et al., 2020d. Comparison of Sin-QuEChERS Nano and d-SPE methods for pesticide multi-residues in lettuce and Chinese chives [J]. Molecules, 25: 3391.

LI Y, LI S, BI D, et al., 2010. SRFR1 negatively regulates plant NB-LRR resistance protein accumulation to prevent autoimmunity [J]. PLoS Pathog., 6: e1001111.

LI Y, XIA Y, LI H, et al., 2016. Accumulated impacts of sulfur spraying on soil nutrient availability and microbial biomass in rubber plantations [J]. Clean-Soil, Air, Water, 44: 1001-1010.

LIANG X, ZHOU J M, 2018. Receptor-like cytoplasmic kinases: central players in plant receptor kinase-mediated signaling [J]. Annu. Rev. Plant Biol., 69: 267-299.

LIMKAISANG S, KOM-UN S, TAKAMATSU S, et al., 2005. Molecular phylogenetic and morphological analyses of *Oidium heveae*, a powdery mildew of rubber tree [J]. Mycoscience, 46: 220-226.

LIN Q, XIE Y, GUAN W, et al., 2019. Combined transcriptomic and proteomic analysis of cold stress induced sugar accumulation and heat shock proteins expression during post-harvest potato tuber storage [J]. Food Chem., 297: 124991.

LING Q, JARVIS P, 2015. Regulation of Chloroplast Protein Import by the Ubiquitin E3 Ligase SP1 Is Important for Stress Tolerance in Plants [J]. Curr. Biol., 25: 2527-2534.

LING Q, JARVIS P, 2016. Plant Signaling: Ubiquitin Pulls the Trigger on Chloroplast Degradation [J]. Curr. Biol., 26: R38-40.

LITTLEPAGE L E, RUDERMAN J V, 2002. Identification of a new APC/C recognition domain, the A box, which is required for the Cdh1 - dependent destruction of the kinase Aurora-A during mitotic exit [J]. Genes Dev., 16: 2274-2285.

LIU J P, HU J, LIU Y H, et al., 2018a. Transcriptome analysis of *Hevea brasiliensis* in response to exogenous methyl jasmonate provides novel insights into regulation of jasmonate-elicited rubber biosynthesis [J]. Physiol. Mol. Biol. Plants, 24: 349-358.

LIU J, CHEN N, CHEN F, et al., 2014. Genome-wide analysis and expression profile of the bZIP transcription factor gene family in grapevine (*Vitis vinifera*) [J]. BMC Genomics, 15 (1): 281.

LIU J, SHI C, SHI C, et al., 2020. The chromosome - based rubber tree genome provides new insights into spurge genome evolution and rubber biosynthesis [J]. Molecular Plant, 13: 336-350.

LIU K, LI Y H, CHEN X N, et al., 2018b. ERF72 interacts with ARF6 and BZR1 to regulate hypocotyl elongation in *Arabidopsis* [J]. J. Exp. Bot., 69: 3933-3947.

LIU S, CHEN W, QU L, et al., 2013. Simultaneous determination of 24 or more acidic and alkaline phytohormones in femtomole quantities of plant tissues by high - performance liquid chromatography - electrospray ionization - ion trap mass spectrometry [J]. Anal. Bioanal. Chem., 405: 1257-1266.

LIU W C, HAN T T, YUAN H M, et al., 2017. CATALASE2 functions for seedling postgerminative growth by scavenging H_2O_2 and stimulating ACX2/3 activity in *Arabidopsis* [J]. Plant Cell Environ, 40: 2720-2728.

LIU Y J, JIANG H F, ZHAO Z G, et al., 2011. Abscisic acid is involved in brassinosteroids-induced chilling tolerance in the suspension cultured cells from *Chorispora bungeana* [J]. J. Plant Physiol., 168: 853-862.

LIU Y, BURCH-SMITH T, SCHIFF M, et al., 2004. Molecular chaperone Hsp90 associates with resistance protein N and its signaling proteins SGT1 and Rar1 to modulate an innate immune response in plants [J]. J. Biol. Chem., 279: 2101-2108.

LIU Z Q, LIU Y Y, SHI L P, et al., 2016. SGT1 is required in PcINF1/SRC2-1 induced pepper defense response by interacting with SRC2 - 1 [J]. Sci. Rep., 6: 21651.

LIU Z, GE X, YANG Z, et al., 2017. Genome-wide identification and characterization of SnRK2 gene family in cotton (*Gossypium hirsutum* L.) [J]. Bmc Genetics, 18

（1）：54.

LIU Z, QANMBER G, LU L L, et al., 2018c. Genome-wide analysis of BES1 genes in *Gossypium* revealed their evolutionary conserved roles in brassinosteroid signaling ［J］. Science China-Life Sciences, 61：1566-1582.

LIU Z, SUN Q, NI Z, et al., 2002. Molecular characterization of a novel powdery mildew resistance gene Pm30 in wheat originating from wild emmer ［J］. Euphytica, 123：21-29.

LIU Z, YUAN F, REN J, CAO J, et al., 2012. GPS-ARM：computational analysis of the APC/C recognition motif by predicting D-boxes and KEN-boxes ［J］. PLoS One, 7：e34370.

LIYANAGE K K, KHAN S, BROOKS S, et al., 2018. Morpho-molecular characterization of two *ampelomyces spp.* （pleosporales）strains mycoparasites of powdery mildew of *Hevea brasiliensis* ［J］. Front Microbiol, 9：12.

LIYANAGE K K, KHAN S, MORTIMER P E, et al., 2016. Powdery mildew disease of rubber tree ［J］. Forest Pathology, 46：90-103.

LO S F, YANG S Y, CHEN K T, et al., 2008. A novel class of gibberellin 2-oxidases control semidwarfism, tillering, and root development in rice ［J］. Plant Cell, 20：2603-2618.

LOHRMANN J, HARTER K, 2002. Plant two-component signaling systems and the role of response regulators ［J］. Plant Physiol, 128：363-369.

LONG X, HE B, WANG C, et al., 2015. Molecular identification and characterization of the pyruvate decarboxylase gene family associated with latex regeneration and stress response in rubber tree ［J］. Plant Physiol. Biochem., 87：35-44.

LOPEZ V A, PARK B C, NOWAK D, et al., 2019. A bacterial effector mimics a host HSP90 client to undermine immunity ［J］. Cell, 179：205-218.

LOZANO-ELENA F, CANO-DELGADO A I, 2019. Emerging roles of vascular brassinosteroid receptors of the BRI1-like family ［J］. Curr. Opin. Plant Biol., 51：105-113.

LU D, LIN W, GAO X, et al., 2011. Direct ubiquitination of pattern recognition receptor FLS2 attenuates plant innate immunity ［J］. Science, 332：1439-1442.

LUAN B, HUANG X, WUA J, et al., 2016. Structure of an endogenous yeast 26S proteasome reveals two major conformational states ［J］. PANS, 113：2642.

LUO C, FAN Z, SHEN Y, et al., 2013. Construction and analysis of SSH - cDNA library from leaves of susceptible rubber clone resistant to powdery mildew induced by BTH [J]. American Journal of Plant Sciences, 4: 528-534.

LUO M, XIAO Y, LI X, et al., 2007. GhDET2, a steroid 5alpha-reductase, plays an important role in cotton fiber cell initiation and elongation [J]. Plant Journal, 51: 419-430.

LUO X M, LIN W H, ZHU S, et al., 2010. Integration of light-and brassinosteroid-signaling pathways by a GATA transcription factor in *Arabidopsis* [J]. Dev. Cell, 19: 872-883.

LV B S, TIAN H Y, ZHANG F, et al., 2018. Brassinosteroids regulate root growth by controlling reactive oxygen species homeostasis and dual effect on ethylene synthesis in *Arabidopsis* [J]. PLoS Genetics, 14.

LV M Z, WANG L F, FANG L, et al., 2017. Preparation and properties of natural rubber/chitosan microsphere blends [J]. Micro & Nano Letters, 12 (6): 386-390.

LV Y, YANG M, HU D, et al., 2017. The OsMYB30 transcription factor suppresses cold tolerance by interacting with a JAZ protein and suppressing beta - amylase expression [J]. Plant Physiol., 173: 1475-1491.

LYZENGA W J, BOOTH J K, STONE S L, 2012. The Arabidopsis RING - type E3 ligase XBAT32 mediates the proteasomal degradation of the ethylene biosynthetic enzyme, 1-aminocyclopropane-1-carboxylate synthase 7 [J]. Plant J., 71: 23-34.

MA Q H, LIU Y C, 2009. Expression of isopentenyl transferase gene (ipt) in leaf and stem delayed leaf senescence without affecting root growth [J]. Plant Cell Rep., 28: 1759-1765.

MA Y, SZOSTKIEWICZ I, KORTE A, et al., 2009. Regulators of PP2C Phosphatase Activity Function as Abscisic Acid Sensors [J]. Science, 324: 1064-1068.

MAGOME H, YAMAGUCHI S, HANADA A, et al., 2004. Dwarf and delayed-flowering 1, a novel Arabidopsis mutant deficient in gibberellin biosynthesis because of overexpression of a putative AP2 transcription factor [J]. The Plant Journal, 37: 720-729.

MAKITA Y, KAWASHIMA M, LAU N S, et al., 2018. Construction of Pará rubber tree genome and multi - transcriptome database accelerates rubber researches [J]. BMC Genomics, 19: 922.

MAMY L, BARRIUSO E, GABRIELLE B, 2016. Glyphosate fate in soils when arriving in plant residues [J]. Chemosphere, 154: 425-433.

MANO Y, NEMOTO K, 2012. The pathway of auxin biosynthesis in plants [J]. J. Exp. Bot., 63: 2853-2872.

MARGARITOPOULOU T, KRYOVRYSANAKI N, MEGKOULA P, et al., 2016. HSP90 canonical content organizes a molecular scaffold mechanism to progress flowering [J]. Plant Journal, 87: 174-187.

MARI I K O, TOMOMI M, YAMAMOTA W S, et al., 2000. Residual Cdc2 activity remaining at meiosis I exit is essential for meiotic M-M transition [J]. The EMBO Journal, 19: 4513-4523.

MARTIN-STPAUL N, DELZON S, COCHARD H, 2017. Plant resistance to drought depends on timely stomatal closure [J]. Ecol. Lett., 20: 1437-1447.

MARTINEZ-CAMACHO J E, GUEVARA-GONZALEZ R G, RICO-GARCIA E, et al., 2022. Delayed senescence and marketability index preservation of blackberry fruit by preharvest application of chitosan and salicylic acid [J]. Front Plant Sci., 13: 796393.

MATYSKIELA M E, MORGAN D O, 2009. Analysis of activator-binding sites on the APC/C supports a cooperative substrate-binding mechanism [J]. Mol Cell, 34: 68-80.

MCGINNIS K, THOMAS S, SOULE J, et al., 2003. The *Arabidopsis* SLEEPY1 gene encodes a putative F-box subunit of an SCF E3 ubiqutin ligase [J]. Plant Cell, 15: 1120-1130.

MCLEAN J R, CHAIX D, OHI M D, et al., 2011. State of the APC/C: organization, function, and structure [J]. Crit. Rev. Biochem. Mol. Biol., 46: 118-136.

MCLOUGHLIN F, GALVAN-AMPUDIA C S, JULKOWSKA M M, et al., 2012. The Snf1-related protein kinases SnRK2. 4 and SnRK2. 10 are involved in maintenance of root system architecture during salt stress [J]. The Plant Journal, 72 (3): 436-449.

MEN X, WANG F, CHEN G Q, et al., 2018. Biosynthesis of natural rubber: Current State and Perspectives [J]. Int. J. Mol. Sci., 20: 50.

MERLOT S, GOSTI F, GUERRIER D, et al., 2001. The ABI1 and ABI2 protein phosphatases 2C act in a negative feedback regulatory loop of the abscisic acid signalling pathway [J]. Plant Journal for Cell & Molecular Biology, 25 (3): 295-303.

MESKIENE I, BAUDOUIN E, SCHWEIGHOFER A, et al., 2003. Stress-induced protein phosphatase 2C Is a negative regulator of a mitogen - activated protein kinase [J]. Journal of Biological Chemistry, 278 (21): 18945-18952.

MILIONI D, HATZOPOULOS P, 1997. Genomic organization of Hsp90 gene family in *Arabidopsis* [J]. Plant Mol. Biol., 35: 955-961.

MIN D H, XUE F Y, YA-NAN M A, et al., 2013. Characteristics of PP2C gene family in foxtail millet (*Setaria italica*) [J]. Acta Agronomica Sinica, 39 (12): 2135-2144.

MITCHELL J W, GREGORY L E, 1972. Enhancement of overall plant growth, a new response to brassins [J]. Nature, 239: 253-254.

MIYAKO UEGUCHI - TANAKA, KO HIRANO, YASUKO HASEGAWA, et al., 2008. Release of the repressive activity of rice DELLA protein SLR1 by gibberellin does not require SLR1 degradation in the gid2 mutant [J]. The Plant Cell, 20: 2437-2446.

MIYAWAKI K, MATSUMOTO - KITANO M, KAKIMOTO T, 2004. Expression ofcytokinin biosynthetic isopentenyltransferase genes in *Arabidopsis*: tissue specificity and regulation by auxin, cytokinin, and nitrate [J]. Plant Journal, 37: 128-138.

MIZIORKO H M, 2011. Enzymes of the mevalonate pathway of isoprenoid biosynthesis [J]. Archives of biochemistry and biophysics, 505: 131-143.

MIZOGUCHI M, UMEZAWA T, NAKASHIMA K, et al., 2010. Two closely related subclass II SnRK2 protein kinases cooperatively regulate drought-inducible gene expression [J]. Plant & Cell Physiology, 51 (5): 842-847.

MOON J, PARK Y J, SON S H, et al., 2020. Brassinosteroids signaling via BZR1 down-regulates expression of ACC oxidase 4 to control growth of *Arabidopsis thaliana* seedlings [J]. Plant Signal Behav., 15: 1734333.

MOON J, PARRY G, ESTELLE M, 2004. The ubiquitin-proteasome pathway and plant development [J]. Plant Cell, 16: 3181-3195.

MORENO-RISUENO M A, DIAZ I, CARRILLO L, et al., 2007. The HvDOF19 transcription factor mediates the abscisic acid - dependent repression of hydrolase genes in germinating barley aleurone [J]. Plant Journal, 51: 352-365.

MORRIS R O, BILYEU K D, LASKEY J G, et al., 1999. Isolation of a gene encoding a glycosylated cytokinin oxidase from maize [J]. Biochem. Biophys. Res. Commun., 255: 328-333.

MOSHE A, GOROVITS R, LIU Y, et al., 2016. Tomato plant cell death induced by inhibition of HSP90 is alleviated by Tomato yellow leaf curl virus infection [J]. Mol Plant Pathol., 17: 247-260.

MOU W, KAO Y T, MICHARD E, et al., 2020. Ethylene – independent signaling by the ethylene precursor ACC in *Arabidopsis* ovular pollen tube attraction [J]. Nat. Commun, 11: 4082.

MURASE K, HIRANO Y, SUN T P, et al., 2008. Gibberellin–induced DELLA recognition by the gibberellin receptor GID1 [J]. Nature, 456: 459-463.

MUSACCHIO A, SALMON E D, 2007. The spindle – assembly checkpoint in space and time [J]. Nat. Rev. Mol. Cell Biol., 8: 379-393.

MUSKETT P R, KAHN K, AUSTIN M J, et al., 2002. *Arabidopsis* RAR1 exerts rate–limiting control of R gene–mediated defenses against multiple pathogens [J]. The Plant Cell, 14: 979-992.

NAKANO Y, MITSUDA N, IDE K, et al., 2021. Transcriptome analysis of Pará rubber tree (*H. brasiliensis*) seedlings under ethylene stimulation [J]. BMC Plant Biol., 21: 420.

NAKAYA M, TSUKAYA H, MURAKAMI N, et al., 2002. Brassinosteroids control the proliferation of leaf cells of *Arabidopsis thaliana* [J]. Plant Cell Physiol., 43: 239-244.

NAPIER R, 2021. The story of auxin–binding protein 1 (ABP1) [J]. Cold Spring Harb Perspect Biol., 13.

NAZRI A Z, GRIFFIN J H C, PEASTON K A, et al., 2017. F–group bZIPs in barley—a role in Zn deficiency [J]. Plant Cell & Environment, 40 (11): 9111-9115.

NEUMANN G, KOHLS S, LANDSBERG E, et al., 2006. Relevance of glyphosate transfer to non – target plants via the rhizosphere [J]. Quality & Quantity, 20 (1): 137-149.

NIJHAWAN A, JAIN M, TYAGI A K, et al., 2008. Genomic survey and gene expression analysis of the basic leucine zipper transcription factor family in rice [J]. Plant Physiologya, 146 (2): 333-350.

NOEL L D, CAGNA G, STUTTMANN J, et al., 2007. Interaction between SGT1 and cytosolic/nuclear HSC70 chaperones regulates *Arabidopsis* immune responses [J]. Plant Cell, 19: 4061-4076.

NOGUCHI T, FUJIOKA S, CHOE S, et al., 1999. Brassinosteroid-insensitive dwarf mutants of *Arabidopsis* accumulate brassinosteroids [J]. Plant Physiol., 121: 743-752.

NOLAN T M, BRENNAN B, YANG M, et al., 2017. Selective Autophagy of BES1 mediated by DSK2 balances plant growth and survival [J]. Dev. Cell, 41: 33-46.

NOURRY C, MAKSUMOVA L, PANG M, et al., 2004. Direct interaction between Smad3, APC10, CDH1 and HEF1 in proteasomal degradation of HEF1 [J]. BMC Cell Biol., 5: 20.

NURUZZAMAN M, MANIMEKALAI R, SHARONI A M, et al., 2010. Genome-wide analysis of NAC transcription factor family in rice [J]. Gene, 465 (1-2): 30-44.

OELSCHLAEGEL T, SCHWICKART M, MATOS J, et al., 2005. The yeast APC/C subunit Mnd2 prevents premature sister chromatid separation triggered by the meiosis-specific APC/C-Ama1 [J]. Cell, 120: 773-788.

OH M H, CLOUSE S D, 1998. Brassinolide affects the rate of cell division in isolated leaf protoplasts of Petunia hybrida [J]. Plant Cell Rep., 17: 921-924.

OH S K, KANG H, SHIN D H, et al., 1999. Isolation, characterization, and functional analysis of a novel cDNA clone encoding a small rubber particle protein from *Hevea brasiliensis* [J]. J. Biol. Chem., 274: 17132-17138.

OKAZ E, ARGUELLO-MIRANDA O, BOGDANOVA A, et al., 2012. Meiotic prophase requires proteolysis of M phase regulators mediated by the meiosis-specific APC/CAma1 [J]. Cell, 151: 603-618.

OLSZEWSKI N, SUN T P, GUBLER F, 2002. Gibberellin signaling: biosynthesis, catabolism, and response pathways [J]. Plant Cell, 14: S61-80.

OMOKHAFE O K, EMUEDO A O, 2006. Evaluation of influence of five weather characters on latex yield in *Hevea brasiliensis* [J]. International Journal of Agricultural Research, 1: 234-239.

ORNA COHEN-FIX J-M P, MARC W K, DOUG K, et al., 1996. Anaphase initiation in Saccharomyces cerevisiae is controlled by the APC-dependent degradation of the anaphase inhibitor Pdslp [J]. Genes & Developmen, 10: 3081-3093.

OSBORNE D J, SARGENT J A, 1974. A model for the mechanism of stimulation of latex flow in *Hevea brasiliensis* by ethylene [J]. Ann. Appl. Biol., 78: 83-88.

OYAMA T, SHIMURA Y, OKADA K, 1997. The *Arabidopsis* HY5 gene encodes a bZIP protein that regulates stimulus-induced development of root and hypocotyl [J]. Genes

Dev, 11 (22): 2983-2995.

PAL M, VARGA K, NAGY O, et al., 2007. Characterization of the Apc10/Doc1 subunit of the anaphase promoting complex in Drosophila melanogaster [J]. Acta. Biol. Hung, 58 Suppl: 51-64.

PAN X, WANG X, 2009. Profiling of plant hormones by mass spectrometry [J]. J. Chromatogr. B. Analyt. Technol. Biomed. Life Sci., 877: 2806-2813.

PARANJOTHY K, SIVAKUMARAN S, MING Y W, 1979. Ethylene formation in excised Hevea bark disks [J]. Journal of the Rubber Research Institute of Malaysia, 27: 159-167.

PARK S C, CHEONG M S, KIM E J, et al., 2017. Antifungal effect of *Arabidopsis* SGT1 proteins via mitochondrial reactive oxygen species [J]. J. Agric. Food Chem., 65: 8340-8347.

PASSMORE L A, BARFORD D, 2005. Coactivator functions in a stoichiometric complex with anaphase - promoting complex/cyclosome to mediate substrate recognition [J]. EMBO Rep., 6: 873-878.

PASSMORE L A, MCCORMACK E A, AU S W, et al., 2003. Doc1 mediates the activity of the anaphase-promoting complex by contributing to substrate recognition [J]. EMBO J., 22: 786-796.

PAUL S, WILDHAGEN H, JANZ D, et al., 2016. Tissue-and cell-specific cytokinin activity in populus x canescens monitored by ARR5 : : GUS reporter lines in summer and winter [J]. Front Plant Sci., 7: 652.

PEI H, SUN Q, HAO Q, et al., 2015. The HSP90-RAR1-SGT1 based protein interactome in barley and stripe rust [J]. Physiological and Molecular Plant Pathology, 91: 11-19.

PENG H P, LIN T Y, WANG N N, et al., 2005. Differential expression of genes encoding 1 - aminocyclopropane - 1 - carboxylate synthase in *Arabidopsis* during hypoxia [J]. Plant Mol. Biol., 58: 15-25.

PENG J, CAROL P, RICHARDS DE, et al., 1997. The *Arabidopsis* GAI gene defines a signaling pathway that negatively regulates gibberellin responses [J]. Genes & Development, 11: 3194-3205.

PENG S Q, XU J, LI H L, et al., 2009. Cloning and molecular characterization of Hb-COI1 from *Hevea brasiliensis* [J]. Bioscience Biotechnology & Biochemistry, 73 (3):

665-670.

PENG S Q, XU J, LI H L, et al., 2009. Cloning and molecular characterization of Hb-COI1 from Hevea brasiliensis [J]. Biosci. Biotechnol. Biochem., 73: 665-670.

PENG Z, HAN C, YUAN L, et al., 2011. Brassinosteroid enhances jasmonate-induced anthocyanin accumulation in *Arabidopsis* seedlings [J]. J. Integr. Plant Biol., 53: 632-640.

PENNISI R, ASCENZI P, DI MASI A, 2015. Hsp90: a new player in DNA repair? [J]. Biomolecules, 5: 2589-2618.

PERATA P, 2020. Ethylene Signaling Controls Fast Oxygen Sensing in Plants [J]. Trends Plant Sci, 25: 3-6.

PESIN J A, ORR-WEAVER T L, 2008. Regulation of APC/C activators in mitosis and meiosis [J]. Annu. Rev. Cell Dev. Biol., 24: 475-499.

PETROSKI M D, DESHAIES R J, 2005. Function and regulation of cullin-RING ubiquitin ligases [J]. Nat. Rev. Mol. Cell Biol., 2005, 6: 9-20.

PFLEGER C M, KIRSCHNER M W, 2000. The KEN box: an APC recognition signal distinct from the D box targeted by Cdh1 [J]. Genes Dev., 14: 655-665.

PHOKAS A, COATES J C, 2021. Evolution of DELLA function and signaling inland plants [J]. Evol Dev: e12365.

PIAZ F D, MALAFRONTE N, ROMANO A, et al., 2012. Structural characterization of tetranortriterpenes from *Pseudrocedrela kotschyi* and *Trichilia emetica* and study of their activity towards the chaperone Hsp90 [J]. Phytochemistry, 75: 78-89.

PICKART C M, 2001. Mechanisms underlying ubiquitination [J]. Annu. Rev. Biochem., 70: 503-533.

PIRRELLO J, LECLERCQ J, DESSAILLY F, et al., 2014. Transcriptional and post-transcriptional regulation of the jasmonate signalling pathway in response to abiotic and harvesting stress in *Hevea brasiliensis* [J]. BMC Plant Biology, 14 (1): 1-17.

PISKUREWICZ U, TURECKOVA V, LACOMBE E, et al., 2009. Far-red light inhibits germination through DELLA-dependent stimulation of ABA synthesis and ABI3 activity [J]. EMBO J., 28: 2259-2271.

PIYATRAKUL P, PUTRANTO R A, MARTIN F, et al., 2012. Some ethylene biosynthesis and AP2/ERF genes reveal a specific pattern of expression during somatic embryogenesis in *Hevea brasiliensis* [J]. BMC Plant Biol., 12: 244.

POOTAKHAM W, SONTHIROD C, NAKTANG C, et al., 2017. De novo hybrid assembly of the rubber tree genome reveals evidence of paleotetraploidy in *Hevea species* [J]. Sci. Rep., 7: 41457.

PRASAD B D, GOEL S, KRISHNA P, 2010. In silico identification of carboxylate clamp type tetratricopeptide repeat proteins in *Arabidopsis* and rice as putative co-chaperones of Hsp90/Hsp70 [J]. PLoS One, 5: e12761.

PRATT W B, KRISHNA P, OLSEN L J, 2001. Hsp90 – binding immunophilins in plants: the protein movers [J]. Trends Plant Sci., 6: 54-58.

PRATT W B, MORISHIMA Y, OSAWA Y, 2008. The Hsp90 chaperone machinery regulates signaling by modulating ligand binding clefts [J]. J. Biol. Chem., 283: 22885-22889.

PRAVTCHEVA D D, WISE T. L, 2001. Disruption of Apc10/Doc1 in three alleles of oligosyndactylism [J]. Genomics, 72: 78-87.

PUJADE – RENAUD V, CLEMENT A, PERROT – RECHENMANN C, et al., 1994. Ethylene-induced increase in glutamine synthetase activity and mRNA levels in *Hevea brasiliensis* latex cells [J]. Plant Physiology: 127-132.

PUJADE-RENAUD V, SANIER C, CAMBILLAU L, et al., 2005. Molecular characterization of new members of the *Hevea brasiliensis* hevein multigene family and analysis of their promoter region in rice [J]. Biochimica et biophysica acta, 1727: 151-161.

PUTRANTO R A, HERLINAWATI E, RIO M, et al., 2015. Involvement of Ethylene in the Latex Metabolism and Tapping Panel Dryness of *Hevea brasiliensis* [J]. Int. J. Mol. Sci., 16: 17885-17908.

PYSH L D, WYSOCKA-DILLER J W, CAMILLERI C, et al., 1999. The GRAS gene family in *Arabidopsis*: sequence characterization and basic expression analysis of the SCARECROW-LIKE genes [J]. Plant Journal, 18: 111-119.

PéRET B S K, FERGUSON A, SETH M, et al., 2012. AUX/LAX genes encode a family of auxin influx transporters that perform distinct functions during *Arabidopsis* development [J]. Plant Cell, 24: 2874-2885.

QIAN L, ZHAO J, DU Y, et al., 2018. Hsp90 interacts with Tm-2 (2) and is essential for Tm-2 (2) –mediated resistance to tobacco mosaic virus [J]. Front Plant Sci., 9: 411.

QIN B, WANG M, HE H X, et al., 2019. Identification and characterization of a potential candidate Mlo gene conferring susceptibility to powdery mildew in rubber tree [J]. Phytopathology, 109: 1236-1245.

QIN G F, ZOU K T, TIAN L, et al., 2018. Determination of five plant growth regulator containing carboxyl in bean sprouts based on chemical derivatization by GC - MS [J]. Food Analytical Methods, 11: 2628-2635.

RAAB S, DRECHSEL G, ZAREPOUR M, et al., 2009. Identification of a novel E3 ubiquitin ligase that is required for suppression of premature senescence in *Arabidopsis* [J]. Plant. J., 59: 39-51.

RABL J, SMITH D M, YU Y, et al., 2008. Mechanism of gate opening in the, 20S proteasome by the proteasomal ATPases [J]. Molecular Cell, 30: 360-368.

RAHI S J, PECANI K, ONDRACKA A, et al., 2016. The CDK - APC/C Oscillator Predominantly Entrains Periodic Cell-Cycle Transcription [J]. Cell, 165: 475-487.

RAHMAN A Y, USHARRAJ A O, MISRA B B, et al., 2013. Draft genome sequence of the rubber tree *Hevea brasiliensis* [J]. BMC Genomics, 14: 75.

RANKIN S, AYAD N G, KIRSCHNER M W, 2005. Sororin, a substrate of the anaphase-promoting complex, is required for sister chromatid cohesion in vertebrates [J]. Mol. Cell, 18: 185-200.

REID J B, DAVIDSON S E, ROSS J J, 2011. Auxin acts independently of DELLA proteins in regulating gibberellin levels [J]. Plant Signal Behav., 6: 406-408.

REIMANN J D, FREED E, HSU J Y, et al., 2001a. Emi1 is a mitotic regulator that interacts with Cdc20 and inhibits the anaphase promoting complex [J]. Cell, 105: 645-655.

REIMANN J D, GARDNER B E, MARGOTTIN - GOGUET F, et al., 2001b. Emi1 regulates the anaphase - promoting complex by a different mechanism than Mad2 proteins [J]. Genes Dev., 15: 3278-3285.

REINECKE D M, WICKRAMARATHNA A D, OZGA J A, et al., 2013. Gibberellin 3-oxidase gene expression patterns influence gibberellin biosynthesis, growth, and development in pea [J]. Plant Physiol., 163: 929-945.

REIS A, LEVASSEUR M, CHANG H Y, et al., 2006. The CRY box: a second APC-cdh1-dependent degron in mammalian cdc20 [J]. EMBO Rep., 7: 1040-1045.

RODRIGO-BRENNI M C, MORGAN D O, 2007. Sequential E2s drive polyubiquitin chain assembly on APC targets [J]. Cell, 130: 127-139.

RODRIGUEZ E, EL GHOUL H, MUNDY J, et al., 2016. Making sense of plant auto-immunity and 'negative regulators' [J]. FEBS J., 283: 1385-1391.

ROJRUTHAI P, SAKDAPIPANICH J T, TAKAHASHI S, et al., 2010. In vitro synthesis of high molecular weight rubber by *Hevea* small rubber particles [J]. J. Biosci. Bioeng., 109: 107-114.

ROOSJEN M, PAQUE S, WEIJERS D, 2018. Auxin response factors: output control in auxin biology [J]. J. Exp. Bot., 69: 179-188.

ROSEBROCK T R, ZENG L, BRADY J J, et al., 2007. A bacterial E3 ubiquitin lig-ase targets a host protein kinase to disrupt plant immunity [J]. Nature, 448: 370-374.

RUSSINOVA E, BORST J W, KWAAITAAL M, et al., 2004. Heterodimerizationand en-docytosis of *Arabidopsis* brassinosteroid receptors BRI1 and AtSERK3 (BAK1) [J]. Plant Cell, 16: 3216-3229.

RYU H, KIM K, CHO H, et al., 2010. Predominant actions of cytosolic BSU1 and nuclear BIN2 regulate subcellular localization of BES1 in brassinosteroid signaling [J]. Mol. Cells, 29: 291-296.

SADANANDOM A, BAILEY M, EWAN R, et al., 2012. The ubiquitin-proteasome system: central modifier of plant signalling [J]. New Phytol., 196: 13-28.

SAEZ A, APOSTOLOVA N, GONZALEZ GUZMAN M, et al., 2004. Gain-of-function and loss-of-function phenotypes of the protein phosphatase 2C HAB1 reveal its role as a negative regulator of abscisic acid signalling [J]. Plant Journal, 37 (3): 354-369.

SAINOI T, SDOODEE S, 2012. The impact of ethylene gas application on young-tapping rubber trees [J]. International Journal of Agricultural Technology, 8: 1497-1507.

SAITO M, KONDO Y, FUKUDA H, 2018. BES1 and BZR1 redundantly promote phloem and xylem differentiation [J]. Plant Cell Physiol., 59: 590-600.

SAITO S, HIRAI N, MATSUMOTO C, et al., 2004. *Arabidopsis* CYP707As encode (+) -abscisic acid 8'-hydroxylase, a key enzyme in the oxidative catabolism of abscisic acid [J]. Plant Physiol., 134: 1439-1449.

SALAZAR-HENAO J E, LEHNER R, BETEGON-PUTZE I, et al., 2016. BES1 regu-lates the localization of the brassinosteroid receptor BRL3 within the provascular tissue of the *Arabidopsis* primary root ［J］. J. Exp. Bot., 67: 4951-4961.

SALE S, FONG I L, DE GIOVANNI C, et al., 2009. APC10. 1 cells as a model for assessing the efficacy of potential chemopreventive agents in the Apc（Min）mouse model in vivo ［J］. Eur. J. Cancer, 45: 2731-2735.

SAMAKOVLI D, MARGARITOPOULOU T, PRASSINOS C, et al., 2014. Brassinosteroid nuclear signaling recruits HSP90 activity ［J］. New Phytol., 203: 743-757.

SAMAKOVLI D, THANOU A, VALMAS C, et al., 2007. Hsp90 canalizes developmental perturbation ［J］. J. Exp. Bot., 58: 3513-3524.

SAMAKOVLI D, TICHA T, SAMAJ J, 2020. HSP90 chaperones regulate stomatal differentiation under normal and heat stress conditions ［J］. Plant Signal Behav., 15: 1789817.

SANDO T, TAKAOKA C, MUKAI Y, et al., 2008. Cloning and characterization of mevalonate pathway genes in a natural rubber producing plant, *Hevea brasiliensis* ［J］. Biosci. Biotechnol. Biochem., 72: 2049-2060.

SANDO T, TAKENO S, WATANABE N, et al., 2008. Cloning and characterization of the 2-C-methyl-D-erythritol 4-phosphate（MEP）pathway genes of a natural-rubber producing plant, *Hevea brasiliensis* ［J］. Biosci. Biotechnol. Biochem., 72: 2903-2917.

SANGSTER T A, BAHRAMI A, WILCZEK A, et al., 2007. Phenotypic diversityand altered environmental plasticity in Arabidopsis thaliana with reduced Hsp90 levels ［J］. PLoS One, 2: e648.

SANGSTER T A, SALATHIA N, UNDURRAGA S, et al., 2008. HSP90 affects the expression of genetic variation and developmental stability in quantitative traits ［J］. Proc. Natl. Acad. Sci. USA, 105: 2963-2968.

SANTNER A, ESTELLE M, 2009. Recent advances and emerging trends in plant hormone signalling ［J］. Nature, 459: 1071-1078.

SATO T, MIYANOIRI Y, TAKEDA M, et al., 2014. Expression and purification of a GRAS domain of SLR1, the rice DELLA protein ［J］. Protein Expr. Purif., 95: 248-258.

SAUTER M, 1997. Differential expression of a CAK（cdc2-activating kinase）-like protein kinase, cyclins and cdc2 genes from rice during the cell cycle and in response to gibberellin [J]. Plant Journal., 11: 181-190.

SAXENA I, SRIKANTH S, CHEN Z, 2016. Cross talk between H_2O_2 and interacting signal molecules under plant stress response [J]. Front Plant Sci., 7: 570.

SCHACHTMAN D P, GOODGER J Q, 2008. Chemical root to shoot signaling under drought [J]. Trends Plant Sci., 13: 281-287.

SCHALLER H, GRAUSEM B, BENVENISTE P, et al., 1995. Expression of the *Hevea brasiliensis* (H. B. K.) Mull. Arg. 3 – Hydroxy – 3 – Methylglutaryl – Coenzyme A Reductase 1 in Tobacco Results in Sterol Overproduction [J]. Plant Physiol, 1995, 109: 761-770.

SCHMITTGEN T D, LIVAK K J, 2008. Analyzing real – time PCR data by the comparative C (T) method [J]. Nature Protocols, 3 (6): 1101-1107.

SCHOMBURG F M, BIZZELL C M, LEE D J, et al., 2003. Overexpression of a novel class of gibberellin 2 – oxidases decreases gibberellin levels and creates dwarf plants [J]. Plant Cell, 15: 151-163.

SCHWEIGHOFER A, HIRT H, MESKIENE I, 2004. Plant PP2C phosphatases: emerging functions in stress signaling [J]. Trends Plant Sci., 9: 236-243.

SCHWEIGHOFER A, KAZANAVICIUTE V, SCHEIKL E, et al., 2007. The PP2C-type phosphatase AP2C1, which negatively regulates MPK4 and MPK6, modulates innate immunity, jasmonic acid, and ethylene levels in Arabidopsis [J]. Plant Cell, 19 (7): 2213-2224.

SEARLE J S, SCHOLLAERT K L, WILKINS B J, et al., 2004. The DNA damage checkpoint and PKA pathways converge on APC substrates and Cdc20 to regulate mitotic progression [J]. Nat. Cell Biol., 6: 138-145.

SEILER C, HARSHAVARDHAN V T, RAJESH K, et al., 2011. ABA biosynthesis and degradation contributing to ABA homeostasis during barley seed development under control and terminal drought – stress conditions [J]. Journal of Experimental Botany, 62 (8): 2615.

SEINO H, KISHI T, NISHITANI H, et al., 2003. Two Ubiquitin-Conjugating Enzymes, UbcP1/Ubc4 and UbcP4/Ubc11, Have Distinct Functions for Ubiquitination of Mitotic Cyclin [J]. Molecular and Cellular Biology, 23: 3497-3505.

SERRANO-MISLATA A, BENCIVENGA S, BUSH M, et al., 2017. DELLA genes restrict inflorescence meristem function independently of plant height [J]. Nat. Plants,

3：749-754.

SHANGPHU L, 1986. Judicious tapping and stimulation based on dynamic analysis of latex production [M]. Proceedings of the Irrdb Rubber Physiology and Exploitation Meeting. Haikou.

SHAO Y, QIN Y, ZOU Y, et al., 2014. Genome-wide identification and expression profiling of the SnRK2 gene family in *Malus prunifolia* [J]. Gene, 552 (1)：87-97.

SHARON A, FUCHS Y, ANDERSON J D, 1993. The elicitation of ethylene biosynthesis by a trichoderma xylanase is not related to the cell walldegradation activity of the enzyme [J]. Plant Physiol., 102：1325-1329.

SHE J, HAN Z F, KIM T W, et al., 2011. Structural insight into brassinosteroid perception by BRI1 [J]. Nature, 474：472-496.

SHEERIN D J, BUCHANAN J, KIRK C, et al., 2011. Inter-and intra-molecular interactions of *Arabidopsis thaliana* DELLA protein RGL1 [J]. Biochem J., 435：629-639.

SHEN Q H, ZHOU F, BIERI S, et al., 2003. Recognition specificity and RAR1/SGT1 dependence in barley Mla disease resistance genes to the powdery mildew fungus [J]. Plant Cell, 15：732-744.

SHEN Q H, LI J, WANG T, 2019. Regulation of NLR stability in plant immunity [J]. Frontiers of Agricultural Science and Engineering, 6.

SHEN X, LIU H, YUAN B, et al., 2011. OsEDR1 negatively regulates rice bacterial resistance via activation of ethylene biosynthesis [J]. Plant Cell Environ, 34：179-191.

SHI Y, 2009. Serine/Threonine Phosphatases：Mechanism through Structure [J]. Cell, 139 (3)：468-484.

SHIBASAKI K, UEMURA M, TSURUMI S, et al., 2009. Auxin response in *Arabidopsis* under cold stress：underlying molecular mechanisms [J]. Plant Cell, 21：3823-3838.

SHINOZAKI K, YAMAGUCHI - SHINOZAKI K, 2000. Molecular responses to dehydration and low temperature：differences and cross-talk between two stress signaling pathways [J]. Current Opinion in Plant Biology, 3 (3)：217-223.

SHITAN N, SUGIYAMA A, YAZAKI K, 2013. Functional analysis of jasmonic acid-responsive secondary metabolite transporters [J]. Methods Mol. Biol., 1011：241 -

250.

SHIU S H, BLEECKER A B, 2001. Plant receptor-like kinase gene family: diversity, function, and signaling [J]. Sci. STKE: re22.

SILVERSTONE A L, CIAMPAGLIO C N, SUN T, 1998. The *Arabidopsis* RGA gene encodes a transcriptional regulator repressing the gibberellin signal transduction pathway [J]. Plant Cell, 10: 155-169.

SIMONINI S, DEB J, MOUBAYIDIN L, et al., 2016. A noncanonical auxin-sensing mechanism is required for organ morphogenesis in *Arabidopsis* [J]. Genes Dev., 30: 2286-2296.

SINGH A, GIRI J, KAPOOR S, et al., 2010. Protein phosphatase complement in rice: genome-wide identification and transcriptional analysis under abiotic stress conditions and reproductive development [J]. BMC Genomics, 11: 435.

SINGH M, GUPTA A, LAXMI A, 2014a. Glucose and phytohormone interplay in controlling root directional growth in *Arabidopsis* [J]. Plant Signal Behav., 9: e29219.

SINGH M, GUPTA A, LAXMI A, 2014b. Glucose control of root growth directionin *Arabidopsis thaliana* [J]. J. Exp. Bot., 65: 2981-2993.

SIVAKUMARAN S, GHANDIMATHI H, HAMZAH Z, 2002. Physiological and nutritional aspects in relation to the spon-taneous development of tapping panel dryness in clone PB 260 [J]. Journal of Rubber Research, 3: 135-136.

SIVASUBRAMANIAM S, VANNIASINGHAM V M, TAN C T, et al., 1995. Characterisation of HEVER, a novel stress-induced gene from *Hevea brasiliensis* [J]. Plant Molecular Biology, 29: 173-178.

SKAAR J R, PAGANO M, 2009. Control of cell growth by the SCF and APC/C ubiquitin ligases [J]. Curr. Opin. Cell Biol., 21: 816-824.

SKILLETER D N, KEKWICK R G, 1971. The enzymes forming isopentenyl pyrophosphate from 5-phosphomevalonate (mevalonate 5-phosphate) in the latex of Hevea brasiliensis [J]. Biochem. J., 124: 407-417.

SMALLE J., VIERSTRA R D, 2004. The ubiquitin 26S proteasome proteolytic pathway [J]. Annu. Rev. Plant Biol., 55: 555-590.

SONG A A, ABDULLAH J O, ABDULLAH M P, et al., 2012. Overexpressing 3-hydroxy-3-methylglutaryl coenzyme A reductase (HMGR) in the lactococcal mevalonate pathway for heterologous plant sesquiterpene production [J]. PLoS One, 7: e52444.

SONG H, ZHAO R, FAN P, et al., 2009. Overexpression of AtHsp90. 2, AtHsp90. 5 and AtHsp90. 7 in *Arabidopsis thaliana* enhances plant sensitivity to salt and drought stresses [J]. Planta, 229: 955-964.

SONG X, YU X, HORI C, et al., 2016. Heterologous overexpression of poplarsnrk2genes enhanced salt stress tolerance in *Arabidopsis thaliana* [J]. Frontiers in Plant Science (7): 612.

SOON F F, NG L M, ZHOU X E, et al., 2012. Molecular mimicry regulates ABA signaling by SnRK2 kinases and PP2C phosphatases [J]. Science, 335 (6064): 85-88.

SORNARAJ P, LUANG S, LOPATO S, et al., 2016. Basic leucine zipper (bZIP) transcription factors involved in abiotic stresses: A molecular model of a wheat bZIP factor and implications of itsstructure in function [J]. Biochim. Biophys. Acta., 1860 (1 Pt A): 46-56.

SOUER E, VAN HOUWELINGEN A, KLOOS D, et al., 1996. The no apical meristem gene of Petunia is required for pattern formation in embryos and flowers and is expressed at meristem and primordia boundaries [J]. Cell, 85: 159-170.

SOYK S, SIMKOVA K, ZURCHER E, et al., 2014. The enzyme-like domain of *Arabidopsis* nuclear beta - amylases is critical for DNA sequence recognition and transcriptional activation [J]. Plant Cell, 26: 1746-1763.

SREENIVASULU N, RADCHUK V, ALAWADY A, et al., 2010. De-regulation of abscisic acid contents causes abnormal endosperm development in the barley mutant seg8 [J]. Plant Journal, 64: 589-603.

STASWICK P E, SERBAN B, ROWE M, et al., 2005. Characterization of an *Arabidopsis* enzyme family that conjugates amino acids to indole-3-acetic acid [J]. Plant Cell, 17: 616-627.

STEBER C M, MCCOURT P, 2001. A role for brassinosteroids in germination in *Arabidopsis* [J]. Plant Physiol., 125: 763-769.

STERN A, PRIVMAN E, RASIS M, et al., 2007. Evolution of the metazoan protein phosphatase 2C superfamily [J]. J Mol Evol, 64 (1): 61-70.

STONE S L, HAUKSDOTTIR H, TROY A, et al., 2005. Functional analysis of the RING-type ubiquitin ligase family of Arabidopsis [J]. Plant Physiol, 137: 13-30.

STONE S L, WILLIAMS L A, FARMER L M, et al., 2006. Keep on Going, a RING

E3 ligase essential for Arabidopsis growth and development, is involved in abscisic acid signaling [J]. Plant Cell, 18: 3415-3428.

STRADER L C, BARTEL B, 2008. A new path to auxin [J]. Nat. Chem. Biol., 4: 337-339.

SUBROTO T, VAN KONINGSVELD G A, SCHREUDER H A, et al., 1996. Chitinase and beta-1,3-glucanase in the lutoid-body fraction of *Hevea latex* [J]. Phytochemistry, 43: 29-37.

SULLIVAN M, MORGAN D O, 2007. A novel destruction sequence targets the meiotic regulator Spo13 for anaphase-promoting complex-dependent degradation in anaphase I [J]. J. Biol. Chem., 282: 19710-19715.

SUN C, YAN K, HAN J T, et al., 2017. Scanning for new BRI1 mutations via TILLING analysis [J]. Plant Physiol., 174: 1881-1896.

SUN F, YU H, QU J, et al., 2020. Maize ZmBES1/BZR1-5 decreases ABA sensitivity and confers tolerance to osmotic stress in transgenic *Arabidopsis* [J]. Int. J. Mol. Sci., 21.

SUN J, HIROSE N, WANG X, et al., 2005. Arabidopsis SOI33/AtENT8 gene encodes a putative equilibrative nucleoside transporter that is involved in cytokinin transport in planta [J]. Journal of Integrative Plant Biology, 47: 588-603.

SUN J, QI L, LI Y, et al., 2012. PIF4-mediated activation of YUCCA8 expression integrates temperature into the auxin pathway in regulating arabidopsis hypocotyl growth [J]. PLoS Genet, 8: e1002594.

SUN L R, WANG Y B, HE S B, et al., 2018. Mechanisms for abscisic acid inhibition of primary root growth [J]. Plant Signal Behav., 13: e1500069.

SUN T P, 2011. The molecular mechanism and evolution of the GA-GID1-DELLA signaling module in plants [J]. Curr. Biol., 21: 338-345.

SUN T P, GUBLER F, 2004. Molecular mechanism of gibberellin signaling in plants [J]. Annu. Rev. Plant Biol., 55: 197-223.

SUTEEWONG T, WONGPREECHA J, POLPANICH D, et al., 2019. PMMA particles coated with chitosan-silver nanoparticles as a dual antibacterial modifier for natural rubber latex films [J]. Colloids Surf B Biointerfaces, 174: 544-552.

SUWANMANEE P, SIRINUPONG N, SUVACHITTANONT W, 2004. Regulation of the expression of 3-hydroxy-3-methylglutaryl-CoA synthase gene in *Hevea brasiliensis*

（B. H. K.）［J］. Mull. Arg. Plant Science, 166：531-537.

SUWANMANEE U, LEEJARKPAI T, MUNGCHAROEN T, 2013. Assessment the environmental impacts of polylactic ac-id/starch and polyethylene terephthalate boxes using life cycle assessment methodology：cradle to waste treatments ［J］. Journal of Biobased Materials and Bioenergy, 7：259-266.

SZE H, GEISLER M, MURPHY A S, 2014. Linking the evolution of plant transporters to their functions ［J］. Front Plant Sci., 4：547.

TAIPALE M, JAROSZ D F, LINDQUIST S, 2010. HSP90 at the hub of protein homeostasis：emerging mechanistic insights ［J］. Nat. Rev. Mol. Cell Biol., 11：515-528.

TAISHI U, KAZUO N, TAKUYA M, et al., 2010. Molecular basis of the core regulatory network in aba responses：sensing, signaling and transport ［J］. Plant & Cell Physiology, 51（11）：1821-1839.

TAKABATAKE R, ANDO Y, SEO S, et al., 2007. MAP kinases function downstream of HSP90 and upstream of mitochondria in TMV resistance gene N-mediated hypersensitive cell death ［J］. Plant Cell Physiol., 48：498-510.

TAKAHASHI A, CASAIS C, ICHIMURA K, et al., 2003. HSP90 interacts withRAR1 and SGT1 and is essential for RPS2-mediated disease resistance in *Arabidopsis* ［J］. Proceedings of the National Academy of Sciences of the United States of America, 100：11777-11782.

TAKAHASHI S, KOYAMA T, 2006. Structure and function of cis-prenyl chain elongating enzymes ［J］. Chem. Rec., 6：194-205.

TAKEI K, SAKAKIBARA H, SUGIYAMA T, 2001. Identification of Genes Encoding Adenylate Isopentenyltransferase, a Cytokinin Biosynthesis Enzyme, inArabidopsis thaliana ［J］. Journal of Biological Chemistry, 276：26405-26410.

TAN X, CALDERON-VILLALOBOS L I, SHARON M, et al., 2007. Mechanism of auxin perception by the TIR1 ubiquitin ligase ［J］. Nature, 446：640-645.

TANG C, YANG M, FANG Y, et al., 2016. The rubber tree genome reveals new insights into rubber production and species adaptation ［J］. Nature plants, 2：16073.

TANG W, KIM T W, OSES-PRIETO J A, et al., 2008. BSKs mediate signal transduction from the receptor kinase BRI1 in *Arabidopsis* ［J］. Science, 321：557-560.

TANG Y, LIU H, GUO S, et al., 2017. OsmiR396d miRNA afects gibberellin and brassinosteroid signaling to regulate plant architecture ［J］. Plant Physiology, 176：

946−959.

TANG Z, SHU H, ONCEL D, et al., 2004. Phosphorylation of Cdc20 by Bub1 provides a catalytic mechanism for APC/C inhibition by the spindle checkpoint [J]. Mol. Cell, 16: 387−397.

TAUBE M, PIENKOWSKA J R, JARMOLOWSKI A, et al., 2014. Low − resolution structure of the full−length barley (*Hordeum vulgare*) SGT1 protein in solution, obtained using small−angle X−ray scattering [J]. PLoS One, 9: e93313.

TAYLOR I B, 2000. Synthesis and functions of ABA. Control of abscisic acid synthesis [J]. Journal of Experimental Botany, 51 (350): 1285−1289.

THEOLOGIS T A, 2004. Unique and overlapping expression patterns among the *arabidopsis* 1−amino−cyclopropane−1−carboxylate synthase gene family members [J]. Plant Physiology, 136: 2982−3000.

THIRUMALAIKUMAR V P, GORKA M, SCHULZ K, et al., 2021. Selective autophagy regulates heat stress memory in *Arabidopsis* by NBR1−mediated targeting of HSP90. 1 and ROF1 [J]. Autophagy, 17: 2184−2199.

THOMPSON M J, MEUDT W J, MANDAVA N B, et al., 1982. Synthesis of brassinosteroids and relationship of structure to plant growth−promoting effects [J]. Steroids, 39: 89−105.

TIAN W, LI B, WARRINGTON R, et al., 2012. Structural analysis of human Cdc20 supports multisite degron recognition by APC/C [J]. Proc. Natl. Acad. Sci. USA, 109: 18419−18424.

TO J P, HABERER G, FERREIRA F J, et al., 2004. Type−A *Arabidopsis* response regulators are partially redundant negative regulators of cytokinin signaling [J]. Plant Cell, 16: 658−671.

TOBENA−SANTAMARIA R, BLIEK M, LJUNG K, et al., 2002. FLOOZY of petunia is a flavin mono−oxygenase−like protein required for the specification of leaf and flower architecture [J]. Genes Dev., 16: 753−763.

TOMLINSON L, YANG Y, EMENECKER R, et al., 2019. Using CRISPR/Cas9 genome editing in tomato to create a gibberellin−responsive dominant dwarf DELLA allele [J]. Plant Biotechnol. J., 17: 132−140.

TONG H, CHU C, 2018. Functional specificities of brassinosteroid and potential utilization for crop improvement [J]. Trends Plant Sci., 23: 1016−1028.

TRAN K, KAMIL J P, COEN D M, et al., 2010. Inactivation and disassembly of theanaphase-promoting complex during human cytomegalovirus infection is associated with degradation of the APC5 and APC4 subunits and does not require UL97-mediated phosphorylation of Cdh1 [J]. J. Virol., 84: 10832-10843.

TSUDA K, ITO Y, SATO Y, et al., 2011. Positive autoregulation of a KNOX gene is essential for shoot apical meristem maintenance in rice [J]. Plant Cell, 23: 4368-4381.

TULMASOV G H, GUILFOYLE T J, 1997. ARF1, a transcription factor that binds to auxin response elements [J]. Science, 276: 1865-1868.

TU M, CAI H, HUA Y, et al., 2012. In vitro culture method of powdery mildew (*Oidium heveae* Steinmann) of *Hevea brasiliensis* [J]. African Journal of Biotechnology, 11.

TUNGNGOEN K, KONGSAWADWORAKUL P, VIBOONJUN U, et al., 2009. Involvement of HbPIP2; 1 and HbTIP1; 1 aquaporins in ethylene stimulation of latex yield through regulation of water exchanges between inner liber and latex cells in *Hevea brasiliensis* [J]. Plant Physiology, 151: 843-856.

TUPÝ J, 1985. Some aspects of sucrose transport and utilization in latex producing bark of *Hevea brasiliensis* Muell. Arg [J]. Biologia Plantarum, 27: 51-64.

UEGUCHI-TANAKA M, ASHIKARI M, NAKAJIMA M, et al., 2005. Gibberellin Insensitive DWARF1 encodes a soluble receptor for gibberellin [J]. Nature, 437: 693-698.

UMEZAWA T, NAKASHIMA K, MIYAKAWA T, et al., 2010. Molecular basis of the core regulatory network in ABA responses: sensing, signaling and transport [J]. Plant Cell Physiol, 51: 1821-1839.

UMEZAWA T, SUGIYAMA N, MIZOGUCHI M, et al., 2009. Type 2C protein phosphatases directly regulate abscisic acid-activated protein kinases in *Arabidopsis* [J]. Proceedings of the National Academy of Sciences of the United States of America, 106 (41): 17588-17593.

UNO Y, FURIHATA T, ABE H, et al., 2000. Arabidopsis basic leucine zipper transcription factors involved in an abscisic acid - dependent signal transduction pathway [J]. PNAS, 97 (21): 11632-11637.

UPPALAPATI S R, ISHIGA Y, RYU C M, et al., 2011. SGT1 contributes to coronatine signaling and *Pseudomonas syringae* pv. tomato disease symptom development in tomato and *Arabidopsis* [J]. New Phytol., 189: 83-93.

VAN SCHIE C C, HARING M A, SCHUURINK R C, 2006. Regulation of terpenoid and benzenoid production in flowers [J]. Current Opinion in Plant Biology, 9 (2): 203-208.

VENKATACHALAM P, THULASEEDHARAN A, RAGHOTHAMA K, 2007. Identification of expression profiles of tapping panel dryness (TPD) associated genes from the latex of rubber tree (*Hevea brasiliensis* Muell. Arg.) [J]. Planta, 226: 499-515.

VERCHOT J, 2016. Plant Virus Infection and the Ubiquitin Proteasome Machinery: Arms Race along the Endoplasmic Reticulum [J]. Viruses, 8.

VERMA R, ARAVIND L, OANIA R, et al., 2002. Role of Rpn11 Metalloprotease in Deubiquitination and Degradation by the 26S Proteasome [J]. Science, 298: 611-615.

VERMA V, RAVINDRAN P, KUMAR P P, 2016. Plant hormone-mediated regulation of stress responses [J]. BMC Plant Biol., 16: 86.

VERT G, CHORY J, 2006. Downstream nuclear events in brassinosteroid signalling [J]. Nature, 441: 96-100.

VERT G, NEMHAUSER J L, GELDNER N, et al., 2005. Molecular mechanisms of steroid hormone signaling in plants [J]. Annu. Rev. Cell Dev. Biol., 21: 177-201.

VINOKUR J M, KORMAN T P, CAO Z, et al., 2014. Evidence of a novel mevalonate pathway in archaea [J]. Biochemistry, 53: 4161-4168.

VISINTIN R, PRINZ S, AMON A, 1997. CDC20 and CDH1: a family of substrate-specific activators of APC-dependent proteolysis [J]. Science, 278: 460-463.

VODERMAIER H C, GIEFFERS C, MAURER-STROH S, et al., 2003. TPR subunits of the anaphase-promoting complex mediate binding to the activator protein CDH1 [J]. Curr. Biol., 13: 1459-1468.

VRANOVÁ E, COMAN D, GRUISSEM W, 2013. Network analysis of the MVA and MEP pathways for isoprenoid synthesis [J]. Annual Review of Plant Biology, 64 (1): 665-700.

VRIET C, RUSSINOVA E, REUZEAU C, 2013. From squalene to brassinolide: the steroid metabolic and signaling pathways across the plant kingdom [J]. Molecular

Plant, 6: 1738-1757.

WADEESIRISAK K, CASTANO S, BERTHELOT K, et al., 2017. Rubber particle proteins REF1 and SRPP1 interact differently with native lipids extracted from *Hevea brasiliensis* latex [J]. Biochim Biophys Acta Biomembr, 1859: 201-210.

WALKER J C, ZHANG R, 1990. Relationship of a putative receptor protein kinase from maize to the S-locus glycoproteins of *Brassica* [J]. Nature, 345: 743-746.

WANG D, XIE Q, SUN Y, et al., 2019. Proteomic landscape has revealed smallrubber particles are crucial rubber biosynthetic machines for ethylene-stimulation in natural rubber production [J]. Int. J. Mol. Sci., 20: 5082.

WANG F, DENG X W, 2011. Plant ubiquitin-proteasome pathway and its role in gibberellin signaling [J]. Cell Res., 21: 1286-1294.

WANG L, ZOU Y, KAW H Y, et al., 2020. Recent developments and emerging trends of mass spectrometric methods in plant hormone analysis: a review [J]. Plant Methods, 16: 54.

WANG P, ZHU J K, LANG Z, 2015. Nitric oxide suppresses the inhibitory effect of abscisic acid on seed germination by S-nitrosylation of SnRK2 proteins [J]. Plant Signaling & Behavior, 10 (6): e1031939.

WANG R E M, 2014. Diversity and specificity: auxin perception and signaling through the TIR1/AFB pathway [J]. Current Opinion In Plant Biology: 51-58.

WANG R, ZHANG Y, KIEFFER M, et al., 2016. HSP90 regulates temperature-dependent seedling growth in *Arabidopsis* by stabilizing the auxin co-receptor F-box protein TIR1 [J]. Nat. Commun., 7: 10269.

WANG W, HE M, CHEN B, et al., 2017. Simultaneous determination of acidic phytohormones in cucumbers and green bean sprouts by ion-pair stir bar sorptive extraction-high performance liquid chromatography [J]. Talanta, 170: 128-136.

WANG W, VINOCUR B, SHOSEYOV O, et al., 2004. Role of plant heat-shock proteins and molecular chaperones in the abiotic stress response [J]. Trends Plant Sci., 9: 244-252.

WANG X, GOSHE M B, SODERBLOM E J, et al., 2005. Identification and functional analysis of in vivo phosphorylation sites of the *Arabidopsis* brassinosteroid-insensitive1 receptor kinase [J]. Plant Cell, 17: 1685-1703.

WANG Y, CHENG X, SHAN Q, et al., 2014. Simultaneous editing of three homoeoalleles in hexaploid bread wheat confers heritable resistance to powdery mildew ［J］. Nat. Biotechnol., 32: 947-951.

WANG Y, GAO M, LI Q, et al., 2008. OsRAR1 and OsSGT1 physically interact and function in rice basal disease resistance ［J］. Mol. Plant Microbe. Interact., 21: 294-303.

WANG Y, MAO Z, JIANG H, et al., 2021. Brassinolide inhibits flavonoidbiosynthesis and red-flesh coloration via the MdBEH2.2-MdMYB60 complex in apple ［J］. J. Exp. Bot., 72: 6382-6399.

WANG Y, SUN S, ZHU W, et al., 2013. Strigolactone/MAX2-induced degradation of brassinosteroid transcriptional effector BES1 regulates shoot branching ［J］. Dev. Cell, 27: 681-688.

WANG Z Y, BAI M Y, OH E, et al., 2012. Brassinosteroid signaling network and regulation of photomorphogenesis ［J］. Annu. Rev. Genet., 46: 701-724.

WANG Z Y, NAKANO T, GENDRON J, et al., 2002. Nuclear-localized BZR1 mediates brassinosteroid - induced growth and feedback suppression of brassinosteroid biosynthesis ［J］. Dev. Cell, 2: 505-513.

WARREN-THOMAS E M, EDWARDS D P, BEBBER D P, et al., 2018. Protecting tropical forests from the rapid expansion of rubber using carbon payments ［J］. Nat. Commun., 9: 911.

WASILEWSKA A, VLAD F, SIRICHANDRA C, et al., 2008. An update on abscisic acid signaling in plants and more ［J］. Mol Plant, 1 (2): 198-217.

WATANABE E, MANO S, HARA - NISHIMURA I, et al., 2017. HSP90 stabilizes auxin receptor TIR1 and ensures plasticity of auxin responses ［J］. Plant Signal Behav., 12: e1311439.

WATANABE E, MANO S, NOMOTO M, et al., 2016. HSP90 stabilizes auxin-responsive phenotypes by masking a mutation in the auxin receptor TIR1 ［J］. Plant Cell Physiol., 57: 2245-2254.

WDAVIS A M, 1997. The Rubber Industry's Biological Nightmare ［J］. Fortune, 4.

WEI K, CHEN J, WANG Y, et al., 2012. Genome - wide analysis of bZIP - encoding genes in maize ［J］. Dna Research An International Journal for Rapid Publication of Reports on Genes & Genomesa, 19 (6): 463-476.

WEN C K, CHANG C, 2002. Arabidopsis RGL1 encodes a negative regulator of gibberellin responses [J]. Plant Cell, 14: 87-100.

WENDT K S, VODERMAIER H C, JACOB U, et al., 2001. Crystal structure of the APC10/DOC1 subunit of the human anaphase-promoting complex [J]. Nat. Struct. Biol., 8: 784-788.

WITITSUWANNAKUL R, RUKSEREE K, KANOKWIROON K, et al., 2008. A rubber particle protein specific for *Hevea latex* lectin binding involved in latex coagulation [J]. Phytochemistry, 69: 1111-1118.

WOLTERS H, JÜRGENS G, 2009. Survival of the flexible: hormonal growth control and adaptation in plant development [J]. Nature Reviews Genetics, 10 (5): 305-317.

WOO C H, 1973. Rubber coagulation by enzymes of *Hevea brasiliensis* latex [J]. Journal of the Rubber Research Institute of Malaysia, 23: 323-332.

WOO E J, MARSHALL J, BAULY J, et al., 2002. Crystal structure of auxin-binding protein 1 in complex with auxin [J]. EMBO J., 21: 2877-2885.

WOODWARD A W, BARTEL B, 2005. Auxin: regulation, action, and interaction [J]. Ann. Bot., 95: 707-735.

WU B, GAO L, SUN Y, et al., 2019. Comparative proteomic analysis of the *Hevea brasiliensis* latex under ethylene and calcium stimulation [J]. Protein Pept. Lett., 26: 834-847.

WU J, YAN G, DUAN Z, et al., 2020. Roles of the *Brassica napus* DELLA protein BnaA6. RGA, in modulating drought tolerance by interacting with the ABA signaling component BnaA10. ABF2 [J]. Front Plant Sci., 11: 577.

WU P, WANG W, DUAN W, et al., 2017. Comprehensive Analysis of the CDPK-SnRK Superfamily Genes in Chinese Cabbage and Its Evolutionary Implications in Plants [J]. Front Plant Sci., 8: 162.

WULANDARI I O, PEBRIATIN B E, VALIANA V, et al., 2022. Green synthesis of silver nanoparticles coated by water soluble chitosan and its potency as non-alcoholic hand sanitizer formulation, Materials (Basel) [J]. 15 (13): 4641.

XIA X J, GAO C J, SONG L X, et al., 2014. Role of H_2O_2 dynamics in brassinosteroid-induced stomatal closure and opening in Solanum lycopersicum [J]. Plant Cell and Environment, 37: 2036-2050.

XIANG J, CHEN X, HU W, et al., 2018. Overexpressing heat-shock protein OsH-

SP50. 2 improves drought tolerance in rice ［J］. Plant Cell Rep., 37：1585-1595.

XIANG S, USUNOW G, LANGE G, et al., 2007. Crystal structure of 1-deoxy-D-xylulose 5-phosphate synthase, a crucial enzyme for isoprenoids biosynthesis ［J］. J. Biol. Chem., 282：2676-2682.

XIANG T, ZONG N, ZOU Y, et al., 2008. Pseudomonas syringae effector AvrPto blocks innate immunity by targeting receptor kinases ［J］. Curr. Biol., 18：74-80.

XIE D X, FEYS B F, JAMES S, et al., 1998. COI1：an Arabidopsis gene required for jasmonate-regulated defense and fertility ［J］. Science, 280：1091-1094.

XING Y, XU Y, CHEN Y, et al., 2006. Structure of protein phosphatase 2A core enzyme bound to tumor-inducing toxins ［J］. Cell, 127 (2)：341-353.

XU C, WANG Y, YU Y, et al., 2012. Degradation of MONOCULM 1 by APC/C (TAD1) regulates rice tillering ［J］. Nat. Commun., 3：750.

XU F, LUAN L Y, ZHANG Z W, et al., 2014a. Phenolic profiles and antioxidant properties of young wines made from Yan73 (*Vitis vinifera* L.) and cabernet sauvignon (*Vitis vinifera* L.) grapes treated by 24 - Epibrassinolide ［J］. Molecules, 19：10189-10207.

XU J, XUE C, XUE D, et al., 2013. Overexpression of GmHsp90s, a heat shock protein 90 (Hsp90) gene family cloning from soybean, decrease damage of abiotic stresses in *Arabidopsis thaliana* ［J］. PLoS One, 8：e69810.

XU T, DAI N, CHEN J, et al., 2014b. Cell surface ABP1 - TMK auxin - sensing complex activates ROP GTPase signaling ［J］. Science, 343：1025-1028.

XUE T, WANG D, ZHANG S, et al., 2008. Genome-wide and expression analysis of protein phosphatase 2C in rice and *Arabidopsis* ［J］. BMC Genomics, 9 (550)：550.

YALCIN S, OKUDAN E S, KARAKAS O, et al., 2020. Determination of major phytohormones in fourteen different seaweeds utilizing SPE - LC - MS/MS ［J］. J. Chromatogr. Sci., 58：98-108.

YAMADA K, FUKAO Y, HAYASHI M, et al., 2007. Cytosolic HSP90 regulates the heat shock response that is responsible for heat acclimation in *Arabidopsis thaliana* ［J］. J. Biol. Chem., 282：37794-37804.

YAMAGAMI T, TSUCHISAKA A, YAMADA K, et al., 2003. Biochemical diversity among the 1-amino-cyclopropane-1-carboxylate synthase isozymes encoded by the *Ara-*

bidopsis gene family [J]. Journal of Biological Chemistry, 278: 102-112.

YAMAGUCHI S, 2008. Gibberellin metabolism and its regulation [J]. Annu. Rev. Plant Biol., 59: 225-251.

YAMAMOTO Y, KAMIYA N, MORINAKA Y, et al., 2007. Auxin biosynthesis by the YUCCA genes in rice [J]. Plant Physiol., 143: 1362-1371.

YAMANO H, GANNON J, HUNT T, 1996. The role of proteolysis in cell cycle progression in *Schizosaccharomyces pombe* [J]. EMBO J., 15: 5268-5279.

YAMANO H, GANNON J, MAHBUBANI H, et al., 2004. Cell cycle – regulated recognition of the destruction box of cyclin B by the APC/C in Xenopus egg extracts [J]. Mol. Cell, 13: 137-147.

YAMASHITA S, TAKAHASHI S, 2020. Molecular mechanisms of natural rubber biosynthesis [J]. Annu. Rev. Biochem., 89: 821-851.

YAMAUCHI Y, OGAWA M, KUWAHARA A, et al., 2004. Activation of gibberellin biosynthesis and response pathways by low temperature during imbibition of *Arabidopsis thaliana* seeds [J]. Plant Cell, 16: 367-378.

YAN J, LI X, ZENG B, et al., 2020. FKF1 F-box protein promotes flowering in part by negatively regulating DELLA protein stability under long-day photoperiod in *Arabidopsis* [J]. J. Integr. Plant Biol., 62: 1717-1740.

YAN J, WANG P, WANG B, et al., 2017. The SnRK2 kinases modulate miRNA accumulation in Arabidopsis [J]. Plos Genetics, 13 (4): e1006753.

YANG C J, ZHANG C, LU Y N, et al., 2011. The mechanisms of brassinosteroids'action: from signal transduction to plant development [J]. Mol. Plant, 4: 588-600.

YANG J, DONG S, JIANG Q, et al., 2013. Changes in expression of manganese superoxide dismutase, copper and zinc superoxide dismutase and catalase inBrachionus calyciflorus during the aging process [J]. PLoS ONE, 8 (2): e57186.

YANG Q, FERRELL J E, JR, 2013. The Cdk1–APC/C cell cycle oscillator circuit functions as a time – delayed, ultrasensitive switch [J]. Nat. Cell Biol., 15: 519-525.

YANG S H, CHOI D, 2006. Characterization of genes encoding ABA 8'-hydroxylase in ethylene – induced stem growth of deepwater rice (*Oryza sativa* L.) [J]. Biochem. Biophys [J]. Res. Commun., 350: 685-690.

YANG S, HOFFMAN N E, 1984. Ethylene biosynthesis and its regulation in higher plants [J]. Annual Review of Plant Biology, 35: 155-189.

YANG Y, KIM A H, BONNI A, 2010. The dynamic ubiquitin ligase duo: Cdh1-APC and Cdc20 - APC regulate neuronal morphogenesis and connectivity [J]. Curr. Opin. Neurobiol., 20: 92-99.

YE H, ZHI Q, JUN J, et al., 2020. Newly designed molecularly imprinted 3-aminophenol-glyoxal-urea resin as hydrophilic solid-phase extraction sorbent for specific simultaneous determination of three plant growth regulators in green bell peppers [J]. Food Chemistry, 311: 125999.

YE Y., RAPE M, 2009. Building ubiquitin chains: E2 enzymes at work [J]. Nat. Rev. Mol. Cell Biol., 10: 755-764.

YIN Y, VAFEADOS D, TAO Y, et al., 2005. A new class of transcription factorsmediates brassinosteroid - regulated gene expression in *Arabidopsis* [J]. Cell, 120: 249-259.

YIN Y, WANG Z Y, MORA-GARCIA S, et al., 2002. BES1 accumulates in the nucleus in response to brassinosteroids to regulate gene expression and promote stem elongation [J]. Cell, 109: 181-191.

YOO M J, MA T, ZHU N, et al., 2016. Genome-wide identification and homeolog-specificexpression analysis of the SnRK2 genes in Brassica napus guard cells [J]. Plant Mol. Biol., 91 (1-2): 211-227.

YOO S D, CHO Y, SHEEN J, 2009. Emerging connections in the ethylene signaling network [J]. Trends Plant Sci., 14: 270-279.

YOSHIAKI O T O, KOU M, MINEYOSHI A, et al., 2003. UbcH10 is the cancer-related E2 ubiquitin-conjugating enzyme [J]. Cancer Research, 61: 4167-4173.

YOSHIDA K, YAMADA M, NISHIO C, et al., 2000. SNRK, a member of the SNF1 family, is related to low K (+) -induced apoptosis of cultured rat cerebellar granule neurons [J]. Brain Research, 873 (2): 274-282.

YOSHIDA R, UMEZAWA T, MIZOGUCHI T, et al., 2006. The Regulatory Domain of SRK2E/OST1/SnRK2. 6 Interacts with ABI1 and Integrates Abscisic Acid (ABA) and Osmotic Stress Signals Controlling Stomatal Closure in Arabidopsis [J]. Journal of Biological Chemistry, 281 (8): 5310-5318.

YOSHIDA T, FUJITA Y, SAYAMA H, et al., 2010. AREB1, AREB2, and ABF3 are master transcription factors that cooperatively regulate ABRE-dependent ABA signaling involved in drought stress tolerance and require ABA for full activation〔J〕. The Plant Journal, 61 (4): 672-685.

YOSHIDA T, MOGAMI J, YAMAGUCHI-SHINOZAKI K, 2014. ABA-dependent and ABA – independent signaling in response to osmotic stress in plants〔J〕. Curr. Opin. Plant Biol., 21: 133-139.

YU G, XIAN L, XUE H, et al., 2020a. A bacterial effector protein prevents MAPK-mediated phosphorylation of SGT1 to suppress plant immunity〔J〕. PLoS Pathog., 16: e1008933.

YU H Q, FENG W Q, SUN F, et al., 2018. Cloning and characterization of BES1/BZR1 transcription factor genes in maize〔J〕. Plant Growth Regulation, 86: 235-249.

YU L, YUAN B, WANG L, et al., 2020b. Identification and characterization of glycoproteins and their responsive patterns upon ethylene stimulation in the rubber latex〔J〕. Int. J. Mol. Sci., 21: 5282.

YU X, LI L, ZOLA J, et al., 2011. A brassinosteroid transcriptional network revealed by genome – wide identification of BESI target genes in *Arabidopsis thaliana*〔J〕. Plant Journal, 65: 634-646.

YU Y, WANG J, LI S, et al., 2019. Ascorbic acid integrates the antagonistic modulation of ethylene and abscisic acid in the accumulation of reactive oxygen species〔J〕. Plant Physiol., 179: 1861-1875.

YU Z, ZHANG F, FRIML J, et al., 2022. Auxin signaling: research advances over the past 30 years〔J〕. J. Integr. Plant Biol., 64: 371-392.

YUAN B, XU Y, WOO J H, et al., 2006. Increased expression of mitotic checkpoint genes in breast cancer cells with chromosomal instability〔J〕. Clin. Cancer Res., 12: 405-410.

YUAN H, JIN C, PEI H, et al., 2021. The powdery mildew effector CSEP0027 interacts with barley catalase to regulate host immunity〔J〕. Front Plant Sci., 12: 733237.

YUAN M, JIANG Z, BI G, et al., 2021. Pattern-recognition receptors are required for NLR-mediated plant immunity〔J〕. Nature, 592: 105-109.

YUNDE Z, 2012. Auxin biosynthesis: a simple two-step pathwayconverts tryptophan to indole-3-acetic acid in plants〔J〕. Molecular Plant, 5: 334-338.

ZG E, ZHANG Y P, ZHOU J H, et al., 2014. Mini review roles of the bZIP gene family in rice [J]. Genetics & Molecular Research Gmr., 3 (2): 3025.

ZHAI D L, THALER P, LUO Y, et al., 2021. The powdery mildew disease of rubber (*Oidium heveae*) is jointly controlled by the winter temperature and host phenology [J]. Int. J. Biometeorol., 65: 1707-1718.

ZHAI D L, WANG J, THALER P, et al., 2020. Contrasted effects of temperature during defoliation vs. refoliation periods on the infection of rubber powdery mildew (*Oidium heveae*) in Xishuangbanna, China [J]. Int. J. Biometeorol., 64 (11): 1835-1845.

ZHAI J, HAO H, XIAO H, et al., 2018. Identification of JAZ-interacting MYC transcription factors involved in latex drainage in *Hevea brasiliensis* [J]. Sci. Rep., 8: 909.

ZHANG B W, WANG X L, ZHAO Z Y, et al., 2016a. OsBRI1 activates BR signaling by preventing binding between the TPR and kinase domains of OsBSK3 via phosphorylation [J]. Plant Physiology, 170: 1149-1161.

ZHANG H, JIA H, LIU G, et al., 2014. Cloning and characterization of SnRK2 subfamily II genes from Nicotiana tabacum [J]. Molecular Biology Reports, 41 (9): 5701-5709.

ZHANG H, LI L, YE T, et al., 2016b. Molecular characterization, expression pattern and function analysis of the OsHSP90 family in rice [J]. Biotechnology & Biotechnological Equipment, 30: 669-676.

ZHANG H, MAO X, WANG C, et al., 2010. Overexpression of a common wheat gene TaSnRK2.8 enhances tolerance to drought, salt and low temperature in *Arabidopsis* [J]. PLoS One, 5 (12): e16041.

ZHANG J, LI J, LIU B, et al., 2013. Genome-wide analysis of the Populus Hsp90 gene family reveals differential expression patterns, localization, and heat stress responses [J]. BMC Genomics, 14: 532.

ZHANG K, HE S, SUI Y, et al., 2021. Genome-wide characterization of HSP90 gene family in cucumber and their potential roles in response to abiotic and biotic stresses [J]. Frontiers in Genetics, 12: 584886.

ZHANG M, SHEN Z, MENG G, et al., 2017. Genome-wide analysis of the *Brachypodium distachyon* (L.) P. Beauv. Hsp90 gene family reveals molecular evolution and expression profiling under drought and salt stresses [J]. PLoS One, 12: e0189187.

ZHANG S X, WU S H, CHAO J Q, et al., 2022a. Genome–Wide Identification and Expression Analysis of MYC Transcription Factor Family Genes in Rubber Tree (Hevea brasiliensis Muell. Arg.) [J]. Forests, 13 (4): 531.

ZHANG X C, MILLET Y A, CHENG Z, et al., 2015. Jasmonate signalling in Arabidopsis involves SGT1b – HSP70 – HSP90 chaperone complexes [J]. Nat. Plants, 1: 15049.

ZHANG X, ZHANG D, XIANG L, et al., 2022b. MnSOD functions as a thermoreceptor activated by low temperature [J]. J. Inorg. Biochem., 229: 111745.

ZHANG X R, GARRETON V, HAI C N, 2005. The AIP2 E3 ligase acts as a novel negative regulator of ABA signaling by promoting ABI3degradation [J]. Genes & Development, 19: 1532–1543.

ZHANG Y, JIANG W, YU H, et al., 2012. Exogenous abscisic acid alleviates low temperature–induced oxidative damage inseedlings of *Cucumis sativus* L [J]. Transactions of the Chinese Society of Agricultural Engineering, 28: 221–228.

ZHANG Y, YANG C, LI Y, et al., 2007. SDIR1 is a RING finger E3 ligase that positively regulates stress–responsive abscisic acid signaling in Arabidopsis [J]. Plant Cell, 19: 1912–1929.

ZHANG Z L, LIU X, LI D F, et al., 2005. Determination of jasmonic acid in bark extracts from *Hevea brasiliensis* by capillary electrophoresis with laser – induced fluorescence detection [J]. Anal. Bioanal. Chem., 382: 1616–1619.

ZHAO H, DUAN K X, MA B, et al., 2020. Histidine kinase MHZ1/OsHK1 interacts with ethylene receptors to regulate root growth in rice [J]. Nat. Commun., 11: 518.

ZHAO Y, ZHOU L M, CHEN Y Y, et al., 2011. MYC genes with differential responses to tapping, mechanical wounding, ethrel and methyl jasmonate in laticifers of rubber tree (*Hevea brasiliensis* Muell. Arg.) [J]. J. Plant Physiol., 168: 1649–1658.

ZHENG L W, MA J J, SONG C H, et al., 2017. Genome–wide identification and expression profiling analysis of brassinolide signal transduction genes regulating apple tree architecture [J]. Acta Physiologiae Plantarum, 39.

ZHOU F, KURTH J, WEI F, et al., 2001. Cell – autonomous expression of barley Mla1 confers race–specific resistance to the powdery mildew fungus via a Rar1–

independent signaling pathway [J]. Plant Cell, 13: 337-350.

ZHU J H, XU J, CHANG W J, et al., 2015. Isolation and molecular characterization of 1-aminocyclopropane-1-carboxylic acid synthase genes in *Hevea brasiliensis* [J]. Int. J. Mol. Sci., 16: 4136-4149.

ZHU J, ZHANG Z, 2009. Ethylene stimulation of latex production in *Hevea brasiliensis* [J]. Plant Signal Behav, 4: 1072-1074.

ZHU W J, JIAO D L, ZHANG J, et al., 2020. Genome-wide identification and analysis of BES1/BZR1 transcription factor family in potato (*Solanum tuberosum* L) [J]. Plant Growth Regulation, 92: 375-387.

ZHU Z, GUO H, 2008. Genetic basis of ethylene perception and signal transduction in *Arabidopsis* [J]. J. Integr. Plant Biol., 50: 808-815.

ZIPFEL C, 2014. Plant pattern-recognition receptors [J]. Trends Immunol, 35: 345-351.

ZOU Q, GAI Y, CAI Y, et al., 2022. Eco-friendlychitosan@silver/plant fiber membranes for masks with thermal comfortability and self-sterilization [J]. Cellulose (Lond), 29 (10): 5711-5724.

ZUEHLKE A, JOHNSON J L, 2010. Hsp90 and co-chaperones twist the functions of diverse client proteins [J]. Biopolymers, 93: 211-217.

ZUR A, BRANDEIS M, 2002. Timing of APC/C substrate degradation is determined by fzy/fzr specificity of destruction boxes [J]. EMBO J., 21: 4500-4510.

附录 缩略词

缩写	英文全称	中文全称
A	Antherxanthin	环氧玉米黄质
AACT	Acetyl-CoA C-acetyltransferase	乙酰辅酶 a 乙酰转移酶
ABA	Abscisic acid	脱落酸
ABF	ABRE binding factors	ABRE 结合因子
ABRE	ABA responsive element	ABA 反应元件结合蛋白
Acr	Acrylamide	丙烯酰胺
AOX	Alternative oxidase	交替氧化酶
APX	Ascorbate peroxidase	抗坏血酸过氧化物酶
AS	Acetosyringone	乙酰丁香酮
bHLH	basic helix-loop-helix	碱性区域/螺旋—环—螺旋
BiFC	Bimolecular fluorescence complementation assay	双分子荧光互补实验
Bis	N, N′-methylene-bis-acrylamide	甲叉双丙烯酰胺
BLASTP	Basic local alignment search tool protein	基本局部比对搜索工具蛋白质
BSA	Bovine serum albumin	牛血清白蛋白
BTH	Benzothiadiazole	苯并噻二唑
bZIP	Basic region/leucine zipper motif	碱性亮氨酸拉链
Car	Carotene	胡萝卜素
CAT	Catalase	过氧化氢酶
CF	Chloroplast coupling factor	叶绿体偶联因子
ChIP	Chromatin immunoprecipitation	染色质免疫共沉淀技术
Chl a	Chlorophyll a	叶绿素 a
Chl b	Chlorophyll b	叶绿素 b
CMK	4-Cytidine 5-diphospho-2-C-methyl-D-erythri-tol kinase	胞苷 5-二磷酸-2-c-甲基-d-赤藓醇激酶

（续表）

缩写	英文全称	中文全称
CP	Chlorophyll-protein complex	叶绿素蛋白复合体
CySNO	S-nitrosocysteine	s-亚硝基半胱氨酸
DAPI	4′,6-Diamidino-2-phenylindole	4,6-联脒-2-苯基吲哚
DBD	DNA-Binding domain	DNA 结合结构域
DCBQ	2,6-Dichloro-p-benzoquinone	2,6-二氯对苯醌
DCMU	Dichlorophenyldimethylurea	二氯苯基二甲基脲
DCPIP	2,6-Dichlorophenol indophenol	二氯酚靛酚
DDRT-PCR mRNA	mRNA differential display PCR	差异显示技术
DHA	Dehydroascorbate	脱氢抗坏血酸
DHAR	DHA reductase	DHA 还原酶
DHAR	Dehydroascorbate reductase	脱氢抗坏血酸还原酶
DMAPP	Dimethylallyl pyrophosphate	二甲烯丙基焦磷酸
DNA-BD	DNA-binding domain	DNA 结合结构域
DSN	Duplex-specific nuclease	双链特异性核酸酶
DXR	1-Deoxy-D-xylulose 5-phosphatereductoisomerase	1-脱氧-d-5-磷酸木糖还原异构酶
DXS	1-Deoxy-D-xylulose 5-phosphate synthase	1-脱氧-d-木质素糖 5-磷酸合酶
EDTA Na2	Disodium ethylenediaminetetraactate dihydrate	乙二胺四乙酸二钠
Em	Midpoint redox potential	氧化还原中点电势
EMSA	Electrophoretic mobility shift assay	凝胶电泳迁移率分析
ET	Ethylene	乙烯
ETH	Ethephon	乙烯利
ETI	Effector-triggered immunity	触发的免疫
Fm	The maximal fluorescence level in dark-adapted state	暗适应下最大荧光
Fm′	The maximal fluorescence level during natural illumination	光照条件下最大荧光
Fo	The minimal fluorescence level after dark-adaption	暗适应下最小荧光
Fo′	The minimal fluorescence level during natural illumination	光照条件下最小荧光
FPP	Farnesyl diphosphate	法尼基焦磷酸
FPPS	Farnesyl diphosphate synthase	法尼基焦磷酸合成酶

缩写	英文全称	中文全称
Fs	The steady-state fluorescence level during exposure to natural illumination	光照条件下的稳态荧光
Fv	The maximum variable fluorescence after dark-adaption	暗适应后最大可变荧光
Fv/Fm	The maximal efficiency of PS II photochemistry	光系统 II 的最大光化学效率
GA	Gibberellin	赤霉素
GGPP	Geranylgeranyl diphosphate	双牻牛基焦磷酸
GGPPS	Geranylgeranyl diphosphate synthase	双牻牛基焦磷酸合成酶
GO	Gene ontology	基因数据库
GPP	Geranyl pyrophosphate	牻牛基焦磷酸
GPPS	Geranyl diphosphate synthase	牻牛儿基二磷酸合酶
GPX	Glutathione peroxidase	谷胱甘肽过氧化物酶
GR	Glutathione reductase	谷胱甘肽还原酶
GSB	Glutathionesepharose beads	谷胱甘肽琼脂糖珠
GSH	Glutathione	谷胱甘肽
GSSG	Oxidized glutathione	氧化型谷胱甘肽
GST	Glutathione S-transferase	谷胱甘肽巯基转移酶
Gus	β-Glucuronidase	β-D-葡萄糖苷酸酶
H_2O_2	Hydrogen peroxide	过氧化氢
HDR	4-Hydroxy-3-methylbut-2-enyl diphosphate reductase	4-羟基-3-甲基-2-烯基二磷酸还原酶
HDS	4-Hydroxy-3-methylbut-2-enyl-diphosphate synthase	4-羟基-3-甲基-2-烯基二磷酸合成酶
His-tag	Histidine	组氨酸标签
HMG-CoA	3-Hydroxy-3-methylglutaryl-CoA	3-羟基-3-甲基戊二酸单酰辅酶 A
HMGR	3-Hydroxy-3-methylglutaryl-CoA reductase	3-羟基-3-甲基戊二酸单酰辅酶 A 还原酶
HMGS	3-Hydroxy-3-methylglutaryl-CoA synthase	3-羟基-3-甲基戊二酸单酰辅酶 A 合成酶
HPLC	High performance liquid chromatography	高效液相色谱
HQ	Hydroquinone	氢醌
HRT	Rubber transferase	橡胶转移酶
HSP90	Heat shock protein90	热激蛋白 90

（续表）

缩写	英文全称	中文全称
IPP	Isoprene pyrophosphate	异戊二烯焦磷酸单体
IPPI	Isopentenyl diphosphate-isomerase	二磷酸异戊烯基异构酶
ISR	Intergenic spacer region	转录间隔区
JA	Jasmonic acid	茉莉酸
L	Lutein	叶黄素
LCA	Luciferase complementation assay	萤光素酶互补试验
LHC	Light harvest complex	捕光色素蛋白复合体
LHC Ⅰ	Light harvest complex Ⅰ	捕光色素蛋白复合体Ⅰ
LHC Ⅱ	Light harvest complex Ⅱ	捕光色素蛋白复合体Ⅱ
MAPK	Mitogen-activated protein kinase	丝裂原活化蛋白激酶
MCT	2-C-methyl-D-erythritol 4-phosphate cytidylyl-transferase	2-c-甲基-d-赤藓糖醇 4-磷酸胞基转移酶
MDA	Monodehydroascorbate	单脱氢抗坏血酸
MDAR	Monodehydroascorbate reductase	单脱氢抗坏血酸还原酶
MDHA	Monodehydroascorbate	单脱氢抗坏血酸
MDS	2-C-methyl-D-erythritol 2, 4-cyclodiphosphate synthase	2-c-甲基-d-赤藓醇 2, 4-环二磷酸合酶
MEGA	Molecular evolutionary genetics analysis	分子进化遗传学分析
MeJA	Methyljasmonate	茉莉酸甲酯
MEME	Multiple EM for motif elicitation	多重基序分析
MEP	2-C-methyl-D-erythritol 4-phosphate	2-c-甲基-d-赤藓糖醇-4-磷酸
MES	2-(N-morpholino) ethanesulfonic acid	2-吗啡酸-乙磺酸
MFO	Mixed-functional oxidase	多功能氧化酶
MK	MVA kinase	甲羟戊酸激酶
MPDC	Diphosphop-MVA decarboxylase	二磷酸甲羟戊酸脱羧酶
MVA	Mevalonate	甲羟戊酸
MVAP	Mevalonate-5-phosphate	甲羟戊酸-5-磷酸
MVAPP	Mevalonate pyrophosphate	甲羟戊酸式焦磷酸
MW	Molecular weight	分子量
N	Neoxanthin	新黄质
NADPH	Nicotinamide adenine dinucleotide phosphate	还原型烟酰胺腺嘌呤二核苷酸磷酸

缩写	英文全称	中文全称
NCBI	National center for biotechnology information	国家生物技术信息中心
N-ChIP	Native chromatin immunoprecipitation	非变性染色质免疫沉淀
NPQ orqN	Non-photochemical quenching	非光化学猝灭系数
ORF	Open reading frame	开放阅读框
PAGE	Polyacrylamide gel electrophoresis	聚丙烯酰胺凝胶电泳
PAMPs	Pathogen-associated molecular patterns	病原体相关分子模式
PC	Plastocyanin	质体蓝素
Pheo	Pheophytin	去镁叶绿素
pI	Isoelectric point	等电点
PMK	Phospho-MVA kinase	磷酸甲羟戊酸激酶
Pol II	RNA polymerase II	RNA 聚合酶 II
PP2C	PP2C-type protein phosphatase	PP2C 蛋白磷酸酶
PPFD	Photosynthetic photon flux density	光合量子密度
PPM	Plant preservative mixture	植物防腐剂混合物
PQ	Plastoquinone	质体醌
PRRs	Pattern recognition receptors	模式识别受体
PS I	Photosystem I	光系统 I
PS II	Photosystem II	光系统 II
PS II-RC	Photosystem II reaction center	光系统 II 反应中心
PTI	PAMP triggered immunity	PAMP 触发免疫
QA	Primary quinine acceptor of PS II	PS II 原初电子受体
QB	Secondary quinine acceptor of PS II	PS II 次级电子受体
qP	Photochemical quenching coefficient	光化学猝灭系数
qRT-PCR	Real-time fluorescent quantitative polymerase chain reaction	实时荧光定量 PCR
REF	Rubber elongation factor	橡胶延伸因子
ROS	Reactive oxygen species	活性氧
Rubisco	Ribulos-1, 5 diphosphate carboxylase oxygenase	核酮糖-1, 5 二磷酸羧化酶加氧酶
SA	Salicylic acid	水杨酸
SCF	SKP1/CUL1/F-box complex	SKP1/CUL1/F - box 蛋白复合体
SDS	Sodium dodecyl sulfate	十二烷基硫酸钠

缩写	英文全称	中文全称
SGT1	Suppressor of G2 allele of skp1	
SnRK2	sucrose non-fermenting 1-related protein kinase 2	蔗糖非发酵相关蛋白激酶 2
SOD	Superoxide dismutase	超氧化物歧化酶
SRPP	Small rubber particle protein	小橡胶粒子蛋白
TAIR	The arabidopsis information resource	拟南芥信息库
TF	Transcription factor	转录因子
TMV	Tobacco mosaic virus	烟草花叶病毒
TPD	Tapping panel dryness	死皮病
Tricine	N-［Tris（hydroxymethyl）methyl］-glycine	三（羟甲基）-甲基甘氨酸
Tris	Tris［hydroxymentyl］amino-methane	三羟基氨基甲烷
TSWV	Tomato spotted wilt virus	番茄斑萎病毒
V	Violaxanthin	紫黄质
WPA	Waste product accumulation	代谢废物积累
WRP	Washed rubber particles	洗涤过的橡胶粒子
X-ChIP	Cross-liking ChromatinImmunoprecitation	交联染色质免疫沉淀
Y1H	Yeast one-hybrid	酵母单杂交
Yield	The actual efficiency of PS Ⅱ	量子产量
Y2H	Yeast Two Hybrid	酵母双杂交
Z	Zeaxanthin	玉米黄质
ΦPS Ⅱ	Actual PS Ⅱ efficiency	实际光系统Ⅱ效率